ABITUR

Prüfungsaufgaben mit Lösungen **2005**

Nach der neuen Prüfungsordnung

Chemie

Gymnasium
Baden-Württemberg

STARK

ISBN: 3-89449-577-4

D-85318 Freising · Postfach 1852 · Tel. (0 81 61) 17 90
3. ergänzte Auflage 2004

Inhalt

Themengruppe II: Naturstoffe

Themengruppe III: Aromaten, Tenside (Wahlbereich)

Themengruppe IV: Kunststoffe

Themengruppe V: Elektrochemie

Übungsaufgaben zur Vorbereitung auf Klausuren und Abiturprüfung

Abiturprüfung 2004

Lösungen der Aufgaben und Erstellung der Übungsaufgaben:

Studiendirektor Dr. Karl-Eugen Maulbetsch

Allgemeine Hinweise

Abituraufgaben werden in Baden-Württemberg zentral vom Kultusministerium gestellt.

Bis **1996** wählte der Fachlehrer drei (von insgesamt 6) Aufgaben zur Bearbeitung aus, die Bearbeitungszeit betrug 270 Minuten. Die Prüflinge erhielten ein Periodensystem und ein beidseitig bedrucktes Tabellenblatt mit Säurekonstanten bzw. Normalpotenzialen. Außerdem war ein nicht programmierbarer Taschenrechner zugelassen.

Bis **2004** wurden den Schülern vier Aufgaben (I, II, III, IV) vorgelegt. Davon wurden vom Prüfling drei Aufgaben ausgewählt und bearbeitet. Die Bearbeitungszeit (einschließlich Auswahlzeit) betrug 270 Minuten. An den Hilfsmitteln hatte sich nichts geändert.

Ab **2004** ändern sich in den Aufgaben teilweise die Art der Fragestellungen. Diese werden in manchen Abschnitten etwas „offener" formuliert. Außerdem werden, mehr als bisher üblich, folgende Fähigkeiten und Fertigkeiten geprüft:

- Auswertung von Diagrammen, Tabellen und Experimenten,
- Deutung von Graphen und Versuchsergebnissen,
- Entwicklung von Hypothesen und
- Einordnung von Sachverhalten in größere Zusammenhänge.

Der **neue Bildungsplan für die Kursstufe** hat vor allem die Stärkung des selbstständigen und selbst verantworteten Lernens und Arbeitens zum Ziel. Die damit verbundenen Merkmale des Unterrichts müssen auch in den zukünftigen Aufgaben der schriftlichen Abiturprüfung ihre Entsprechung finden. Darüber hinaus werden bewährte Aufgabenstellungen der bisherigen Abiturprüfung auch weiterhin Bestandteile dieser Prüflung bleiben.

Hinweise zur Vorbereitung auf die veränderten Aufgabenstellungen

Eine durchweg kleinschrittige Fragestellung entspricht nicht den Zielsetzungen des neuen Bildungsplans. Vielmehr sollen in jeder Aufgabe auch Teilaufgaben vorkommen, bei denen z. B. selbst gewählte Beispiele oder Experimente verwendet oder Informationen dazu aus mitgelieferten Texten, Diagrammen o. ä. entnommen werden müssen. Dadurch soll das Verständnis für chemische Zusammenhänge und deren Bedeutung verstärkt dokumentiert werden.
Die Aufgaben I - IV aus dem Abitur 2004 zeigen, wie die zuvor genannten Ziele in den schriftlichen Prüfungen im Fach Chemie umgesetzt werden.

Zur vertieften Vorbereitung auf Ihre Chemiekurse und -Prüfungen empfehlen wir Ihnen außerdem den neuen Band „**Training Methoden Chemie**" (Verlags-Nr. 947308). Dieses Buch greift die zentrale Forderung der neuen Bildungspläne nach selbstständigem Lernen und Arbeiten auf, indem es die theoretischen Grundlagen der wichtigsten experimentellen Arbeitsweisen der Chemie anschaulich darstellt und deren sichere Anwendung stärkt.

Stichwortverzeichnis

Stoffklassen

Einzelverbindungen

Reaktionstypen, allgemeine Begriffe, Namen-Reaktionen

Tabelle 1: Atommassen

Actinium	Ac	89	[227]	Molybdän	Mo	42	95,94
Aluminium	Al	13	26,9815	Natrium	Na	11	22,9898
Americium	Am	95	[243]	Neodym	Nd	60	144,24
Antimon	Sb	51	121,75	Neon	Ne	10	20,185
Argon	Ar	18	39,948	Neptunium	Np	93	[237]
Arsen	As	33	74,9216	Nickel	Ni	28	58,71
Astat	At	85	[210]	Niob	Nb	41	92,906
Barium	Ba	56	137,34	Nobelium	No	102	[253]
Beryllium	Be	4	9,0122	Osmium	Os	76	190,2
Berkelium	Bk	97	[247]	Palladium	Pd	46	106,4
Blei	Pb	82	207,19	Phosphor	P	15	30,9738
Bor	B	5	10,811	Platin	Pt	78	195,09
Brom	Br	35	79,909	Plutonium	Pu	94	[242]
Cadmium	Cd	48	112,40	Polonium	Po	84	[209]
Caesium	Cs	55	132,905	Praseodym	Pr	59	140,907
Calcium	Ca	20	40,08	Promethium	Pm	61	[147]
Californium	Cf	98	[251]	Protactinium	Pa	91	[231]
Cer	Ce	58	140,12	Quecksilber	Hg	80	200,59
Chlor	Cl	17	35,453	Radium	Ra	88	226,04
Chrom	Cr	24	51,996	Radon	Rn	86	[222]
Curium	Cm	96	[247]	Rhenium	Re	75	186,2
Dysprosium	Dy	66	162,50	Rhodium	Rh	45	102,905
Einsteinium	Es	99	[254]	Rubidium	Rb	37	85,47
Eisen	Fe	26	55,847	Ruthenium	Ru	44	101,07
Erbium	Er	68	167,26	Samarium	Sm	62	150,35
Europium	Eu	63	151,96	Sauerstoff	O	8	15,9994
Fermium	Fm	100	[253]	Scandium	Sc	21	44,956
Fluor	F	9	18,9984	Schwefel	S	16	32,064
Francium	Fr	87	[223]	Selen	Se	34	78,96
Gadolinium	Gd	64	157,25	Silber	Ag	47	107,870
Gallium	Ga	31	69,72	Silicium	Si	14	28,086
Germanium	Ge	32	72,59	Stickstoff	N	7	14,0067
Gold	Au	79	197	Strontium	Sr	38	87,62
Hafnium	Hf	72	178,49	Tantal	Ta	73	180,948
Helium	He	2	4,0026	Technetium	To	43	99
Holmium	Ho	67	164,930	Tellur	Te	52	127,60
Indium	In	49	114,82	Terbium	Tb	65	158,924
Iod	I	53	126,9044	Thallium	Ti	81	204,37
Iridium	Ir	77	192,2	Thorium	Th	90	232,038
Kalium	K	19	39,1	Thulium	Tm	69	168,934
Kobalt	Co	27	58,9332	Titan	Ti	22	47,90
Kohlenstoff	C	6	12,01115	Uran	U	92	238,03
Krypton	Kr	36	83,80	Vanadium	V	23	50,942
Kupfer	Cu	29	63,54	Wasserstoff	H	1	1,00797
Kurtschatovium	Ku	104	?	Wismut	Bi	83	208,980
Lanthan	La	57	138,91	Wolfram	W	74	183,85
Lawrencium	Lw	103	[ ]	Xenon	Xe	54	131,30
Lithium	Li	3	6,939	Ytterbium	Yb	70	173,04
Lutetium	Lu	71	174,97	Yttrium	Y	39	88,905
Magnesium	Mg	12	24,312	Zink	Zn	30	65,37
Mangan	Mn	25	54,9381	Zinn	Sn	50	118,69
Mendelevium	Md	101	[256]	Zirkonium	Zr	40	91,22

Tabelle 2: Standard-Bildungsenthalpiedifferenzen (Standard-Bildungsenthalpien)

Substanz		ΔH_f^0 in $kJ \cdot mol^{-1}$
Ag_2O	(s)	−30
HgO(rot)	(s)	−90
CuO	(s)	−155
ZnO	(s)	−348
Fe_2O_3	(s)	−822
Al_2O_3	(s)	−1670
MgO	(s)	−602
CaO	(s)	−636
SrO	(s)	−590
BaO	(s)	−558
SiO_2	(s)	−860
CO_2	(g)	−393
SO_3	(s)	−395
SO_2	(g)	−297
NO	(g)	+90
NO_2	(g)	+34
H_2O	(g)	−242
H_2O	(l)	−286
H_2S	(g)	−20
HCl	(g)	−92
HBr	(g)	−36
HI	(g)	+26
FeS	(s)	−95
FeS_2	(s)	−178
HgS(rot)	(s)	−58
NaCl	(s)	−419
KCl	(s)	−435
$MgCl_2$	(s)	−640
$CaCl_2$	(s)	−795
$SrCl_2$	(s)	−829
$BaCl_2$	(s)	−860
$ZnCl_2$	(s)	−416
$FeCl_2$	(s)	−341
$CoCl_2$	(s)	−324
$NiCl_2$	(s)	−316

Tabelle 3: Säurekonstanten bei 25 °C

Säure	K_S	pK_S
OH^-	10^{-24}	24
NH_3	10^{-23}	23
H_2O	$1{,}8 \cdot 10^{-16}$	15,74
HS^-	$1{,}03 \cdot 10^{-13}$	12,9
HPO_4^{2-}	$4{,}8 \cdot 10^{-13}$	12,32
H_2O_2	$2{,}4 \cdot 10^{-12}$	11,62
$CH_3NH_3^+$	$2{,}3 \cdot 10^{-11}$	10,64
HCO_3^-	$4 \cdot 10^{-11}$	10,4
C_6H_5OH	10^{-10}	10
$[Zn(H_2O)_6]^{2+}$	$2{,}2 \cdot 10^{-10}$	9,66
HCN	$4 \cdot 10^{-10}$	9,4
NH_4^+	$5{,}8 \cdot 10^{-10}$	9,24
$H_2PO_4^-$	$6{,}2 \cdot 10^{-8}$	7,21
HSO_3^-	$6{,}4 \cdot 10^{-8}$	7,2
H_2S	$8{,}8 \cdot 10^{-8}$	7,06
H_2CO_3	$3{,}5 \cdot 10^{-7}$	6,46
$[Al(H_2O)_6]^{3+}$	$1{,}3 \cdot 10^{-5}$	4,9
C_2H_5COOH	$1{,}33 \cdot 10^{-5}$	4,88
CH_3COOH	$1{,}75 \cdot 10^{-5}$	4,76
$C_6H_5NH_3^+$	$2{,}65 \cdot 10^{-5}$	4,58
C_6H_5COOH	$6{,}1 \cdot 10^{-5}$	4,22
$HCOOH$	$1{,}7 \cdot 10^{-4}$	3,77
HNO_2	$4{,}5 \cdot 10^{-4}$	3,35
HF	$7{,}25 \cdot 10^{-4}$	3,14
$[Fe(H_2O)_6]^{3+}$	$6 \cdot 10^{-3}$	2,22
H_3PO_4	$1{,}1 \cdot 10^{-2}$	1,96
H_2SO_3	$1{,}1 \cdot 10^{-2}$	1,96
HSO_4^-	$1{,}2 \cdot 10^{-2}$	1,92
$(COOH)_2$	$3{,}5 \cdot 10^{-2}$	1,46
HNO_3	21	–1,32
H_3O^+	55	–1,74
H_2SO_4	10^3	–3
HCl	10^6	–6
HBr	10^6	–6
HI	10^8	–8
$HClO_4$	10^9	–9

schwache Säure
pH $\frac{1}{2}$ {pKs – lg{c0(HA

sehr starke Säuren vollständig protoniert
pH = –log{c0(HA)}

Tabelle 4: Normalpotenziale bei 25 °C in Volt

Elektrodenreaktion				E^0 in Volt
Li^+	$+ e^-$	$\rightleftharpoons$	Li	−3,02
K^+	$+ e^-$	$\rightleftharpoons$	K	−2,92
Ba^{2+}	$+ 2 e^-$	$\rightleftharpoons$	Ba	−2,90
Ca^{2+}	$+ 2 e^-$	$\rightleftharpoons$	Ca	−2,76
Na^+	$+ e^-$	$\rightleftharpoons$	Na	−2,71
Mg^{2+}	$+ 2 e^-$	$\rightleftharpoons$	Mg	−2,38
Al^{3+}	$+ 3 e^-$	$\rightleftharpoons$	Al	−1,67
Mn^{2+}	$+ 2 e^-$	$\rightleftharpoons$	Mn	−1,03
Zn^{2+}	$+ 2 e^-$	$\rightleftharpoons$	Zn	−0,76
Cr^{3+}	$+ 3 e^-$	$\rightleftharpoons$	Cr	−0,74
$S (s)$	$+ 2 e^-$	$\rightleftharpoons$	S^{2-}	−0,51
Fe^{2+}	$+ 2 e^-$	$\rightleftharpoons$	Fe	−0,41
$PbSO_4 (s)$	$+ 2 e^-$	$\rightleftharpoons$	$Pb + SO_4^{2-}$	−0,36
Co^{2+}	$+ 2 e^-$	$\rightleftharpoons$	Co	−0,28
Ni^{2+}	$+ 2 e^-$	$\rightleftharpoons$	Ni	−0,23
Sn^{2+}	$+ 2 e^-$	$\rightleftharpoons$	Sn	−0,14
Pb^{2+}	$+ 2 e^-$	$\rightleftharpoons$	Pb	−0,13
H^+	$+ e^-$	$\rightleftharpoons$	$1/2\ H_2$	−0,00
Sn^{4+}	$+ 2 e^-$	$\rightleftharpoons$	$Sn^{2+} (aq)$	+ 0,15
$SO_4^{2-} + 4 H^+$	$+ 2 e^-$	$\rightleftharpoons$	$H_2SO_3 + H_2O$	+ 0,20
Cu^{2+}	$+ 2 e^-$	$\rightleftharpoons$	Cu	+ 0,35
$O_2 + 2 H_2O$	$+ 4 e^-$	$\rightleftharpoons$	$4 OH^-$	+ 0,40
I_2	$+ 2 e^-$	$\rightleftharpoons$	$2 I^-$	+ 0,54
$O_2 + 2 H^+$	$+ 2 e^-$	$\rightleftharpoons$	H_2O_2	+ 0,68
Fe^{3+}	$+ e^-$	$\rightleftharpoons$	Fe^{2+}	+ 0,77
Ag^+	$+ e^-$	$\rightleftharpoons$	Ag	+ 0,80
Hg^{2+}	$+ 2 e^-$	$\rightleftharpoons$	Hg	+ 0,85
Br_2	$+ 2 e^-$	$\rightleftharpoons$	$2 Br^-$	+ 1,06
Pt^{2+}	$+ 2 e^-$	$\rightleftharpoons$	Pt	+ 1,2
$MnO_2 (s) + 4 H^+$	$+ 2 e^-$	$\rightleftharpoons$	$Mn^{2+} + 2 H_2O$	+ 1,21
$Cr_2O_7^{2-} + 14 H^+$	$+ 6 e^-$	$\rightleftharpoons$	$2 Cr^{3+} + 7 H_2O$	+ 1,33
Cl_2	$+ 2 e^-$	$\rightleftharpoons$	$2 Cl^-$	+ 1,36
Au^{3+}	$+ 3 e^-$	$\rightleftharpoons$	Au	+ 1,42
$PbO_2(s) + 4 H^+$	$+ 2 e^-$	$\rightleftharpoons$	$Pb^{2+} + 2 H_2O$	+ 1,47
$MnO_4^- + 8 H^+$	$+ 5 e^-$	$\rightleftharpoons$	$Mn^{2+} + 4 H_2O$	+ 1,51
$PbO_2 (s) + SO_4^{2-} + 4 H^+$	$+ 2 e^-$	$\rightleftharpoons$	$PbSO_4 (s) + 2 H_2O$	+ 1,68
$MnO_4^- + 4 H^+$	$+ 3 e^-$	$\rightleftharpoons$	$MnO_2 (s) + 2 H_2O$	+ 1,68
$H_2O_2 + 2 H^+$	$+ 2 e^-$	$\rightleftharpoons$	$2 H_2O$	+ 1,77
F_2	$+ 2 e^-$	$\rightleftharpoons$	$2 F^-$	+ 2,87

Hinweise zu den Teilaufgaben aus früheren Abitur-Prüfungen

Die Teilaufgaben aus früheren schriftlichen Abiturprüfungen decken weite Themenbereiche des neuen Lehrplans ab. Sie vertiefen und veranschaulichen die im Unterricht vermittelten Definitionen, Begriffe und Gesetzmäßigkeiten und dienen somit der **Vorbereitung auf Klausuren** und auf die **schriftliche Prüfung**.
Zu einigen Aufgaben gibt es sicher mehrere Lösungsvorschläge. Die hier fixierten Antworten bzw. Formulierungen orientieren sich an den vom Kultusministerium vorgegebenen jeweiligen Erwartungshorizonten. Die Darstellungen der Lösungswege gehen jedoch an manchen Stellen darüber hinaus. Außerdem werden manchmal alternative Antworten zusätzlich formuliert. Damit sollen weitere Informationen angeboten werden.
Die Fragestellungen sind weitgehend kleinschrittig formuliert, so wie es bisher üblich war. Manche Aufgaben gehen in ihren Inhalten und Fragestellungen über den Pflichtteil hinaus.

Modifizierte Fragestellungen und die **Auswertung von Grafiken** waren der Anlass, Teile der Abitur-Prüfungsaufgaben des Jahres **2003** zusätzlich in diesem Band aufzunehmen.
Aufgabe 10 im Wahlbereich Fette z.B. enthält Formulierungen, die in Richtung „offener Aufgabenstellungen“ weisen. In Teilen der Aufgabe 9 im Bereich „Elektrochemie“ werden Bezüge zu Abbildungen hergestellt. Bei der Lösung der Aufgabe 10 in der Themengruppe IV werden verstärkt Transferleistungen gefordert.

Abiturprüfung (Baden-Württemberg): Profil-/Neigungsfach Chemie
Themengruppe I: Energetik (LP 1), chemische Gleichgewichte (LP 2 und LP 3) und Redoxreaktionen (LP 8)

Aufgabe 1: Chemische Gleichgewichte, Aromaten (Benzoesäure)

1 Der pH-Wert einer wässrigen Benzoesäure-Lösung der Konzentration $c = 0{,}01\ mol \cdot L^{-1}$ beträgt 3,1.

1.1 Formulieren Sie die Reaktionsgleichung für das Protolysengleichgewicht in wässriger Lösung unter Verwendung von Strukturformeln mit bindenden und nichtbindenden Elektronenpaaren.

1.2 Geben Sie das Massenwirkungsgesetz dieser Reaktion an und berechnen Sie die Säurekonstante der Benzoesäure. Erläutern Sie dabei den Rechenweg und begründen Sie eventuelle Vereinfachungen.

2 Um die Konzentration einer wässrigen Lösung von Benzoesäure zu ermitteln, werden 100 mL dieser Lösung mit einigen Tropfen Phenolphthalein-Lösung versetzt und mit einer Natriumhydroxid-Lösung der Konzentration $c = 0{,}1\ mol \cdot L^{-1}$ titriert. Nach Zugabe von 8,5 mL der Natronlauge färbt sich die Lösung rotviolett.

2.1 Formulieren Sie die Reaktionsgleichung mit Strukturformeln und berechnen Sie die Konzentration der Benzoesäure-Lösung.

2.2 Begründen Sie, weshalb die Verwendung von Methylorange ($pK_S = 3{,}7$) als Indikator bei dieser Titration zu einem falschen Ergebnis führen würde.

3 Benzoesäure kann hergestellt werden, indem man Toluol mit Kaliumpermanganat in schwefelsaurer Lösung oxidiert. Formulieren Sie die Reaktionsgleichung unter Verwendung von Strukturformeln mit bindenden und nichtbindenden Elektronenpaaren und geben Sie Oxidationszahlen an.

Lösung

1.1

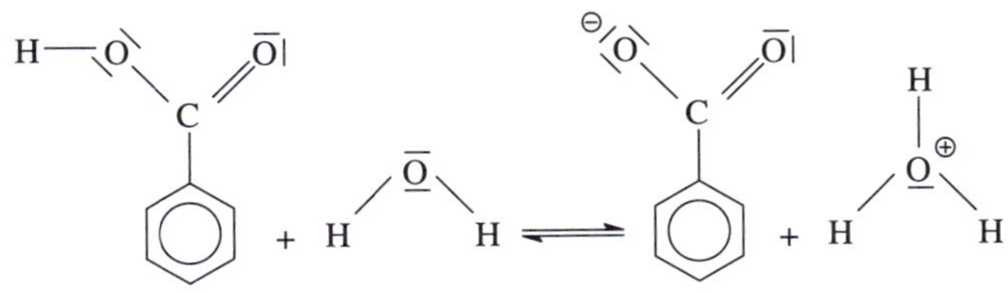

1.2 Massenwirkungsgesetz

Mit der Abkürzung 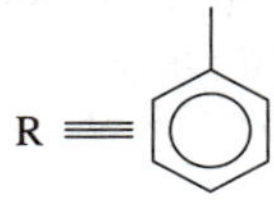 ergibt sich:

$$\frac{c(H_3O^+) \cdot c(R-COO^-)}{c(H_2O) \cdot c(R-COOH)} = K \quad \text{oder} \quad \frac{c(H_3O^+) \cdot c(R-COO^-)}{c(R-COOH)} = K_S$$

Es gilt: $c(H_3O^+) = 10^{-pH}$, $c(H_3O^+) = 10^{-3,1}\ mol \cdot L^{-1}$

Aus der Reaktionsgleichung entnimmt man: $c(H_3O^+) = c(R-COO^-)$

Mit den Zahlenwerten liefert das Massenwirkungsgesetz:

$$\frac{10^{-3,1}\ mol \cdot L^{-1} \cdot 10^{-3,1}\ mol \cdot L^{-1}}{10^{-2}\ mol \cdot L^{-1}} = 10^{-4,2}\ mol \cdot L^{-1} = 10^{-5} \cdot 10^{0,8}\ mol \cdot L^{-1}$$

$$= 6,3 \cdot 10^{-5}\ mol \cdot L^{-1}\ ;\ pK_S = 4,2$$

Die Konzentration der Benzoesäure im Gleichgewicht wäre:

$c(R-COOH) = 10^{-2}\ mol \cdot L^{-1} - c(H_3O^+)$

Das zweite Glied kann jedoch gegen das erste Glied vernachlässigt werden. Die Konzentration der Benzoesäure im Gleichgewicht ist somit ungefähr gleich der Ausgangskonzentration.

2.1 Reaktionsgleichung

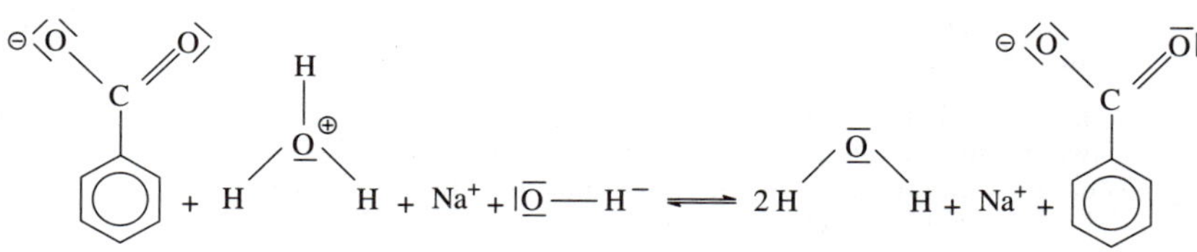

1. Möglichkeit der Berechnung:

1 mL NaOH-Lösung enthält 10^{-4} mol NaOH; in 8,5 mL sind $8,5 \cdot 10^{-4}$ mol NaOH enthalten; diese Menge entspricht $8,5 \cdot 10^{-4}$ mol Benzoesäure.

Mit $c(\text{Säure}) = \frac{n}{V}$ erhält man $c(\text{Säure}) = \frac{8,5 \cdot 10^{-4}\ mol}{0,1\ L} = 8,5 \cdot 10^{-3}\ mol \cdot L^{-1}$

2. Möglichkeit der Berechnung:

$c(NaOH) \cdot V(NaOH) = c(\text{Säure}) \cdot V(\text{Säure})$ oder $c(\text{Säure}) = \frac{c(NaOH) \cdot V(NaOH)}{V(\text{Säure})}$

Die Zahlenwerte liefern: $0,1\ mol^{-1} \cdot 8,5\ mL \cdot 10^{-2}\ mL^{-1} = 8,5 \cdot 10^{-3}\ mol \cdot L^{-1}$

2.2 Reaktionsgleichung für die Protolyse des Anions

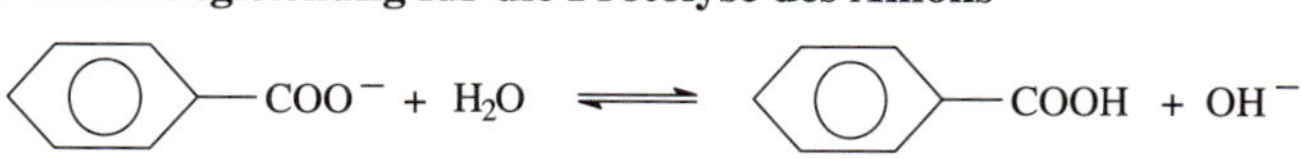

Der Umschlagspunkt liegt somit im alkalischen Bereich, pH > 7.
Der Umschlagsbereich mit Methylorange wäre $pK_S \pm 1$, also im sauren Bereich.

3 Oxidation:

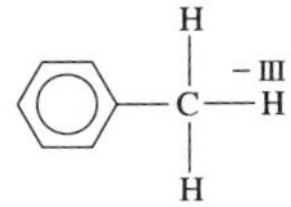

$+ 8\ H_2O \rightleftharpoons$

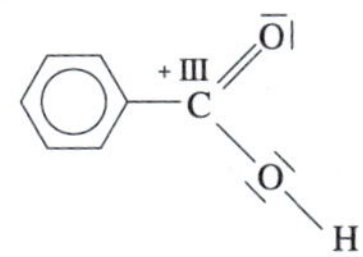

$+ 6\ e^- + 6\ H_3O^+$ | ·5

Reduktion: $\overset{+VII}{Mn}O_4^- + 8\ H_3O^+ + 5\ e^- \rightleftharpoons Mn^{2+} + 12\ H_2O$ | ·6

Gesamtreaktion: 5 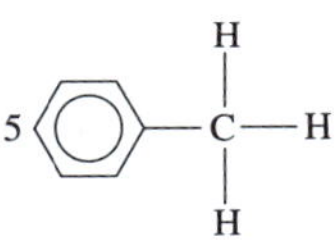

$+ 6\ MnO_4^- + 18\ H_3O^+ \rightleftharpoons$

5 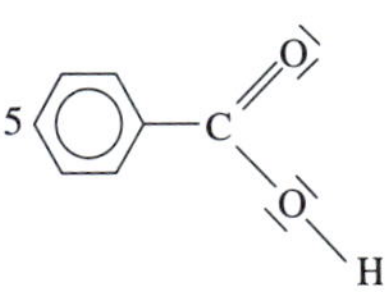

$+ 6\ Mn^{2+} + 32\ H_2O$

(Anmerkung: Die Teilreaktionen sind Ergänzungen)

Aufgabe 2: Energetik, chemische Gleichgewichte

1 Wasserstoffperoxid (H_2O_2) ist sowohl in reiner Form als auch in wässriger Lösung eine metastabile Verbindung.
Sie neigt dazu, in Wasser und Sauerstoff zu zerfallen.
Gibt man zu wässriger Wasserstoffperoxid-Lösung bei Zimmertemperatur etwas Kaliumiodid, so tritt eine stürmische Sauerstoffentwicklung ein.

1.1 Formulieren Sie eine Reaktionsgleichung für den Zerfall von Wasserstoffperoxid.
Wie kann man den dabei entstehenden Sauerstoff nachweisen?
Was versteht man unter einer metastabilen Verbindung?
Erläutern Sie die Rolle des Kaliumiodids bei dieser Zerfallsreaktion.

2 Um den zeitlichen Verlauf der Wasserstoffperoxidzersetzung verfolgen zu können, wird in einem Experiment Wasserstoffperoxid-Lösung mit Kaliumiodid-Lösung versetzt und das Volumen des entstehenden Sauerstoffs in verschiedenen Zeitabständen gemessen. Man erhält folgende Messergebnisse:

Zeit in min	0	2	4	5	7	10
Volumen $V(O_2)$ in mL	0	115	190	210	225	235

bei 20 °C

Das molare Volumen des Sauerstoffs beträgt bei $\vartheta = 20\,°C$ $V_m = 24{,}1\ L \cdot mol^{-1}$.

Die Ausgangskonzentration der Wasserstoffperoxid-Lösung beträgt $c_0(H_2O_2) = 1{,}0\ mol \cdot L^{-1}$.
Das Volumen der Wasserstoffperoxid-Lösung beträgt $V(H_2O_2) = 50\ mL$

Hinweis: Zur Vereinfachung kann das bei der Reaktion entstehende Wasser bei der Berechnung der Konzentration des Wasserstoffperoxids vernachlässigt werden.

2.1 Skizzieren Sie eine geeignete Versuchsanordnung.
Beschreiben Sie die Durchführung des Versuchs.

2.2 Zeichnen Sie das Zeit-Volumen-Diagramm.
t-Achse: 1 min. ≙ 1 cm, $V(O_2)$-Achse: 20 mL ≙ 1 cm
Interpretieren Sie den Kurvenverlauf im Hinblick auf die Sauerstoffbildung pro Zeiteinheit.

2.3 Berechnen Sie die Konzentration der Wasserstoffperoxid-Lösung nach zwei und vier Minuten und berechnen Sie damit die mittlere Reaktionsgeschwindigkeit zwischen der zweiten und vierten Minute. (Wahlbereich)

2.4 Zeichnen Sie den nach der RGT-Regel zu erwartenden Kurvenverlauf für eine um 10 K niedrigere Reaktionstemperatur in das Diagramm ein, und begründen Sie Ihre Angaben.

Lösung

1.1 **Reaktionsgleichung:** $2\ H_2O_2 \longrightarrow 2\ H_2O + O_2$

Nachweis des Sauerstoffs: Glimmspanprobe;
alkalische Pyrogallol-Lösung wird braun gefärbt.

Metastabile Verbindungen: Verbindungen, die thermodynamisch möglich, aber bei Zimmertemperatur kinetisch gehemmt sind. Die „Freie Enthalpieänderung“ ΔG ist $\Delta G < 0$, die Aktivierungsenergie ist jedoch sehr hoch.

Kaliumiodid: ist Katalysator; setzt die Aktivierungsenergie herab.

2.1

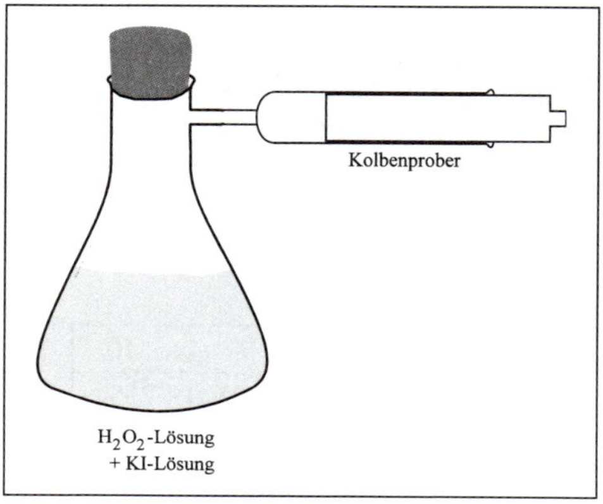

Versuchsanordnung:

Zu der Wasserstoffperoxid-Lösung gibt man den Katalysator Kaliumiodid-Lösung. Ein Reagenzglas oder Erlenmeyer-Kolben mit seitlichem Ansatz wird anschließend verschlossen. Die gebildete Sauerstoffmenge misst man mit dem Kolbenprober.

2.2 **Zeit-Volumen Diagramm:**

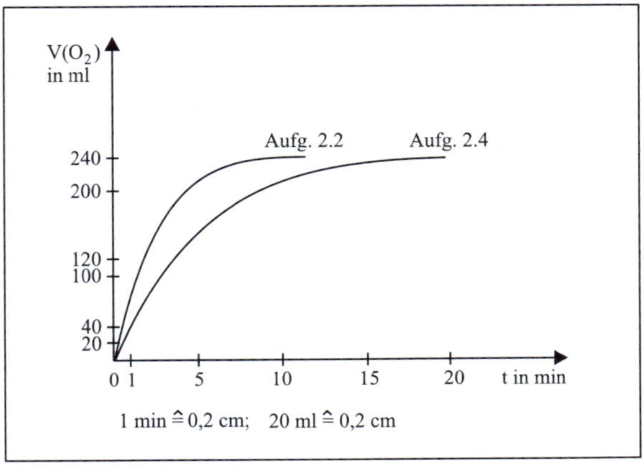

Am Anfang ist die in der Zeiteinheit gebildete Sauerstoffmenge groß; das Volumen nimmt jedoch im Verlauf der Reaktion immer mehr ab. Dies liegt am Verbrauch des Ausgangsstoffes – die Stoffmenge des Wasserstoffperoxids wird kleiner.

2.3 Wahlbereich: Es gilt: $n(O_2) = \frac{V(O_2)}{V_0}$

Nach 2 Minuten: $n(O_2) = \frac{115 \cdot 10^{-3}\,L}{24{,}1\,L}\,mol = \frac{0{,}115}{24{,}1}\,mol = 0{,}0047\,mol$

Aus der Reaktionsgleichung entnimmt man:

$\frac{n(H_2O_2)}{n(O_2)} = \frac{2}{1}$ oder $n(H_2O_2) = 2\,n(O_2)$, $n(H_2O_2) = 0{,}0095\,mol$

für die Konzentrationsänderung erhält man mit

$c = \frac{n}{V}$: $\Delta c_1\,(H_2O_2) = \frac{0{,}0095\,mol}{50 \cdot 10^{-3}\,L} = 0{,}19\,mol \cdot L^{-1}$

die Konzentration der Wasserstoffperoxid-Lösung ist nach 2 Minuten:

$c_1 = c_0 - \Delta c_1 = 1\,mol \cdot L^{-1} - 0{,}19\,mol \cdot L^{-1} = 0{,}81\,mol \cdot L^{-1}$

Nach vier Minuten:

$n(O_2) = \frac{190 \cdot 10^{-3}}{24{,}1\,L}\,mol = 7{,}88 \cdot 10^{-3}\,mol$; $n(H_2O_2) = 2\,n(O_2)$

$n(H_2O_2) = 7{,}88 \cdot 10^{-3} \cdot 2\,mol = 15{,}75 \cdot 10^{-3}\,mol$

Für die Konzentrationsänderung ergibt sich:

$$\Delta c_2(H_2O_2) = \frac{15,76 \cdot 10^{-3}\ mol}{50 \cdot 10^{-3}\ L} = 0,315\ mol \cdot L^{-1}$$

die Konzentration der Wasserstoffperoxid-Lösung nach 4 Minuten ist:

$c_2 = c_0 - \Delta c_2$; $c_2 = 1\ mol \cdot L^{-1} - 0,315\ mol \cdot L^{-1} = 0,68\ mol \cdot L^{-1}$

Mittlere Geschwindigkeit:

$$\bar{v} = \frac{\Delta c}{\Delta t} = \frac{c_2 - c_1}{\Delta t} = \frac{(0,68 - 0,81)\ mol \cdot L^{-1}}{2\ min} = 0,065\ mol \cdot L^{-1} \cdot min^{-1}$$

2.4 Die Reaktionszeit wird doppelt so groß; die Reaktionsgeschwindigkeit halbiert sich. Die gemessenen Sauerstoffvolumina werden in der doppelten Zeit erreicht.

Aufgabe 3: Energetik, Redoxreaktionen

1 Kupfersulfat ($CuSO_4$) kann durch Reaktion von konzentrierter Schwefelsäure (H_2SO_4) mit Kupfer hergestellt werden. Dabei entsteht unter anderem Schwefeldioxid.

1.1 Formulieren Sie eine Reaktionsgleichung, und zeigen Sie, dass es sich um eine Redoxreaktion handelt.

1.2 Schätzen Sie ab, ob diese Reaktion unter Entropiezunahme oder Entropieabnahme verläuft, und begründen Sie Ihre Entscheidung.

1.3 Kupfer reagiert dagegen nicht mit verdünnter Schwefelsäure; ($c(H_2SO_4) \cong 1\ mol \cdot L^{-1}$). Geben Sie dafür eine Begründung.

2 Kristallwasserfreies Kupfersulfat kann als Trocknungsmittel verwendet werden. Um aus dem kristallwasserhaltigen Salz ($CuSO_4 \cdot 5\ H_2O$) das kristallwasserfreie Kupfersulfat zu erhalten, muss es längere Zeit auf eine Temperatur von mehr als 100 °C erhitzt werden.

2.1 Berechnen Sie die Mindesttemperatur in °C, die zur Herstellung des kristallwasserfreien Kupfersulfats erforderlich ist.
Verwenden Sie die nachfolgende Tabelle. Die angegebenen Zahlenwerte für die Bildungsenthalpien und Entropien der Substanzen sind als temperaturabhängig anzusehen.

Substanz	$\Delta_f H^0$	S^0 in $J \cdot mol^{-1} \cdot K^{-1}$
$CuSO_4 \cdot 5\ H_2O$	–2280	300
$CuSO_{4(s)}$	–771	109
$H_2O_{(g)}$	–242	189

3 In einem Kalorimeter wird eine Stoffportion Schwefel der Masse m = 2 g verbrannt. Zur Aufnahme der Reaktionsenthalpie ist das Kalorimeter mit einer Wasserportion m = 400 g gefüllt. Es wird eine Temperaturerhöhung von $\Delta\vartheta = 8,9$ K gemessen. Die Wärmekapazität des Gerätes beträgt
$C_{Kal} = 390\ J \cdot K^{-1}$, die spezifische Wärmekapazität von Wasser beträgt
$c_W = 4,19\ J \cdot g^{-1} \cdot K^{-1}$

3.1 Berechnen Sie die molare Bildungsenthalpie für ein Mol Schwefeldioxid aus dem Versuchsergebnis.

4 Die in der Literatur genannte Standardbildungsenthalpie für Schwefeldioxid beträgt $\Delta_f H^0 = -297\ kJ \cdot mol^{-1}$.
Die Reaktionsenthalpie für die Oxidation einer Stoffportion Schwefeldioxid der Stoffmenge $n(SO_2) = 1$ mol zu Schwefeltrioxid bei Standardbedingungen beträgt $\Delta_R H = -99$ kJ.

4.1 Berechnen Sie die molare Standardbildungsenthalpie von Schwefeltrioxid.

5 Wie reagiert dieses Gleichgewicht auf eine Druckerniedrigung, wie auf eine Temperaturerniedrigung? Begründen Sie Ihre Angaben.

Lösung

1.1 Reaktionsgleichung:

$$\overset{0}{Cu} + 2\,\overset{+1\ +6\ -2}{H_2SO_4} \longrightarrow \overset{+2\ +6\ -2}{CuSO_4} + \overset{+4\ -2}{SO_2} + 2\,\overset{+1\ -2}{H_2O}$$

Die Oxidationsstufe des Schwefels ändert sich von +6 in H_2SO_4 zu +4 in SO_2, Schwefel wird also reduziert. Bei Kupfer wechselt die Oxidationsstufe von 0 in Cu zu +2 im Cu^{2+}-Ion, Kupfer wird also oxidiert.

Anmerkung: Die Reaktion läuft nur in heißer, konzentrierter Säure ab.

1.2 Die Teilchenzahl ist rechts größer (Stoffmengenänderung: $\Delta n = 1$ mol), außerdem entsteht ein Gas (Gase haben einen hohen Unordnungszustand); die Entropie nimmt somit zu.

1.3 Folgende Reaktionen müssten ablaufen:

1)
$$\begin{array}{rcl} Cu & \longrightarrow & Cu^{2+} + 2\,e^- \\ 2\ H_3O^+ + 2\,e^- & \longrightarrow & H_2 + 2\,H_2O \\ \hline Cu + 2\,H_3O^+ & \longrightarrow & Cu^{2+} + H_2 + 2\,H_2O \end{array}$$

Da Kupfer in Lösung gehen müsste, sollte dieses ein negativeres Normalpotenzial als Wasserstoff/Hydronium-Ionen haben. Dies ist nicht der Fall.
Abschätzung mit Normalpotenzialen (Wahlbereich):

$\Delta E^0 = -0{,}35\ V + 0\ V = -0{,}35\ V$

$\Delta G^0 = -z \cdot F\,\Delta E^0$, da $\Delta E^0 < 0$ ist, wird $\Delta G^0 > 0$

Die Reaktion läuft wegen $\Delta G^0 > 0$ nicht freiwillig ab.

2)
$$\begin{array}{rcl} Cu & \longrightarrow & Cu^{2+} + 2\,e^- \\ SO_4^{2-} + 2\,e^- + 4\,H^+ & \longrightarrow & SO_2 + 2\,H_2O \\ \hline Cu + SO_4^{2-} + 4\,H^+ & \longrightarrow & Cu^{2+} + SO_2 + 2\,H_2O \end{array}$$

In verdünnter wässriger Lösung ist die Oxidationswirkung des Systems SO_4^{2-}/SO_2 gering, das Potenzial beträgt 0,2 V; mit zunehmender Konzentration der Schwefelsäure wächst das Oxidationspotenzial an, sodass Kupfer aufgelöst werden kann.
Auch hier ist $\Delta E^0 < 0$, sodass $\Delta G^0 > 0$ wird; die Reaktion läuft nicht freiwillig ab.

2 **Reaktionsgleichung**

$$CuSO_4 \cdot 5\,H_2O(s) \longrightarrow CuSO_4(s) + 5\,H_2O(g)$$

Es gilt der Reihe nach:

$$\Delta_R G^0 = \Delta_R H^0 - T\,\Delta_R S^0$$
$$\Delta_R G^0 = \Sigma\,\Delta_f H^0(\text{Produkte}) - \Sigma\,\Delta_f H^0(\text{Edukte}) - T(\Sigma\,S^0(\text{Produkte}) - \Sigma\,S^0(\text{Edukte}))$$
$$\Delta_R H^0 = \Delta_f H^0(CuSO_4) + 5\,\Delta_f H^0(H_2O(g)) - \Delta_f H^0(CuSO_4 \cdot 5\,H_2O)$$
$$\Delta_R S^0 = S^0(CuSO_4) + 5\,S^0(H_2O(g)) - S^0(CuSO_4 \cdot 5\,H_2O)$$

Mit den Zahlenwerten erhält man:

$\Delta_R H^0 = (-771 - 1\,210)\ \text{kJ} \cdot \text{mol}^{-1} - (-2\,280)\ \text{kJ} \cdot \text{mol}^{-1} = 299\ \text{kJ} \cdot \text{mol}^{-1}$ und
$\Delta_R S^0 = (109 + 945)\ \text{J} \cdot \text{K}^{-1} \cdot \text{mol}^{-1} - 300\ \text{J} \cdot \text{K}^{-1} \cdot \text{mol}^{-1} = 754\ \text{J} \cdot \text{K}^{-1} \cdot \text{mol}^{-1}$

Für den freiwilligen Ablauf einer Reaktion gilt: $\Delta G^0 < 0$

Mit $\Delta_R G^0 = \Delta_f H^0 - T\,\Delta_R S^0$ errechnet sich die Temperatur folgendermaßen:

$\Delta_R H^0 - T\,\Delta_R S^0 < 0$, $\Delta_R H^0 < T\,\Delta_R S^0$, $\dfrac{\Delta_R H^0}{\Delta_R S^0} < T$. Mit den Werten:

$$T > \frac{299\,000\ \text{J} \cdot \text{K} \cdot \text{mol}}{\text{mol}\ 754\ \text{J}} = 396{,}55\ \text{K}\ (\vartheta > 123\ ^\circ\text{C})$$

3.1 Für die aufgenommene Wärmemenge gilt: $Q = (c_w m_w + C_{Kal})\,\Delta T$
Die Zahlenwerte liefern:

$$Q = \left(4{,}19\,\frac{\text{J}}{\text{g} \cdot \text{K}} \cdot 400\ \text{g} + 390\,\frac{\text{J}}{\text{K}}\right) \cdot 8{,}9\ \text{K} = 18{,}387\ \text{kJ}$$

Die Bildungsenthalpie des Schwefels ist: $\Delta_f H\,(SO_2) = -\dfrac{Q}{n(S)}$ $\quad(n(S) = n(SO_2))$

Mit der Stoffmenge $n(S) = \dfrac{m(S)}{M(S)} = \dfrac{2\ \text{g}}{32\ \text{g}}\ \text{mol} = \dfrac{1}{16}\ \text{mol}$ erhält man für die Bildungs-

enthalpie: $\Delta_f H\,(SO_2) = -\dfrac{Q\ \text{kJ}}{\frac{1}{16}\ \text{mol}} = -\,18{,}387\ \text{kJ} \cdot 16\ \text{mol}^{-1} = -294{,}19\ \text{kJ} \cdot \text{mol}^{-1}$

4.1 **Reaktionsgleichungen**

$$2\,S + 2\,O_2 \rightleftharpoons 2\,SO_2 \qquad (1) \qquad \Delta_1 H^0\ (\Delta_1 H^0\ (SO_2))$$
$$2\,SO_2 + O_2 \rightleftharpoons 2\,SO_3 \qquad (2) \qquad \Delta_2 H^0\ (\Delta_2 H^0)$$

$$2\,S + 3\,O_2 + 2\,SO_2 \rightleftharpoons 2\,SO_2 + 2\,SO_3 \qquad (1) + (2)$$
$$\Delta_3 H^0 = \Delta_1 H^0 + \Delta_2 H^0$$
$$2\,S + 3\,O_2 \rightleftharpoons 2\,SO_3 \qquad \Delta_3 H^0$$

Es ist: $\Delta_f H^0(SO_3) = \dfrac{\Delta_3 H^0}{2} = \dfrac{\Delta_1 H^0}{2} + \dfrac{\Delta_2 H^0}{2}$

$$\Delta_f H^0(SO_3) = -297\ \text{kJ} \cdot \text{mol}^{-1} + (-99)\ \text{kJ} \cdot \text{mol}^{-1} = -396\ \text{kJ} \cdot \text{mol}^{-1}$$

5 **Reaktionsgleichung**

$$2\,SO_2 + O_2 \rightleftharpoons 2\,SO_3$$

Druckerniedrigung bedeutet Volumenvergrößerung; das Gleichgewicht verschiebt sich auf die Seite mit dem größeren Volumen, also nach links in Richtung der Ausgangsstoffe. Die Reaktion ist exotherm. Das Gleichgewicht verschiebt sich bei Temperaturerniedrigung auf die Seite des wärmeliefernden Vorganges, also nach rechts.

Aufgabe 4: Energetik, Chemische Gleichgewichte

1 Seit 1867 wird in einem Verfahren nach A. W. v. Hofmann Methanal (Formaldehyd) großtechnisch bei 600 °C – 700 °C aus Methanol hergestellt, wobei Silbernetze als Katalysatoren wirken. Dabei wird ein Teil des Methanols direkt zu Formaldehyd dehydriert. Der entstehende Wasserstoff reagiert am Katalysator mit dem Sauerstoff der Luft.

1.1 Formulieren Sie die Gleichungen der Teilreaktionen und die Bruttogleichung der Gesamtreaktion.
Zeigen Sie, dass dabei Methanol oxidiert wird.

1.2 Begründen Sie, wie man die Ausbeute an Formaldehyd vergrößern kann.

1.3 Für die Reaktion von 1 mol Methanol mit Sauerstoff zu Formaldehyd und Wasser gilt:
$\Delta_R H^0 = -159\ kJ \cdot mol^{-1}$.
Berechnen Sie die molare Standardbildungsenthalpie von Wasser mithilfe der gegebenen Werte (siehe Tabelle folgende Seite).

1.4 Für die Dehydrierung von 1 mol Methanol zu Methanal und Wasserstoff ist die Reaktionsenthalpie $\Delta_R H^0 = +85\ kJ$.
Zeigen Sie, dass die Reaktion bei 600 °C exergonisch ist.
($\Delta_R H^0$, $\Delta_R G^0$ und S^0 werden als temperaturunabhängig angenommen.)

2 Methanal lässt sich zu Methansäure oxidieren.
Welcher der beiden Stoffe hat die höhere Siedetemperatur?
Begründen Sie Ihre Aussage.

3 Ameisensäure ist Bestandteil von gebräuchlichen Entkalkungsmitteln.
Formulieren Sie eine Reaktionsgleichung für die Umsetzung der Ameisensäure mit dem Kalk.
Begründen Sie, warum Ameisensäure den Kalk auflöst.

	$CH_3OH_{(g)}$	$HCHO_{(g)}$	$H_2O_{(g)}$	$O_{2(g)}$	$H_{2(g)}$
S^0 in $J \cdot mol^{-1} \cdot K^{-1}$	+240	+219	+189	+205	+131
$\Delta_f H^0$ in $kJ \cdot mol^{-1}$	–201	–116			

Lösung

1.1

$$\begin{array}{lcl} 2\,CH_3OH & \longrightarrow & 2\,CH_2O + 2\,H_2 \\ 2\,H_2 + O_2 & \longrightarrow & 2\,H_2O \\ \hline 2\,\overset{-II}{C}H_3OH + \overset{0}{O}_2 & \longrightarrow & 2\,\overset{0}{C}H_2\overset{-II}{O} + 2\,H_2O \end{array}$$

Die Oxidationszahlen ändern sich beim Kohlenstoffatom von –II zu 0 und beim Sauerstoffatom von 0 zu –II.

1.2 (1) MWG: $K = \dfrac{c^2(H_2O) \cdot c^2(CH_2O)}{c(O_2) \cdot c^2(CH_3OH)}$

damit der Term konstant bleibt, müssen bei einer Erhöhung der Konzentrationen der Ausgangsstoffe auch die Konzentrationen der Produkte größer werden.

oder:

Werden die Konzentrationen der Ausgangsstoffe vergrößert, so können mehr Teilchen zusammenstoßen und zu den Produkten reagieren.

(2) Druckverminderung führt zu Volumenvergrößerung – Verschiebung des Gleichgewichts auf die Seite des größeren Volumens, also nach rechts.

(3) Bei Temperaturerniedrigung Verschiebung des Gleichgewichts auf die Seite des wärmeliefernden Vorganges; bei exothermer Reaktion nach rechts.

1.3 **Reaktionsgleichung:** $CH_3OH + ½\,O_2 \longrightarrow CH_2O + H_2O$

Für die Änderung der Reaktionsenthalpie gilt:

$\Delta_R H^0 = \Sigma\, \Delta_f H^0(\text{Produkte}) - \Sigma\, \Delta_f H^0\,(\text{Edukte})$ oder

$\Delta_R H^0 = \Delta_f H^0(H_2O) + \Delta_f H^0(CH_2O) - \Delta_f H^0(CH_3OH)$

$\Delta_f H^0(H_2O) = \Delta_R H^0 - \Delta_f H^0(CH_2O) + \Delta_f H^0(CH_3OH)$

$\Delta_f H^0(H_2O) = -159\ kJ \cdot mol^{-1} + 116\ kJ \cdot mol^{-1} - 201\ kJ \cdot mol^{-1}$

$\Delta_f H^0(H_2O) = -244\ kJ \cdot mol^{-1}$

Möglichkeit 2 nach dem Satz von Hess:

$$\begin{array}{llcll} (1) & CH_3OH + ½\,O_2 & \longrightarrow & CH_2O + H_2O & \Delta_{R_1}H^0 \\ (2) & H_2 + ½\,O_2 & \longrightarrow & H_2O & \Delta_f H^0(H_2O) \\ (3) & CH_3OH & \longrightarrow & CH_2O + H_2 & \Delta_{R_2}H^0 \\ \hline \end{array}$$

Addition von (1) und (2), von der Summe Substraktion von (3)

$H_2 + O_2 \longrightarrow 2\,H_2O - H_2$ oder

$2\,H_2 + O_2 \longrightarrow 2\,H_2O$

Für die Enthalpien gilt:

$\Delta_{R_1}H^0 + \Delta_f H^0\,(H_2O) - \Delta_{R_2}H^0 = 2\,\Delta_f H^0\,(H_2O)$

$\Delta_{R_1}H^0 - \Delta_{R_2}H^0 = \Delta_f H^0(H_2O)$

$(-159 - 85)\ kJ = \Delta_f H^0(H_2O)$

$-244\ kJ\ mol^{-1} = \Delta_f H^0(H_2O)$

1.4 **Reaktionsgleichung:** $CH_3OH \longrightarrow CH_2O + H_2$

$\Delta_R G = \Delta_R H - T \cdot \Delta_R S$ unter den angegebenen Bedingungen gilt:

$\Delta_R G = \Delta_R H - T \cdot \Delta_R S^0 = \Delta_R H^0 - T\,[\Sigma\, S^0\,(Pr.) - \Sigma\, S^0\,(Ed.)]$

$\Delta_R G = \Delta_R H - T\,[S^0(H_2) + S^0(CH_2O) - S^0(CH_3OH)]$

$\Delta_R G = 85\ kJ - 873\ K\ \ [131 + 219 - 240]\ J \cdot K^{-1}$

$\Delta_R G = 85\ kJ - 873 \cdot 110\ J = -11\ kJ$ $\Delta_R G < 0$, exergonische Reaktion.

2

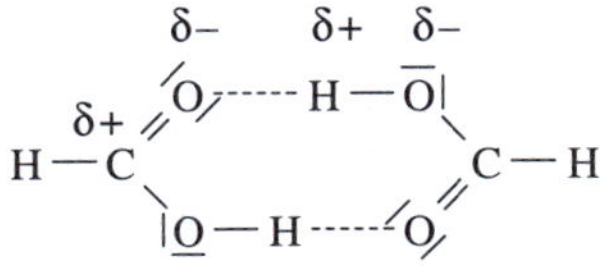

bei Methansäure: Wasserstoffbrückenbindungen (s. o.) und van-der-Waals-Kräfte

bei Methanal: Dipolkräfte (permanente Dipole) und van-der-Waals-Kräfte

Die Wasserstoffbrückenbindungen sind stärker als die Dipolkräfte – die Methansäure zeigt den höheren Siedepunkt an.

3 $H{-}COOH + H_2O \rightleftharpoons H_3O^+ + H{-}COO^-$

$CaCO_3(s) + 2\,H_3O^+ \rightleftharpoons H_2CO_3 + Ca^{2+} + 2\,H_2O$

$H_2CO_3 \longrightarrow H_2O + CO_2$

Protolysereaktion: CO_3^{2-}, H_2O Baseteilchen

H_3O^+, H_2CO_3 Säureteilchen

Kohlensäure zerfällt und Kohlenstoffdioxid entweicht, sodass die Reaktion nach rechts abläuft. Ameisensäure ist eine stärkere Säure als Kohlensäure.

Aufgabe 5: Chemische Gleichgewichte, Salze – Wahlbereich

Das Verfahren zur Herstellung von Soda (Natriumcarbonat) nach Solvay wurde bereits um 1860 entwickelt. Bei diesem Verfahren wird eine kalt gesättigte Kochsalzlösung mit Ammoniak gesättigt und dann bei 50 °C mit Kohlenstoffdioxid zur Reaktion gebracht.
Dabei bilden sich Ammoniumchlorid und das in Wasser schwerlösliche Natriumhydrogencarbonat. Das Natriumhydrogencarbonat wird nach dem Abtrennen von der Lösung durch Erhitzen in Soda umgewandelt. Die Rückgewinnung des Ammoniaks aus der zurückgebliebenen Ammoniumchloridlösung erfolgt durch Zugabe einer erhitzten Suspension von Calciumhydroxid in Wasser.

1 Geben Sie die chemischen Umsetzungen durch Reaktionsgleichungen an.

2 Erklären Sie unter Zuhilfenahme der Tabelle der Säurekonstanten, warum in alkalischer Ammoniumchloridlösung das Gleichgewicht auf der Seite des Ammoniaks liegt.

3 Wie viel Gramm Ammoniak müssen in Wasser eingeleitet werden, damit daraus 500 mL Lösung mit pH 11,5 entsteht?

4 Beschreiben Sie je einen experimentellen Nachweis für Ammonium- und Chlorid-Ionen und geben sie dafür Reaktionsgleichungen an.

5 Gleichkonzentrierte wässrige Lösungen von Ammoniumchlorid und Soda haben unterschiedlichen pH-Wert.
Erklären Sie diese Tatsache.

6 Die Basizität der vom Ammoniak abgeleiteten Verbindungen ändert sich, wenn im Ammoniakmolekül ein Wasserstoffatom einmal durch eine Methylgruppe bzw. einmal durch eine Phenylgruppe (C_6H_5–) ersetzt wird.
Geben Sie die Strukturformeln dieser Verbindung mit bindenden und nichtbindenden Elektronenpaaren an und benennen Sie die beiden Ammoniakderivate
Ermitteln Sie mithilfe der Tabelle den jeweiligen pK_B-Wert, ordnen Sie die drei Stoffe nach steigender Basizität und begründen Sie die Reihenfolge anhand der Strukturunterschiede.

Lösung

1
$$Na^+ + Cl^- + NH_3 + H_2O + CO_2 \longrightarrow NH_4^+ + Cl^- + NaHCO_3\,(s) \quad (1)$$
$$2\,NaHCO_3\,(s) \longrightarrow Na_2CO_3\,(s) + H_2O\,(g) + CO_2\,(g) \quad (2)$$
$$2\,NH_4^+ + 2\,Cl^- + Ca^{2+} + 2\,OH^- \longrightarrow 2\,NH_3\,(g) + Ca^{2+} + 2\,Cl^- + 2\,H_2O \quad (3)$$

2
$$\underset{S_1}{NH_4^+} + \underset{B_2}{OH^-} \rightleftharpoons \underset{B_1}{NH_3} + \underset{S_2}{H_2O}$$
$$pK_{S1} < pK_{S2} \quad \text{oder} \quad K_{S1} > K_{S2}$$
Das Gleichgewicht liegt auf der rechten Seite.

3 Für eine schwache Base gilt: $c(OH^-) = \sqrt{K_B \cdot c(\text{Base})}$ (1)

der pOH-Wert ist: $pOH = -\lg c(OH^-)$ (2)

(1) in (2) eingesetzt ergibt der Reihe nach:

$$pOH = -\frac{1}{2}\lg K_B \cdot c = -\frac{1}{2}\lg K_B - \frac{1}{2}\lg c \quad (3)$$

Für korrespondierende Säure-Base-Paare ist: $K_S \cdot K_B = 10^{-14}$ oder

$\lg K_S + \lg K_B = -14$ und $\lg K_B = -14 - \lg K_S$ (4)

Mit pH = 14 – pOH sowie (3) und (4) erhält man folgende Beziehungen:

$$pH = 14 + \frac{1}{2}\lg K_B + \frac{1}{2}\lg c = 14 + \frac{1}{2}(-14 - \lg K_S) + \frac{1}{2}\lg c = 7 - \frac{1}{2}\lg K_S + \frac{1}{2}\lg c$$

$$pH = 7 + \frac{1}{2}pK_S + \frac{1}{2}\lg c = 7 + \frac{pK_S + \lg c}{2} \quad \text{oder} \quad 2\,(pH - 7) = pK_S + \lg c$$

$$\lg c = 2\,(pH - 7) - pK_S$$

Die Zahlenwerte ergeben: $2\,(11{,}5 - 7) - 9{,}24 = \lg c$; $-0{,}24 = \lg c$

oder: $10^{-0{,}24}\ \text{mol} \cdot \text{L}^{-1} = c$; $c = 0{,}575\ \text{mol} \cdot \text{L}^{-1}$

Mit $c = \frac{n}{V}$ oder $c \cdot V = n$ und $n = \frac{m}{M}$ erhält man:

$m(NH_3) = c(NH_3) \cdot V(NH_3) \cdot M(NH_3)$

$m(NH_3) = 0{,}575\ \text{mol} \cdot \text{L}^{-1} \cdot 500 \cdot 10^{-3}\ \text{L} \cdot 17\ \text{g} \cdot \text{mol}^{-1}$

$m(NH_3) = 4{,}89\ \text{g}$

4 Nachweis der Chlorid-Ionen mit Silbernitratlösung. Man erhält einen weißen Niederschlag von Silberchlorid:

$Cl^- + Ag^+ + NO_3^- \longrightarrow AgCl(s) + NO_3^-$

Nachweis der Ammonium-Ionen durch Zugabe von Natronlauge. Ammoniak entweicht – entsprechender Geruch oder Nachweis mit angefeuchtetem rotem Lackmuspapier:

$NH_4^+ + Na^+ + OH^- \longrightarrow Na^+ + H_2O + NH_3\ (g)$

Ammoniaknachweis auch mit HCl – weißer Rauch

5

$$\underset{S_1}{NH_4^+} + Cl^- + \underset{B_2}{H_2O} \rightleftharpoons \underset{S_2}{H_3O^+} + \underset{B_1}{NH_3} + Cl^-$$

$$\underset{B_1}{CO_3^{2-}} + \underset{S_2}{H_2O} \rightleftharpoons \underset{S_1}{HCO_3^-} + \underset{B_2}{OH^-}$$

6

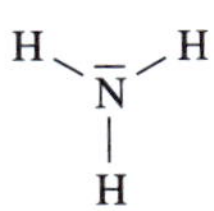

Ammoniak (A)

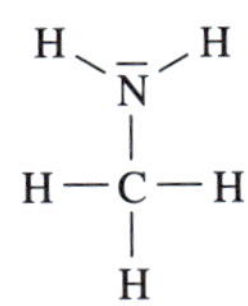

Methylamin (B)

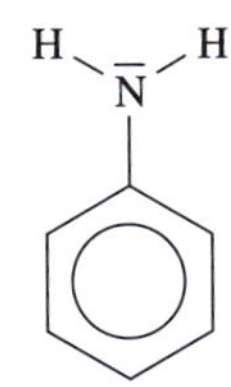

Aminobenzol (C)
Anilin

Die pK-Werte erhält man aus der Beziehung:

$pK_S + pK_B = 14$ oder $pK_B = 14 - pK_S$

$pK_B(A) = 14 - 9{,}24 = 4{,}76$

$pK_B(B) = 14 - 10{,}64 = 3{,}36$

$pK_B(C) = 14 - 4{,}58 = 9{,}42$

$pK_B(B) < pK_B(A) < pK_B(C)$

Basenstärke: (B) > (A) > (C)

Die Methylgruppe übt einen +I-Effekt aus. Damit erhöht sich die Elektronendichte am Stickstoffatom und damit auch die Basizität.

Aminobenzol: Das Elektronenpaar am Stickstoffatom nimmt an der Mesomerie des Benzolgerüsts teil; es ist nur noch z. T. verfügbar – die Basizität ist geringer.

Ergänzung: mesomere Grenzstrukturen von Aminobenzol

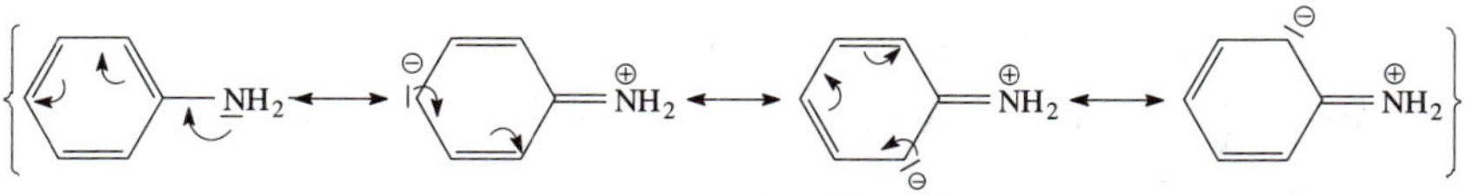

Aufgabe 6: Energetik, Redoxreaktionen

1 Luftstickstoff und Luftsauerstoff reagieren bei Zimmertemperatur nicht miteinander. Erst in der Brennerflamme von Feuerungsanlagen oder am Zündfunken eines Verbrennungsmotors entsteht Stickstoffmonooxid. Aus diesem und Sauerstoff entsteht in Bereichen mit etwas tieferer Temperatur in einer Folgereaktion Stickstoffdioxid.

1.1 Stellen Sie die beiden Reaktionsgleichungen auf und geben Sie die Oxidationszahlen an.

1.2 Berechnen Sie die Reaktionsenthalpie für die Oxidation von Stickstoffmonooxid zu Stickstoffdioxid.
Erklären Sie, weshalb das Stickstoffmonooxid nicht unmittelbar in der heißesten Verbrennungszone zu Stickstoffdioxid oxidiert wird.

2 In Großfeuerungsanlagen werden zur Rauchgasentstickung die beiden Stickoxide durch Zugabe eines Luftsauerstoff/Ammoniak-Gemisches in Stickstoff und Wasser umgewandelt. Die Reaktion läuft bei Temperaturen über 320 °C an einem Katalysator ab.

2.1 Formulieren Sie die Reaktionsgleichungen für die Reduktion beider Stickstoffoxide mit Ammoniak (ohne Berücksichtigung des Luftsauerstoffs).

2.2 Schätzen Sie ab, ob die Reaktionen aus 2.1 unter Entropiezunahme oder -abnahme verlaufen und begründen Sie Ihre Entscheidung.

2.3 Berechnen Sie die Masse der Ammoniakportion, die eingesetzt werden muss, um 0,9 g Stickstoffmonooxid entsprechend der Reaktion aus Aufgabe 2.1 umzusetzen.

3 Bei der Abgasreinigung von Kraftfahrzeugen mit Dreiwegekatalysator wird das Stickstoffmonooxid am Rhodiumkatalysator durch im Abgas vorhandenes Kohlenstoffmonooxid reduziert.

3.1 Formulieren Sie hierzu eine Reaktionsgleichung und berechnen Sie die freie Reaktionsenthalpie $\Delta_R G$ für $\vartheta = 500$ °C unter Verwendung der gegebenen Tabellenwerte.

3.2 Erläutern Sie anhand eines Energieniveaudiagramms den Verlauf einer katalysierten und einer nicht-katalysierten Reaktion.

	NO	NO_2	N_2	O_2	CO_2	CO
$\Delta_f H$ ($kJ \cdot mol^{-1}$)	90,3	33,2			−393,6	−110,6
S ($J \cdot K^{-1} \cdot mol^{-1}$)	210,6	240,1	191,7	205,1	213,7	197,7

Lösung

1.1 $$\overset{0}{N_2} + \overset{0}{O_2} \rightleftharpoons 2\,\overset{+II\,-II}{NO}$$

$$2\,\overset{+II\,-II}{NO} + \overset{0}{O_2} \rightleftharpoons 2\,\overset{+IV\,-II}{NO_2}$$

1.2 $\Delta_R H^0 = \Sigma\, \Delta_f H^0$ (Produkte) – $\Sigma\, \Delta_f H^0$ (Edukte)

$\Delta_R H^0 = 2\, \Delta_f H^0 (NO_2) - 2\, \Delta_f H^0 (NO)$

$\Delta_R H^0 = (2 \cdot 33{,}2 - 2 \cdot 90{,}3)$ kJ $= -114{,}2$ kJ

$\Delta_R H^0 < 0$, die Reaktion ist exotherm; bei einer exothermen Reaktion verschiebt sich bei Temperaturerhöhung das Gleichgewicht auf die Seite des wärmeverbrauchenden Vorganges, also nach links.

2.1 $$6\,NO + 4\,NH_3 \rightleftharpoons 5\,N_2 + 6\,H_2O$$

$$6\,NO_2 + 8\,NH_3 \rightleftharpoons 7\,N_2 + 12\,H_2O$$

2.2 Die Entropie nimmt zu, da die Zahl der Teilchen jeweils zunimmt.

2.3 Aus der Reaktionsgleichung ergibt sich:

$$\frac{n(NO)}{n(NH_3)} = \frac{6}{4} \quad \text{oder} \quad n(NH_3) = \frac{2}{3}\, n(NO)$$

für die Stoffmenge n(X) gilt: $n(X) = \frac{m(X)}{M(X)}$; mit dieser Beziehung erhält man aus

$$n(NH_3) = \frac{2}{3}\, n(NO),\ \frac{m(NH_3)}{M(NH_3)} = \frac{2}{3}\frac{m(NO)}{M(NO)} \qquad \text{oder}$$

$$m(NH_3) = \frac{2}{3}\frac{m(NO)}{M(NO)} \cdot M(NH_3)$$

die Zahlenwerte liefern: $m(NH_3) = \frac{2}{3} \cdot \frac{0{,}9\ g}{30\ g}\ mol \cdot 17\ g \cdot mol^{-1}$; $m(NH_3) = 0{,}34$ g

3.1 $2\,NO + 2\,CO \longrightarrow 2\,CO_2 + N_2$

$\Delta_R G = \Delta H - T \cdot \Delta S$ oder

$\Delta_R G = \Sigma\, \Delta_f H$ (Produkte) – $\Sigma\, \Delta_f H$ (Edukte) – T · [Σ S (Produkte) – Σ S (Edukte)]

Für die Reaktion gilt (näherungsweise):

$$\Delta_R G = 2\, \Delta_f H (CO_2) + \Delta_f H (N_2) - 2\, \Delta_f H (NO) - 2\, \Delta_f H (CO) - \\ - T \cdot [2\, S(CO_2) + S(N_2) - 2\, S(NO) - 2\, S(CO)]$$

$$\Delta_R G = (-787{,}2 - 180{,}6 + 221{,}2)\ kJ - 773\ K\ (427{,}4 + 191{,}7 - 421{,}2 - 395{,}4)\frac{J}{K}$$

$$\Delta_R G = -746{,}6\ kJ + 152{,}67\ kJ = -593{,}93\ kJ$$

3.2

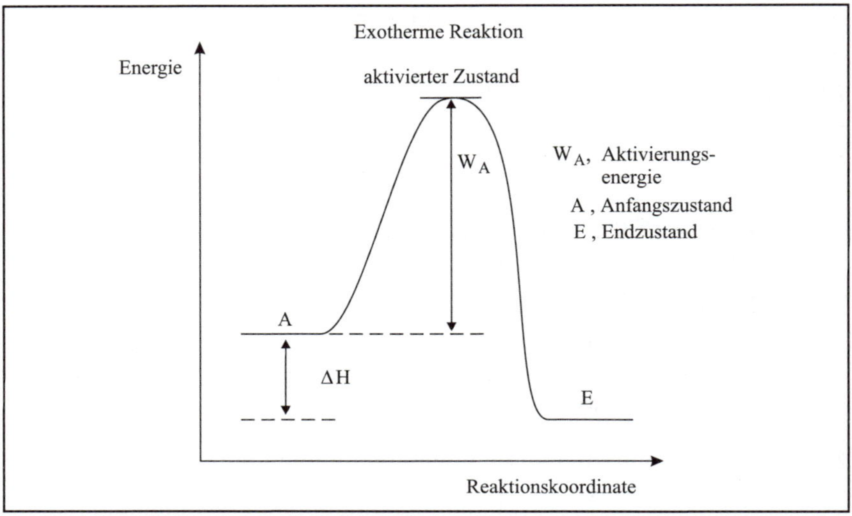
Exotherme Reaktion
Energie
aktivierter Zustand
W A
W A, Aktivierungs-
energie
A , Anfangszustand
E , Endzustand
A
ΔH
E
Reaktionskoordinate

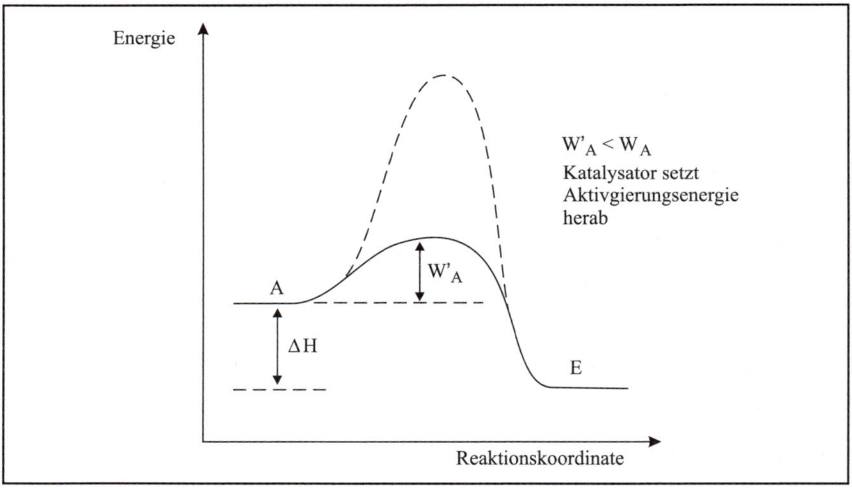
Energie
W'A < W A
Katalysator setzt
Aktivgierungsenergie
herab
W'A
A
ΔH
E
Reaktionskoordinate

Aufgabe 7: Chemische Gleichgewichte, Redoxreaktionen

Aus dem bei der Entschwefelung von Erdöl anfallenden Schwefelwasserstoff erhält man im Claus-Prozess besonders reinen Schwefel.
Dabei wird im ersten Schritt ein Teil des Schwefelwasserstoffs mit Luftsauerstoff zu Schwefeldioxid verbrannt. Dieses wird im zweiten Schritt mit dem restlichen Schwefelwasserstoff am Katalysator umgesetzt.

1 Geben Sie für die beiden Reaktionsschritte zur Schwefelgewinnung im Claus-Prozess die Reaktionsgleichungen mit den Oxidationszahlen an.

2 Der so gewonnene Schwefel wird zur Schwefelsäuregewinnung zu Schwefeldioxid verbrannt. Dieses wird in einem Hordenofen, in dem der Katalysator in vier Schichten (Horden) angeordnet ist, mit Luftsauerstoff weiteroxidiert.

Das 450 °C heiße Gasgemisch reagiert dabei an jeder Horde, wobei sich seine Temperatur erhöht. Vor Erreichen der nächsten Horde wird es wieder auf 450 °C abgekühlt.

2.1 Formulieren Sie die Reaktionsgleichung für die am Katalysator ablaufende Gleichgewichtsreaktion und wenden Sie darauf das Massenwirkungsgesetz an. Erklären Sie, warum das Gasgemisch vor jeder Horde auf 450 °C abgekühlt wird, eine stärkere Abkühlung aber nicht sinnvoll ist.

2.2 Berechnen Sie die Masse der Stoffportion Schwefel, die bei vollständiger Umsetzung benötigt wird, um bei 450 °C 100 Liter Schwefeltrioxid-Gas zu erhalten.
Das molare Volumen beträgt bei diesen Bedingungen 59,3 $L \cdot mol^{-1}$.

3 Schwefelsäureabfälle können entsorgt werden, indem die darin enthaltene Schwefelsäure bei (H_2SO_4) 1 000 °C in Sauerstoff, Wasser und Schwefeldioxid zersetzt wird. Das schädliche Gas Schwefeldioxid wird mit einer wässrigen Ammoniaklösung ausgewaschen. Dabei entsteht zunächst Ammoniumsulfit, das mit Luftsauerstoff zu Ammoniumsulfat oxidiert wird.
Formulieren Sie die entsprechenden Reaktionsgleichungen.

4 Eine wässrige Lösung mit dem Volumen $V = 250$ mL enthält eine Stoffportion Ammoniumsulfat mit der Masse $m = 1{,}65$ g.
Berechnen Sie die Stoffmengenkonzentration c der Ammonium-Ionen und daraus den pH-Wert der Lösung.

Lösung

1 Reaktionsgleichungen

$$2\,\overset{+1}{H_2}\overset{-2}{S} + 3\,\overset{0}{O_2} \longrightarrow 2\,\overset{+1}{H_2}\overset{-2}{O} + 2\,\overset{+4}{S}\overset{-2}{O_2}$$

$$\overset{+4}{S}\overset{-2}{O_2} + 2\,\overset{+1}{H_2}\overset{-2}{S} \longrightarrow 3\,\overset{0}{S} + 2\,\overset{+1}{H_2}\overset{-2}{O}$$

1.1 **Reaktionsgleichung:** $2\,SO_2 + O_2 \rightleftharpoons 2\,SO_3$

exotherme Reaktion, $\Delta_R H < 0$

Massenwirkungsgesetz: $\frac{c^2(SO_3)}{c^2(SO_2) \cdot c(O_2)} = K_c$

Bei Temperaturerhöhung verschiebt sich das Gleichgewicht auf die Seite des wärmeverbrauchenden Vorgangs, also nach links – die Ausbeute würde abnehmen, deshalb Abkühlung. Bei weiterer Abkühlung nimmt die Reaktionsgeschwindigkeit ab, außerdem wirken Katalysatoren bei tieferen Temperaturen nicht genügend beschleunigend.

2.2 $n(SO_3) = \frac{V}{V_0} = \frac{100\,L}{59{,}3\,L} \cdot mol = 1{,}686\,mol$

aus $S + O_2 \longrightarrow SO_2$ und $2\,SO_2 + O_2 \longrightarrow 2\,SO_3$

folgt: $n(S) = n(SO_2) = n(SO_3)$. Mit $n = \frac{m}{M}$ erhält man:

$m(S) = n(S) \cdot M(S) = 1{,}686\,mol \cdot 32{,}1\,g \cdot mol^{-1} = 54{,}12\,g$

3

$$2\,H_2SO_4 \longrightarrow 2\,SO_2 + 2\,H_2O + O_2$$
$$SO_2 + 2\,NH_3(aq) + H_2O \longrightarrow 2\,NH_4^+ + SO_3^{2-}$$
$$2\,SO_3^{2-} + O_2 \longrightarrow 2\,SO_4^{2-}$$

4 Aus $n = \frac{m}{M}$ folgt: $n((NH_4)_2\,SO_4) = \frac{1{,}65\,g}{132{,}1\,g} \cdot mol = 0{,}0125\,mol$

$n(NH_4^+) = 2 \cdot 0{,}0125\,mol = 0{,}025\,mol$; $c(NH_4^+) = \frac{n}{V} = \frac{0{,}025\,mol}{1/4\,L} = 0{,}1\,mol \cdot L^{-1}$

Die Ammonium-Ionen reagieren sauer:

$NH_4^+ + H_2O \rightleftharpoons H_3O^+ + NH_3$

Es gilt: $c(H_3O^+) = \sqrt{K_S \cdot c(NH_4^+)}$

und damit für den pH-Wert:

$$pH = -\lg c(H_3O^+) = -\lg\,[K_S \cdot c(NH_4^+)]^{\frac{1}{2}} = -\frac{1}{2}\,[\lg K_S + \lg c(NH_4^+)]$$

$$= \frac{pK_S - \lg c(NH_4^+)}{2} = \frac{10{,}24}{2} = 5{,}12$$

Aufgabe 8: Chemisches Gleichgewicht

In einem geschlossenen Gefäß reagieren Chlor und Phosphortrichlorid miteinander zu Phosphorpentachlorid. Alle drei Stoffe sind oberhalb der Temperatur $\vartheta = 160\,°C$ gasförmig.

1 Formulieren Sie hierfür die Reaktionsgleichung und das Massenwirkungsgesetz.

2 Eine Stoffportion Phosphorpentachlorid der Masse $m = 10{,}5\,g$ wird in einem geschlossenen Behälter des Volumens $V = 1{,}5\,L$ erhitzt. Dabei zeigt sich, dass im Gleichgewichtszustand bei $\vartheta = 180\,°C$ ein Anteil $w = 40\,\%$ und bei $\vartheta = 250\,°C$ ein Anteil $w = 80\,\%$ des Phosphorpentachlorids zerfallen sind.

2.1 Verläuft der Zerfall des Phosphorpentachlorids exotherm oder endotherm? Begründen Sie Ihre Antwort.

2.2 Berechnen Sie die im Versuch eingesetzte Stoffmenge n_0 an Phosphorpentachlorid sowie die bei $\vartheta = 180\,°C$ im Behälter noch vorhandene Stoffmenge n_1 an Phosphorpentachlorid.
Berechnen Sie die Gleichgewichtskonstante K_c für die Temperatur $\vartheta = 180\,°C$.

2.3 Bei konstanter Temperatur $\vartheta = 180\,°C$ wird der Druck im Behälter durch Einpressen von Chlorgas erhöht. Welche Auswirkungen hat dies auf den Gleichgewichtszustand, welche Auswirkung auf die Gleichgewichtskonstante K_c?
Begründen Sie Ihre Aussagen.

3 Die Bestimmung der Schmelztemperatur von Phosphorpentachlorid gelingt nur unter erhöhtem Druck im geschlossenen Gefäß.
Erklären Sie diesen Sachverhalt.

4 Sowohl aus Phosphortrichlorid als auch aus Phosphorpentachlorid bildet sich an feuchter Luft ein stechend riechendes, farbloses Gas, welches Universalindikatorpapier rot färbt. Im ersten Fall entsteht zusätzlich phosphorige Säure (H_3PO_3), im zweiten Fall Phosphorsäure.

4.1 Formulieren Sie die Reaktionsgleichungen für die beiden Reaktionen und prüfen Sie, ob es sich dabei um Redoxreaktionen handelt.

4.2 Beschreiben Sie einen experimentellen Nachweis für das bei beiden Reaktionen entstehende Gas.

Lösung

1 Reaktionsgleichung:

$$Cl_2 + PCl_3 \rightleftharpoons PCl_5$$

Massenwirkungsgesetz: $K_c = \dfrac{c(PCl_5)}{c(Cl_2) \cdot c(PCl_3)}$

2.1 Der Zerfall des Phosphorpentachlorids ist eine endotherme Reaktion. Bei Temperaturerhöhung verschiebt sich das Gleichgewicht auf die Seite des wärmeverbrauchenden Vorganges, dies ist beim Zerfall in Richtung Ausgangsstoffe, also in obiger Reaktionsgleichung nach links.

2.2 Mit $n = \dfrac{m}{M}$ erhält man für die Ausgangsstoffmenge:

$$n_0(PCl_5) = \frac{m(PCl_5)}{M(PCl_5)} = \frac{10{,}5\ g}{208{,}22\ g}\ mol = 0{,}05\ mol$$

Für die Stoffmenge n_1: $n_1(PCl_5) = \dfrac{m(PCl_5) \cdot 60}{100 \cdot M(PCl_5)} = \dfrac{10{,}5 \cdot 0{,}6}{208{,}22}\ mol = 0{,}03\ mol$

Mit $c = \frac{n}{V}$ errechnen sich die Konzentrationen im Gleichgewicht:

$$c(PCl_5) = \frac{0{,}03\,mol}{1{,}5\,L} = 0{,}02\,mol \cdot L^{-1}$$

$$c(Cl_2) = c(PCl_3) = \frac{0{,}02\,mol}{1{,}5\,L} = 0{,}0133\,mol \cdot L^{-1}$$

$$K_c = \frac{c(PCl_5)}{c(Cl_2) \cdot c(PCl_3)} = \frac{0{,}02\,mol \cdot L^2}{0{,}0133^2\,L \cdot mol^2} = 113{,}06\,L \cdot mol^{-1}$$

2.3 Das Gleichgewicht verschiebt sich in Richtung PCl_5, da die Anzahl der Zusammenstöße zunimmt – höherer Druck bedeutet Volumenverkleinerung, das Gleichgewicht verschiebt sich in Richtung des kleineren Volumens, also in Richtung PCl_5.
Auf die Konstante K_c hat dies keine Auswirkungen, da die Temperatur gleich bleibt.

3 Beim Erhitzen wird der Zerfall begünstigt, der höhere Druck wirkt diesem jedoch entgegen.

4.1 $\overset{+3}{P}\overset{-1}{Cl_3} + 3\,\overset{+1}{H_2}\overset{-2}{O} \longrightarrow \overset{+1}{H_3}\overset{+3}{P}\overset{-2}{O_3} + 3\,\overset{+1}{H}\overset{-1}{Cl}$

$\overset{+5}{P}\overset{-1}{Cl_5} + 4\,\overset{+1}{H_2}\overset{-2}{O} \longrightarrow \overset{+1}{H_3}\overset{+5}{P}\overset{-2}{O_4} + 5\,\overset{+1}{H}\overset{-1}{Cl}$

keine Redoxreaktionen, da sich die Oxidationszahlen nicht ändern.

4.2 Zum Beispiel: Gase in Wasser einleiten, Zugabe von Silbernitratlösung, weißer Niederschlag von Silberchlorid:

$HCl(g) + H_2O \longrightarrow H_3O^+ + Cl^-$

$Ag^+ + NO_3^- + H_3O^+ + Cl^- \longrightarrow AgCl(s) + H_3O^+ + NO_3^-$

oder:

Gase mit Ammoniak reagieren lassen, weißer Feststoff, Ammoniumchlorid:

$HCl(g) + NH_3(g) \longrightarrow NH_4Cl(s)$

Aufgabe 9: Energetik, Redoxreaktionen

Salpetersäure wird auch heute noch nach einem im Jahre 1906 von W. Ostwald entwickelten großtechnischen Verfahren hergestellt, das sich im Wesentlichen in drei Schritte gliedert:
In einem ersten Schritt (A) wird Ammoniak mit Luftsauerstoff bei 700 °C am Katalysator zu Stickstoffmonooxid und Wasser verbrannt. Stickstoffmonooxid reagiert mit überschüssigem Sauerstoff nach Abkühlung auf 200 °C sofort weiter zu Stickstoffdioxid (B). Stickstoffdioxidgas reagiert mit weiterem Sauerstoff und Wasser schließlich zu Salpetersäure (HNO_3) (C). Bei der Ammoniakverbrennung kann in einer unerwünschten Nebenreaktion (D) Stickstoff anstelle von Stickstoffmonooxid entstehen.

1 Formulieren Sie für die Verfahrensschritte (A) bis (C) sowie für die Nebenreaktion (D) jeweils eine Reaktionsgleichung unter Angabe der Oxidationszahlen.

2 Berechnen Sie die Reaktionsenthalpien der miteinander konkurrierenden Reaktionen (A) und (D) mithilfe der angegebenen Tabellenwerte.

3 Geben Sie an, bei welchen der Verfahrensschritte (A) bis (C) eine Druckerhöhung sinnvoll ist, und begründen Sie Ihre Angabe.

4 Berechnen Sie für die Reaktion (B) die Temperatur, auf die mindestens abgekühlt werden muss, um einen exergonischen Reaktionsverlauf zu erhalten.

5 Eine mittelgroße Anlage produziert pro Tag 500 t reine Salpetersäure.
Berechnen Sie für Standardbedingungen das für eine Tagesproduktion Salpetersäure benötigte Ammoniak-Volumen.

6 Durch Einleiten von Ammoniakgas in Salpetersäure erhält man die metastabile Verbindung Ammoniumnitrat, die beim Erhitzen in exothermer Reaktion zu Distickstoffmonooxid und Wasser zerfallen kann.
Geben Sie die Reaktionsgleichung für den Zerfall von Ammoniumnitrat an. Erläutern Sie den Begriff „metastabile Verbindung".

	N_2	O_2	NO	NO_2	$H_2O_{(g)}$	$NH_{3(g)}$
$\Delta_f H$ (kJ · mol^{-1})			90	33	−242	−46
S (J · K^{-1} · mol^{-1})	192	205	211	240	189	192

Lösung

1 Reaktionsgleichungen:

$$\text{(A)}\quad 4\,\overset{-3\,+1}{NH_3} + 5\,\overset{0}{O_2} \rightleftharpoons 4\,\overset{+2\,-2}{NO} + 6\,\overset{+1\,-2}{H_2O}$$

$$\text{(B)}\quad 2\,\overset{+2\,-2}{NO} + \overset{0}{O_2} \rightleftharpoons 2\,\overset{+4\,-2}{NO_2}$$

$$\text{(C)}\quad 4\,\overset{+4\,-2}{NO_2} + 2\,\overset{+1\,-2}{H_2O} + \overset{0}{O_2} \longrightarrow 4\,\overset{+1\,+5\,-2}{HNO_3}$$

$$\text{(D)}\quad 4\,\overset{-3\,+1}{NH_3} + 3\,\overset{0}{O_2} \rightleftharpoons 2\,\overset{0}{N_2} + 6\,\overset{+1\,-2}{H_2O}$$

2 Allgemein gilt: $\Delta_R H = \Sigma\,\Delta_f H\,(\text{Pr.}) - \Sigma\,\Delta_f H\,(\text{Ed.})$
für Reaktion (A): $\Delta_R H = 4\,\Delta_f H\,(NO) + 6\,\Delta_f H(H_2O(g)) - 4\,\Delta_f H(NH_3) = -908$ kJ
für Reaktion (D): $\Delta_R H = 6\,\Delta_f H\,(H_2O(g)) - 4\,\Delta_f H(NH_3) = -1\,268$ kJ

3 Druckerhöhung bedeutet Volumenverkleinerung. Das System verschiebt sich in Richtung des kleineren Volumens. Bei den Reaktionen (B) und (C) vergrößert sich die Ausbeute bei Druckerhöhung.

4 Bei exergonischem Verlauf ist $\Delta_R G < 0$; für $\Delta_R H < 0$ und $\Delta_R S < 0$ ist $\Delta_R G < 0$,

wenn $|\Delta_R H| > |T \cdot \Delta_R S|$ oder $T < \left|\dfrac{\Delta_R H}{\Delta_R S}\right|$ ist.

$\Delta_R H = 2\,\Delta_f H(NO_2) - 2\,\Delta_f H\,(NO) = -114$ kJ

$\Delta_R S = \Sigma\,S(\text{Pr.}) - \Sigma\,S(\text{Ed.}) = 2\,S(NO_2) - 2\,S(NO) - S(O_2) = -147\,\dfrac{J}{K}$

Für die Temperatur T gilt dann: $T < \left|\dfrac{\Delta_R H}{\Delta_R S}\right|$, $T < \dfrac{114\,000\text{ J}}{147\text{ J}}\text{K}$, $T < 776$ K

5 Aus der Reaktionsgleichung erhält man: $n(NO_2) = n(NH_3) = n(HNO_3)$;

mit $n = \frac{m}{M}$ erhält man: $n(HNO_3) = \frac{m(HNO_3)}{M(HNO_3)} = \frac{500 \cdot 10^6\ g}{63\ g}\ mol = 7{,}94 \cdot 10^6\ mol$,

also $n(NH_3) = 7{,}94 \cdot 10^6$ mol.

Aus $n = \frac{V}{V_0}$ erhält man weiter: $V(NH_3) = n(NH_3) \cdot V_0$

$V(NH_3) = 7{,}94 \cdot 10^6\ mol \cdot 22{,}4\ L \cdot mol^{-1} = 177{,}86 \cdot 10^6 \cdot L$

6 **Reaktionsgleichung für den Zerfall**

$NH_4NO_3 \longrightarrow N_2O + 2\ H_2O$

metastabile Vebindung

Verbindung, deren Zerfall thermodynamisch möglich ist – die Reaktion ist aber kinetisch gehemmt.

Aufgabe 10: Chemische Gleichgewichte, Redoxreaktionen

1 Die beiden Gase Stickstoff und Wasserstoff reagieren unter bestimmten Voraussetzungen zu dem großtechnisch wichtigen Produkt Ammoniak.

1.1 Formulieren Sie die Reaktionsgleichung und das zugehörige Massenwirkungsgesetz.

1.2 Die Gleichgewichtskonstante für die Ammoniaksynthese beträgt unter Standardbedingungen $K_c = 4 \cdot 10^8\ L^2 \cdot mol^{-2}$. Bringt man jedoch Stickstoff und Wasserstoff in ein Gefäß ein und verschließt es, so ist auch nach einigen Tagen kein Ammoniak nachweisbar. Erklären Sie diesen Sachverhalt.

1.3 Erläutern und begründen Sie die Maßnahmen, die beim Haber-Bosch-Verfahren getroffen werden, um die Ammoniak-Ausbeute zu optimieren.

2 Um die beim Betrieb von Großfeuerungsanlagen entstehenden Stickoxide zu beseitigen, kann Ammoniak eingesetzt werden. Eines der Reaktionsprodukte bei dieser Umsetzung ist elementarer Stickstoff.

2.1 Formulieren Sie dafür Reaktionsgleichungen und zeigen Sie, dass es sich hierbei um Redoxvorgänge handelt.

2.2 Berechnen Sie die Masse der Stickstoffdioxidportion, die durch die Stoffportion Ammoniak mit der Masse m = 1 t umgesetzt wird.

3 Zur Herstellung von Ammoniak im Labor leitet man zunächst Stickstoff über erhitztes Magnesium. Dabei bildet sich Magnesiumnitrid, das anschließend mit Wasser umgesetzt wird.
Formulieren Sie für diese Reaktionen die Reaktionsgleichungen.

4 Harnstoff ($H_2N{-}CO{-}NH_2$) wird in der Technik aus Ammoniak und Kohlenstoffdioxid hergestellt.
Formulieren Sie dazu eine Reaktionsgleichung unter Verwendung von Strukturformeln mit bindenden und nichtbindenden Elektronenpaaren.
Begründen Sie die unterschiedliche Basizität von Ammoniak und Harnstoff.
(Wahlbereich)

Lösung

1 Reaktionsgleichung:

$$3\,H_2 + N_2 \rightleftharpoons 2\,NH_3$$

Massenwirkungsgesetz: $\dfrac{c^2(NH_3)}{c^3(H_2)\cdot c(N_2)} = K_c$

1.2 Die Reaktionsgeschwindigkeit ist unter Standardbedingungen zu gering, das Gleichgewicht kann sich nicht einstellen.

1.3 **Katalysator:** Herabsetzung der Aktivierungsenergie – die Reaktionsgeschwindigkeit nimmt zu.

Temperaturerniedrigung: Bei einer exothermen Reaktion verschiebt sich das Gleichgewicht auf die Seite des wärmeliefernden Vorganges. Katalysatoren wirken jedoch erst bei höheren Temperaturen genügend beschleunigend, deshalb Kompromiss etwa 500 °C.

Druckerhöhung: Volumenverkleinerung, Gleichgewicht verschiebt sich auf die Seite des kleineren Volumens, Ammoniakausbeute nimmt zu.

Entnahme von Ammoniak aus dem Gleichgewicht.

2.1

$$8\,\overset{-3\;+1}{NH_3} + 6\,\overset{+4\;-2}{NO_2} \longrightarrow 7\,\overset{0}{N_2} + 12\,\overset{+1\;-2}{H_2O}$$

$$4\,\overset{-3\;+1}{NH_3} + 6\,\overset{+2\;-2}{NO} \longrightarrow 5\,\overset{0}{N_2} + 6\,\overset{+1\;-2}{H_2O}$$

Redoxreaktionen, da sich die Oxidationszahlen ändern.

2.2 Aus der Reaktionsgleichung ergibt sich:

$$\frac{n(NO_2)}{n(NH_3)} = \frac{6}{8} \text{ oder } n(NO_2) = \frac{6}{8}\cdot n(NH_3)\text{; mit } n = \frac{m}{M} \text{ erhält man:}$$

$$\frac{m(NO_2)}{M(NO_2)} = \frac{6}{8}\cdot\frac{m(NH_3)}{M(NH_3)} \text{ oder } m(NO_2) = \frac{3}{4}\cdot\frac{m(NH_3)}{M(NH_3)}\cdot M(NO_2)$$

$$m(NO_2) = \frac{3}{4}\cdot\frac{10^6\ g\cdot mol\cdot 46\ g}{17\ g\cdot mol} = 2{,}03\cdot 10^6\ g = 2{,}03\ t$$

3

$$3\,Mg + N_2 \longrightarrow Mg_3N_2$$

$$Mg_3N_2 + 6\,H_2O \longrightarrow 3\,Mg(OH)_2 + 2\,NH_3$$

4 **Reaktionsgleichung**

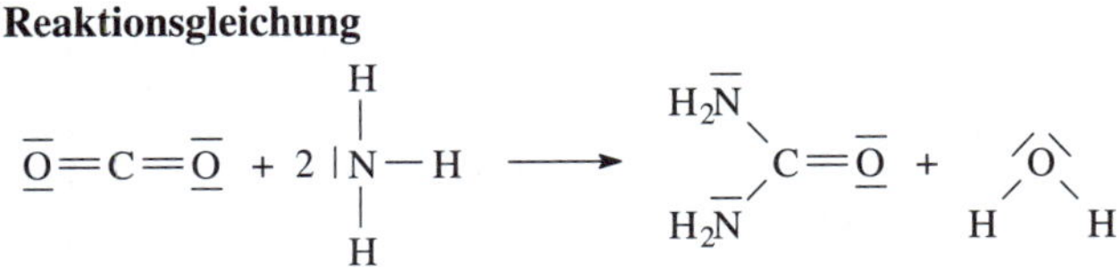

Begründung der unterschiedlichen Basizität

Aufgrund des –I-Effektes des Sauerstoffatoms sind die freien Elektronenpaare an den Stickstoffatomen weniger verfügbar (Verschiebung in Richtung Kohlenstoffatom).

oder:

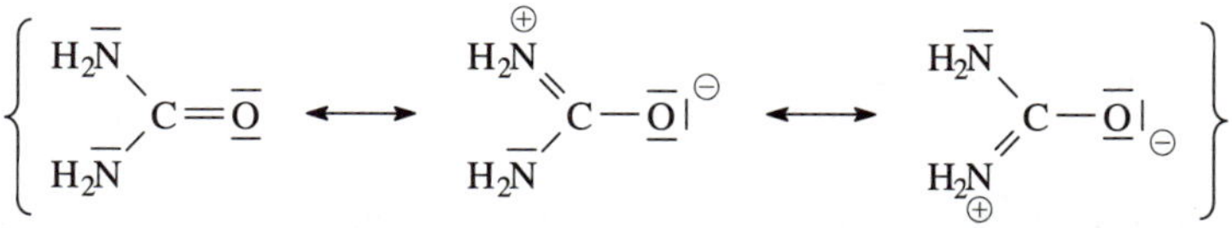

Mesomere Grenzstrukturen; die freien Elektronenpaare an den Stickstoffatomen sind z. T. nicht mehr verfügbar, geringere Basizität.
(Wahlbereich)

Aufgabe 11: Chemische Gleichgewichte, Protolysen

Eine Voraussetzung für die Bildung von Karsthöhlen in Kalkgesteinen ist das Lösen von Kohlenstoffdioxid in Niederschlagswasser. Dieses Kohlenstoffdioxid kommt zum kleineren Teil aus der Luft, zum größeren Teil aus den obersten Bodenschichten. Das kohlenstoffdioxid-gesättigte Sickerwasser löst in einer Gleichgewichtsreaktion Kalk (Calciumcarbonat) unter Bildung von Hydrogencarbonat-Ionen.

1 Formulieren Sie für diese Auflösung des Kalks eine Reaktionsgleichung.

2 Deckentropfsteine aus Kalk bilden sich dort, wo das Sickerwasser in die kohlenstoffdioxidärmere Höhlenluft austritt.
Erklären Sie, wie es zum Auskristallisieren von Calciumcarbonat kommt.
Welchen Einfluss hätte eine langfristige Erhöhung der Höhlentemperatur auf das Ausmaß der Tropfsteinbildung unter der Berücksichtigung, dass das Lösen von Kohlenstoffdioxid in Wasser ein exothermer Vorgang ist?

3 Bei der Reaktion von Kohlenstoffdioxid mit Wasser entsteht in geringen Mengen die zweiprotonige Kohlensäure. Der pK_S-Wert für die 1. Protolysestufe beträgt 6,5.

3.1 Formulieren Sie für die Bildung der Kohlensäure sowie für die 1. und 2. Protolysestufe die Reaktionsgleichungen.

3.2 Berechnen Sie ausgehend vom Massenwirkungsgesetz für die 1. Protolysestufe näherungsweise den pH-Wert einer Kohlensäure-Lösung mit der Konzentration $c = 0{,}01\ mol \cdot L^{-1}$. Dabei soll die 2. Protolysestufe vernächlässigt werden.

4 Eine Wasserprobe, in der Kohlenstoffdioxid und Hydrogencarbonat-Ionen gelöst sind, hat einen pH-Wert von etwa 7. Fügt man zu dieser Probe etwas verdünnte Salzsäure oder Natronlauge zu, so ändert sich der pH-Wert kaum. Bei Zugabe einer größeren Portion Salzsäure kommt es schließlich zu einer Gasentwicklung.
Erklären Sie diese beiden Phänomene und geben Sie die zugehörige Reaktionsgleichung an.

5 Beim Kalkbrennen wird Kalk längere Zeit auf über 950 °C erhitzt. Dabei entsteht Calciumoxid. Dieses wird anschließend mit Wasser zu Gelöschtem Kalk umgesetzt.
Geben Sie für beide Vorgänge die Reaktionsgleichung an. Berechnen Sie die Masse m_K(Kalkstein), die man benötigt um $m_L = 100$ kg Gelöschten Kalk herzustellen, wenn der Kalkstein $w = 90\ \%$ Calciumcarbonat enthält.

Lösung

1 $CaCO_3 + CO_2 + H_2O \rightleftharpoons Ca^{2+} + 2\,HCO_3^-$ (1)

2 Kohlenstoffdioxid entweicht, Gleichgewicht verschiebt sich nach links unter Bildung von Calciumcarbonat;

$CO_2 + H_2O \rightleftharpoons H_2CO_3$ (2) $\Delta H < 0$; (oder: $CO_2 + H_2O \rightleftharpoons CO_2 \cdot H_2O$)

bei Temperaturerhöhung verschiebt sich das Gleichgewicht 2 auf die Seite des wärmeverbrauchenden Vorganges, also nach links – Kohlenstoffdioxid entweicht; auch Gleichgewicht 1 verschiebt sich auf die linke Seite unter Bildung von Calciumcarbonat.

3.1 $CO_2 + H_2O \rightleftharpoons H_2CO_3$

1. Stufe: $H_2CO_3 + H_2O \rightleftharpoons H_3O^+ + HCO_3^-$ oder:

$(CO_2 + 2\,H_2O \rightleftharpoons CO_2 \cdot H_2O + H_2O \rightleftharpoons H_3O^+ + HCO_3^-)$

2. Stufe: $HCO_3^- + H_2O \rightleftharpoons H_3O^+ + CO_3^{2-}$

3.2 $\dfrac{c(H_3O^+) \cdot c(HCO_3^-)}{c(H_2CO_3)} = K_S$; es gilt $c(H_3O^+) = c(HCO_3^-)$ und

$c(H_2CO_3) = c_0(H_2CO_3) - c(H_3O^+) \approx c_0(H_2CO_3)$

damit ergibt sich aus dem Massenwirkungsgesetz:

$$c(H_3O^+) = \sqrt{K_S \cdot c_0(H_2CO_3)} = 5{,}62 \cdot 10^{-5}\ mol \cdot L^{-1}$$
$$pH = -\lg c(H_3O^+) = 4{,}25$$

4 $CO_2 + 2\,H_2O \rightleftharpoons H_2CO_3 + H_2O \rightleftharpoons H_3O^+ + HCO_3^-$

Puffersystem: H_2CO_3 Säure; HCO_3^- korrespondierende Base

Zugabe Säure: $H_3O^+ + HCO_3^- \longrightarrow H_2CO_3 + H_2O$
verstärkte Reaktion von H_3O^+ mit HCO_3^--Ionen zu Kohlensäure, die in Kohlenstoffdioxid und Wasser zerfällt.

Zugabe Lauge: $H_3O^+ + OH^- \longrightarrow 2\,H_2O$

5 $CaCO_3 \longrightarrow CaO + CO_2$

$CaO + H_2O \longrightarrow Ca(OH)_2$

$$n(CaCO_3) = n(Ca(OH)_2);\ n(Ca(OH)_2) = \frac{m(Ca(OH)_2)}{M(Ca(OH)_2)} = \frac{100\,000\ g}{74\ g}\ mol = 1\,351{,}35\ mol$$

$$m(CaCO_3) = n(CaCO_3) \cdot M(CaCO_3) = 1\,351{,}35\ mol \cdot 100\ g \cdot mol^{-1} = 135{,}14\ kg$$

$$\frac{m_K}{m(CaCO_3)} = \frac{10}{9} \text{ oder } m_K = \frac{10}{9} \cdot m(CaCO_3) = 150{,}1\ kg$$

Aufgabe 12: Chemische Gleichgewichte, Aromaten (Benzoesäure)

1 Benzoesäure verhindert Gärung und Fäulnis von Nahrungsmitteln und wird daher als Konservierungsmittel (E 210) eingesetzt. Ihre technische Herstellung erfolgt durch katalytische Oxidation von Toluol mit Luftsauerstoff.
Formulieren Sie für diese Reaktion eine Reaktionsgleichung unter Verwendung von Strukturformeln mit bindenden und nichtbindenden Elektronenpaaren. Begründen Sie mithilfe von Oxidationszahlen, dass es sich dabei um eine Redoxreaktion handelt.

2 In einem Versuch 1 wird eine Stoffportion Benzoesäure mit der Masse $m = 0{,}244$ g in einen Messkolben gegeben, der mit Wasser auf ein Volumen von $V = 200$ mL aufgefüllt wird.

2.1 Formulieren Sie die Reaktionsgleichung für die Protolyse der Benzoesäure, und stellen Sie das zugehörige Massenwirkungsgesetz auf.
Berechnen Sie den pH-Wert der Benzoesäurelösung aus Versuch 1.

2.2 Erhöht man die Temperatur der Lösung, so steigt deren pH-Wert.
Erläutern Sie, welche Veränderung der Wert der Säurekonstanten der Benzoesäure dabei erfährt.

2.3 Geben Sie an, welche Reaktion im Protolysengleichgewicht der Benzoesäure exotherm ist. Begründen Sie Ihre Angabe.

3 In einem Versuch 2 sollen unter Verwendung von Natriumbenzoat und Salzsäure mit einer Konzentration von $c(HCl) = 1\ mol \cdot L^{-1}$ die gleichen Gleichgewichtskonzentrationen wie in Versuch 1 erreicht werden.
Geben Sie die für die Herstellung von 200 mL Lösung notwendige Stoffmenge n(Natriumbenzoat) an und berechnen Sie das einzusetzende Volumen V(Salzsäure).

4 Aus geschmacklichen Gründen werden anstelle der Benzoesäure heute oft die so genannten „PHB-Ester“ (E 216) als Konservierungsmittel eingesetzt.
Zeichnen Sie die Strukturformel des p-Hydroxy-benzoesäure-propylesters mit allen bindenden und nichtbindenden Elektronenpaaren.

5 In einem Experiment soll der Reaktionsverlauf der Hydrolyse eines Esters am Beispiel des Methansäuremethylesters untersucht werden.
Formulieren Sie eine Reaktionsgleichung, und beschreiben Sie eine zur Bestimmung der Reaktionsgeschwindigkeit dieser Esterspaltung geeignete experimentelle Vorgehensweise.
Skizzieren Sie allgemein den Reaktionsverlauf in einem Konzentrations-Zeit-Diagramm.

Lösung

1

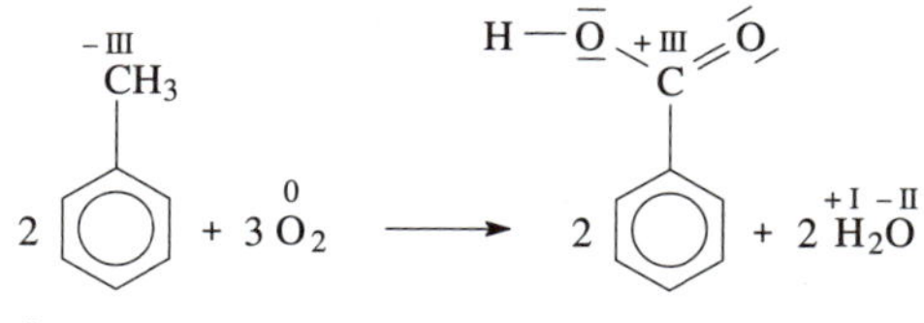

Änderung der Oxidationszahlen: beim Element C von –III zu +III, Oxidation; Sauerstoff von 0 zu –II, Reduktion.

2.1 $C_6H_5{-}COOH + H_2O \rightleftharpoons C_6H_5{-}COO^- + H_3O^+$

$$K_S = \frac{c(H_3O^+)\cdot c(C_6H_5{-}COO^-)}{c(C_6H_5{-}COOH)}; \text{ es gilt: } n = \frac{m}{M} = \frac{0{,}244\text{ g}}{122\text{ g}}\text{mol} = 2\cdot 10^{-3}\text{ mol},$$

die Konzentration ist $c = \frac{n}{V} = \frac{2\cdot 10^{-3}}{2\cdot 10^{-1}}\text{mol}\cdot L^{-1} = 10^{-2}\,\text{mol}\cdot L^{-1}$

Für schwache Säuren gilt: $c(H_3O^+) = \sqrt{K_S\cdot c_0}$

Logarithmieren und Multiplikation mit –1 ergibt: $-\lg c(H_3O^+) = \left(-\frac{1}{2}\lg K_S\right) - \frac{1}{2}\lg c_0$

oder $pH = \frac{pK_S - \lg c_0}{2} = \frac{4{,}22+2}{2} = 3{,}11$

2.2 Bei steigendem pH-Wert nimmt $c(H_3O^+)$ ab, $c(H_3O^+) = 10^{-pH}$, und damit auch $c(C_6H_5{-}COO^-)$, die Konstante K_S wird kleiner.

2.3 Bei Temperaturerhöhung verschiebt sich das Gleichgewicht nach Le Chatelier auf die Seite des wärmeverbrauchenden Vorganges, dies ist nach 2.1 die linke Seite. Die Dissoziation ist exotherm.

3 $c(C_6H_5{-}COOH) = 10^{-2}\,\text{mol}\cdot L^{-1}$. Es gilt: $c = \frac{n}{V}$ und daraus: $c\cdot V = n$

die Zahlenwerte liefern: $n = 10^{-2}\,\text{mol}\cdot L^{-1}\cdot 200\cdot 10^{-3}\,L$

aus $c = \frac{n}{V}$ ergibt sich: $V = \frac{n}{c}$; $V(HCl(aq)) = \frac{n(HCl(aq))}{c(HCl(aq))} = \frac{2\cdot 10^{-3}\text{mol}}{1\text{ mol}}\cdot L = 2\text{ mL}$

4

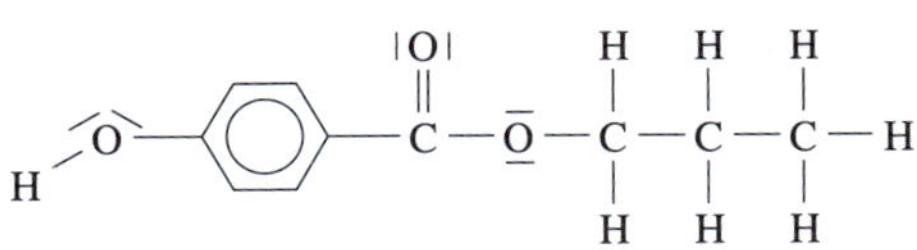

5

Ergänzung: Mechanismus

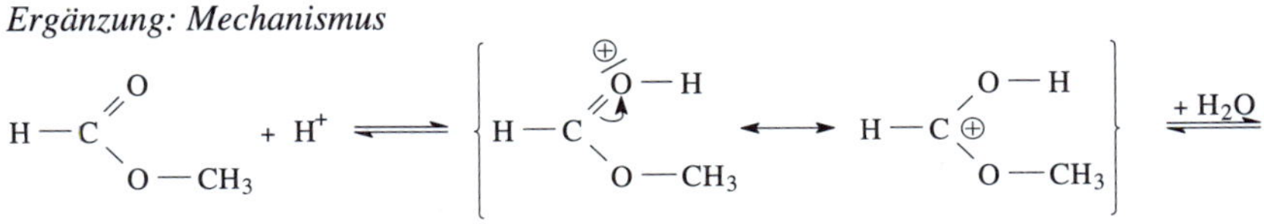

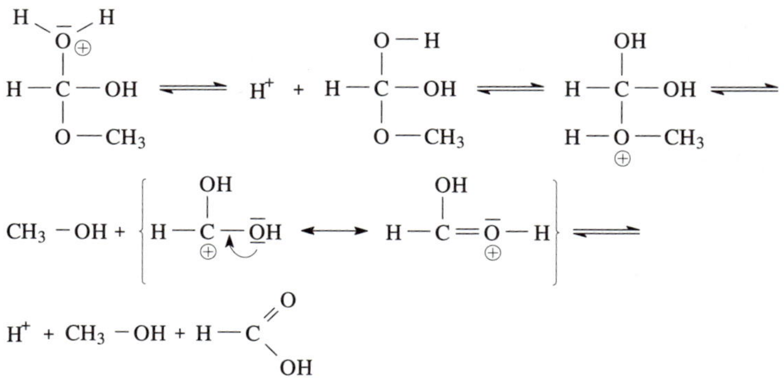

Versuchsansatz bei konstanter Temperatur. Messung der Konzentrationen zu verschiedenen Zeiten z. B. durch Säure-Base-Titration einer Probe.
Berechnung der Konzentrationsänderungen Δc in Abhängigkeit von den Zeitintervallen Δt.

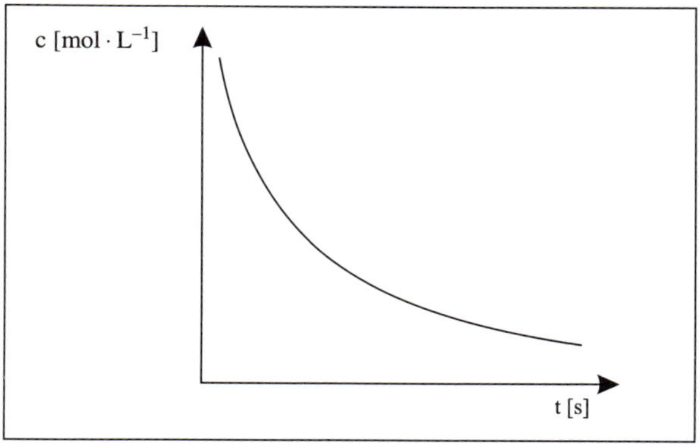

Aufgabe 13: Energetik, Redoxreaktionen

1 Durch thermische Zersetzung von Ammoniumnitrat (NH_4NO_3) erhält man neben Wasserdampf gasförmiges Distickstoffmonooxid (Lachgas).

1.1 Formulieren Sie für diese thermische Zersetzung eine Reaktionsgleichung, und zeigen Sie, dass eine Redoxreaktion vorliegt.

1.2 Wie groß ist die Masse der Stoffportion m(Ammoniumnitrat), die man zersetzen muss, um V(Lachgas) = 1 L unter Normbedingungen zu erhalten.

1.3 Zur Erzeugung hoher Verbrennungstemperaturen wird als Alternative zur Verbrennung in reinem Sauerstoff die Oxidation mit reinem Lachgas vorgeschlagen. Dabei entsteht neben den anderen Verbrennungsprodukten auch Stickstoff.
Stellen Sie die Reaktionsgleichungen für die beiden alternativen Verbrennungen von jeweils n(Methanol) = 1 mol auf, und berechnen Sie die Reaktionsenthalpien.
Begründen Sie die unterschiedlichen Werte der Reaktionsenthalpien.

2 Methanol lässt sich in der Technik über eine katalysierte Reaktion aus Kohlenstoffmonooxid und Wasserstoff bei höherer Temperatur und unter Druck herstellen.

2.1 Formulieren Sie für diese Synthese eine Reaktionsgleichung.
Berechnen Sie die molaren freien Reaktionsenthalpien $\Delta_R G$ für diese Reaktion bei $\vartheta_1 = 75\ °C$ und bei $\vartheta_2 = 400\ °C$ unter Verwendung der angegebenen Tabellenwerte.

2.2 Geben Sie den Temperaturbereich (Einheit: Kelvin) an, in dem die Reaktion exergonisch verläuft.

2.3 Diskutieren und begründen Sie die Notwendigkeit der oben angegebenen Bedingungen bei der technischen Methanolsynthese aus energetischer und kinetischer Sicht.

	CO	CO_2	$H_2O_{(g)}$	H_2	N_2O	$CH_3OH_{(g)}$
$\Delta_f H^0$ ($kJ \cdot mol^{-1}$)	−111	−393	−242		82	−201
S^0 ($J \cdot mol^{-1} \cdot K^{-1}$)	198	214	189	131	220	240

Lösung

1.1 $\overset{-III\,+I}{NH_4}\overset{+V\,-II}{NO_3} \longrightarrow \overset{+I\,-II}{N_2O} + 2\,\overset{+I\,-II}{H_2O}$

Die Oxidationszahlen der Stickstoffatome ändern sich.

1.2 Aus $n = \frac{V}{V_0}$ folgt: $n(N_2O) = \frac{V(N_2O)}{V_0} = \frac{1\ L}{22{,}4\ L}\ mol = 0{,}045\ mol$

$n(NH_4NO_3) = n(N_2O) = 0{,}045\,mol$; aus $n = \frac{m}{M}$ ergibt sich:

$m(NH_4NO_3) = n(NH_4NO_3) \cdot M(NH_4NO_3) = 0{,}045\ mol \cdot 80\ g \cdot mol^{-1} = 3{,}6\ g$

1.3 II $CH_3{-}OH + 3\,N_2O \longrightarrow CO_2 + 2\,H_2O + 3\,N_2$

I $CH_3{-}OH + \frac{3}{2}\,O_2 \longrightarrow CO_2 + 2\,H_2O$

Es gilt: $\Delta_R H = \Sigma\,\Delta_f H^0(Pr.) - \Sigma\,\Delta_f H^0(Ed.)$

$\Delta_R H\ (I) = \Delta_f H^0(CO_2) + 2\,\Delta_f H^0(H_2O) - \Delta_f H^0(CH_3OH)$

$\Delta_R H\ (I) = (-393 - 484 + 201)\ kJ = -676\ kJ$

$\Delta_R H\ (II) = \Delta_f H^0(CO_2) + 2\,\Delta_f H^0(H_2O) - \Delta_f H^0(CH_3OH) - 3\,\Delta_f H^0(N_2O)$

$\Delta_R H\ (II) = \Delta_R H\ (I) - 3\,\Delta_R H\ (N_2O) = (-676 - 246)\ kJ = -922\ kJ$

Bei der Verbrennung mit N_2O werden zusätzlich $3 \cdot \Delta_f H^0(N_2O)$ kJ freigesetzt.

2.1 $CO + 2\,H_2 \longrightarrow CH_3OH$; es gilt: $\Delta_R G = \Delta_R H - T \cdot \Delta_R S^0$ oder

$\Delta_R G = [\Sigma\, \Delta_f H^0(\text{Pr.}) - \Sigma\, \Delta_f H^0(\text{Ed.})] - T \cdot [\Sigma\, S^0(\text{Pr.}) - \Sigma\, S^0(\text{Ed.})]$

$\Delta_R G = [\Delta_f H^0(CH_3OH) - \Delta_f H^0(CO)] - T\, [S^0(CH_3OH) - S^0(CO) - 2\, S^0(H_2)]$

$\Delta_R G = (-201 + 111)\text{ kJ} - T \cdot (240 - 198 - 262)\text{ J} \cdot K^{-1} = -90\text{ kJ} - T\,(-220)\text{ J} \cdot K^{-1}$

$\Delta_R G_{(1)} = -90\text{ kJ} + 348\text{ K} \cdot 220\text{ J} \cdot K^{-1} = -13{,}44\text{ kJ}$

$\Delta_R G_{(2)} = -90\text{ kJ} - 673\text{ K}\,(-220)\text{ J} \cdot K^{-1} = 58{,}06\text{ kJ}$

2.2 **Exergonisch:** $\Delta_R G < 0$, wenn $\Delta H < 0$ und $\Delta S < 0$, aber

$|\Delta H| > T \cdot |\Delta S|$ oder $T < \left|\frac{\Delta H}{\Delta S}\right|$; $T < \frac{90\text{ kJ} \cdot K}{0{,}22\text{ kJ}} = 409\text{ K}$

Ergebnis: $0\text{ K} < T < 409\text{ K}$

2.3 Druckerhöhung hat Volumenverkleinerung zur Folge; nach Le Chatelier verschiebt sich das Gleichgewicht auf die Seite des kleineren Volumens, also nach rechts, Ausbeute nimmt zu. Katalysatoren sind erst bei höheren Temperaturen wirksam. Bei höheren Temperaturen verschiebt sich das Gleichgewicht auf die Seite des wärmeverbrauchenden Vorganges; bei der exothermen Reaktion nach links. Ausbeute nimmt ab. Kompromiss!

Aufgabe 14: Energetik, Elektrochemie (Brennstoffzellen)

1 Im Hinblick auf einen ökonomischen Einsatz verschiedener Brennstoffe bietet sich ein Vergleich ihrer oberen Heizwerte H* an. Man versteht darunter die Wärmemenge, die bei vollständiger Verbrennung einer Stoffportion der Masse $m = 1$ kg des jeweiligen Stoffes frei wird, wobei flüssiges Wasser als eines der Reaktionsprodukte zugrunde gelegt wird.

1.1 Geben Sie jeweils die Reaktionsgleichung für die vollständige Verbrennung von Methan und Ethanol an.

1.2 Berechnen Sie unter Verwendung der angegebenen Tabellenwerte für jede der Verbrennungen die Reaktionsenthalpie sowie den oberen Heizwert H* eines jeden der beiden Brennstoffe.

1.3 Beschreiben Sie unter Zuhilfenahme einer beschrifteten Skizze die experimentelle Bestimmung des Heizwertes im Verbrennungskalorimeter.

1.4 In einem Verbrennungskalorimeter der Wärmekapazität $C_{Kal} = 60\text{ J} \cdot K^{-1}$, gefüllt mit 500 g Wasser ($c_p = 4{,}18\text{ J} \cdot g^{-1} \cdot K^{-1}$), wird eine Stoffportion Methan der Masse $m = 0{,}1$ g verbrannt. Berechnen Sie unter Berücksichtigung des oberen Heizwertes von Methan die zu erwartende Temperaturerhöhung im Kalorimeter.

2 Eine andere Art der Brennstoffnutzung stellt die Gewinnung elektrischer Energie in Brennstoffzellen dar.

2.1 Skizzieren Sie den Aufbau der Knallgaszellen als Beispiel einer Brennstoffzelle und erläutern Sie die Vorgänge an den Elektroden.

2.2 Berechnen Sie für die in der Knallgaszelle ablaufende Gesamtreaktion mithilfe der angegebenen Tabellenwerte die freie Reaktionsenthalpie bei 25 °C.

2.3 Zeigen Sie am Beispiel der Knallgasreaktion, dass die Betrachtung der freien Reaktionsenthalpie für die Begründung eines spontanen Reaktionsablaufs nicht ausreicht.

	CH_4	$C_2H_5OH_{(l)}$	CO_2	$H_2O_{(g)}$	$H_2O_{(l)}$
$\Delta_f H$ (kJ · mol^{-1})	–75	–278	–393	–242	–286
	O_2	H_2	$H_2O_{(g)}$	$H_2O_{(l)}$	
S (J · mol^{-1} · K^{-1})	205	131	189	70	

Lösung

1.1 Reaktion 1: $CH_{4\,(g)} + 2\,O_{2\,(g)} \longrightarrow CO_{2\,(g)} + 2\,H_2O_{(l)}$
Reaktion 2: $C_2H_5OH_{(l)} + 3\,O_{2\,(g)} \longrightarrow 2\,CO_{2\,(g)} + 3\,H_2O_{(l)}$

1.2 Reaktion 1: $\Delta_R H = \Sigma\,\Delta_f H^0(\text{Pr.}) - \Sigma\,\Delta_f H^0(\text{Ed.})$

$\Delta_R H = \Delta_f H^0(CO_2) + 2\,\Delta_f H^0(H_2O) - \Delta_f H^0(CH_4)$

$\Delta_R H = -890$ kJ

Reaktion 2: $\Delta_R H = 2\,\Delta_f H^0(CO_2) + 3\,\Delta_f H^0(H_2O) - \Delta_f H^0(C_2H_5OH)$

$\Delta_R H = -1\,366$ kJ

$$H_1^* = \frac{\Delta_{R_1} H \cdot 1000 \cdot kJ \cdot mol^{-1}}{16\,g \cdot mol^{-1}} = -55{,}625\,kJ \cdot g^{-1} = -55625\,kJ \cdot kg^{-1}$$

$$H_2^* = \frac{\Delta_{R_2} H \cdot 1000 \cdot kJ \cdot mol^{-1}}{46\,g \cdot mol^{-1}} = -29{,}696\,kJ \cdot g^{-1} = -29696\,kJ \cdot kg^{-1}$$

1.3 Skizze:

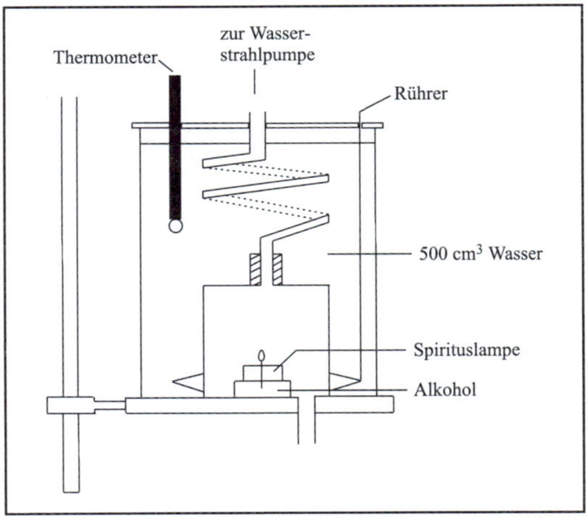

Beispiel: Verbrennung von Ethanol
Eine bestimmte Alkoholportion wird verbrannt (die Luftzufuhr wird mit der Wasserstrahlpumpe eingestellt). Die Masse m des verbrannten Alkohols erhält man folgendermaßen: Bestimmung der Masse z. B. der Spirituslampe vor der Verbrennung, Bestimmung der Masse der Lampe nach der Verbrennung einer Portion Ethanol, aus der Differenz ergibt sich die Masse m.

Temperaturerhöhung aus der Vor- und Nachperiode ermitteln.
Die vom Wasser aufgenommene Wärme Q ist:
$Q = (c_p \cdot m_W + C_{Kal})\, \Delta T$
H* ergibt sich aus: $H^* = \frac{Q}{m} 1\,000$

1.4 $$\Delta Q = \frac{(H_1^*) \cdot m}{1000} = \frac{55\,625 \text{ kJ} \cdot 0{,}1 \text{ g}}{1\,000 \text{ g}} = 5\,562{,}5 \text{ J}$$

$$\Delta Q = (c_P \cdot m_W + C_{Kal}) \cdot \Delta T \quad \text{oder} \quad \Delta T = \frac{\Delta Q}{(c_P \cdot m_W + C_{Kal})}$$

$$\Delta T = \frac{5\,562{,}5 \text{ J}}{4{,}18 \frac{\text{J}}{\text{g} \cdot \text{K}} \cdot 500 \text{ g} + 60 \frac{\text{J}}{\text{K}}} = \frac{5\,562{,}5 \text{ J}}{2\,150 \text{ J}} \cdot \text{K} = 2{,}59 \text{ K}$$

2.1 Elektroden aus Nickeldrahtnetzen mit Palladium beschichtet.

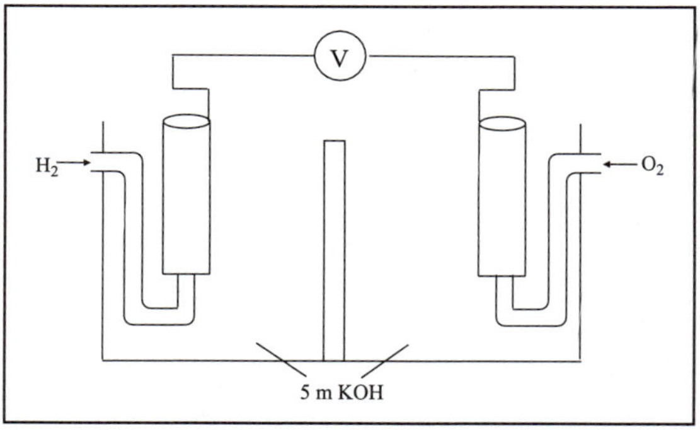

–Pol:	$2\,H_2 + 4\,OH^-$	⟶	$4\,H_2O + 4\,e^-$
+Pol:	$O_2 + 2\,H_2O + 4\,e^-$	⟶	$4\,OH^-$
Gesamtreaktion:	$2\,H_2 + O_2$	⟶	$2\,H_2O$

2.2 Berechnung der Freien Reaktionsenthalpie:
$2\,H_2(g) + O_2(g) \longrightarrow 2\,H_2O(l)$

$\Delta_R G^0 = \Delta_R H^0 - T\Delta_R S^0 = \Sigma\Delta_f H^0(\text{Pr.}) - \Sigma\Delta_f H^0(\text{Ed.}) - T\,[\Sigma\, S^0(\text{Pr.}) - \Sigma\, S^0(\text{Ed.})]$
$\Delta_R G^0 = 2 \cdot \Delta_f H^0(H_2O(l)) - T[2 \cdot S^0(H_2O(l)) - 2\,S^0(H_2(g)) - S^0(O_2(g))]$
$\Delta_R G^0 = 2 \cdot (-286)\text{ kJ} - 298\,(2 \cdot 70 - 2 \cdot 131 - 205)\text{ J}$
$\Delta_R G^0 = -572\text{ kJ} + 97{,}45\text{ kJ} = -474{,}55\text{ kJ}$

2.3 Die Reaktion ist exergonisch, da $\Delta G < 0$ ist. Sie müsste bei Zimmertemperatur nach den Aussagen der Thermochemie also freiwillig ablaufen. Die Reaktion ist jedoch kinetisch gehemmt.
Solche Vorgänge nennt man metastabile Vorgänge.

Aufgabe 15: Energetik, Redoxreaktionen

1 Beim Apollo-Raumfahrtprogramm wurden Raketen eingesetzt, die flüssiges Hydrazin (N_2H_4) als Treibstoff enthielten. Bei der Umsetzung von Hydrazin mit Sauerstoff entstehen ausschließlich Stickstoff und Wasserdampf.

1.1 Formulieren Sie die Reaktionsgleichung dieser Reaktion. Verwenden Sie Strukturformeln mit bindenden und nichtbindenden Elektronenpaaren.

1.2 Berechnen Sie mithilfe der angegebenen Tabellenwerte die Reaktionsenthalpie ΔH_R dieser Reaktion und begründen Sie die zu erwartende Entropieänderung.

2 Die Bildungsenthalpie von Hydrazin kann experimentell nicht direkt ermittelt werden. Sie lässt sich jedoch aus den Verbrennungsenthalpien für Hydrazin und für Wasserstoff berechnen.
Zeigen und begründen Sie die Schritte dieser Berechnung.

3 Als Sauerstoffquelle für die Verbrennung von Hydrazin kann auch Wasserstoffperoxid verwendet werden. Dabei entstehen ebenfalls ausschließlich Stickstoff und Wasserdampf.

3.1 Geben Sie für diese Reaktion eine Reaktionsgleichung mit Oxidationszahlen an.

3.2 Berechnen Sie die Wärmemenge Q, die bei der Umsetzung von Hydrazin und Wasserstoffperoxid frei wird, wenn die Stoffe im stöchiometrischen Verhältnis miteinander reagieren und ihre Gesamtmasse m = 1 kg beträgt.

4 Bei der Landefähre des Apollo-Unternehmens wurde der Treibstoff Hydrazin mit Distickstofftetraoxid umgesetzt.

4.1 Formulieren Sie die Reaktionsgleichung und berechnen Sie die Freie Reaktionsenthalpie dieser Reaktion für Standardbedingungen.

4.2 Distickstofftetraoxid zerfällt in endothermer Reaktion in Stickstoffdioxid. Durch welche Maßnahmen lässt sich dieser Zerfall einschränken?
Begründen Sie.

	$N_{2(g)}$	$N_2H_{4(l)}$	$N_2O_{4(g)}$	$H_2O_{2(l)}$	$H_2O_{(g)}$
$\Delta_f H$ ($kJ \cdot mol^{-1}$)		+50,4	+9	−188	−242
S^0 ($J \cdot mol^{-1} \cdot K^{-1}$	192	238	304	109	189

Lösung

1.1 

1.2 $\Delta_R H = \Sigma\, \Delta_f H^0(\text{Pr.}) - \Sigma\, \Delta_f H^0(\text{Ed.})$; $\Delta H_R = 2 \cdot \Delta_f H^0(H_2O) - \Delta_f H^0(N_2H_4)$

$\Delta_R H = 2 \cdot (-242)\ \text{kJ} - 50{,}4\ \text{kJ} = -534{,}4\ \text{kJ}$

Die Teilchenzahl nimmt zu, gasförmige Reaktionsprodukte, dadurch Entropiezunahme.

2 I $N_2H_4 + O_2 \longrightarrow 2\,H_2O + N_2 \qquad \Delta_1 H = -534{,}4\ \text{kJ}$

II $H_2 + ½\,O_2 \longrightarrow H_2O \qquad \Delta_2 H = -242\ \text{kJ}$

Multiplikation der Gleichung II mit dem Faktor 2, Subtraktion der Gleichung I:

$2\,H_2 + O_2 - N_2H_4 - O_2 \longrightarrow 2\,H_2O - 2\,H_2O - N_2$

zusammengefasst:

$2\,H_2 + N_2 \longrightarrow N_2H_4$

Für die Enthalpie gilt:

$2\,\Delta_2 H - \Delta_1 H = \Delta H$

$\Delta H = -484\ \text{kJ} + 534{,}4\ \text{kJ} = 50{,}4\ \text{kJ}$

3.1 $\overset{-2\ +1}{N_2H_4}(l) + 2\,\overset{+1\ -1}{H_2O_2}(l) \longrightarrow \overset{0}{N_2}(g) + 4\,\overset{+1\ -2}{H_2O}(g)$

3.2 Es gilt: $\dfrac{n(H_2O_2)}{n(N_2H_4)} = \dfrac{2}{1}$ oder $n(H_2O_2) = 2\,n(N_2H_4)$

für die Masse des Gemisches:

$m = m(N_2H_4) + m(H_2O_2) = n(N_2H_4) \cdot M(N_2H_4) + n(H_2O_2) \cdot M(H_2O_2)$

$m = n(N_2H_4) \cdot M(N_2H_4) + 2\,n(N_2H_4) \cdot M(H_2O_2)$

oder

$$n(N_2H_4) = \frac{m}{M(N_2H_4) + 2M(H_2O_2)} = \frac{1\,000\ \text{g} \cdot \text{mol}}{100\ \text{g}} = 10\ \text{mol}$$

$\Delta_R H = 4 \cdot \Delta_f H(H_2O(g)) - \Delta_f H(N_2H_4(l)) - 2\,\Delta_f H(H_2O_2(l)) = -642{,}4\ \text{kJ} \cdot \text{mol}^{-1}$

$Q = \Delta_R H \cdot n(N_2H_4) = -642{,}4\ \text{kJ} \cdot \text{mol}^{-1} \cdot 10\ \text{mol} = -6\,424\ \text{kJ}$

4.1 $2\,N_2H_4 + N_2O_4 \longrightarrow 3\,N_2 + 4\,H_2O$

$\Delta G^0 = \Delta H^0 - T\,\Delta S^0$ oder

$\Delta G^0 = \Sigma\, \Delta_f H^0(\text{Pr.}) - \Sigma\, \Delta_f H^0(\text{Ed.}) - T \cdot [\Sigma\, S^0(\text{Pr.}) - \Sigma\, S^0(\text{Ed.})]$

$\Delta G^0 = 4 \cdot \Delta_f H^0(H_2O(g)) - 2\,\Delta_f H^0(N_2H_4) - \Delta_f H^0(N_2O_4)$
$\quad -298\ \text{K} \cdot [4\,S^0(H_2O(g)) + 3\,S^0(N_2) - 2\,S^0(N_2H_4) - S^0(N_2O_4)]$

$\Delta G^0 = [4 \cdot (-242) - 2 \cdot 50{,}5 - 9]\ \text{kJ} - 298\ \text{K}\ (4 \cdot 189 + 3 \cdot 192 - 2 \cdot 238 - 304)\ \text{J} \cdot \text{K}^{-1}$

$\Delta G^0 = -1\,077{,}8\ \text{kJ} - 298\ \text{K} \cdot 552\ \text{J} \cdot \text{K}^{-1} = -1\,242{,}3\ \text{kJ}$

4.2 $N_2O_4 \rightleftharpoons 2\,NO_2 \quad \Delta H > 0$

Temperaturerniedrigung: Gleichgewicht verschiebt sich auf die Seite des wärmeliefernden Vorgangs nach links.

Druckerhöhung: Volumenverkleinerung, Gleichgewicht verschiebt sich in Richtung des kleineren Volumens nach links.

Aufgabe 16: Energetik, Wasserstofftechnologie

Die Gewinnung von Wasserstoff mithilfe von Sonnenenergie ist seit langem Gegenstand vieler Forschungsprojekte. Ziel ist es, den so gewonnenen *Solar-Wasserstoff* als umweltfreundlichen Energieträger zu nutzen.

1 In elektrische Energie umgewandelte Sonnenenergie kann z. B. zur Elektrolyse einer Kaliumhydroxid-Lösung der Konzentration $c = 0{,}1\ mol \cdot L^{-1}$ eingesetzt werden.
Formulieren Sie die Gleichungen der an den Elektroden ablaufenden Reaktionen und der Gesamtreaktion.
Berechnen Sie die Zersetzungsspannung ohne Berücksichtigung von Überspannungen.

2 Bei einem anderen Verfahren wird im ersten Reaktionsschritt Schwefelsäure unter Einsatz von Sonnenenergie bei $\vartheta = 800\ °C$ zersetzt. Dabei entstehen Schwefeldioxid, Wasser und Sauerstoff (Reaktion A). Schwefeldioxid reagiert anschließend mit Iod und Wasser zu Iodwasserstoff und Schwefelsäure (Reaktion B). Der Zerfall des Iodwasserstoffs in die Elemente liefert dann den Wasserstoff (Reaktion C).

2.1 Formulieren Sie für die Reaktion A, B und C jeweils eine Reaktionsgleichung und fassen Sie diese zu einer Gesamtgleichung zusammen.

2.2 Zeigen Sie unter Verwendung der angegebenen Tabellenwerte, dass Reaktion A bei $\vartheta = 800\ °C$ exergonisch verläuft.

	H_2SO_4	SO_2	$H_2O_{(g)}$	O_2
$\Delta_fH\ (kJ \cdot mol^{-1})$	−814	−297	−242	
$S\ (J \cdot mol^{-1} \cdot K^{-1})$	157	248	189	205

3 Für Transport und Speicherung bietet sich unter anderem die chemische Bindung des Wasserstoffs an Trägerstoffe an. So entsteht z. B. durch Hydrierung von Toluol Methylcyclohexan, das bei Bedarf wieder zu Toluol dehydriert werden kann.

3.1 Formulieren Sie die Reaktionsgleichung für die Hydrierung von Toluol unter Verwendung von Strukturformeln.

Berechnen Sie für Normbedingungen das Wasserstoff-Volumen, das von einer Stoffportion Toluol der Masse $m = 1\ kg$ gebunden werden kann.

3.2 Die Reaktionsenthalpie $\Delta_R H$ der Dehydrierung von Methylcyclohexan zu Toluol lässt sich mithilfe der angegebenen Verbrennungsenthalpien $\Delta_c H$ ermitteln.

	Toluol	Methylcyclohexan	Wasserstoff
$\Delta_c H$ (kJ · mol^{-1})	−3952	−4606	−286

Formulieren Sie die Reaktionsgleichungen für die vollständige Verbrennung der in der Tabelle angegebenen Stoffe.
Berechnen Sie die Reaktionsenthalpie $\Delta_R H$ der Dehydrierung.

X

4 *Solar-Wasserstoff* könnte z. B. in Kraftfahrzeugen anstelle von Benzin eingesetzt werden.
Vergleichen Sie beide Brennstoffe hinsichtlich ihrer Schadstoff-Emissionen.

Lösung

1 **+Pol**

$4\ OH^- \longrightarrow 2\ H_2O + O_2 + 4\ e^-$ Sauerstoffentwicklung

−Pol (mögliche Vorgänge):

$K^+ + e^- \longrightarrow K$

$4\ H_3O^+ + 4\ e^- \longrightarrow 4\ H_2O + 2\ H_2$ Wasserstoffentwicklung

$(4\ H^+ + 4\ e^- \longrightarrow 2\ H_2)$

$c(OH^-) = 0{,}1\ mol \cdot L^{-1}$; $pOH = -\lg c(OH^-) = 1$, $pH = 14 - pOH = 13$

Gesamtreaktion

$$2H_2O \longrightarrow O_2 + 2H_2$$

Sauerstoffelektrode: $E_2 = 1{,}23\ V - 0{,}059\ V \cdot pH = 0{,}46\ V$

Wasserstoffelektrode: $E_1 = -0{,}059\ V \cdot pH = -0{,}77\ V$

$U_2 = \Delta E = E_2 - E_1 = 1{,}23\ V - 0{,}059\ V \cdot pH + 0{,}059\ V \cdot pH = 1{,}23\ V$

2.1 Reaktion A: $H_2SO_4 \longrightarrow SO_2 + H_2O + \frac{1}{2}\ O_2$
Reaktion B: $SO_2 + I_2 + 2\ H_2O \longrightarrow 2\ HI + H_2SO_4$
Reaktion C: $2\ HI \longrightarrow H_2 + I_2$

$H_2O \longrightarrow H_2 + \frac{1}{2}\ O_2$

2.2 $\Delta G = \Delta H - T\ \Delta S$

$\Delta G = [\sum \Delta_f H(Pr.) - \sum \Delta_f H(Ed.)] - T[S(Pr.) - S(Ed.)]$

$\Delta G = \Delta_f H\ (SO_2) + \Delta_f H(H_2O) - \Delta_f H(H_2SO_4) - 1\,073\ K\ [S(SO_2) + S(H_2O) + \frac{1}{2}\ S(O_2) - S(H_2SO_4)]$

$\Delta G = (-297 - 242 + 814)\text{ kJ} - 1\,073\text{ K}\,(248 + 189 + ½ \cdot 205 - 157)\text{ J} \cdot \text{K}^{-1}$
$\Delta G = 275\text{ kJ} - 410{,}42\text{ kJ} = -135{,}42\text{ kJ}$
$\Delta G < 0$ exergonisch
(wird Reaktion A mit dem Faktor 2 multipliziert, dann wird $\Delta G = -270{,}84\text{ kJ}$)

3.1

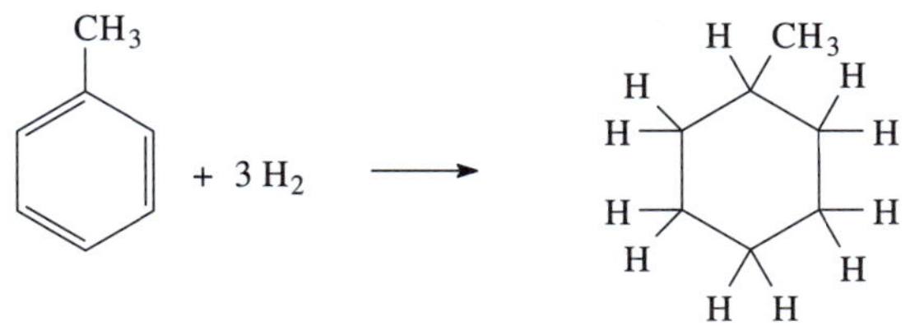

T ≙ Toluol:

$M(T) = 92\text{ g} \cdot \text{mol}^{-1}$; $n(T) = \dfrac{m(T)}{M(T)} = \dfrac{1\,000\text{ g}}{92\text{ g}}\text{mol} = 10{,}87\text{ mol}$

$\dfrac{n(T)}{n(H_2)} = \dfrac{1}{3}$ oder $n(H_2) = 3 \cdot n(T) = 32{,}61\text{ mol}$

$n(H_2) = \dfrac{V(H_2)}{V_0}$ oder $n(H_2) \cdot V_0 = V(H_2)$

$V(H_2) = 32{,}61\text{ mol} \cdot 22{,}4\text{ L} \cdot \text{mol}^{-1} = 730{,}46\text{ L}$

3.2 $C_7H_8 + 9\,O_2 \longrightarrow 7\,CO_2 + 4\,H_2O$
$C_7H_{14} + 10{,}5\,O_2 \longrightarrow 7\,CO_2 + 7\,H_2O$
$2\,H_2 + O_2 \longrightarrow 2\,H_2O$

Dehydrierung

$C_7H_{14} \longrightarrow C_7H_8 + 3\,H_2$

Berechnung

$2\,C_7H_8 + 18\,O_2 \longrightarrow 14\,CO_2 + 8\,H_2O \quad \Delta_1 H \quad (1)$
$2\,C_7H_{14} + 21\,O_2 \longrightarrow 14\,CO_2 + 14\,H_2O \quad \Delta_2 H \quad (2)$
$6\,H_2 + 3\,O_2 \longrightarrow 6\,H_2O \quad \Delta_3 H \quad (3)$

Gleichung 2 – Gleichung 1 – Gleichung 3

$2\,C_7H_{14} + 21\,O_2 - 2\,C_7H_8 - 18\,O_2 - 6\,H_2 - 3\,O_2 \longrightarrow 14\,CO_2 + 14\,H_2O - 14\,CO_2 - 8\,H_2O - 6\,H_2O$

$2\,C_7H_{14} \longrightarrow 2\,C_7H_8 + 6\,H_2$

$\Delta H = \Delta_2 H - \Delta_1 H - \Delta_3 H = [(-4\,606) \cdot 2 + 2 \cdot 3\,952 + 6 \cdot 286]\text{ kJ}$
$\Delta H = 408\text{ kJ} \qquad \Delta_R H = 204\text{ kJ} \cdot \text{mol}^{-1}$

4 Bei der Verbrennung von Wasserstoff entstehen Wasser und Stickoxide (NO_x); bei der Verbrennung von Benzin entstehen CO, CO_2, NO_x und Kohlenwasserstoffe.

Aufgabe 17: Chemische Gleichgewichte, Phosphorsäure und Salze der Phosphorsäure – Wahlbereich

1 Phosphorsäure (H_3PO_4) lässt sich durch Verbrennen von Phosphor an der Luft und anschließende Umsetzung des gebildeten Phosphor(V)-oxids mit Wasser gewinnen.

1.1 Formulieren Sie für die beiden Umsetzungen Reaktionsgleichungen, und entscheiden Sie, ob es sich dabei um Redoxreaktionen handelt.
Begründen Sie Ihre Entscheidung.

1.2 Aus Phosphor(V)-oxid und Wasser soll eine Phosphorsäurelösung mit dem Volumen $V = 1\ L$ und dem Massenanteil $w(H_3PO_4) = 85\ \%$ hergestellt werden. Die Dichte dieser Lösung beträgt $\rho = 1{,}687\ g \cdot cm^{-3}$.
Berechnen Sie die Masse der Stoffportion m(Phosphor), die hierfür verbrannt werden muss.

2 Phosphorsäure ist eine dreiprotonige Säure. Im Folgenden soll nur die erste Protolysestufe berücksichtigt werden.

2.1 Formulieren Sie die Reaktionsgleichung für die Protolyse der Phosphorsäure.
Berechnen Sie näherungsweise den pH-Wert einer Phosphorsäurelösung der Stoffmengenkonzentration $c = 0{,}15\ mol \cdot L^{-1}$.

a) unter der Annahme, Phosphorsäure sei eine starke Säure, und
b) unter der Annahme, Phosphorsäure sei eine schwache Säure.

Erläutern Sie, wie Sie feststellen können, welche der Annahmen realistischer ist.

2.2 Bei einer Titration wird Phosphorsäure mit Natronlauge zu Natriumdihydrogenphosphat umgesetzt.
Für $V_1 = 40$ ml einer Phosphorsäureprobe benötigt man $V_2 = 12$ mL einer Natronlauge der Stoffmengenkonzentration $c = 0{,}5\ mol \cdot L^{-1}$.
Berechnen Sie die Stoffmengenkonzentration dieser Phosphorsäurelösung.

3 Beschreiben Sie einen experimentellen Nachweis für Phosphat-Ionen.

4 Das Düngemittel *Superphosphat*, ein Gemisch aus Calciumdihydrogenphosphat und Calciumsulfat, wird durch Umsetzung des in der Natur vorkommenden Calciumphosphats mit Schwefelsäure hergestellt.
Geben Sie hierzu eine Reaktionsgleichung an.
Erläutern Sie die Belastung der Umwelt durch phosphathaltige Düngemittel.

Lösung

1.1 Reaktionsgleichungen:

$$4\,\overset{0}{P} + 5\,\overset{0}{O_2} \longrightarrow 2\,\overset{+V\ -II}{P_2O_5}$$

Redoxreaktion, da sich die Oxidationszahlen ändern

$$\overset{+V\ -II}{P_2O_5} + 3\,\overset{+I\ -II}{H_2O} \longrightarrow 2\,\overset{+I\ +V\ -II}{H_3PO_4}$$

keine Redoxreaktion, da sich die Oxidationszahlen nicht ändern

1.2 Abkürzungen: L, Phosphorsäurelösung; P, Phosphor; PS, Phosphorsäure.

$m(L) = \rho \cdot V(L) = 1{,}687\ g \cdot mL^{-1} \cdot 1\,000\ mL = 1\,687\ g$

aus $\frac{m(PS)}{m(L)} \cdot 100\,\% = 85\,\%$ folgt $m(PS) = \frac{85}{100} \cdot m(L) = 0{,}85 \cdot 1\,687\ g = 1\,433{,}95\ g$

Für die Stoffmengen gilt: $n(P) = n(PS)$; mit

$n(PS) = \frac{m(PS)}{M(PS)} = \frac{1\,433{,}95\ g}{98\ g}\ mol = 14{,}63\ mol$ ergibt sich:

$m(P) = n(P) \cdot M(P) = 14{,}63\ mol \cdot 31\ g \cdot mol^{-1} = 453{,}6\ g$

2.1 $H_3PO_4 + H_2O \rightleftharpoons H_3O^+ + H_2PO_4^-$

a) $pH = -\lg c(H_3O^+) = -\lg 0{,}15 = 0{,}82$

b) $c(H_3O^+) = \sqrt{K_S \cdot c(\text{Säure})}$ und dann $pH = -\lg c(H_3O^+)$

oder: $pH = \frac{1}{2}[pK_S - \lg(c(\text{Säure}))] = \frac{1}{2}(1{,}96 + 0{,}82) = 1{,}39$

Entscheidung durch Messung des pH-Werts mit einem pH-Meter mit Glaselektrode.

2.2 Aus $c(\text{Säure}) \cdot V(\text{Säure}) = c(\text{Lauge}) \cdot V(\text{Lauge})$ ergibt sich für die Säure:

$$c(\text{Säure}) = \frac{12 \cdot 10^{-3}\,L \cdot 0{,}5\ mol}{40 \cdot 10^{-3}\,L \cdot L} = 0{,}15\ mol \cdot L^{-1}$$

3 Möglichkeiten für den Nachweis von Phosphat-Ionen

- Zu einer Ammoniummolybdatlösung gibt man Salpetersäure, und zwar so lange, bis sich ein ursprünglicher Niederschlag wieder aufgelöst hat. Diese Lösung gibt man zur Phosphatlösung. Es bildet sich beim Kochen der Gesamtlösung ein gelber Niederschlag von Ammoniummolybdatophosphat.
- Fällung der Phosphat-Ionen mit einer Silbernitratlösung, gelber Niederschlag von Silberphosphat (Ag_3PO_4).
- Fällung mit Eisen(III)-chloridlösung, weißlicher Niederschlag von Eisen(III)-phosphat ($FePO_4$).
- Fällung mit einer ammoniakalischen, ammoniumchloridhaltigen Lösung eines Magnesiumsalzes, weißer Niederschlag von Magnesiumammoniumphosphat.

4 $Ca_3(PO_4)_2 + 2\,H_2SO_4 \longrightarrow Ca(H_2PO_4)_2 + 2\,CaSO_4$

Phosphate kommen z. B. in Gesteinen, Düngemitteln und in einigen Waschmitteln vor. Die Salze gelangen mit dem Abwasser sowie durch oberirdische Abflüsse in Flüsse und Seen. Nur ein geringer Teil stammt aus Auswaschungen phosphathaltiger Gesteine.
Phosphate sind Nährsalze. Bei einem Überangebot vermehren sich z. B. in stehenden Gewässern zunächst Kleinalgen, vor allem Blaualgen, explosionsartig und sterben dann ab. Darauf folgt eine Vermehrung der die organische Substanz abbauenden Bakterien. Die Zersetzungsprozesse verbrauchen Sauerstoff. Schließlich kommt es zur Bildung von Faulschlamm mit der Freisetzung von Methan und Schwefelwasserstoff.
Diesen auf der Gewässerüberdüngung beruhenden Vorgang nennt man Eutrophierung.

Ergänzung:
Calciumphosphat kann auch mit Phosphorsäure behandelt werden. Man erhält einen größeren Anteil an Calciumdihydrogenphosphat:

$$Ca_3(PO_4)_{2\,(s)} + 4\,H_3PO_{4\,(l)} \longrightarrow \underset{\text{Tripelphosphat}}{3\,Ca(H_2PO_4)_{2\,(s)}}$$

Als Spezialdünger sind Diammoniumhydrogenphosphat und Ammoniumdihydrogenphosphat im Handel:

$(NH_4)_2HPO_4$, $(NH_4)H_2PO_4$

In Backpulver kommt Calciumdihydrogenphosphat mit Natriumhydrogencarbonat vor. Beide Salze reagieren zu Kohlenstoffdioxid, Wasser und Dinatriumcalciumhydrogenphosphat:

$$Ca(H_2PO_4)_2 + 2\,NaHCO_3 \longrightarrow 2\,CO_2 + 2\,H_2O + Na_2Ca(HPO_4)_2$$

Reaktionstyp: Protolyse

X **Aufgabe 18: Chemische Gleichgewichte, Protolysen, pH-Werte, Indikatoren**

1 Kommen Ammoniumsalze mit festem Natriumhydroxid in Berührung, entwickelt sich Ammoniakgas.

1.1 Formulieren Sie für diese Reaktion eine Reaktionsgleichung.

1.2 Außer durch den Geruch kann das Ammoniakgas mit einfachen chemischen Mitteln nachgewiesen werden.
Beschreiben Sie zwei Nachweisverfahren und formulieren Sie dazu je eine Reaktionsgleichung.

2 Zum Backen von Lebkuchen verwendet man Hirschhornsalz (Ammoniumhydrogencarbonat) als Backtreibmittel. Die Backtemperatur beträgt 170 °C.

2.1 Erklären Sie anhand einer Reaktionsgleichung, weshalb Hirschhornsalz als Backtreibmittel eingesetzt werden kann.

2.2 Berechnen Sie das Gesamtvolumen der Reaktionsprodukte, wenn eine Stoffportion Hirschhornsalz der Masse $m = 10$ g eingesetzt wird. Bei der Backtemperatur beträgt das molare Volumen $V_m = 32\ L \cdot mol^{-1}$.

3.1 Ammoniakwasser mit $c(NH_3) = 0{,}1\ mol \cdot L^{-1}$ hat einen pH-Wert von 11. In einem Reagenzglas werden zu dieser Ammoniaklösung einige Spatelspitzen festes Ammoniumchlorid zugegeben.
Geben Sie an, wie sich der pH-Wert dadurch ändert. Begründen Sie Ihre Aussage ausführlich.

3.2 Zu der in Teilaufgabe 3.1 entstandenen Lösung wird ein Tropfen verdünnter Salzsäure zugegeben. Der pH-Wert ändert sich nicht merklich. Auch die Zugabe eines Tropfens verdünnter Natronlauge bewirkt keine wesentliche Veränderung.
Erklären Sie diese Beobachtungen. Verwenden Sie dazu Reaktionsgleichungen.

4.1 Phenolphthalein hat einen pK_S-Wert von 9,5 und wird bei Säure-Base-Titrationen als Indikator verwendet.
Erklären Sie am Beispiel des Phenolphthaleins die Wirkungsweise eines Säure-Base-Indikators.

4.2 In einem Praktikum soll die Konzentration verdünnter Ammoniaklösung durch Titration mit Salzsäure bestimmt werden.
Begründen Sie, dass Phenolphthalein für diese Titration als Indikator nicht geeignet ist.

Lösung

1.1 $NH_4Cl + NaOH \longrightarrow NH_3 + NaCl + H_2O$

1.2 1. Nachweis: Angefeuchtetes Indikatorpapier färbt sich blau – alkalisch reagierende Lösung;

$NH_3 + H_2O \rightleftharpoons NH_4^+ + OH^-$

2. Nachweis: Ein Quarzrohr enthält auf gegenüberliegenden Seiten einen mit Ammoniaklösung getränkten Wattebausch bzw. einen mit Salzsäure getränkten Wattebausch; daraus entweichen Ammoniak- bzw. Chlorwasserstoff-Gas – beide Gase reagieren durch Protolyse miteinander, es bildet sich ein weißer Feststoff (NH_4Cl):

$NH_{3\,(g)} + HCl_{(g)} \rightleftharpoons NH_4Cl_{(s)}$

2.1 Bei 170 °C zerfällt Ammoniumhydrogencarbonat in Wasserdampf, Ammoniak und Kohlendioxid:

$NH_4HCO_{3\,(s)} \longrightarrow NH_{3\,(g)} + H_2O_{(g)} + CO_{2\,(g)}$

Diese Gase treiben den Teig auf.

2.2 $n(NH_4HCO_3) = \dfrac{m(NH_4HCO_3)}{M(NH_4HCO_3)} = \dfrac{10\text{ g}}{79\text{ g}}\text{ mol} = 0{,}126\text{ mol}$

$n(\text{Gase}) = 3 \cdot n(NH_4HCO_3) = 0{,}378\text{ mol}$

aus $n(\text{Gase}) = \dfrac{V(\text{Gase})}{V_m}$ folgt

$V(\text{Gase}) = n(\text{Gase}) \cdot V_m = 0{,}378\text{ mol} \cdot 32\text{ L} \cdot \text{mol}^{-1} = 12{,}1\text{ L}$

3.1 $NH_3 + H_2O \rightleftharpoons NH_4^+ + OH^-$

Eine Erhöhung der Konzentration an Ammonium-Ionen bewirkt eine Störung des Gleichgewichtes (ein Zwang wird ausgeübt). Nach Le Chatelier weicht das Gleichgewicht diesem Zwang dadurch aus, dass Ammonium-Ionen mit Hydroxid-Ionen unter verstärkter Rückbildung von Ammoniak und Wasser reagieren. Die Konzentration an Hydroxid-Ionen wird geringer.
Der pOH-Wert wird größer und damit, nach pOH + pH = 14, der pH-Wert kleiner.

Argumentation über das MWG

$$\frac{c(NH_4^+) \cdot c(OH^-)}{c(NH_3)} = K_B$$

Wenn $c(NH_4^+)$ größer wird, dann muss auch $c(NH_3)$ zunehmen; dies geschieht durch Reaktion der NH_4^+-Ionen mit OH^--Ionen unter Bildung von Ammoniak und Wasser. Die Konzentration an OH^--Ionen wird geringer, der pH-Wert nimmt ab.

Argumentation über die Stoßvorgänge:
Wird die Konzentration an NH_4^+-Ionen erhöht, können – weil die Wahrscheinlichkeit eines Zusammenstoßes zunimmt – verstärkt OH^--Ionen mit NH_4^+-Ionen unter Bildung von Ammoniak und Wasser reagieren. Das Gleichgewicht verschiebt sich nach links.

3.2 Die Lösung bildet ein Puffersystem:

$$NH_3 + H_2O \rightleftharpoons NH_4^+ + OH^-$$

Bei Zugabe von H_3O^+-Ionen wird ein Teil der OH^--Ionen neutralisiert:

$$H_3O^+ + OH^- \rightleftharpoons 2\,H_2O$$, das Gleichgewicht verschiebt sich nach rechts;

oder: $$\underset{B_1}{NH_3} + \underset{S_2}{H_3O^+} \rightleftharpoons \underset{S_1}{NH_4^+} + \underset{B_2}{H_2O}$$

bei Zugabe von OH^--Ionen verschiebt sich das Gleichgewicht nach links, da ein Teil mit den NH_4^+-Ionen reagiert

oder: $$\underset{S_1}{NH_4^+} + \underset{B_2}{OH^-} \rightleftharpoons \underset{B_1}{NH_3} + \underset{S_2}{H_2O}$$

4.1 Indikatoren sind schwache Säuren, bei denen das undissoziierte Molekül HInd eine andere Farbe zeigt als das Anion Ind^-:

$$\underset{\text{farblos bei Phenolphthalein}}{HInd} + H_2O \rightleftharpoons H_3O^+ + \underset{\text{rot bei Phenolphthalein}}{Ind^-}$$

In saurer Lösung liegt das Gleichgewicht auf der linken Seite, $c(HInd) > c(Ind^-)$; in alkalischer Lösung liegt das Gleichgewicht auf der rechten Seite, $c(Ind^-) > c(HInd)$; die Bedingung am Umschlagspunkt ist $c(HInd) = c(Ind^-)$.

4.2 Neutralisation einer schwachen Base mit einer starken Säure:

$$NH_3(aq) + HCl(aq) \rightleftharpoons NH_4^+ + Cl^-$$

am Äquivalenzpunkt liegen Ammonium- und Chlorid-Ionen vor.

Die Ammonium-Ionen reagieren sauer:

$$NH_4^+ + H_2O \rightleftharpoons NH_3 + H_3O^+$$

der Äquivalenzpunkt verschiebt sich dadurch in den sauren Bereich; der Umschlagbereich für Phenolphthalein liegt im alkalischen Bereich bei $pK_S \pm 1$ (also zwischen 8,5 und 10,5); ein für die Titration zu verwendender Indikator müsste einen Umschlagbereich zwischen pH = 4 und pH 6 haben.

Ergänzung:

Berechnung des pH-Wertes einer Ammoniumchlorid-Lösung der Konzentration $c(NH_4Cl) = 0{,}1\ mol \cdot L^{-1}$:

Es gilt: $c(H_3O^+) = \sqrt{K_S \cdot c(Salz)}$ $\qquad c(H_3O^+) = \sqrt{5{,}8 \cdot 10^{-10} \cdot 10^{-1}\,(mol \cdot L^{-1})^2}$

$c(H_3O^+) = 7{,}6 \cdot 10^{-6}\ mol \cdot L^{-1}$; aus $pH = -\lg c(H_3O^+)$ folgt $pH = 6 - \lg 7{,}6 = 5{,}12$

Aufgabe 19: Chemische Gleichgewichte

1 Leitet man Wasserdampf über stark erhitzten Koks (Kohlenstoff), entsteht ein Gasgemisch, das in der chemischen Industrie in vielfältiger Weise verwendet wird. In einer ersten Gleichgewichtsreaktion (A) entsteht ein Gemisch aus Kohlenstoffmonooxid und Wasserstoff. In einer zweiten Gleichgewichtsreaktion (B) reagiert das Kohlenstoffmonooxid mit Wasserdampf exotherm zu Kohlenstoffdioxid und Wasserstoff.

1.1 Formulieren Sie für beide Reaktionen jeweils eine Reaktionsgleichung.

1.2 Geben Sie am Beispiel des Gleichgewichts (B) Möglichkeiten an, die Ausbeute der Produkte zu erhöhen, und begründen Sie Ihre Aussagen.

2 Bei einer Ausgangskonzentration der Edukte von jeweils $c = 0{,}1\ mol \cdot L^{-1}$ wird im Gleichgewicht (B) eine Konzentration $c(CO_2) = 0{,}05\ mol \cdot L^{-1}$ erreicht.

2.1 Geben Sie für das Gleichgewicht (B) das Massenwirkungsgesetz an und berechnen Sie den Wert der Gleichgewichtskonstanten.

2.2 Berechnen Sie die Konzentration aller beteiligten Stoffe im Gleichgewicht für den Fall, dass die Ausgangskonzentration von Wasserdampf verdoppelt und die von Kohlenstoffmonooxid mit $c = 0{,}1\ mol \cdot L^{-1}$ beibehalten wird.

3 Kohlenstoffdioxid kann durch Auswaschen mit Kalkwasser (gesättigte Lösung von Calciumhydroxid) aus dem Gleichgewicht entfernt werden.
Beschreiben Sie, was dabei beobachtet werden kann und erläutern Sie dies anhand einer Reaktionsgleichung.

4 Berechnen Sie für Normalbedingungen das Volumen der Stoffportion Wasserstoff, die entsteht, wenn eine Tonne Koks vollständig zu Kohlenstoffdioxid umgesetzt wird.

5 Aus Kohlenstoffmonooxid und Wasserstoff können unter verschiedenen Reaktionsbedingungen Methan, Methanol oder Essigsäure (Ethansäure) synthetisiert werden.
Formulieren Sie jeweils eine Reaktionsgleichung.

Lösung

1.1 Reaktionsgleichungen:

$$(A)\ C + H_2O \rightleftharpoons CO + H_2$$

$$(B)\ CO + H_2O \rightleftharpoons CO_2 + H_2$$

1.2 **Erhöhung der Konzentration der Edukte** – neue Gleichgewichtseinstellung durch Konzentrationserhöhung der Produkte (oder: die Wahrscheinlichkeit günstiger Zusammenstöße nimmt zu);

Erniedrigung der Konzentrationen der Produkte durch Entfernung aus dem Gleichgewicht – neue Gleichgewichtseinstellung durch Nachlieferung der Produkte unter Verminderung der Konzentration der Edukte;

Temperaturerniedrigung verschiebt das Gleichgewicht auf die Seite des wärmeliefernden Vorgangs, also nach rechts.

2.1 Massenwirkungsgesetz:

$$K = \frac{c(CO_2) \cdot c(H_2)}{c(CO) \cdot c(H_2O)}$$

Im Gleichgewicht gilt: $c(CO_2) = c(H_2) = 0{,}05\ mol \cdot L^{-1}$

$c(CO) \ = 0{,}1\ mol \cdot L^{-1} - 0{,}05\ mol \cdot L^{-1} = 0{,}05\ mol \cdot L^{-1}$

$c(H_2O) = 0{,}1\ mol \cdot L^{-1} - 0{,}05\ mol \cdot L^{-1} = 0{,}05\ mol \cdot L^{-1}$

Diese Werte in den Term für K eingesetzt ergibt K = 1.

2.2 Es gilt: $c(CO_2) = x\ mol \cdot L^{-1}$, $c(H_2) = x\ mol \cdot L^{-1}$, $c(CO) = (0{,}1 - x)\ mol \cdot L^{-1}$
$c(H_2O) = (0{,}2 - x)\ mol \cdot L^{-1}$ und für K

$$K = \frac{x \cdot x}{(0{,}1 - x) \cdot (0{,}2 - x)}$$

Für K = 1 ergibt sich:

$x^2 = (0{,}1 - x) \cdot (0{,}2 - x)$

$0{,}3\,x = 0{,}02$

$x = 0{,}067\ mol \cdot L^{-1} = c(H_2) = c(CO_2)$

$c(CO) = 0{,}033\ mol \cdot L^{-1}$, $c(H_2O) = 0{,}133\ mol \cdot L^{-1}$

3 $Ca^{2+} + 2\ OH^- + CO_2 \longrightarrow CaCO_{3\,(s)}\downarrow + H_2O$
weißer Niederschlag aus Calciumcarbonat

4 Nach

$C + 2\,H_2O \rightleftharpoons CO_2 + 2\,H_2$ (= Bilanz aus A und B)

gilt für das Stoffmengenverhältnis:

$$\frac{n(C)}{n(H_2)} = \frac{1}{2} \text{ oder } n(H_2) = 2 \cdot n(C) \text{ oder}$$

$$n(H_2) = 2 \cdot \frac{m(C)}{M(C)}, \text{ für das Volumen}$$

$$V(H_2) = n(H_2) \cdot V_m = 2 \cdot \frac{m(C)}{M(C)} \cdot V_m$$

$$V(H_2) = 2 \cdot \frac{10^6\,g \cdot mol}{12\,g} \cdot 22{,}4\ L \cdot mol^{-1} = 3{,}73 \cdot 10^6\ L$$

5 Methan: $CO + 3\,H_2 \longrightarrow CH_4 + H_2O$

Methanol: $CO + 2\,H_2 \longrightarrow CH_3OH$

Ethansäure: $2CO + 2\,H_2 \longrightarrow CH_3COOH$

X **Aufgabe 20: Chemische Gleichgewichte, Energetik – Wahlbereich**

1 Die Salpetersäure und ihre Salze, die Nitrate, sind wichtige Verbindungen mit einem vielseitigen Verwendungsbereich. Die Salpetersäure hat einen pK_S-Wert von –1,32.

1.1 Formulieren Sie für die Reaktion von Salpetersäure mit Wasser eine Reaktionsgleichung und das Massenwirkungsgesetz.
Leiten Sie hieraus einen Ausdruck für den pK_S-Wert her.

1.2 Berechnen Sie näherungsweise den pH-Wert einer wässrigen Salpetersäure-Lösung der Ausgangskonzentration c_0(Salpetersäure) = 0,05 mol · L^{-1} und begründen Sie Ihre Näherung.

2 Zur Herstellung von Ammoniumnitrat wird eine äquivalente Stoffmenge Ammoniak in 500 ml verdünnte Salpetersäure der Stoffmengenkonzentration c = 0,1 mol · L^{-1} eingeleitet.

2.1 Formulieren Sie hierzu eine Reaktionsgleichung, und berechnen Sie die Masse m der Stoffportion Ammoniumnitrat, die sich aus der Lösung gewinnen lässt.

2.2 Eine wässrige Lösung von Ammoniumnitrat reagiert sauer.
Begründen Sie dies und berechnen Sie den pH-Wert einer Ammoniumnitrat-Lösung der Stoffmengenkonzentration c = 0,1 mol · L^{-1}.

2.3 Beschreiben Sie die Durchführung eines experimentellen Nachweises für Ammonium-Ionen.
Erläutern Sie die dabei ablaufenden chemischen Vorgänge.

3 In zwei Versuchen werden zu

a) einer Natriumnitrat-Lösung und

b) einer Natriumacetat-Lösung (Natriumethanoat-Lösung)
von gleicher Stoffmengenkonzentration jeweils einige Tropfen verdünnter Salzsäure gegeben.
Während der pH-Wert bei der Natriumnitrat-Lösung sinkt, bleibt er bei der Natriumacetat-Lösung nahezu gleich.
Formulieren Sie die Reaktionsgleichungen und begründen Sie die Versuchsergebnisse.

4 Unter Verwendung von Salpetersäure kann der kristalline Stoff Distickstoffpentaoxid hergestellt werden. Dieser zersetzt sich oberhalb einer bestimmten Temperatur ϑ unter Abkühlung explosionsartig in Stickstoffdioxid und Sauerstoff.

4.1 Berechnen Sie, bezogen auf Normalbedingungen, das Volumen der gasförmigen Produkte, die sich aus 100 g Distickstoffpentaoxid bilden.

4.2 Berechnen Sie die Temperatur ϑ, oberhalb der die Zersetzung von Distickstoffpentaoxid exergonisch verläuft.
Begründen Sie, warum der Zerfall endotherm, jedoch spontan abläuft.

Lösung

1.1 Reaktionsgleichung:

$HNO_3 + H_2O \rightleftharpoons H_3O^+ + NO_3^-$

Term für das Massenwirkungsgesetz:

$$\frac{c(H_3O^+) \cdot c(NO_3^-)}{c(HNO_3) \cdot c(H_2O)} = K_c$$ ($c(H_2O)$ wird als konstant angesehen)

$K_S = K_c \cdot c(H_2O)$; $pK_S = -\lg K_S$

1.2 Wegen nahezu vollständiger Protolyse gilt: $pH \approx -\lg c_0(H_3O^+) = -\lg 0{,}05 \approx 1{,}3$

2.1 $\underset{B_1}{NH_3} + \underset{S_2}{HNO_3} \rightleftharpoons \underset{S_1}{NH_4^+} + \underset{B_2}{NO_3^-}$ (B = Base; S = Säure)

(oder: $NH_3 + H_3O^+ + NO_3^- \rightleftharpoons NH_4^+ + H_2O + NO_3^-$)

Aus $c = \frac{n}{V}$ folgt: $n = c \cdot V$

$n(HNO_3) = c(HNO_3) \cdot V(HNO_3) = 0{,}1\ mol \cdot L^{-1} \cdot 0{,}5\ L = 0{,}05\ mol$

$n(HNO_3) = n(NH_3) = n(NH_4NO_3) = 0{,}05\ mol$

$m(NH_4NO_3) = n(NH_4NO_3) \cdot M(NH_4NO_3) = 0{,}05\ mol \cdot 80\ g \cdot mol^{-1} = 4\ g$

2.2 $NH_4^+ + H_2O \rightleftharpoons H_3O^+ + NH_3$

Das Ammonium-Ion reagiert sauer. Es gilt:

$$c(H_3O^+) = \sqrt{\frac{K_W}{K_B} \cdot c(Salz)} = \sqrt{K_S \cdot c(Salz)} = \sqrt{5{,}8 \cdot 10^{-10} \cdot 10^{-1}} = 7{,}62 \cdot 10^{-6}\ mol \cdot L^{-1}$$

$pH = -\lg c(H_3O^+) = 6 - \lg 7{,}62 = 5{,}12$

(oder: $pH = \frac{1}{2}\left(pK_S(NH_4^+) - \lg c(Salz)\right) = \frac{1}{2}(9{,}24 - 1) = 5{,}12$)

2.3 Zugabe von Natronlauge. Es entwickelt sich Ammoniak, welcher mit angefeuchtetem Lackmuspapier durch Blaubfärbung nachgewiesen werden kann:

$NH_4^+ + OH^- \longrightarrow NH_3(g) + H_2O$

$NH_3 + H_2O \longrightarrow NH_4^+ + OH^-$ (Blaufärbung)

3 a) Das Nitrat-Ion ist als korrespondierende Base zu der Säure HNO_3 eine äußerst schwache Base, nur wenige Nitrat-Ionen reagieren mit Wassermolekülen. Das Gleichgewicht liegt nahezu vollständig auf der linken Seite:

$NO_3^- + H_2O \rightleftharpoons HNO_3 + OH^-$

Der pH-Wert ergibt sich aus der H_3O^+-Ionen-Konzentration der Salzsäure – es resultiert eine starke Änderung des pH-Wertes.

b) Acetat-Ionen reagieren alkalisch:

$$CH_3COO^- + H_2O \rightleftharpoons CH_3COOH + OH^-$$

Die zugegebenen H_3O^+-Ionen der Salzsäure werden durch Reaktion mit den auf diese Weise gebildeten OH^--Ionen „abgefangen“

$$H_3O^+ + OH^- \longrightarrow 2\,H_2O$$

sodass sich das o. g. Gleichgewicht nach rechts verschiebt, weshalb sich der pH-Wert nicht merklich ändert.

4.1 Reaktionsgleichung:

$$2\,N_2O_5 \longrightarrow 4\,NO_2 + O_2$$

$$n(N_2O_5) = \frac{m}{M} = \frac{100\ g}{108\ g \cdot mol^{-1}} = 0{,}93\ mol$$

$$n(Gas) = 0{,}93 \cdot 2{,}5\ mol = 2{,}33\ mol$$

$$V(Gas) = n(Gas) \cdot V_N = 2{,}33\ mol \cdot 22{,}4\ L \cdot mol^{-1} = 52{,}2\ L$$

4.2 Für exergonische Reaktionen gilt:

$\Delta_R G < 0$, und mit

$\Delta_R G = \Delta_R H - T \cdot \Delta_R S$

gilt:

$\Delta_R H - T \cdot \Delta_R S < 0$

Für die **Temperatur** ergibt sich daraus:

$$T > \frac{\Delta_R H}{\Delta_R S}$$

$$\Delta_R H = \sum \Delta_f H^0(Pr.) - \sum \Delta_f H^0(Ed.) = 4 \cdot \Delta_f H^0(NO_2) - 2 \cdot \Delta_f H^0(N_2O_5) = 218\ kJ$$

$$\Delta_R S = \sum S^0(Pr.) - \sum S^0(Ed.) = 4 \cdot S^0(NO_2) + S^0(O_2) - 2 \cdot S^0(N_2O_5)$$
$$= 809\ J \cdot K^{-1} = 0{,}809\ kJ \cdot K^{-1}$$

Für die Temperatur T erhält man nach Einsetzen der Zahlenwerte:

$T > 269$ K, und mit

$T = \vartheta + 273$

$\vartheta > -4\ °C$

$\Delta_R H > 0$ und $\Delta_R S > 0$, starke Entropiezunahme wegen gasförmiger Produkte, sodass $T \cdot \Delta_R S > \Delta_R H$ wird und damit $\Delta_R G < 0$ ist.

Aufgabe 21: Chemische Gleichgewichte

Schwefelsäure (H_2SO_4) ist eine der technisch wichtigsten anorganischen Verbindungen. Sie gehört zu den in großen Mengen synthetisierten Grundstoffen der chemischen Industrie.

1 Das zur Schwefelsäureherstellung benötigte Schwefeldioxid kann durch Oxidation von Eisen(II)-sulfid erzeugt werden. Als festes Reaktionsprodukt entsteht dabei Eisen(III)-oxid.

1.1 Formulieren Sie die zugehörige Reaktionsgleichung.
Bennen Sie den Reaktionstyp und begründen Sie Ihre Aussage.

1.2 Berechnen Sie das Volumen des so erzeugten Schwefeldioxids unter Normbedingungen, wenn 1,2 t Eisensulfid vollständig umgesetzt werden.

2 In einem weiteren Schritt der Schwefelsäuregewinnung wird im Kontaktverfahren Schwefeldioxid in Gegenwart eines Katalysators mit Luft zu Schwefeltrioxid oxidiert.

2.1 Formulieren Sie die Reaktionsgleichung für diese Gleichgewichtsreaktion.
Stellen Sie dazu das Massenwirkungsgesetz auf.

2.2 Untersuchungsergebnisse zu diesem Gleichgewicht sind im folgenden Schaubild dargestellt:

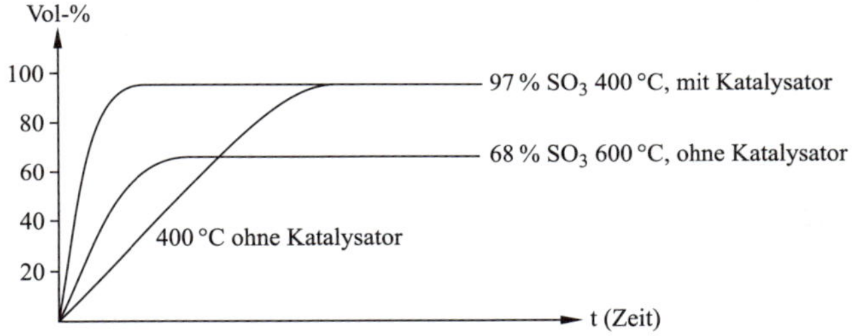

Interpretieren und vergleichen Sie die drei dargestellten Kurven.
Erläutern Sie den Einfluss der Temperatur sowie des Katalysators.

2.3 In einem technischen Verfahren wird Schwefelsäure aus Schwefeltrioxid und Wasser hergestellt. Ein Tank enthält 1 000 L einer Schwefelsäure mit dem pH-Wert 0,35.
Berechnen Sie die Masse an Schwefeltrioxid, die zur Herstellung dieser Säure benötigt wurde.
(**Hinweis:** Berücksichtigen Sie dabei nur die erste Protolysestufe.)

2.4 Aus Schwefelsäure stellt man in großen Mengen das Düngemittel Ammoniumsulfat her.
Formulieren Sie dafür eine Reaktionsgleichung und erläutern Sie den Reaktionstyp.
Beschreiben Sie die Durchführung eines Nachweises für das Anion des Ammoniumsulfats.
Geben Sie die zu erwartende Beobachtung an und erklären Sie diese mithilfe einer Reaktionsgleichung.
(Wahlbereich)

Lösung

1.1 **Reaktionsgleichung**

$$\overset{+II\ -II}{4\,FeS} + \overset{0}{7\,O_2} \longrightarrow \overset{+III\ -II}{2\,Fe_2O_3} + \overset{+IV\ -II}{4\,SO_2}$$

Redoxreaktion, da sich die Oxidationszahlen ändern.

1.2 Es gilt: $n(FeS) = n(SO_2)$ und

$$n(FeS) = \frac{m(FeS)}{M(FeS)} = \frac{1{,}2 \cdot 10^6\ g}{87{,}9\ g}\ mol = 1{,}37 \cdot 10^4\ mol$$

$V(SO_2) = n(SO_2) \cdot V_m = 1{,}37 \cdot 10^4\ mol \cdot 22{,}4\ L \cdot mol^{-1}$

$V(SO_2) = 30{,}69 \cdot 10^4\ L$

2.1 **Reaktionsgleichung**

$$2\,SO_2 + O_2 \rightleftharpoons 2\,SO_3$$

Massenwirkungsgesetz:

$$K_c = \frac{c^2(SO_3)}{c^2(SO_2) \cdot c(O_2)}$$

2.2 Bei einer Temperaturerhöhung verschiebt sich ein Gleichgewicht auf die Seite des wärmeverbrauchenden Vorgangs, bei einer exothermen Reaktion also in Richtung der Edukte – die Ausbeute wird geringer. Dies trifft im Beispiel zu, die Ausbeute bei 600 °C beträgt 68 %, bei 400 °C aber 97 %. Bei einer Temperaturerniedrigung verschiebt sich ein Gleichgewicht auf die Seite des wärmeliefernden Vorgangs, also bei einer exothermen Reaktion in Richtung der Produkte, dies trifft mit 97 % Ausbeute bei 400 °C im Beispiel zu; der Einsatz eines Katalysators beeinflusst die Lage des Gleichgewichts nicht, er beschleunigt sowohl die Hin- als auch die Rückreaktion, was zu einer schnelleren Gleichgewichtseinstellung führt. In der Abbildung kommt dies im steilen Anstieg der linken Kurve zum Ausdruck.

2.3 **Bilanzgleichung:** $H_2O + SO_3 \longrightarrow H_2SO_4$

1. Protolysestufe: $H_2SO_4 + H_2O \longrightarrow H_3O^+ + HSO_4^-$

$c(H_3O^+) = 10^{-pH} = 10^{-0{,}35}\ mol \cdot L^{-1} = 0{,}447\ mol \cdot L^{-1}$

da $n(SO_3) = n(H_3O^+)$, gilt $n(SO_3) = c(H_3O^+) \cdot V = 0{,}447\ mol \cdot L^{-1} \cdot 1\,000\ L = 447\ mol$

$m(SO_3) = n(SO_3) \cdot M(SO_3) = 447\ mol \cdot 80\ g \cdot mol^{-1} = 35\,760\ g \approx 36\ kg$

2.4 z. B.: $2\,NH_3 + H_2SO_4 \longrightarrow (NH_4)_2SO_4$

Reaktionstyp: **Protolyse** – die Ammoniakmoleküle wirken wegen des freien Elektronenpaares am Stickstoff als Base, die Schwefelsäure-Teilchen sind die Protonenspender. Ammoniumsulfat wird in Wasser gelöst und mit Bariumchloridlösung versetzt, man erhält einen weißen Niederschlag von schwerlöslichem Bariumsulfat:

$Ba^{2+} + SO_4^{2-} \longrightarrow BaSO_4\downarrow_{(s)}$ (Wahlbereich)

X **Aufgabe 22: Chemische Gleichgewichte**

Schwefelwasserstoff ist ein farbloses, nach faulen Eiern riechendes, sehr giftiges Gas, das bei der Aufarbeitung fossiler Brennstoffe in großen Mengen anfällt. Die Geruchsschwelle liegt bei einem Volumengehalt in der Luft von nur 10^{-5} %.

1 Im Labor kann Schwefelwasserstoff durch Auftropfen von Salzsäure auf Eisen(II)-sulfid gewonnen werden.
Stellen Sie eine Reaktionsgleichung für diese Reaktion auf und berechnen Sie, welche Masse Eisen(II)-sulfid in einem Labor der Größe 10 m x 5 m x 3 m maximal umgesetzt werden kann, bevor bei Normbedingungen Schwefelwasserstoff zu riechen ist.

2 Um die Säurekonstante K_S von Schwefelwasserstoff zu bestimmen, löst man 0,1 Mol Schwefelwasserstoff in Wasser und füllt bis zu einem Volumen von einem Liter auf. Der gemessene pH-Wert der Lösung beträgt 4,03.
Berechnen Sie die Säurekonstante K_S für Schwefelwasserstoff.
Erläutern Sie eine Näherung, die Ihrer Berechnung zugrunde liegt.
Beweisen Sie durch exakte Berechnung, dass diese Näherung zulässig ist.

3 Um den bei der Aufarbeitung fossiler Brennstoffe anfallenden Schwefelwasserstoff weiterzuverwerten, wird dieser in einem ersten Schritt mit Sauerstoff in einer exothermen Reaktion zu Schwefeldioxid und Wasser umgesetzt.
Das entstandene Schwefeldioxid reagiert in einem zweiten Schritt mit Schwefelwasserstoff zu elementarem Schwefel und Wasserdampf.

3.1 Beschreiben Sie die Möglichkeiten, wie sich im ersten Schritt die Ausbeute an Schwefeldioxid erhöhen lässt.
Begründen Sie Ihre Aussagen.

3.2 Geben Sie an, wie sich im zweiten Schritt die Entropie ändert. Begründen Sie Ihre Angabe. Erläutern Sie den Reaktionstyp dieses zweiten Schrittes.

4 Wird Natriumhydrogensulfid in Wasser gelöst, so reagiert diese Lösung alkalisch.
Formulieren Sie hierfür eine Reaktionsgleichung unter Verwendung von Strukturformeln mit bindenden und nichtbindenden Elektronenpaaren.
Kennzeichnen Sie die korrespondierenden Säure-Base-Paare.

Lösung

1 Reaktionsgleichung:

$$FeS(s) + 2\,HCl(aq) \longrightarrow H_2S + FeCl_2(aq)$$

oder: $FeS + 2\,H_3O^+ + 2\,Cl^- \longrightarrow Fe^{2+} + H_2S + 2\,H_2O + 2\,Cl^-$

$V_L = 10\ m \cdot 5\ m \cdot 3\ m = 150\ m^3 = 150 \cdot 10^3\ L$

Geruchsschwelle $V_G = \dfrac{150 \cdot 10^3\ L}{100} 10^{-5} = 1{,}5 \cdot 10^{-2}\ L$

Stoffmenge $n = \dfrac{V}{V_M} = \dfrac{1{,}5 \cdot 10^{-2}\ L}{22{,}4\ L \cdot mol^{-1}} = 0{,}0669 \cdot 10^{-2}\ mol$; $n(H_2S) = n(FeS)$

$m(FeS) = n(FeS) \cdot M(FeS) = 0{,}0669 \cdot 10^{-2}\ mol \cdot 88\ g \cdot mol^{-1} = 0{,}0589\ g$

2 $c(H_2S) = 0{,}1\ mol \cdot L^{-1}$; $c(H_3O^+) = 10^{-pH} = 10^{-4{,}03}\ mol \cdot L^{-1} = 9{,}33 \cdot 10^{-5}\ mol \cdot L^{-1}$

$$H_2S + H_2O \rightleftharpoons H_3O^+ + HS^-$$

$\dfrac{c(H_3O^+) \cdot c(HS^-)}{c(H_2S)} = K_S$; Näherung: $c(H_2S) = c_0 - c(H_3O^+) \approx c_0 = 0{,}1\ mol \cdot L^{-1}$

$c(H_3O^+)$ wird gegenüber $c_0 = 0{,}1\ mol \cdot L^{-1}$ vernachlässigt.

$c(H_3O^+) = \sqrt{K_S \cdot c_0}$ oder $\dfrac{c^2(H_3O^+)}{c_0} = K_S$

$$K_S = \frac{(9{,}33 \cdot 10^{-5})^2\ mol^2}{0{,}1\ mol \cdot L^{-1} \cdot L^2} = 8{,}705 \cdot 10^{-8}\ mol \cdot L^{-1}$$

ohne Näherung:

$$K_S = \frac{c^2(H_3O^+)}{c_0 - c(H_3O^+)} = \frac{87{,}05 \cdot 10^{-10}}{0{,}1 - 9{,}33 \cdot 10^{-5}}\ mol \cdot L^{-1} = 8{,}713 \cdot 10^{-8}\ mol \cdot L^{-1}$$

Näherung und exakte Rechnung unterscheiden sich in der zweiten Stelle hinter dem Komma – die Näherung ist zulässig.

3.1 $2\,H_2S + 3\,O_2 \rightleftharpoons 2\,SO_2 + 2\,H_2O$

Möglichkeiten zur Ausbeutesteigerung:

- Durch Erhöhung der Konzentrationen der Edukte – die Wahrscheinlichkeit, dass die Teilchen der Ausgangsstoffe günstig zusammenstoßen ist größer, dadurch nimmt die Ausbeute zu.
- Durch Druckerhöhung – dies bedeutet Volumenverkleinerung, das Gleichgewicht verschiebt sich in Richtung des kleineren Volumens, also nach rechts.
- Durch Temperaturerniedrigung, das Gleichgewicht verschiebt sich in Richtung des wärmeliefernden Vorganges, also nach rechts.

3.2 Reaktionsgleichung: $\overset{+IV\,-II}{SO_2} + 2\,\overset{+I\,-II}{H_2S} \longrightarrow 2\,\overset{+I\,-II}{H_2O}(g) + 3\,\overset{0}{S}$

Redoxreaktion, da sich die Oxidationszahlen ändern; die Schwefelteilchen werden oxidiert und reduziert – (Symproportionierung)
Die Entropie nimmt ab, da eines der Produkte als Feststoff entsteht. Die Entropie eines Feststoffes ist geringer als die Entropie gasförmiger Stoffe.

4 $HS^- + H_2O \rightleftharpoons H_2S + OH^-$

B_1 S_2 S_1 B_2

(B, Base; S, Säure)

Abiturprüfung (Baden-Württemberg): Profil-/Neigungsfach Chemie
Themengruppe II: Naturstoffe (LP 4)

Aufgabe 1: Mono-, Di- und Polysaccharide

1 In Zuckerrüben ist Saccharose enthalten, die durch säurekatalysierte Hydrolyse in Invertzucker umgewandelt werden kann.
Zeichnen Sie die Strukturformel des Saccharosemoleküls nach Haworth.
Erläutern Sie die bei der Hydrolyse der Saccharose auftretende Inversion.
Nennen Sie eine weitere Möglichkeit, die erfolgte Hydrolyse der Saccharose nachzuweisen.

2 Es gibt ein zur Fructose isomeres Monosaccharid, die Tagatose, deren Moleküle sich von denen der Fructose nur durch die Stellung der Hydroxylgruppe am Kohlenstoffatom C_4 unterscheidet.

2.1 Zeichnen Sie in Fischer-Projektion die Strukturformeln der D-Fructose und der D-Tagatose sowie das Pyranosid (Sechsring) der α-D-Tragatose nach Haworth.

2.2 Bei einem der Disaccharide aus α-D-Glucose und α-D-Tragatose verläuft die Fehling'-sche Probe negativ.
Geben Sie die Strukturformel des Moleküls dieses Disaccharids nach Haworth an.

3 Mono- und Polysaccharide unterscheiden sich hinsichtlich ihrer Löslichkeit in Wasser. Geben Sie dafür eine Erklärung.

Lösung

1 **Strukturformel für Saccharose**

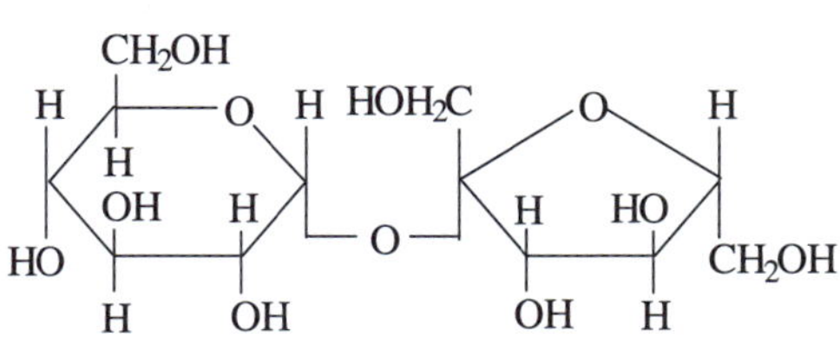

D(+)-Saccharosemolekül

Bei der Spaltung des Saccharosemoleküls entstehen α-D-Glucose und β-D-Fructose. Das Saccharosemolekül dreht die Ebene des polarisierten Lichtes nach rechts.
Nach der Spaltung: α-D-Glucose dreht nach rechts, β-D-Fructose nach links und zwar mehr als α-D-Glucose nach rechts dreht. Somit geht die Rechtsdrehung in eine Linksdrehung über.
Die Nachweisreaktion mit Fehling I und Fehling II ist bei Saccharose negativ; nach der Spaltung ist diese Nachweisreaktion positiv.

2.1

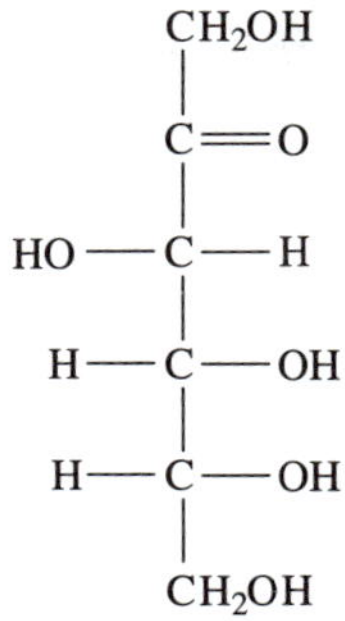
D-Fructose

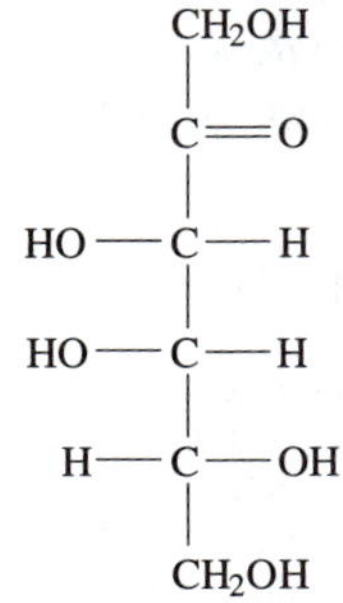
D-Tagatose

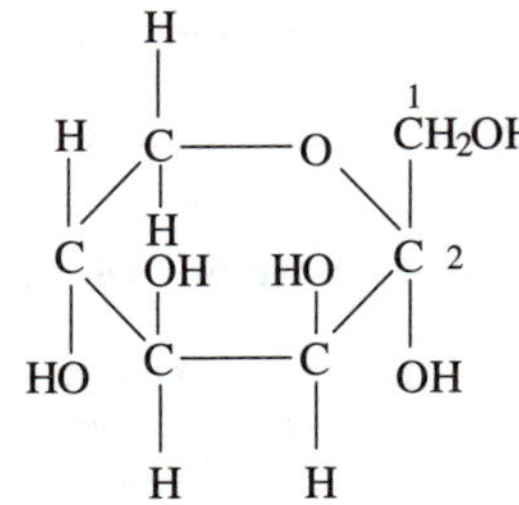
α-D-Tagatose

2.2

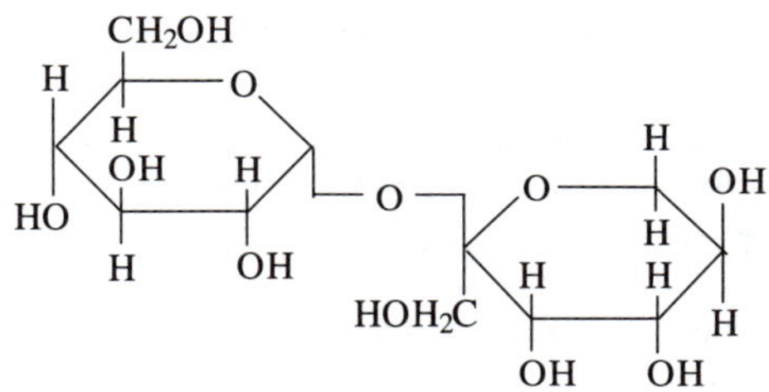
Pyranosid

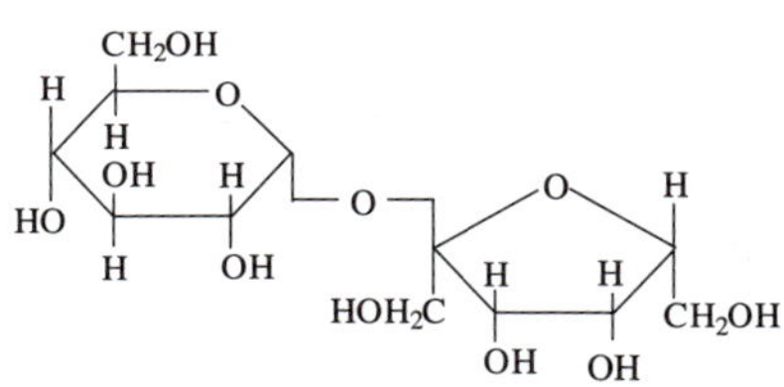
Furanosid, oder

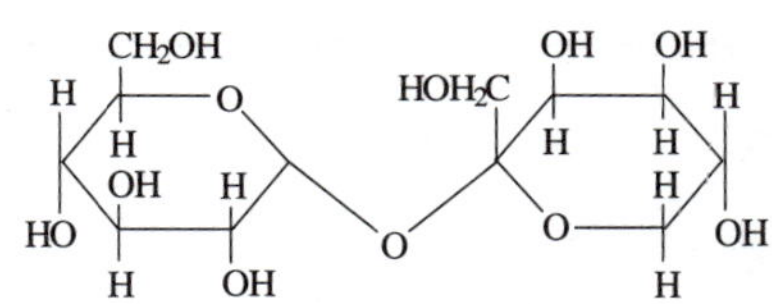
Pyranosid

3 **Monosaccharide**

Die Hydroxy-Gruppen der Zuckermoleküle können mit den Wasserdipolen in Wechselwirkung treten. Es bilden sich Wasserstoffbrückenbindungen aus.

Polysaccharide

Die aus β-D-Glucose aufgebaute Cellulose bildet langgestreckte Ketten. Benachbarte Ketten sind über Wasserstoffbrückenbindungen der seitlichen Hydroxy-Gruppen aneinandergelagert. Dadurch entstehen unlösliche Fasern. Bei Stärke löst sich die Amylose in heißem Wasser kolloidal, während Amylopektin unlöslich ist. Hier kommen neben [α-(1 $\rightarrow$ 4)]-Verknüpfungen in der Kette [α-(1 $\rightarrow$ 6)]-Verknüpfungen vor, sodass verzweigte Ketten entstehen.

Glykogen hat eine ähnliche Struktur wie Amylopektin. Neben [α-(1 $\rightarrow$ 4)]-Verknüpfungen gibt es [α-(1 $\rightarrow$ 6)]-Verknüpfungen. Insgesamt sind die Verzweigungen zahlreicher. Dadurch haben die Makromoleküle die Gestalt eines flachen Ellipsoids. Diese Struktur bedingt hier die Wasserlöslichkeit.

Aufgabe 2: Saccharide

Raffinose ist ein Trisaccharid mit folgender Strukturformel:

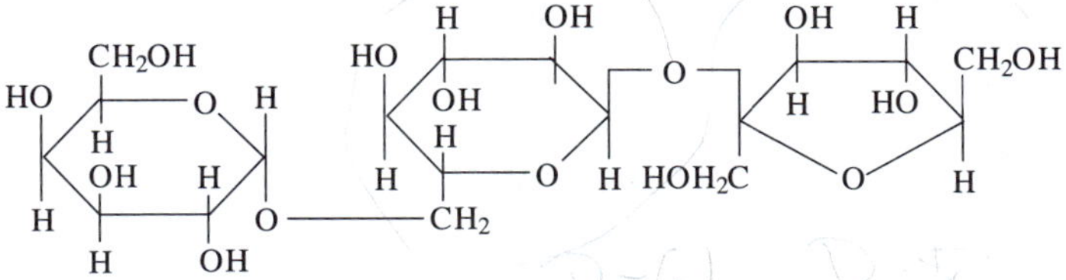

1 Welche der folgenden Mono- bzw. Disaccharide können bei der hydrolytischen Spaltung der Raffinose entstehen, welche nicht?
Begründen Sie Ihre Aussage.
a) D-Glucose
b) D-Fructose
c) D-Ribose
d) Saccharose
e) Maltose

2 Zeichnen Sie die Strukturformeln aller bei der Spaltung der Raffinose entstehenden Monosaccharide in der Fischer-Projektion und benennen Sie zwei davon.

3 Alle Monosaccharide des Hydrolysats zeigen optische Aktivität.
Was versteht man unter optischer Aktivität; worauf beruht sie?
Lässt sich aus der jeweiligen Strukturformel eine Aussage über die Drehrichtung machen? (Wahlbereich)

4 Die Raffinose-Lösung und ihr Hydrolysat werden getrennt der Fehling-Probe unterzogen.
Welche Versuchsergebnisse erwarten Sie? Begründen Sie Ihre Aussagen.

5 Geben Sie ein Verfahren an, mit dem die im Hydrolysat vorliegenden Saccharide getrennt und identifiziert werden könnten.
Erklären Sie das Prinzip der Trennung und Identifizierung bei diesem Verfahren.

Lösung

1 Bei der hydrolytischen Spaltung entsteht als Disaccharid die Saccharose und an Monosacchariden D-Glucose, D-Fructose (und D-Galactose). Nicht enthalten sind:
D-Ribose, dieser Zucker ist eine Pentose; Maltose, Maltose ist ein Disaccharid und würde aus zwei D-Glucose-Bausteinen bestehen.

2 **Struktorformeln**

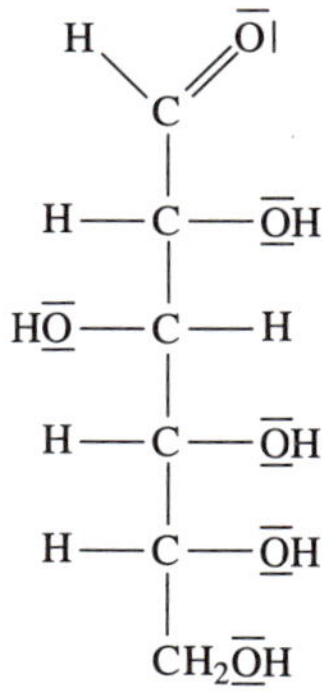

D-Glucose

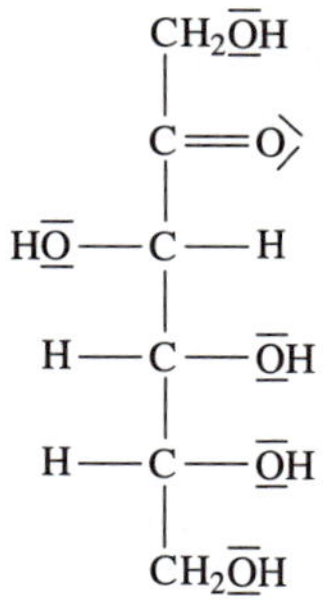

D-Fructose

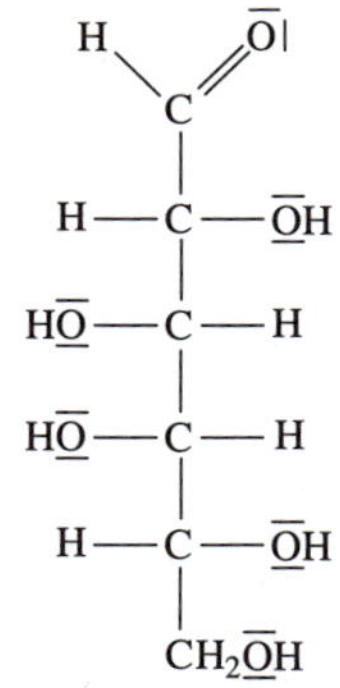

(D-Galactose)

3 Unter der optischen Aktivität versteht man die Drehung der Schwingungsebene des polarisierten Lichts; die Drehung beruht auf asymmetrischen Kohlenstoffatomen. Die Strukturformel erlaubt keine Aussage über die Drehrichtung, diese kann nur experimentell ermittelt werden.
(Wahlbereich)

4 Die Fehling-Probe bei Raffinose ist negativ, da alle halbacetalischen Hydroxy-Gruppen blockiert sind.

Hydrolysat
Bei D-Glucose und D-Galactose sind die Proben positiv; beide Monosaccharide sind reduzierende Zucker bei denen eine Ringöffnung möglich ist. Durch die Ringöffnung können die Formyl-Gruppen oxidiert werden. D-Fructose wandelt sich im alkalischen Medium in D-Glucose um, damit ist die Reaktion positiv. Bei Saccharose sind die beiden halbacetalischen Hydroxy-Gruppen blockiert, eine Ringöffnung ist nicht möglich. Durch die reduzierende Monosaccharide ist die Probe mit dem Hydrolysat positiv.

5 **Trennung durch Dünnschicht-Chromatografie**
Auf einer Startlinie einer dünnen Schicht gibt man je mit einer Kapillare eine kleine Probe wässriger Lösungen von D-Glucose, D-Fructose, D-Galactose, Saccharose und von dem Hydrolysat. Das mit Kieselgel beschichtete Plättchen bringt man in einen Tank mit Laufmittel z. B. aus Essigsäureethylester, konz. Essigsäure und Wasser. Die Zucker werden je nach Löslichkeit im Laufmittel und Adsorption an der Schicht getrennt. Das Chromatogramm wird mit Anilinphthalat besprüht und im Trockenschrank bei 100 °C entwickelt, wobei braune bis rotbraune Farbtöne entstehen. Die Identifizierung erfolgt durch Zuordnung von Flecken auf gleicher Höhe.

Aufgabe 3: Saccharide

1 In der Leber entsteht durch enzymatische Oxidation des Monosaccharids D-Glucose die Glucuronsäure.
Die Oxidation erfolgt an einem bestimmten C-Atom des Glucose-Moleküls.
Glucuronsäure zeigt gegenüber Fehling-Reagenz das gleiche Verhalten wie Glucose selbst.

1.1 An welchem C-Atom des Glucose-Moleküls findet die Oxidation statt?
Begründen Sie Ihre Angabe.
Geben Sie eine Strukturformel der Glucuronsäure als offene Kette an.

1.2 In wässriger Lösung liegen die Moleküle der Glucuronsäure überwiegend als Sechsringe (Pyranoseform) vor.
Geben Sie die Strukturformel der α-Glucuronsäure in Haworth-Projektion an.

2 Mithilfe der Glucuronsäure werden in der Leber giftige Hydroxylverbindungen in ungiftige Verbindungen überführt, die ausgeschieden werden. So entsteht z. B. aus dem Halbacetal der α-Glucuronsäure und Phenol ein Glycosid.
Formulieren Sie die Reaktionsgleichung für diese Glycosidbildung unter Verwendung von Strukturformeln.
Begründen Sie, wie die Fehling-Probe mit diesem Glycosid verläuft.

3 D-Galactose ist ein zu D-Glucose isomeres Monosaccharid. Die beiden Isomere unterscheiden sich lediglich in der Stellung der Hydroxylgruppe am dritten asymmetrischen C-Atom. Beide Monosaccharide lassen sich durch katalytische Hydrierung in sechswertige Alkohole überführen. Aus Glucose entsteht auf diese Weise Sorbit, der als Diabetikersüßstoff verwendet wird. Aus Galactose entsteht auf entsprechende Weise Galaktit.
Zeichnen Sie die Strukturformeln der beiden Polyalkohole Sorbit und Galaktit in Fischer-Projektion.

4 Wässrige Lösungen von Sorbit bzw. Galaktit werden im Polarimeter untersucht. Während sich Sorbit-Lösung als optisch aktiv erweist, ist Galaktit-Lösung optisch inaktiv.

4.1 Erläutern Sie Bau und Funktionsweise eines Polarimeters.
Geben Sie mindestens drei Faktoren an, von denen der Drehwinkel α einer optisch aktiven Lösung abhängt. (Wahlbereich)

4.2 Bringen Sie die optische Aktivität bzw. die fehlende optische Aktivität der Lösung der beiden Polyalkohole in Zusammenhang mit ihren Molekülstrukturen.

(Wahlbereich)

Lösung

1.1

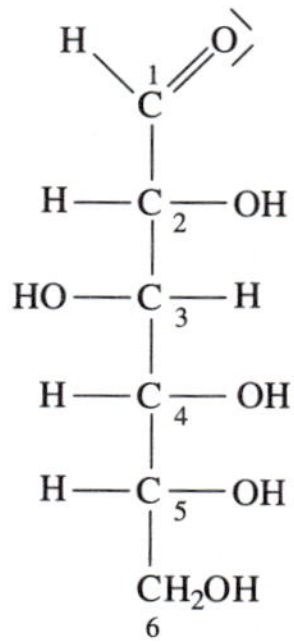

α-D-Glucose

Oxidation am C-Atom Nr. 6;

Formylgruppe bleibt erhalten – diese wird bei der Nachweisreaktion mit Fehling-Reagenz zur Carboxyl-Gruppe oxidiert.

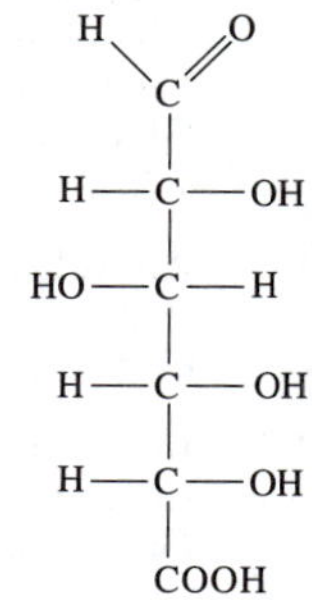

α-D-Glucuronsäure

1.2

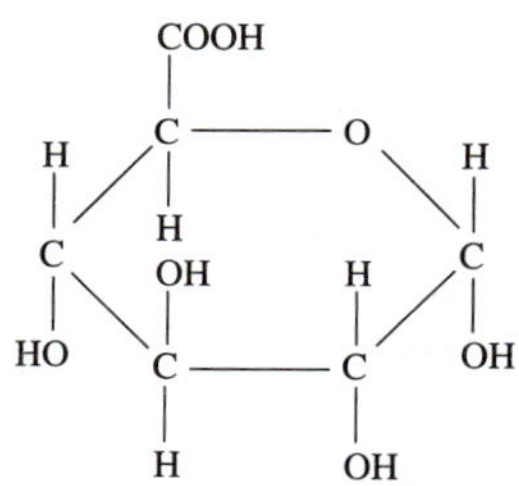

α-D-Glucuronsäure

2

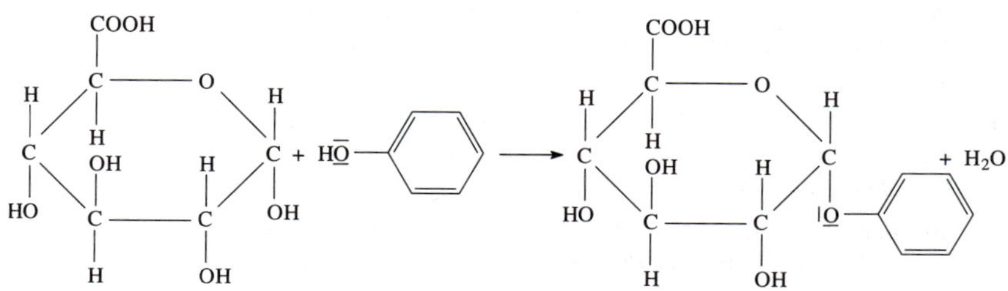

α-D-Glucuronsäure Phenol Glycosid

Fehling-Probe negativ; halbacetalische Hydroxylgruppe blockiert, keine Ringöffnung möglich.

3

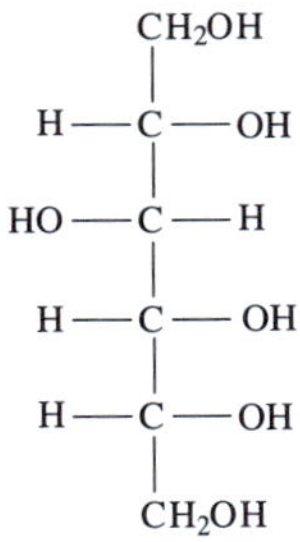

Sorbit

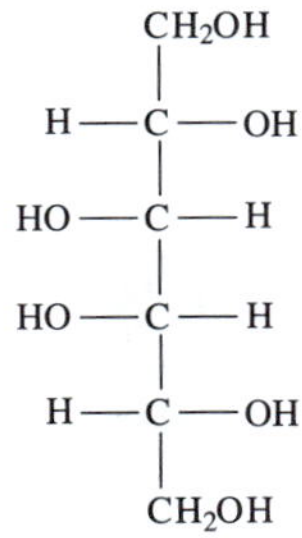

Galaktit

4.1 **Aufbau z. B. eines Halbschattenpolarimeters (Wahlbereich)**

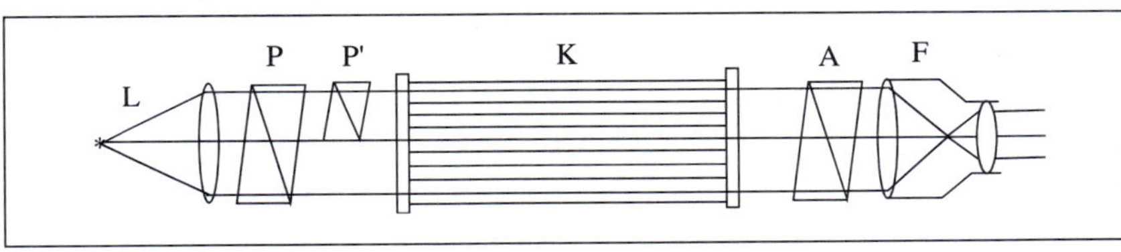

L: Lampe; P: Polarisator; P': Halbprisma; K: Küvette mit der optisch aktiven Substanz; A: Analysator; F: Fernrohr

Das am Polarisator ankommende Licht schwingt in alle Richtungen:

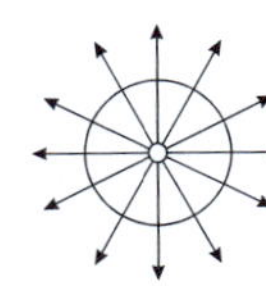

Im Polarisator wird nur Licht einer Schwingungsebene durchgelassen:

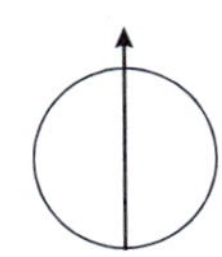

Das Halbprisma P' bedeckt die Hälfte des Gesichtsfeldes. Die Kante diese Prismas P' ist in der Mitte des Gesichtsfeldes als scharfe Trennungslinie sichtbar. Wird der Analysator A zu P gekreuzt, dann entsteht in der einen Gesichtshälfte Dunkelheit, während die andere noch hell ist (1). Kreuzt man P' mit A, so sind die Verhältnisse genau umgekehrt (2). Dreht man A schließlich so, dass der Analysator senkrecht zur Winkelhalbierenden zwischen P und P' steht, so werden beide Felder gleich hell (3), was mit dem Auge gut erkennbar ist.

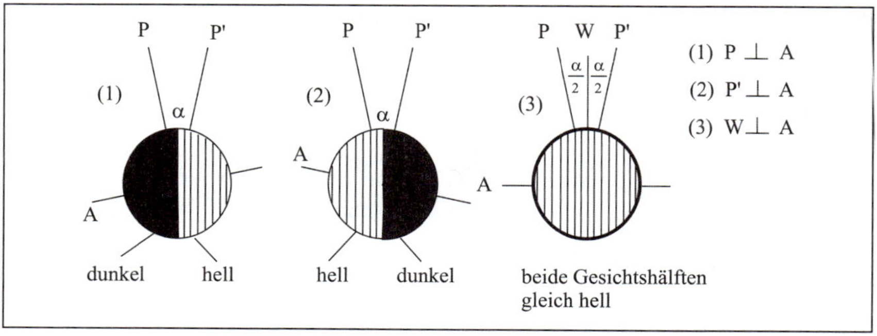

Die optisch aktive Substanz in der Küvette dreht zusätzlich die Ebene des polarisierten Lichtes. Der Analysator muß um den Drehwinkel nachgedreht werden.
Der Drehwinkel hängt ab: von der Konzentration (Massenkonzentration), von der Länge der durchstrahlten Küvette und vom spezifischen Drehwinkel (Stoffkonstante).

Für den Drehwinkel gilt

$\alpha = [\alpha_D]\ \frac{c \cdot l}{100}$ $\qquad$ $[\alpha_D]$: spezifische Drehung in $\frac{\text{Grad}}{\text{dm} \cdot \text{g} \cdot (100\ \text{mL})^{-1}}$

c: Konzentration in $\text{g} \cdot (100\ \text{mL})^{-1}$

l: Länge des Polarimeterrohrs in dm

(Wahlbereich)

4.2 Die **Sorbitmoleküle** sind chiral. Bild- und Spiegelbild können nicht zur Deckung gebracht werden. (Bild- und Spiegelbild bilden ein Enantiomerenpaar). Die Lösung ist optisch aktiv.
Galaktit: Bild- und -Spiegelbild können durch Drehung zur Deckung gebracht werden. (Oder: Mesoform, Symmetrieebene vorhanden – Bild- und Spiegelbild sind identisch – keine Enantiomere). Die Lösung ist optisch nicht aktiv.
(Wahlbereich)

Aufgabe 4: Aminosäuren, Peptide

Ein Oligopeptid ist aus vier Aminosäuren in folgender Sequenz aufgebaut:

Alanin – Glycin – Cystein – Glutaminsäure

Die Carboxylgruppe des Alanins ist an der Peptidbindung beteiligt.

1.1 Zeichnen Sie die Strukturformeln der vier Aminosäuren mit bindenden und nichtbindenden Elektronenpaaren.
Die Aminosäuren sind durch folgende Reste R (Seitenkentten) gekennzeichnet:
Alanin: $-CH_3$
Glycin: $-H$
Cystein: $-CH_2-SH$
Glutaminsäure: $-(CH_2)_2-COOH$

1.2 Welche dieser Aminosäuren sind optisch aktiv? Geben Sie eine Begründung.
(Wahlbereich)

1.3 Zeichnen Sie eine Strukturformel des Oligopeptids.

1.4 Die an einer Peptidgruppe beteiligten Atome liegen in einer Ebene. Geben Sie dafür eine Erklärung.

2 Das Oligopeptid wird vollständig hydrolysiert. Wie lässt sich diese Hydrolyse durchführen? Beschreiben Sie ausführlich, wie die im Hydrolysat vorliegenden Aminosäuren getrennt und identifiziert werden können.

3 Eine wässrige Lösung von Alanin besitzt im sauren Bereich Pufferwirkung. Geben Sie die Strukturformel der unter dieser Bedingung vorliegenden Alaninteilchen an und erklären Sie die Puffereigenschaft der Lösung.
(Wahlbereich)

4 Butansäure ist bei Zimmertemperatur flüssig, während sich Alanin als kristalline Substanz nicht unzersetzt schmelzen lässt.
Geben Sie dafür eine Erklärung. (Wahlbereich)

Lösung

1.1

L-Alanin (1)

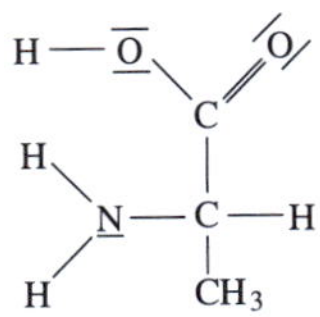

Glycin (2)

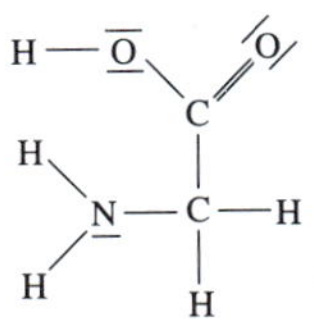

L-Cystein (3)

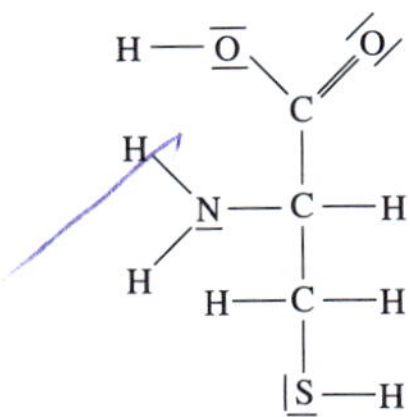

Glutaminsäure (4)

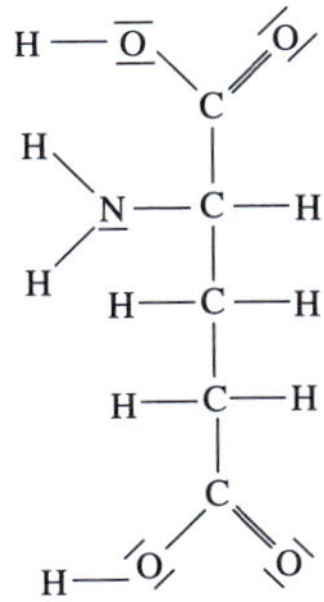

1.2 Optische Aktivität zeigen die Aminosäuren (1), (3) und (4); diese besitzen vier verschiedene Atome bzw. Atomgruppen am α-C-Atom.

(Wahlbereich)

1.3 **Strukturformel**

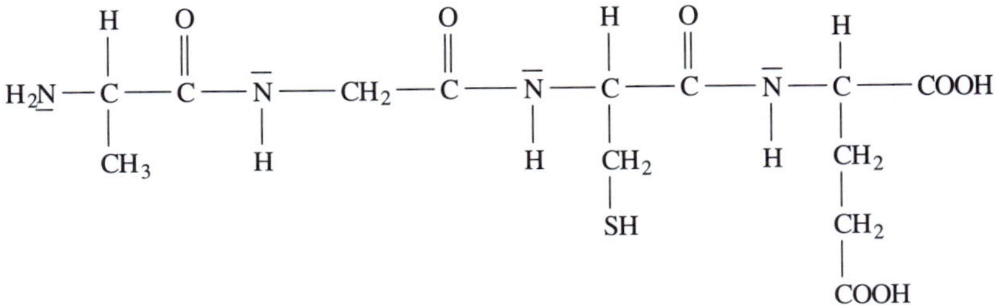

1.4 **Mesomere Formen**

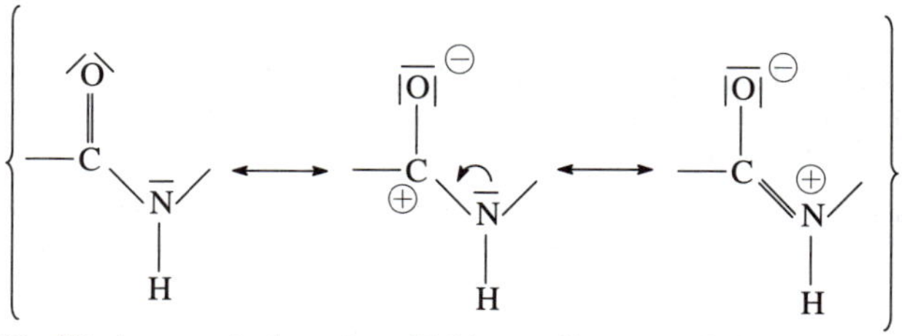

Die Bindung zwischen dem Kohlenstoffatom und dem Stickstoffatom hat etwa 40 % Doppelbindungscharakter. Die freie Drehbarkeit wird durch die π-Elektronenwolke eingeschränkt.

2 Zunächst saure Hydrolyse bei höheren Temperaturen in einem geschlossenen Röhrchen. Die Trennung des Hydrolysats erfolgt z. B. durch Papier- oder Dünnschicht-Chromatografie. Nach der Trennung wird mit Ninhydrin angefärbt. Alle Aminosäuren geben mit Ninhydrin violette Flecken. Aus der Lage der Flecken im Chromatogramm ergeben sich die Aminosäuren.

3

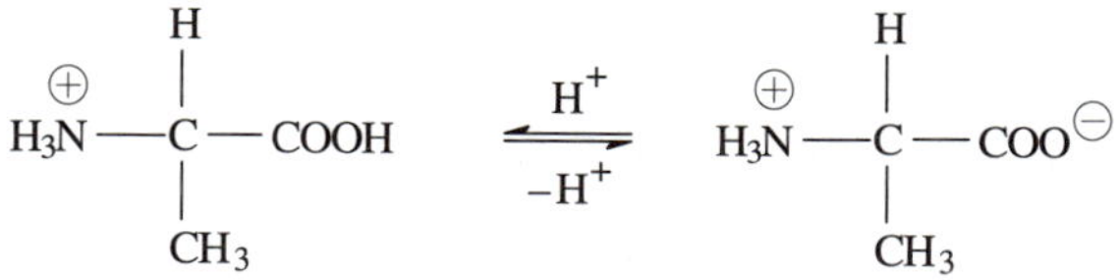

saurer Bereich, protonierte Aminosäure; die Alaninteilchen liegen als Kationen vor

Zwitterion im schwach sauren Bereich

Im sauren Bereich liegen Kationen und Zwitterionen vor – ein Gemisch aus einer schwachen Säure und ihrer korrespondierenden Base. Ein solches Gemisch wirkt als Puffer.

(Wahlbereich)

4 Die Zwitterionen sind infolge starker elektrostatischer Wechselwirkung in einem Kristallgitter angeordnet – Feststoff. Bei Butansäure liegen van-der-Waals-Kräfte und Wasserstoffbrückenbindungen vor.

(Wahlbereich)

Aufgabe 5: Amine, Aminosäuren, Proteine

1 Gegeben sind die folgenden organischen Stickstoffverbindungen:
A: Aminobenzol
B: 1-Aminopropan
C: D-2-Aminopropansäure; Aminosäure mit Rest (Seitenkette) $R = -CH_3$
D: L-Glutaminsäure; Aminosäure mit Rest (Seitenkette)
$R = -CH_2-CH_2-COOH$

1.1 Zeichnen Sie für die Stoffe A bis D jeweils eine Strukturformel mit bindenden und nichtbindenden Elektronenpaaren.

1.2 Bei Zimmertemperatur ist einer der Stoffe A bzw. C flüssig, der andere fest. Ordnen Sie zu und begründen Sie Ihre Antwort. (Wahlbereich)

1.3 Die Stoffe B bzw. D werden mit destilliertem Wasser versetzt. Formulieren Sie die entsprechenden Reaktionsgleichungen. (Wahlbereich)

1.4 Berechnen Sie den pH-Wert einer wässrigen Aminobenzollösung der Konzentration $c = 0{,}001\ mol \cdot L^{-1}$.
Ist der pH-Wert einer gleichkonzentrierten wässrigen Lösung des Stoffes B kleiner oder größer als derjenige der Aminobenzollösung?
Begründen Sie Ihre Aussage.
(Wahlbereich)

1.5 Eine kleine Stoffportion L-Glutaminsäure wird in Salzsäure mit pH = 1 gelöst und die Lösung durch Zugabe von Natronlauge schrittweise bis auf pH = 13 gebracht.
Geben Sie die Strukturformeln für vier der dabei auftretenden Formen von L-Glutaminsäureteilchen an.
Kennzeichnen Sie darunter diejenigen, welche bei pH = 1 bzw. bei pH = 13 überwiegen. (Wahlbereich)

2 Im Protein ist die folgende Aminosäuresequenz enthalten:
–Cys–Ala–Ala–Lys–

2.1 Beschreiben Sie eine Nachweisreaktion für Proteine. (Wahlbereich)

2.2 Zeichnen Sie die Strukturformel des oben angegebenen Ausschnitts. Die Aminosäuren sind durch folgende Reste R (Seitenketten) gekennzeichnet:
Cystein: $-CH_2-SH$
Alanin: $-CH_3$
Lysin: $-(CH_2)_4-NH_2$

Lösung

1.1

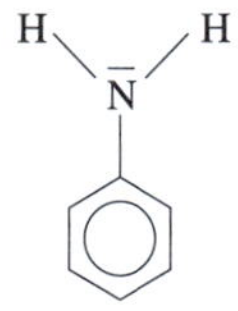

A

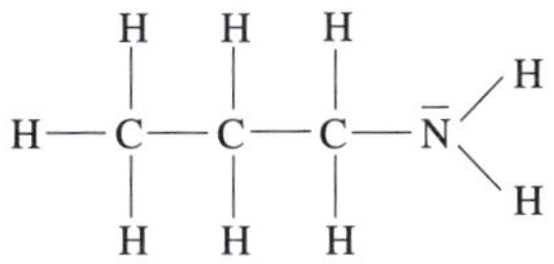

B

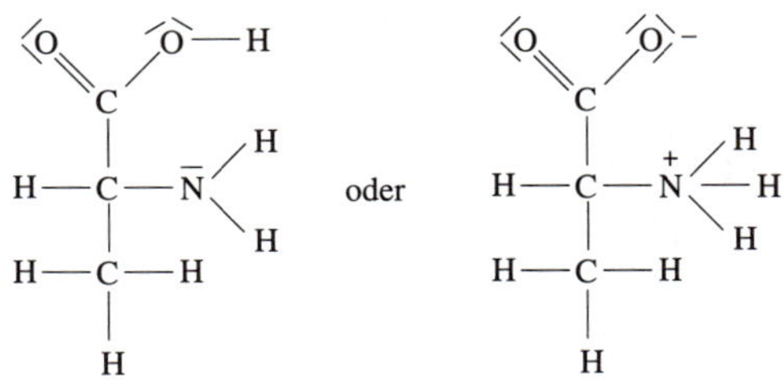

C

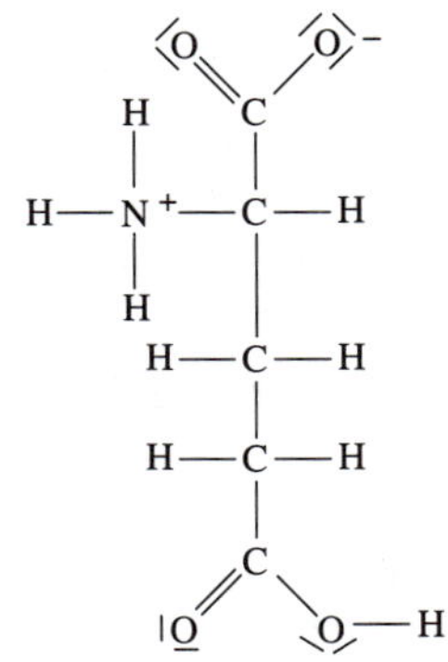

D

1.2 A flüssig; C fest, im Kristallgitter sind an den Gitterplätzen Zwitterionen angeordnet – starke elektrostatische Kräfte. Bei A Wasserstoffbrückenbindungen und van-der-Waals-Kräfte.
(Wahlbereich)

1.3 $CH_3-CH_2-CH_2-\overline{N}H_2 + H_2O \rightleftharpoons CH_3-CH_2-CH_2-\overset{+}{N}H_3 + OH^-$

z.B.: $HOOC-CH_2-CH_2-CH(NH_3^+)-COO^- + H_2O \rightleftharpoons$

$^-OOC-CH_2-CH_2-CH(NH_3^+)-COO^- + H_3O^+$

(Wahlbereich)

1.4 **Reaktion:** $R-\overline{N}H_2 + H_2O \rightleftharpoons R-NH_3^+ + OH^-$ (R ≙ )
(Wahlbereich)

Aus dem MWG, $\frac{c(R-NH_3^+)\cdot c(OH^-)}{c(R-NH_2)} = K_B$, erhält man:

$c(OH^-) = \sqrt{K_B \cdot c(R-NH_2)}$; für die Konstante gilt: $pK_S + pK_B = 14$

oder: $pK_B = 14 - pK_S = 14 - 4{,}58 = 9{,}42$ und für $K_B = 10^{-9{,}42} = 3{,}8 \cdot 10^{-10}$

die Zahlenwerte liefern für $c(OH^-) = 6{,}17 \cdot 10^{-7}\ mol \cdot L^{-1}$ und für

$pH = 14 - pOH = 14 + lg\ 6{,}17 \cdot 10^{-7} = 7{,}79$

2. Möglichkeit:

$$pOH = -\lg c(OH^-) = -\frac{1}{2}\lg K_B - \frac{1}{2}\lg c(R{-}NH_2) = \frac{pK_B - \lg c(R{-}NH_2)}{2}$$

$$pOH = \frac{9{,}42 - \lg 10^{-3}}{2} = \frac{12{,}42}{2} = 6{,}21; \qquad pH = 14 - pOH = 14 - 6{,}21 = 7{,}79$$

Bei B: Alkylgruppen üben einen +I-Effekt aus – der basische Charakter wird verstärkt; bei Aminobenzol +M-Effekt der Aminogruppe, freies Elektronenpaar am Stickstoffatom „weniger verfügbar" – schwächere Base; bei B ist also der pH-Wert größer.

1.5

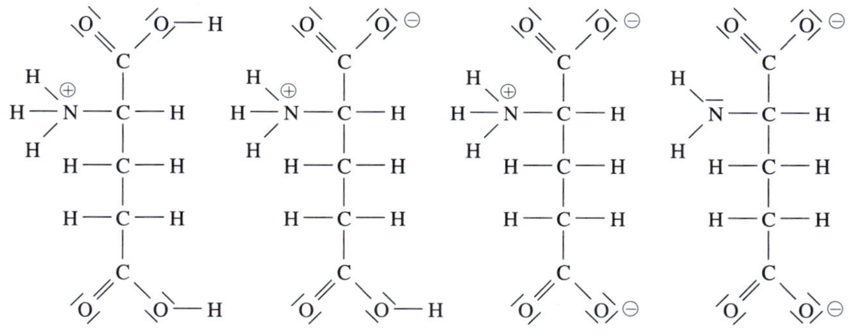

pH = 1 pH = 13

(Wahlbereich)

2.1 **Biuret-Reaktion:** Zugabe von NaOH(aq) und tropfenweise Kupfersulfat-Lösung; man erhält eine blauviolette Färbung.
(Wahlbereich)

Xanthoproteinreaktion: Zugabe von Salpetersäure, beim Kochen Gelbfärbung.
(Wahlbereich)

2.2 **Formelausschnitt**

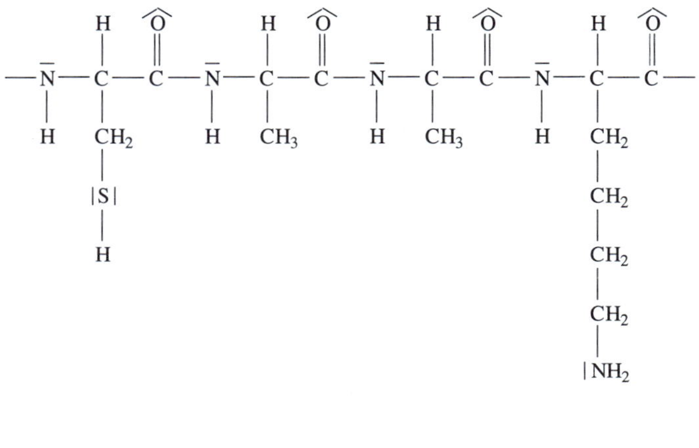

Aufgabe 6: Kohlenhydrate, Peptide, Ester

1 Im Ernährungsplan für Diabetiker und Übergewichtige spielt *Isomalt* als Ersatzstoff für Saccharose eine Rolle. Ausgangsstoff für die Herstellung von Isomalt ist die Isomaltulose, die bei der enzymatischen Spaltung von Polysacchariden anfällt. Isomaltulose ist ein Disaccharid, bei dem ein α-D-Glucose-Molekül über das C-Atom 1 mit dem C-Atom 6 eines D-Fructose-Moleküls glycosidisch verknüpft ist.

1.1 Zeichnen Sie die Strukturformel eines Saccharosemoleküls nach Haworth.

1.2 Geben Sie für das Isomaltulosemolekül eine Strukturformel an, in welcher der Fructosebaustein offenkettig, der Glucosebaustein als Sechsring vorliegt.

2.1 Zur Herstellung von Isomalt wird Isomaltulose am C-Atom 2 des offenkettigen Fructosebausteins katalytisch hydriert.
Erklären Sie, weshalb bei dieser Reaktion zwei verschiedene isomere Hydrierungsprodukte entstehen und geben Sie deren strukturelle Unterschiede an.

2.2 Zeigen Sie in geeigneter Weise, dass es sich bei dieser Hydrierung um eine Redoxreaktion handelt.

3 Mit Saccharose, Isomaltulose und Isomalt wird jeweils die Fehling-Probe durchgeführt. Begründen Sie die zu erwartenden Beobachtungen.

4 Ein weiterer Zuckerersatzstoff mit 140-mal stärkerer Süßkraft als Saccharose ist *Aspartam.* Es handelt sich dabei um den Methylester eines Dipeptids, welches aus den Aminosäurebausteinen Asparaginsäure (2-Aminobutandisäure) und Phenylalanin (2-Amino-3-phenylpropansäure) aufgebaut ist.
Die Aminosäuren sind durch folgende Reste R (Seitenketten) gekennzeichet:
Asparaginsäure: $-CH_2-COOH$
Phenylalanin: $-CH_2-C_6H_5$
Geben Sie die Strukturformel des Dipeptidmoleküls an, wobei die Peptidbindung zwischen der Aminogruppe des Phenylalanins und dem C-Atom 1 der Asparaginsäure ausgebildet wird.
Zeichnen Sie die Strukturformel für das Aspartammolekül mit bindenden und nichtbindenden Elektronenpaaren. Die Veresterung erfolgt am Phenylalanin-Baustein.

Lösung

1.1

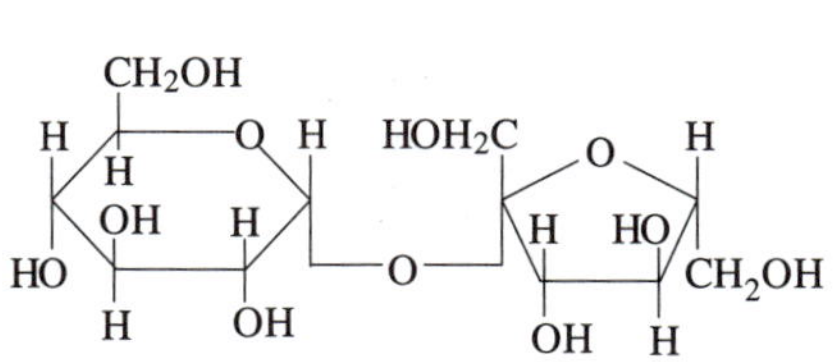

D(+)-Saccharosemolekül

1.2

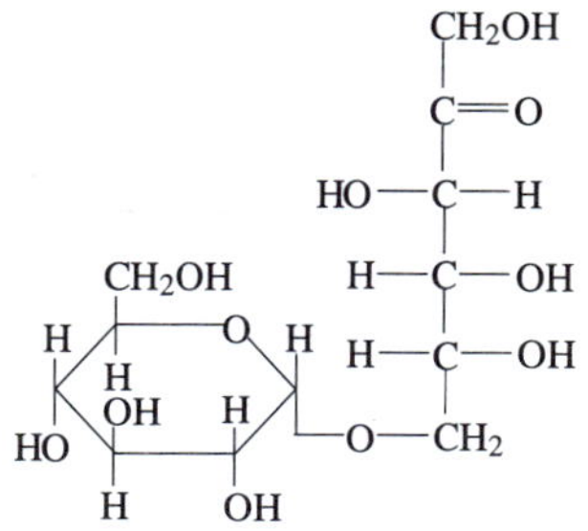

2.1 Bei der katalytischen Hydrierung entsteht eine neue Hydroxyl-Gruppe am C-Atom Nr. 2, die rechts oder links orientiert sein kann (Stellungsisomerie der Hydroxyl-Gruppe).

2.2 Zum Beispiel: $\overset{+II}{C}=\overset{-II}{O} + \overset{0}{H_2} \longrightarrow \overset{+I}{H}-\overset{0}{C}-\overset{-I}{OH}$

Die Oxidationszahl des Kohlenstoffatoms verringert sich von +II auf Null (Reduktion), die Oxidationszahl des Wasserstoffatoms erhöht sich von Null auf +I (Oxidation).

3 **Saccharose:** Fehling-Probe negativ; halbacetalische Hydoxyl-Gruppen sind blockiert, keine Ringöffnung möglich.

Isomaltulose: Fehling-Probe positiv; halbacetalische Hydroxyl-Gruppe am C-Atom Nr. 2 des Fructose-Bausteins ist nicht blockiert, die Fructose lagert sich in alkalischer Lösung in Glucose um.

Isomalt: Fehling-Probe negativ; Ausbildung einer entsprechenden reduzierenden Gruppe nicht möglich.

4

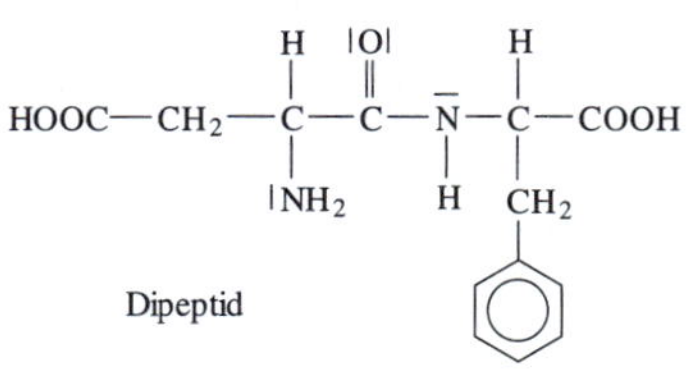

Dipeptid

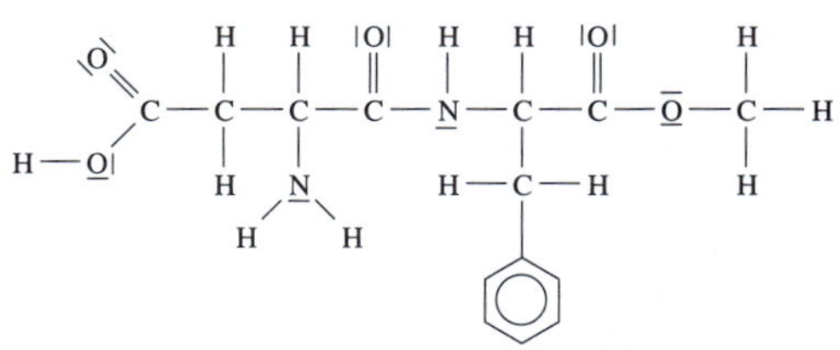

Aspartam

Aufgabe 7: Aminosäuren, Eiweißproteine

1 In natürlichen Eiweißen kommen die Aminosäuren Alanin, Cystein, Glutaminsäure, Leucin und Threonin in der L-Konfiguration vor.
Die Aminosäuren sind durch folgende Reste R (Seitenketten) charakterisiert:
Alanin: $-CH_3$
Cystein: $-CH_2-SH$

Leucin: 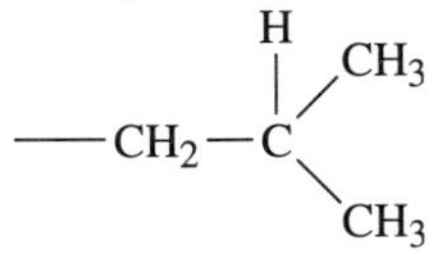

Threonin: 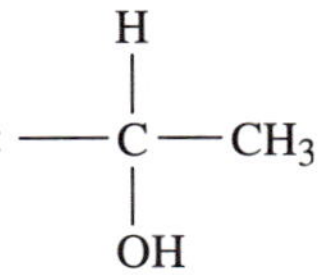

Glutaminsäure: $-(CH_2)_2-COOH$

1.1 Geben Sie die Strukturformeln der fünf Aminosäuren in der Fischer-Projektion an und zeigen Sie, dass es zwei isomere L-Threonin-Moleküle gibt.

1.2 In Eiweißmolekülen gebundene Stickstoff- und Schwefelatome können nach einer Thermolyse als Ammoniak bzw. als Sulfidionen nachgewiesen werden.
Beschreiben Sie jeweils eine Nachweismethode und geben Sie die zugehöhrigen Reaktionsgleichungen an.

1.3 Haare bestehen nahezu ausschließlich aus dem Eiweiß Keratin. Dieses weist einen Massenanteil an Schwefel von w(S) = 5 % auf, der auf Cystein zurückzuführen ist. Berechnen Sie den Massenanteil w der im Keratin gebundenen Cysteinbausteine.

1.4 Zwei Threonin-Moleküle können sowohl zu einem Dipeptid als auch zu einem Ester umgesetzt werden.
Formulieren Sie die Gleichungen für diese Reaktionen unter Verwendung von Strukturformeln.

2 Im Stoffwechsel vieler Lebewesen können α-Aminosäuren in die entsprechenden α-Oxocarbonsäuren (Carbonsäure mit Carbonylgruppe in α-Position) umgewandelt werden. Dabei entsteht z. B. aus der Aminosäure Alanin die 2-Oxopropansäure. Diese kann mithilfe von Sauerstoff vollständig zu Kohlenstoffdioxid und Wasser oxidiert werden.

2.1 Zeigen Sie, dass es sich bei der Umwandlung von Alanin in 2-Oxopropansäure um eine Oxidation handelt.
Formulieren Sie eine Reaktionsgleichung für die vollständige Oxidation von 2-Oxopropansäure.

2.2 Begründen Sie, weshalb Alanin bei Zimmertemperatur als Feststoff, 2-Oxopropansäure dagegen als Flüssigkeit vorliegt.
Geben Sie außerdem an, wie die wässrigen Lösungen beider Stoffe experimentell unterschieden werden können. (Wahlbereich)

Lösung

1.1

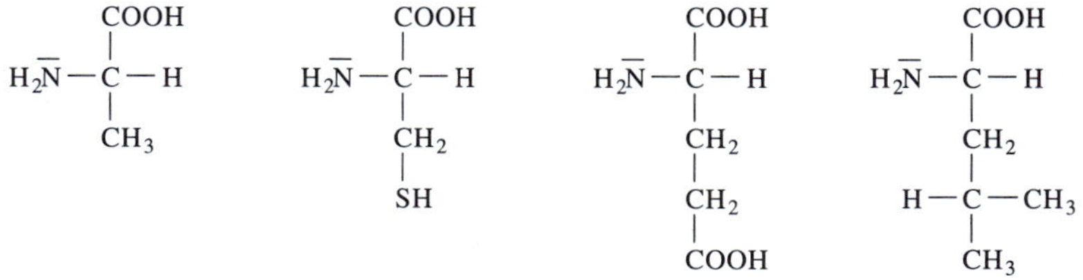

L-Alanin L-Cystein L-Glutaminsäure L-Leucin

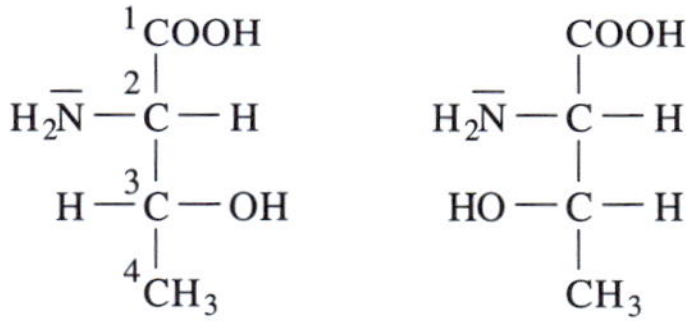

L-Threonin

(C-Atom Nr. 3 ist ein zusätzliches asymmetrisches C-Atom)

1.2 Nachweis der Sulfid-Ionen, z. B. mit Bleiacetat:

$S^{2-} + Pb^{2+} \longrightarrow PbS$, Niederschlag von **schwarzem** Bleisulfid.

Nachweis von Ammoniak durch Bildung von Ammmoniumchlorid oder durch Blaufärbung von feuchtem Universalindikatorpapier:

$$NH_3(g) + HCl(g) \rightleftharpoons NH_4Cl(s)$$

$$NH_3(g) + H_2O \rightleftharpoons NH_4^+ + OH^-$$

1.2 $n(S) = n(Cys.) \quad M(Cys.) = 103\ g \cdot mol^{-1}$

$$n(S) = \frac{5\ g}{32\ g}\ mol = \frac{5}{32}\ mol; \quad m(Cys.) = n(Cys.) \cdot M(Cys.) = \frac{5}{32}\ mol \cdot 103\ g \cdot mol^{-1} = 16{,}1\ g$$

$w = 16{,}1\ \%$

1.4

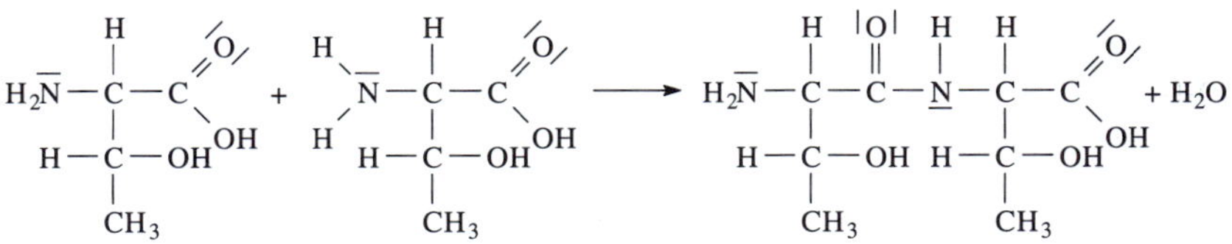

Dipeptid

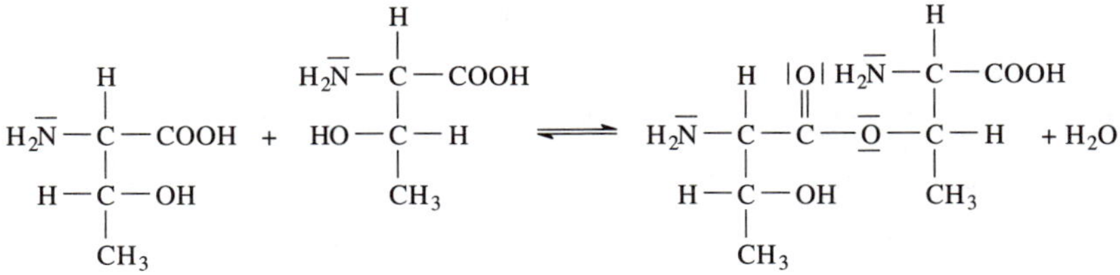

Ester

2.1 

Änderung der Oxidationszahl des Kohlenstoffatoms von 0 auf +II

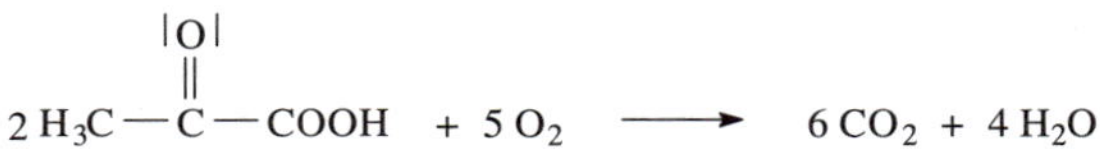

2.2 **Aminosäure:** Starke elektrostatische Kräfte zwischen den Zwitterionen – Bildung eines Kristallgitters.

2-Oxopropansäure: Dipol-Dipol-Wechselwirkungen und Wasserstoffbrückenbindungen zwischen den Molekülen.

Untersuchung mit dem Polarimeter: Die Ebene des polarisierten Lichtes wird bei einer Alaninlösung gedreht, da ein asymmetrisches C-Atom vorhanden ist – keine Drehung bei 2-Oxopropansäure.
Mit einer Alaninlösung und Ninhydrin positive Farbreaktion beim Erwärmen – keine Reaktion bei 2-Oxopropansäure.
(Wahlbereich)

Aufgabe 8: Kohlenhydrate

1 Chitin, der makromolekulare Gerüststoff der Krebse und Insekten, ist aus Acetylglucosamin-Bausteinen aufgebaut. Diese sind β-1,4-glycosidisch verknüpft.

1.1 Zeichnen Sie einen Formelausschnitt des Chitins in Haworth-Schreibweise, der zwei Bausteine umfasst.

1.2 Zeichen Sie ein Acetylglucosamin-Molekül in offenkettiger Fischer-Projektion und kennzeichnen Sie die asymmetrischen C-Atome.
Entscheiden Sie, ob das angegebene Acetylglucosamin in die Reihe der D- oder L-Zucker gehört und erläutern Sie Ihre Entscheidung.

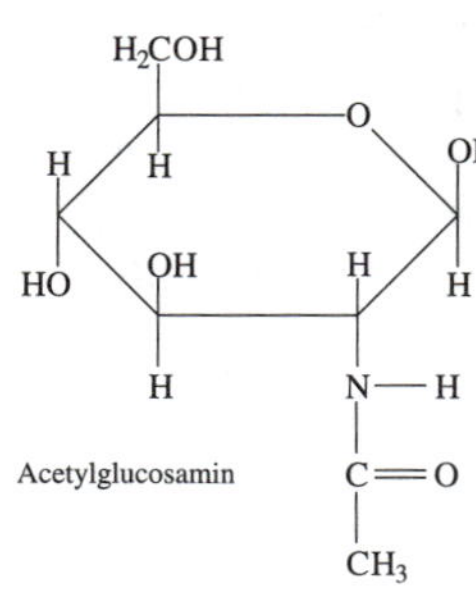

Acetylglucosamin

1.3 Vergleichen Sie die Anzahl der asymmetrischen C-Atome in der Kettenform mit der Anzahl der asymmetrischen C-Atome in der Ringform des Acetylglucosamin-Moleküls und begründen Sie Ihre Aussage.

2 Bei der Hydrolyse des Acetylglucosamins entstehen ein Zuckerderivat und eine Säure.

2.1 Formulieren Sie für diese Hydrolyse eine Reaktionsgleichung und geben Sie den Namen der Säure an.

2.2 Aus dem Produktgemisch lässt sich die Säure durch Destillation entfernen. Begründen Sie dies mithilfe der Struktur der Teilchen.

3 In Celluloseacetat sind Hydroxylgruppen der Cellulose mit Ethansäure verestert. Bei der Hydrolyse von 57,6 g dieses Esters erhält man neben Cellulose auch 36 g Ethansäure.

3.1 Zeichnen Sie einen Strukturformelausschnitt eines Celluloseacetatmoleküls.

3.2 Berechnen Sie die Anzahl der Estergruppen pro Glucosebaustein.

Lösung

1.1

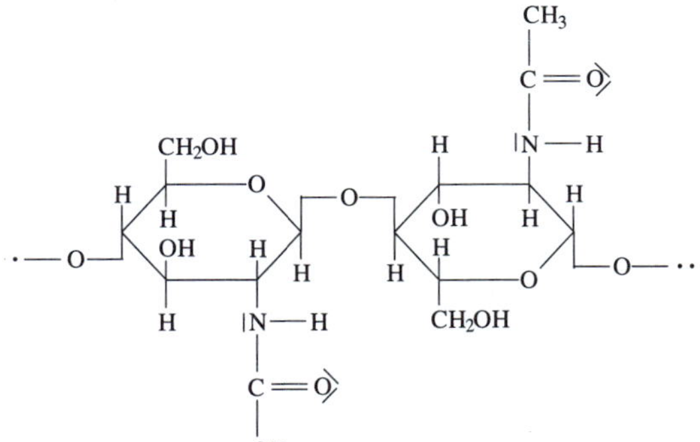

oder

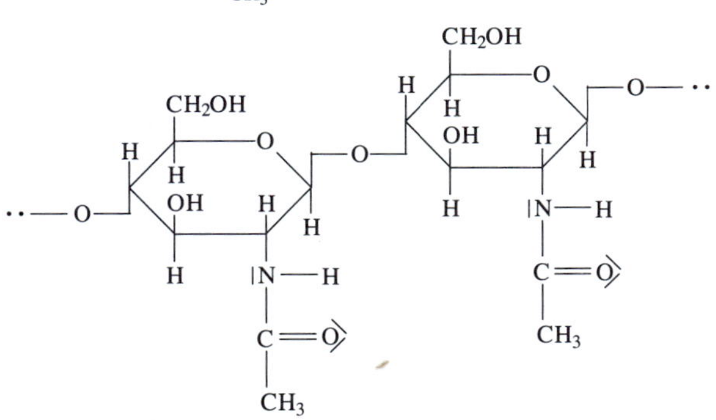

1.2 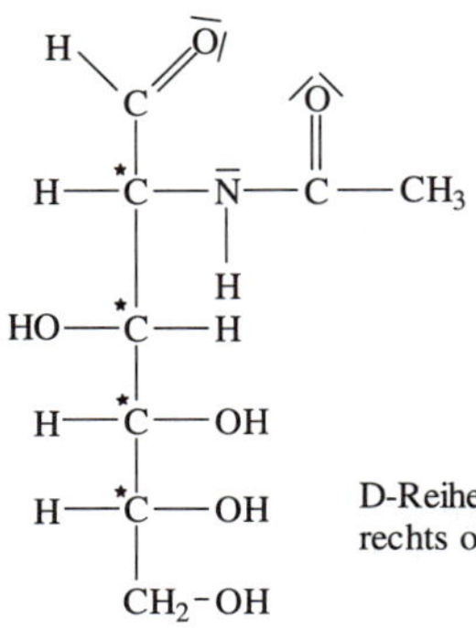

D-Reihe, da die OH-Gruppe am C-Atom Nr. 5 rechts orientiert ist.

1.3 Durch die Ringbildung kann am C-Atom Nr. 1 die Hydroxy-Gruppe nach unten oder nach oben orientiert sein. Aus dem ursprünglichen Carbonyl-Kohlenstoff-Atom ist ein weiteres asymmetrisches Kohlenstoff-Atom entstanden. Die Verbindungen werden als α- und β-Form bezeichnet.

2.1 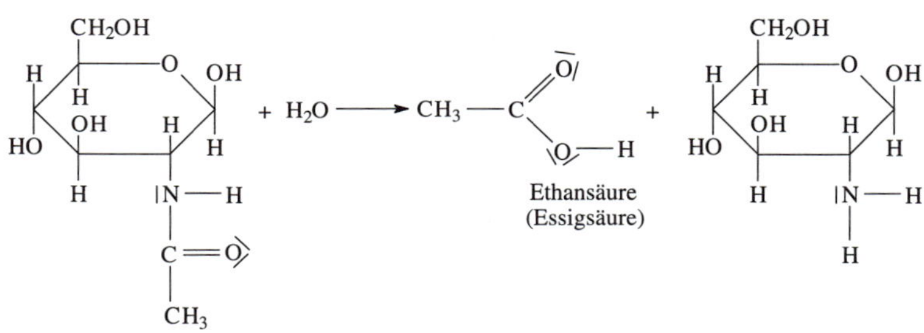

2.2 Die Wasserstoffbrückenbindungen sind zwischen den Glucosederivat-Molekülen zahlreicher, die van-der-Waals-Kräfte sind wegen größerer Oberflächen stärker ausgeprägt; die intermolekularen Kräfte sind bei der Ethansäure schwächer, der Siedepunkt liegt tiefer.

3.1 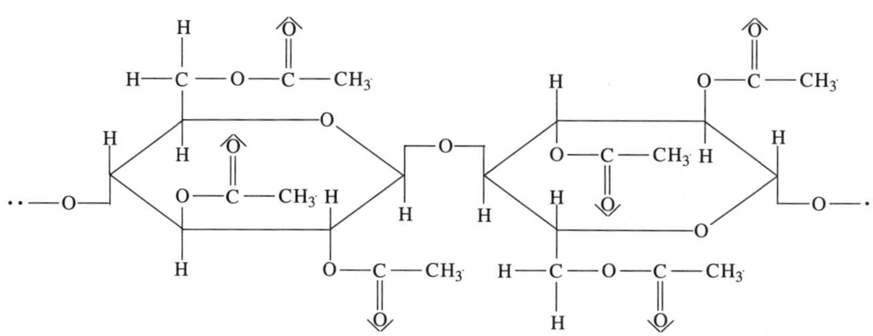

3.2 Es gilt: $n = \frac{m}{M}$

$$n(\text{Ethans.}) = \frac{m(\text{Ethans.})}{M(\text{Ethans.})} = \frac{36\ g}{60\ g}\ mol = 0{,}6\ mol$$

n(Ethans.) = n(Wasser)

$m(\text{Wasser}) = n(\text{Wasser}) \cdot M(\text{Wasser}) = 0{,}6\ mol \cdot 18\ g \cdot mol^{-1} = 10{,}8\ g$

Aus der Massenbilanz, m(Ester) + m(Wasser) = m(Cellulose) + m(Ethansäure), folgt:

m(Cellulose) = m(Ester) + m(Wasser) – m(Ethans.) = 32,4 g

Dies ergibt: $n(\text{Bausteine}) = \frac{32{,}4\ g}{M(\text{Bausteine})} = \frac{32{,}4\ g}{162\ g}\ mol = 0{,}2\ mol$

$$z = \frac{0{,}6\ mol}{0{,}2\ mol} = 3,\ \text{die Anzahl der Estergruppen ist 3.}$$

oder:

Cellulose: $(C_6H_{10}O_5)_n$; $M(\text{Baustein}) = 162\ g \cdot mol^{-1}$

auf ein Mol Glucoseeinheiten kommen z Mol Ethansäure und z Mol Wasser sowie ein Mol Estereinheiten:

$0{,}6\ mol\ \text{Ethansäure} \mathrel{\hat{=}} \frac{0{,}6}{z}\ mol\ \text{Estereinheiten; aus}$

m(Ester) = n(Einheiten) · M(Estereinheit) folgt:

$$57{,}6\ g = \frac{0{,}6}{z}\ mol \cdot (162 + 42 \cdot z)\ g \cdot mol^{-1} \quad \text{oder} \quad 57{,}6\ z = 162 \cdot 0{,}6 + 42 \cdot 0{,}6 \cdot z$$

$\Rightarrow$ z = 3 (Anmerkung: $M(CH_3\text{–}CO\text{–}) = 43\ g \cdot mol^{-1}$, ein Mol H-Atome müssen subtrahiert werden)

Aufgabe 9: Kohlenhydrate

1 Eine Lösung von Saccharose in Wasser wird mit konzentrierter Essigsäure versetzt und einige Minuten lang bei einer Temperatur von $\vartheta = 85\ °C$ gehalten.
Formulieren Sie die Reaktionsgleichung für die dabei ablaufende Reaktion unter Verwendung von Haworth-Formeln, und geben Sie die Namen der Reaktionsprodukte an.
Benennen Sie den Reaktionstyp.

2 Der vollständige Ablauf dieser Reaktion kann sowohl mithilfe der Dünnschicht-Chromatografie als auch mit einem Polarimeter überprüft werden.

2.1 Erläutern Sie allgemein die Grundlagen der Dünnschicht-Chromatografie.
Beschreiben Sie, wie durch Einsatz dieser Methode geklärt werden kann, ob die Reaktion vollständig abgelaufen ist.

2.2 Erläutern Sie die Funktionsweise eines Polarimeters.
Beschreiben Sie, wie unter Einsatz dieses Gerätes erkannt werden kann, ob die Reaktion vollständig abgelaufen ist. (Wahlbereich)

3 In zwei weiteren Versuchen wird mit reiner und mit der mit Essigsäure erhitzten Saccharose-Lösung die Fehling'sche Probe durchgeführt.

3.1 Beschreiben Sie die jeweilige experimentelle Vorgehensweise.
Begründen Sie die zu erwartenden Ergebnisse.

3.2 Formulieren Sie allgemein eine Reaktionsgleichung für die der Fehling'schen Probe zugrunde liegende Reaktion.

4 Isomaltulose ist ein Isomer der Saccharose und unterscheidet sich von dieser allein dadurch, dass die Monosaccharid-Bausteine α-1,6-glykosidisch verknüpft sind.

4.1 Zeichnen Sie eine Haworth-Formel des Isomaltulose-Moleküls.

4.2 Isomaltulose reagiert mit Fehling-Reagenz positiv.
Erläutern Sie die schrittweise Veränderung des Isomaltulosemoleküls bei dieser Reaktion und schreiben Sie eine Formel des entstehenden Oxidationsproduktes.

Lösung

1

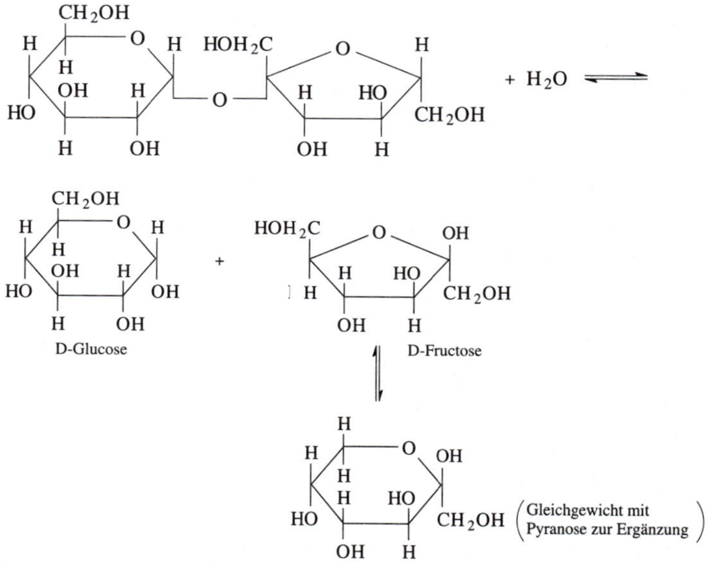

Reaktionstyp: saure Hydrolyse

2.1 Trennung durch unterschiedliche Löslichkeiten im Laufmittel und verschieden starke Adsorptionen an der dünnen Schicht. Auf der Startlinie: Glucose-, Fructose-, Saccharose- und Reaktionslösung. Nach vollständigem Ablauf sollten sich auf dem Chromatogramm nur zwei Flecken von Glucose und Fructose bilden. Der Saccharosefleck darf nicht auftauchen.

2.2 Aufbau z. B. eines Halbschattenpolarimeters (Aufbau, Ergänzung)

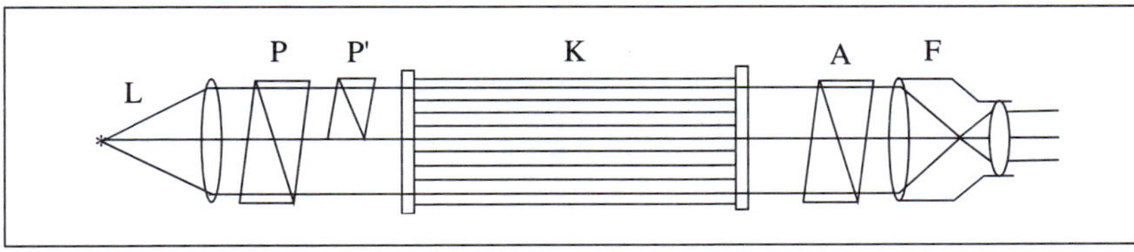

L: Lampe; P: Polarisator; P' : Halbprisma; K: Küvette mit der optisch aktiven Substanz;
A: Analysator; F: Fernrohr

Das am Polarisator ankommende Licht schwingt in alle Richtungen:

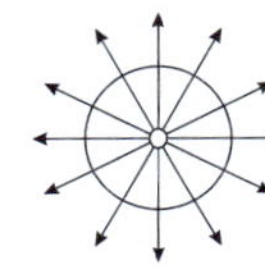

Im Polarisator wird nur Licht einer Schwingungsebene durchgelassen:

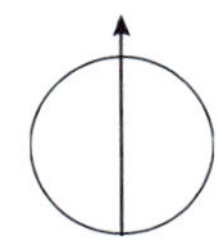

Das Halbprisma P' bedeckt die Hälfte des Gesichtsfeldes. Die Kante dieses Prismas P' ist in der Mitte des Gesichtsfeldes als scharfe Trennungslinie sichtbar. Wird der Analysator A zu P gekreuzt, dann entsteht in der einen Gesichtshälfte Dunkelheit, während die andere noch hell ist (1). Kreuzt man P' mit A, so sind die Verhältnisse genau umgekehrt (2). Dreht man A schließlich so, dass der Analysator senkrecht zur Winkelhalbierenden zwischen P und P' steht, so werden beide Felder gleich hell (3), was mit dem Auge gut erkennbar ist.

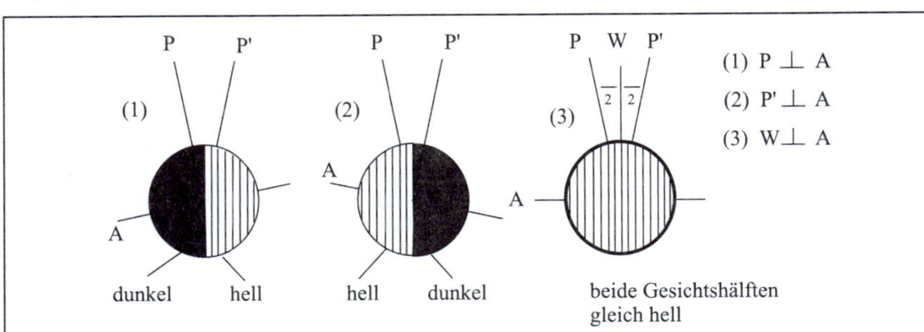

Die optisch aktive Substanz in der Küvette dreht zusätzlich die Ebene des polarisierten Lichtes. Der Analysator muß um den Drehwinkel nachgedreht werden.
Der Drehwinkel hängt von der Konzentration (Massenkonzentration), von der Länge der durchstrahlten Küvette und vom spezifischen Drehwinkel (Stoffkonstante) ab.
Saccharose dreht die Ebene des polarisierten Lichtes nach rechts; die Hydrolyseprodukte Glucose bzw. Fructose drehen nach rechts bzw. links, wobei Fructose mehr nach links dreht als Glucose nach rechts; bei zeitlich aufeinanderfolgenden Proben bleibt der Drehwinkel konstant.
(Wahlbereich)

3.1 Die Lösung muß alkalisch gemacht werden, Zugabe von gleichen Mengen Fehling-Reagenz 1 und Fehling-Reagenz 2; erhitzen.
Bei Saccharoselösung ist die Fehling-Reaktion negativ, da die halbacetalischen Hydroxy-Gruppen blockiert sind – eine Ringaufspaltung ist nicht möglich.
Die Reaktionsprodukte ergeben eine positive Reaktion, da Glucose ein reduzierender Zucker ist und Fructose sich in Glucose umwandelt.

3.2

$$R-\overset{+I}{C}(=O)H + 2\,OH^- \longrightarrow R-\overset{+III}{C}(=O)OH + H_2O + 2\,e^- \qquad \text{Oxidation}$$

$$2\,Cu^{2+} + 2\,e^- + 2\,OH^- \longrightarrow \overset{+I}{Cu_2}O(s) + H_2O \qquad \text{Reduktion}$$

$$R-\overset{+I}{C}(=O)H + 4\,OH^- + 2\,Cu^{2+} \longrightarrow R-\overset{+III}{C}(=O)OH + 2\,H_2O + \overset{I}{Cu_2}O(s)$$

Redoxreaktion (Teilgleichungen sind Ergänzungen)

4.1

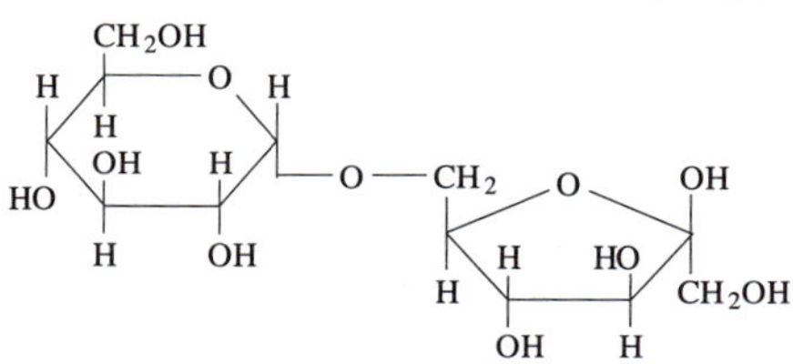

4.2

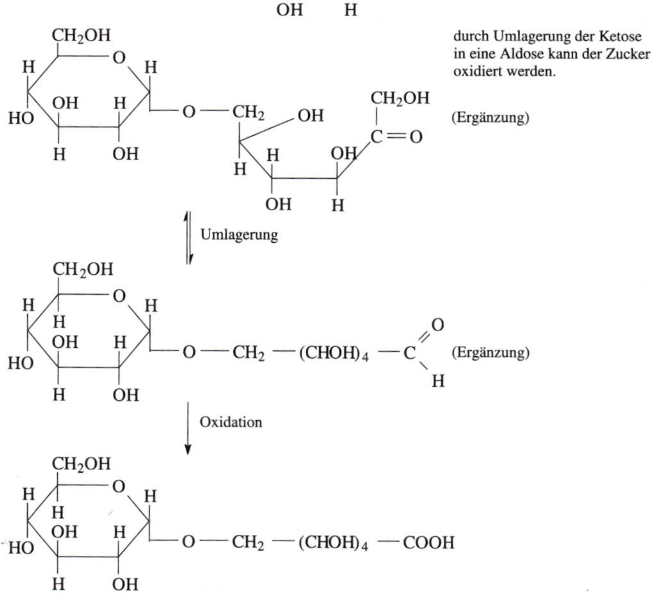

Aufgabe 10: Aminosäuren, Proteine, Kohlenhydrate

Der makromolekulare Stoff Murein ist eine Gerüstsubstanz in Bakterienzellwänden. Bei seiner Hydrolyse erhält man unter anderem folgende Bausteine:

D-Alanin, L-Alanin, D-Glutaminsäure, L-Lysin sowie D-Glucosamin.

Die Aminosäuren sind durch folgende Reste R (Seitenketten) charakterisiert:
Alanin: $-CH_3$
Glutaminsäure: $-(CH_2)_2-COOH$
Lysin: $-(CH_2)_4-NH_2$

Beim D-Glucosamin ist die Hydroxylgruppe am Kohlenstoffatom 2 der D-Glucose durch eine Aminogruppe ersetzt.

1 Geben Sie die Strukturformeln der vier genannten Aminosäuren an.

2 Nennen und erläutern Sie ein Verfahren zur Trennung und Identifizierung von Aminosäuren.

3 In Tabellenwerken werden für die Glutaminsäure drei unterschiedliche pK_S-Werte angegeben:

$$pK_{S_1} = 2{,}1 \quad pK_{S_2} = 4{,}3 \quad pK_{S_3} = 10{,}0$$

Ihnen entsprechen drei aufeinander folgende Protolysengleichgewichte.
Formulieren Sie für diese Gleichgewichte jeweils eine Reaktionsgleichung.
Ordnen Sie die angegebenen pK_S-Werte den Protolysengleichgewichten zu, und begründen Sie. (Wahlbereich)

4 Geben Sie für das oben genannte Hydrolyseprodukt D-Glucosamin die Strukturformel in der Fischer-Projektion und in der Schreibweise nach Haworth an.

5 Die Silberspiegelprobe verläuft mit Glucosaminen positiv.
Beschreiben Sie die Durchführung dieser Nachweisreaktion, und formulieren Sie die zugehörige Reaktionsgleichung.

6 Die α-Form des D-Glucosaminmoleküls wird 1,2-glykosidisch mit einem β-D-Fructosemolekül verknüpft.
Geben Sie für das Verknüpfungsprodukt die Strukturformel in der Haworth-Schreibweise an.
Begründen Sie, ob auch mit diesem Produkt die Silberspiegelprobe positiv verläuft.

Lösung

1 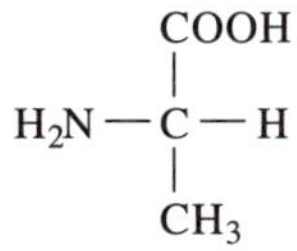

L-Alanin

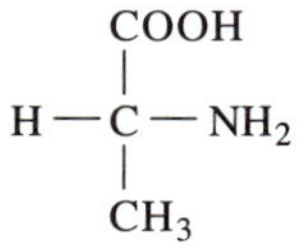

D-Alanin

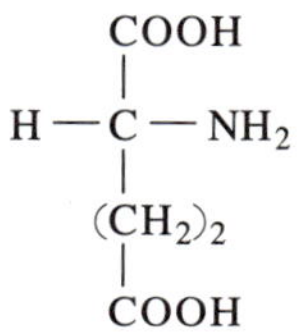

D-Glutaminsäure

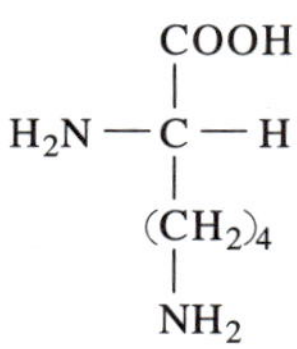

L-Lysin

2 Auf die Startlinie eines Dünnschicht-Plättchens gibt man je mit einer Kapillare eine kleine Probe wässriger Lösungen der zu trennenden Aminosäuren (und entsprechender Vergleichssubstanzen). Das Plättchen bringt man in einen Tank mit Laufmittel z. B. aus einem Gemisch von Aceton, 1-Butanol, Eisessig und Wasser. Das Lösungsmittel (mobile Phase) wandert über die Startflecken hinweg, und die Substanzen werden mit verschiedener Geschwindigkeit mitgeführt. Die Aminosäuren werden im wesentlichen je nach Löslichkeit im Laufmittel und Adsorption an der Schicht (stationäre Phase) getrennt. Nach Markierung der Laufmittelfront und Trocknung wird das Chromatogramm mit Ninhydrin besprüht und im Trockenschrank bei über 100 °C entwickelt. Es entstehen violette Farbtöne. Die Identifizierung erfolgt

a) durch Zuordnung von Flecken auf gleicher Höhe bei Verwendung von Vergleichssubstanzen;
b) durch Bestimmung der Quotienten aus den Entfernungen: Startlinie – Substanzfleck und Startlinie – Laufmittelfront, R_F-Werte. Vergleich der Werte mit Tabellenwerten.

3 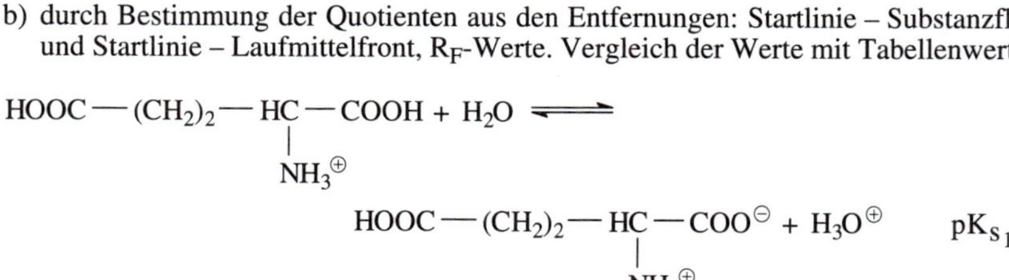

$$HOOC-(CH_2)_2-\underset{\displaystyle NH_3^{\oplus}}{\underset{|}{HC}}-COO^{\ominus} + H_2O \rightleftharpoons {}^{\ominus}OOC-(CH_2)_2-\underset{\displaystyle NH_3^{\oplus}}{\underset{|}{HC}}-COO^{\ominus} + H_3O^{\oplus} \qquad pK_{S_2}$$

$${}^{\ominus}OOC-(CH_2)_2-\underset{\displaystyle NH_3^{\oplus}}{\underset{|}{HC}}-COO^{\ominus} + H_2O \rightleftharpoons {}^{\ominus}OOC-(CH_2)_2-\underset{\displaystyle NH_2}{\underset{|}{HC}}-COO^{\ominus} + H_3O^{\oplus} \qquad pK_{S_3}$$

Die $-NH_3^+$-Gruppe übt einen negativen induktiven Effekt (–I-Effekt) aus, dadurch leichtere Abspaltung eines Protons von der Carboxyl-Gruppe, die der $-NH_3^+$-Gruppe benachbart ist; außerdem zusätzliche Stabilisierung des Carboxylat-Ions; bei der zweiten Carboxyl-Gruppe ist die Wirkung des –I-Effektes schwächer ausgeprägt, da die Entfernung größer ist; die Carboxyl-Gruppen haben eine höhere Acidität als die $-NH_3^+$-Gruppe (Verteilung der negativen Ladung des Carboxylat-Ions über einen größeren Bereich).
(Wahlbereich)

4

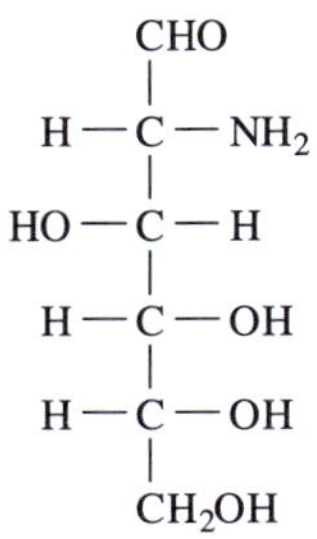

Fischer-Projektion

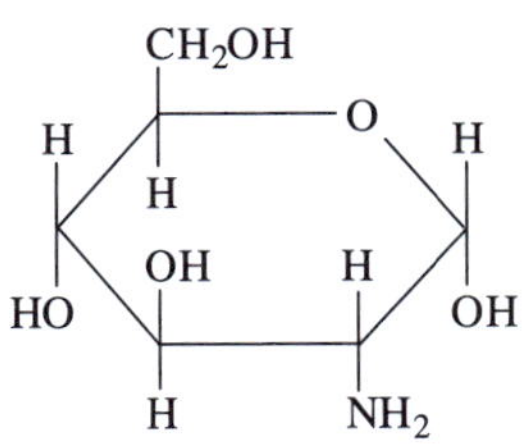

Haworth-Projektion

5 Zu einer Silbernitratlösung gibt man so lange tropfenweise Ammoniaklösung hinzu, bis sich der anfängliche Niederschlag wieder auflöst (ammoniakalische Silbernitratlösung). Diese Lösung versetzt man mit Glucosaminlösung. Danach wird erhitzt. Bildung eines Silberspiegels.

Reaktionsgleichungen

Glucosamin

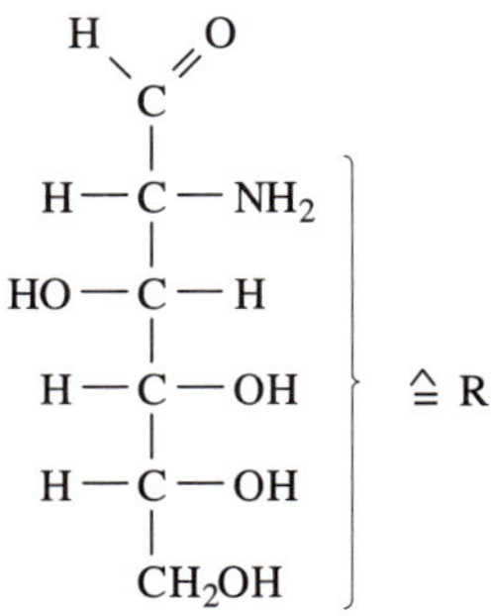

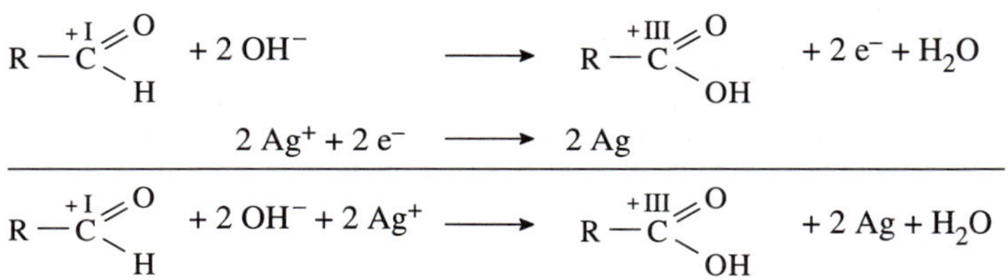

(die Teilgleichungen werden nicht verlangt)

6 z. B.:

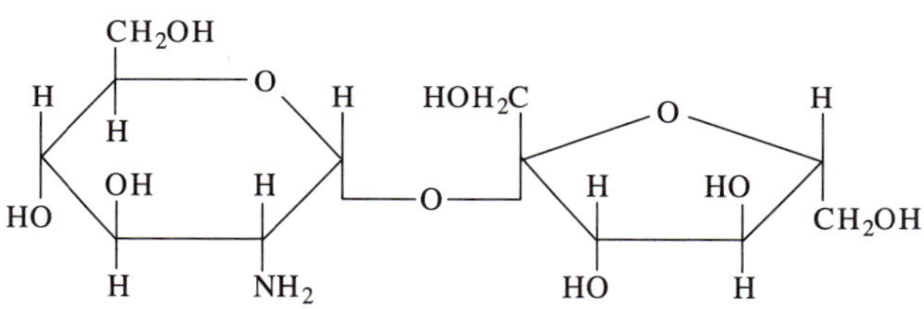

Keine positive Reaktion, da die halbacetalischen Hydroxy-Gruppen blockiert sind – eine Ringaufspaltung ist nicht möglich.

Ergänzung
Weitere Aminozucker und Derivate der Aminozucker in verschiedenen Darstellungen (Haworth- und Fischer-Projektion):

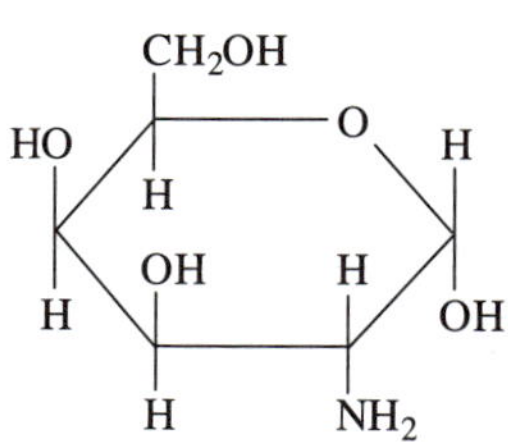

α-D-Galactosamin

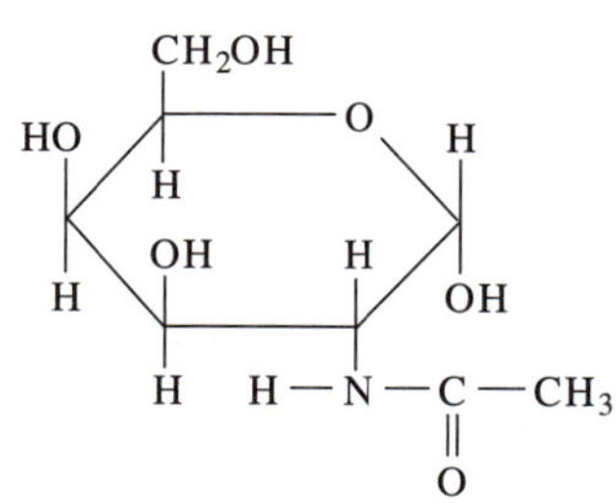

N-Acetyl-α-D-Galactosamin

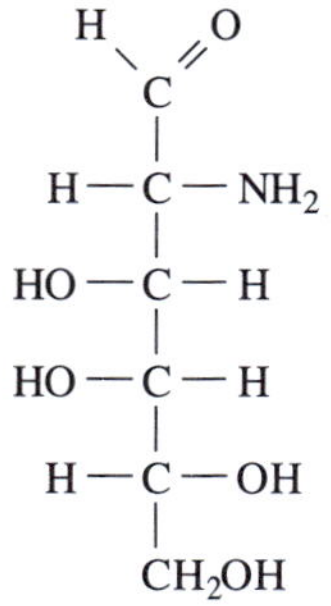

α-D-Galactosamin

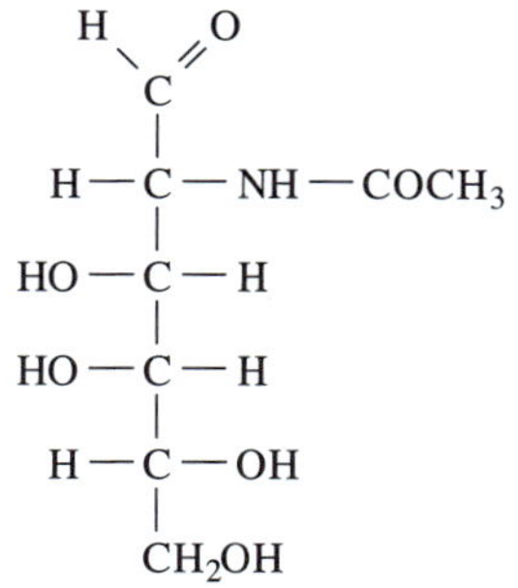

N-Acetyl-D-Galactosamin

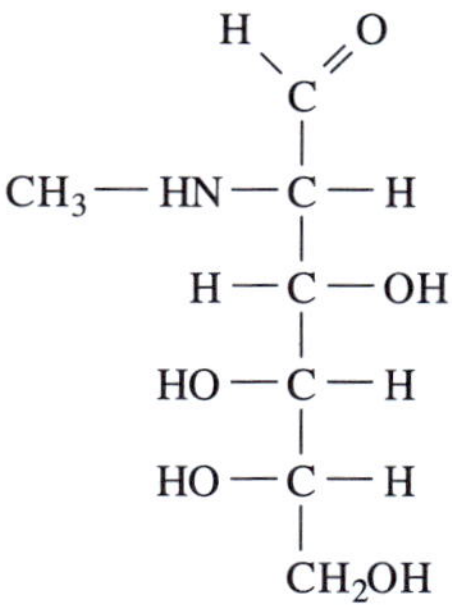

N-Methyl-L-Glucosamin

Aufgabe 11: Kohlenhydrate, Proteine

1 Bei der Herstellung von Joghurt aus Milch wird das Disaccharid Milchzucker (Lactose) durch Bakterien zu Milchsäure (2-Hydroxypropansäure) abgebaut. In Lactose-Molekülen ist ein β-D-Galactosemolekül über das Kohlenstoffatom 1 glykosidisch mit dem Kohlenstoffatom 4 eines β-D-Glucosemoleküls verknüpft.
Das Galactosemolekül unterscheidet sich vom Glucosemolekül in der Stellung der Hydroxylgruppe am Kohlenstoffatom 4.

1.1 Zeichnen Sie die Strukturformel eines β-D-Galactosemoleküls und eines Lactosemoleküls in der Haworth-Schreibweise.

1.2 Beim bakteriellen Abbau wird Lactose zunächst hydrolysiert. Danach werden die Hydrolyseprodukte vollständig zu L-Milchsäure umgewandelt.
Formulieren Sie für beide Vorgänge eine Reaktionsgleichung.
Geben Sie für die entstehende L-Milchsäure die Strukturformel in Fischer-Projektion an.

1.3 Um den Säuregehalt eines Joghurts zu bestimmen, wird eine Joghurtportion der Masse $m = 20$ g mit Wasser vermischt und mit $V = 17{,}8$ mL Natronlauge der Konzentration $c = 0{,}1 \text{ mol} \cdot L^{-1}$ bis zum Äquivalenzpunkt titriert.
Berechnen Sie den prozentualen Massenanteil w % der Milchsäure im Joghurt. Andere Säurebestandteile im Joghurt können dabei vernachlässigt werden.

2.1 Milch enthält neben den Kohlenhydraten auch Proteine, z. B. das Eiweiß Casein.
Geben Sie einen Strukturformelausschnitt aus einem Caseinmolekül an, der die Bausteine Cystein, Serin und Glutaminsäure enthält. Der Serinbaustein ist zusätzlich über die Hydroxylgruppe mit Phosphorsäure

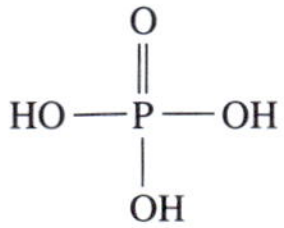

verestert.

Die Aminosäuren sind durch folgende Reste (Seitenketten) charakterisiert:
Cystein: $-CH_2-SH$
Serin: $-CH_2OH$
Glutaminsäure: $-(CH_2)-COOH$
Berücksichtigen Sie auch, dass bei einem pH-Wert der Milch von 6,7 die Säurereste als Anionen vorliegen.

2.2 Sinkt der pH-Wert infolge der bakteriellen Bildung von Milchsäure auf 4,7 so kommt es zu einer Zusammenballung von Caseinmolekülen und das Casein flockt aus.
Erklären Sie diesen Vorgang.

3 Proteine können als Ausgangsstoffe zur Synthese von Tensiden eingesetzt werden. Die bei der Hydrolyse entstehenden Aminosäuren werden dazu in einer Kondensationsreaktion mit Fettsäuren umgesetzt. Anschließend wird mit Natronlauge neutralisiert.
(Wahlbereich)

3.1 Geben Sie für eine solche Tensidsynthese aus Alanin und Hexadecansäure die Reaktionsgleichungen unter Verwendung von Strukturformeln an.
(Wahlbereich)
Erklären Sie mithilfe beschrifteter Skizzen die emulgierende Wirkung dieses Tensids.
(Wahlbereich)

Lösung

1.1

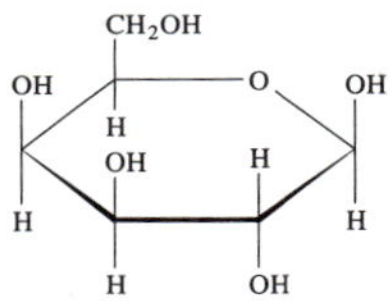

β-D-Galactose

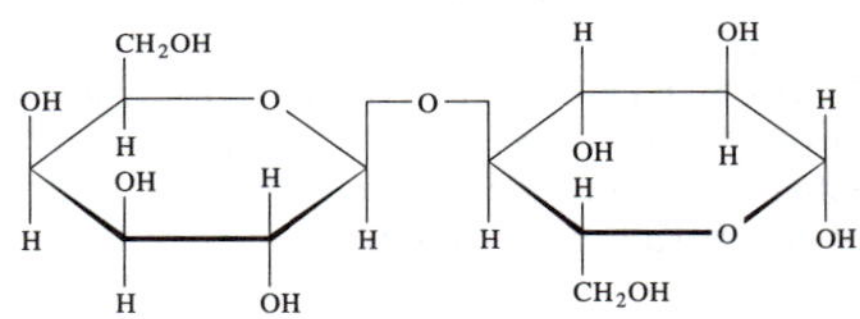

Lactose

oder:

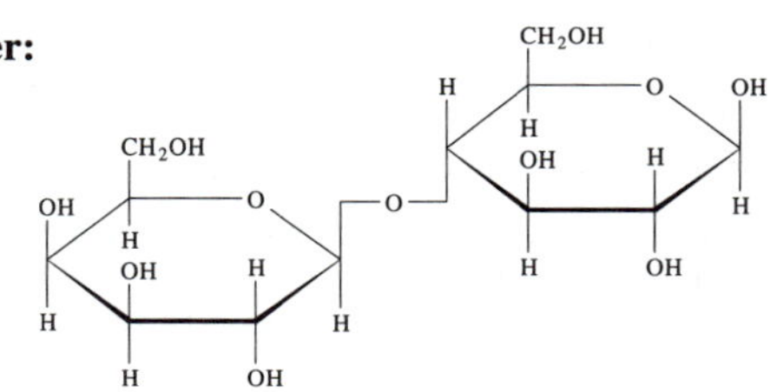

Lactose

Ergänzung

Stachyose ist ein Tetrasaccharid. In diesem sind zwei α-D-Galactose-Moleküle (α, 1 ⟶ 6) zu einem Baustein verknüpft. Dieser Baustein ist dann mit dem Glucosebaustein eines Saccharosemoleküls – (α 1 ⟶ 6) – verknüpft.

Eine mögliche Strukturformel:

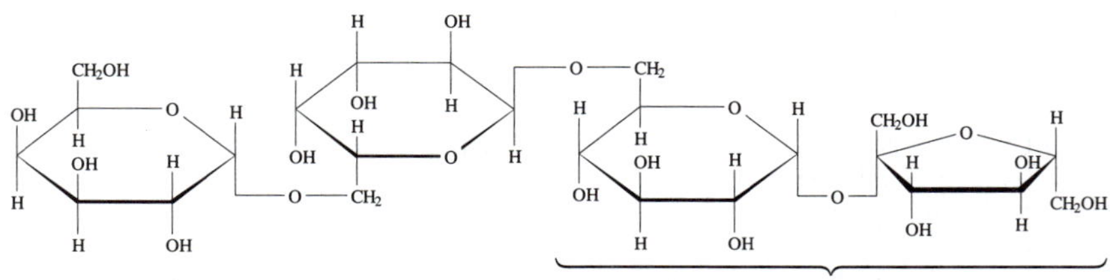

α-D-Galactose α-D-Galactose Saccharose

1.2

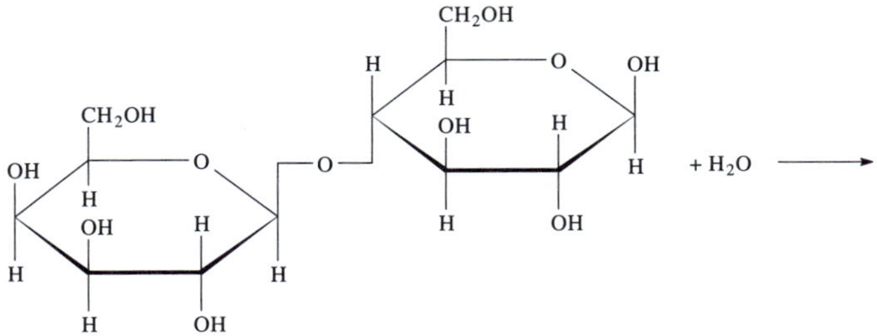

Lactose

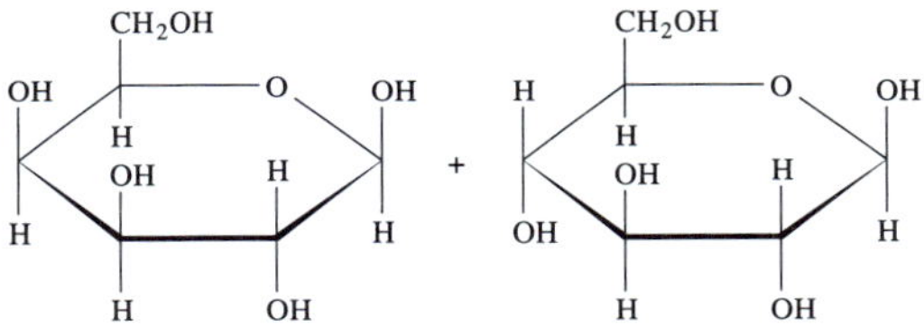

β-D-Galactose β-D-Glucose

oder: $C_{12}H_{22}O_{11} + H_2O \longrightarrow 2\, C_6H_{12}O_6$

Lactose Hexosen

$2\, C_6H_{12}O_6 \longrightarrow 4\, C_3H_6O_3$

Hexosen Milchsäure

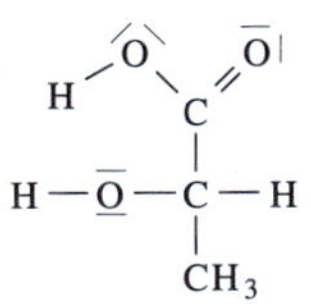

L-Milchsäure

1.3 Aus $c = \frac{n}{V}$ erhält man $n = c \cdot V$ (MS $\triangleq$ Milchsäure)

$$n(NaOH) = n(MS) = 17{,}8 \cdot 10^{-3}\ L \cdot 0{,}1\ mol \cdot L^{-1} = 1{,}78 \cdot 10^{-3}\ mol$$

$$m(MS) = n(MS) \cdot M(MS) = 1{,}78 \cdot 10^{-3}\ mol \cdot 90\ g \cdot mol^{-1} = 0{,}1602\ g$$

$$w = \frac{0{,}16\ g}{20\ g} \cdot 100\,\% = 0{,}8\ \%$$

2.1 **Bausteine**

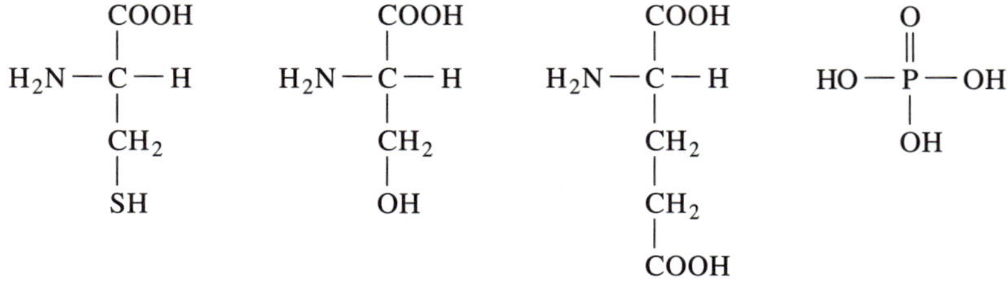

Cystein Serin Glutaminsäure Phosphorsäure

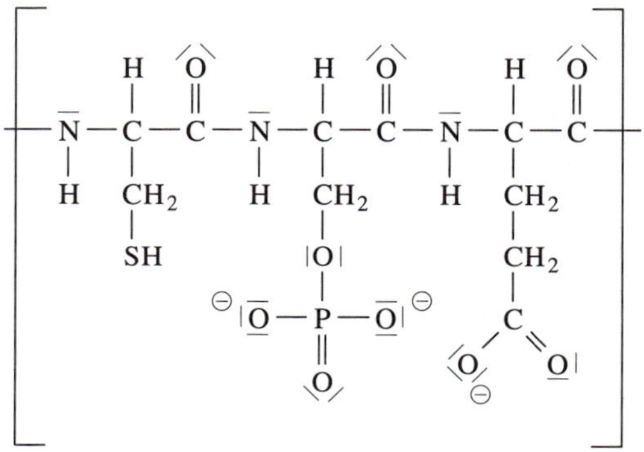

2.2 Durch die pH-Wert-Änderung werden z. T. Bindungen aufgebrochen (z. B. Ionenbindungen duch Protonierung). Die Moleküle entfalten sich. Vorher nach innen gerichtete Gruppen gelangen nach außen. Sie assoziieren mit anderen Gruppen zu Netzwerken, die in Wasser unlöslich sind.

3.1 **Kondensation**

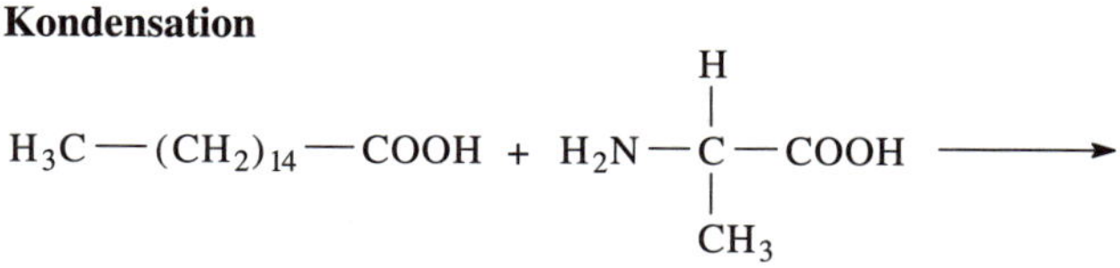

Hexadecansäure Alanin

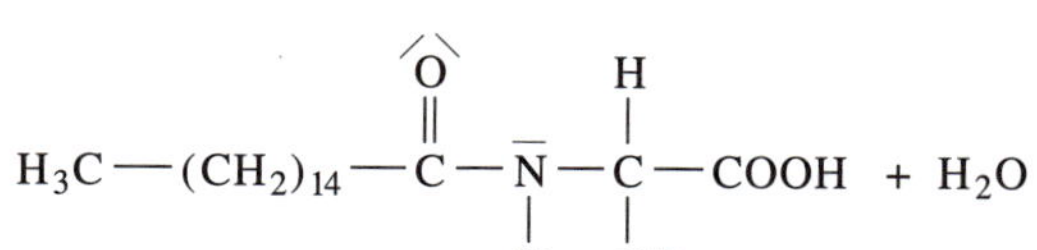

Neutralisation

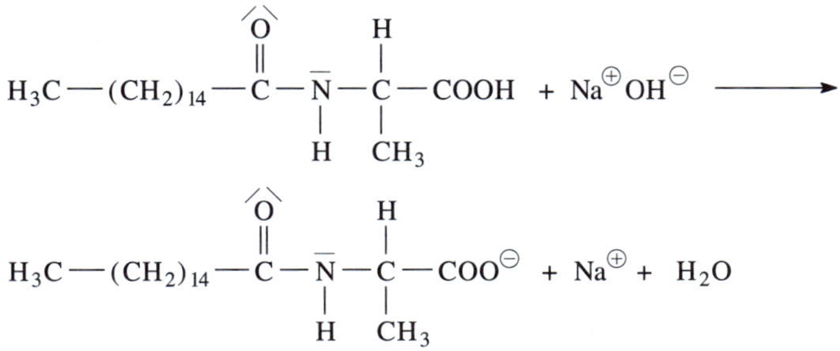

(Wahlbereich)

3.2 Das Tensid-Molekül besteht aus einem polaren Teil (überwiegend Carboxylat-Ion) und einem unpolaren Teil (Alkylrest):

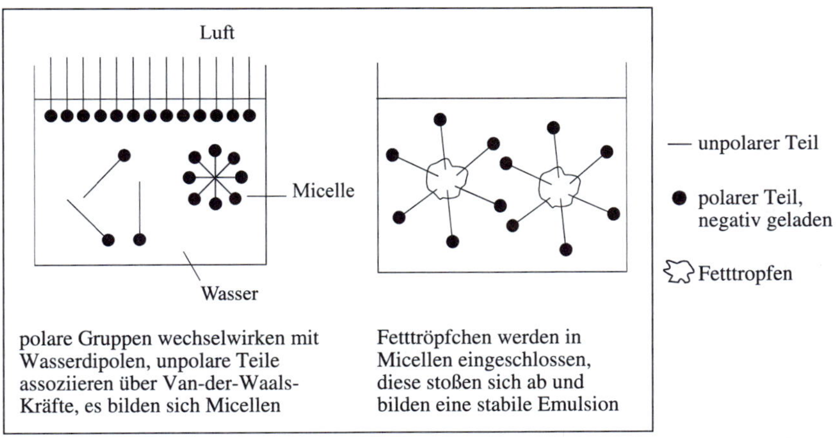

(Wahlbereich)

Aufgabe 12: Kohlenhydrate, Peptide

1 Aus der Strukturformel des Fructose-Moleküls in der Fischer-Projektion erkennt man, dass es sich um eine D-Ketohexose mit drei asymmetrischen Kohlenstoffatomen handelt.

1.1 n Sie dem Xylose-Molekül, dessen Strukturformel nebenstehend dargestellt ist, die entsprechende Bezeichnung zu. Wie viele asymmetrische Kohlenstoffatome besitzt das Molekül? Begründen Sie Ihre Aussagen.

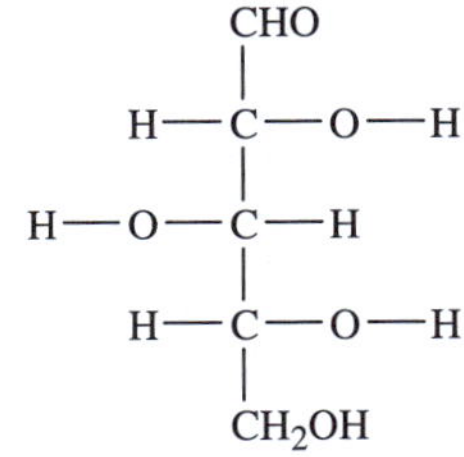

Xylose

1.2 Xylose kann mit Bromwasser zu Xylonsäure oxidiert werden. Die Oxidation erfolgt am Kohlenstoffatom C1 des Xylose-Moleküls.
Formulieren Sie für diese Reaktion eine Reaktionsgleichung in Strukturformeln.
Beschreiben Sie, wie das aus dem Oxidationsmittel entstandene Produkt nachgewiesen werden kann.

1.3 Die in 1.2 erhaltene Xylonsäure kann in einer intramolekularen Reaktion einen Ester bilden, dessen Moleküle hauptsächlich als Fünfringe vorliegen.
Zeichnen Sie die Strukturformel eines solchen Ester-Moleküls in der Haworth-Schreibweise.

2 Xylane sind der Cellulose ähnliche Naturstoffe, die aufgrund ihres Vorkommens in Pflanzen weit verbreitet sind. Im Xylan sind D-Xylopyranose-Moleküle (Sechsringe) β-1,4-glycosidisch miteinander verknüpft.
Zeichnen Sie einen Stukturformelausschnitt aus einem Xylan-Molekül, der mindestens drei Bausteine umfasst.

3 Glykopeptide sind Verbindungen, deren Moleküle jeweils eine Peptidkomponente und eine Zuckerkomponente enthalten.

3.1 Ein Glykopeptid ist aus der β-D-Xylopyranose und einem Tripeptid mit der Aminosäuresequenz Glycin – Serin – Alanin aufgebaut. Das Serin-Molekül (Ser) unterscheidet sich von dem des Alanins (Ala) durch eine Hydroxylgruppe am Kohlenstoffatom C_3. An diese Hydroxylgruppe wird ein Xylose-Molekül glycosidisch gebunden.
Die Aminosäuren sind durch folgende Reste (Seitenketten) charakterisiert:
Glycin: –H
Serin: $-CH_2OH$
Alanin: $-CH_3$
Geben Sie eine Strukturformel des Glykopeptids an.

3.2 Das Glykopeptid wird in saurer Lösung hydrolysiert.
Beschreiben Sie ausführlich ein geeignetes chromatografisches Verfahren, durch das die Hydrolyseprodukte getrennt und identifiziert werden können.
Begründen Sie, weshalb eine gaschromatografische Trennung der Hydrolyseprodukte nicht möglich ist.

Lösung

1.1 Bei dem Molekül handelt es sich um eine D-Aldopentose: Die Hydroxy-Gruppe am C-Atom Nr. 4 ist in der Fischer-Projektion rechts orientiert, das Molekül besitzt eine Aldehyd-Gruppe und fünf C-Atome.
Es besitzt **drei asymmetrische Kohlenstoffatome** (in der nebenstehenden Abbildung mit einem Stern gekennzeichneten C-Atome); diese binden vier verschiedene Atome bzw. Atomgruppen.

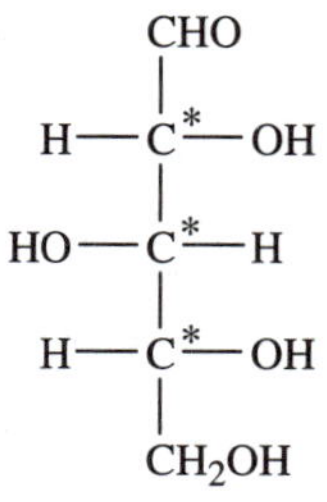

1.2 **Reaktionsgleichung**

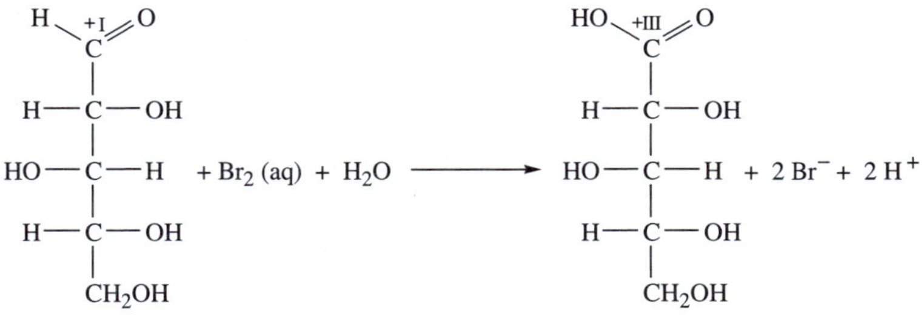

Xylose Xylonsäure

Nachweisreaktion

Nachweis mit Silbernitratlösung. Es fällt grünlichgelbes Silberbromid aus:

$Ag^+ + Br^- \longrightarrow AgBr$

1.3

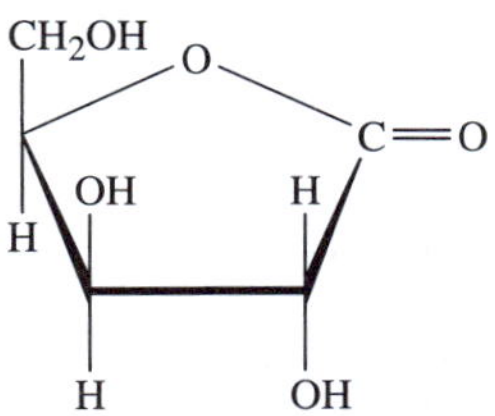

2 **Strukturformelausschnitt aus dem Xylan-Makromolekül**

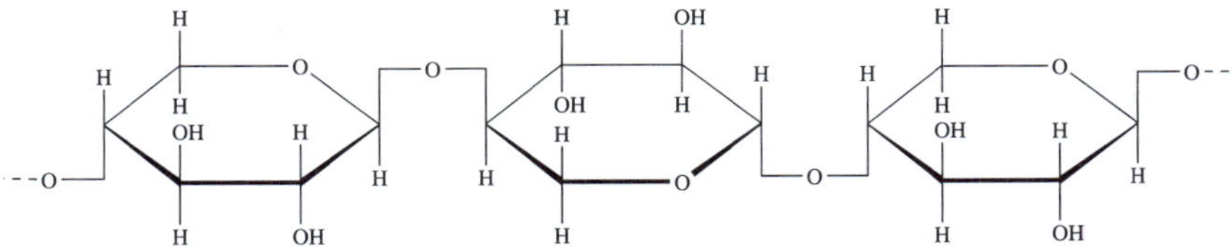

3.1

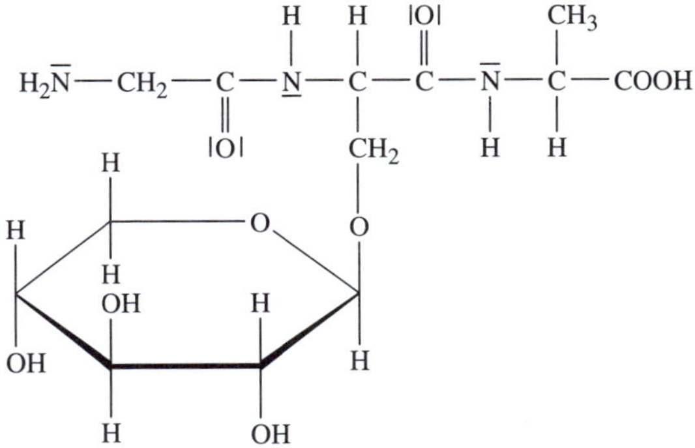

3.2 Auf die Startlinie eines Dünnschicht-Plättchens gibt man je mit einer Kapillare kleine Proben wässriger Lösungen der zu trennenden Aminosäuren und des Zuckers sowie der entsprechenden Vergleichssubstanzen. Das Plättchen wird in einen Tank mit Laufmittel gebracht. Das Laufmittel wandert über die Startflecken hinweg und die Substanzen werden mit verschiedener Geschwindigkeit mitgeführt. Die Trennung erfolgt im Wesentlichen je nach Löslichkeit im Laufmittel und Adsorption an der dünnen Schicht. Nach Markierung der Laufmittelfront und Trocknung wird das Plättchen mit einem Reagenz besprüht und danach im Trockenschrank bei über 100 °C entwickelt. Es entstehen Farbflecken. Die Identifizierung erfolgt entweder durch Zuordnung von Flecken auf gleicher Höhe bei Verwendung von Vergleichsubstanzen oder durch Bestimmung der R_f-Werte und deren Vergleich mit Tabellenwerten.

Anmerkung

Da Aminosäuren und Zucker andere Laufmittel bzw. zur Identifizierung andere Sprühreagenzien erfordern, müssten z. B. zwei Tanks mit verschiedenen Laufmitteln und zwei Plättchen, wegen der Verwendung unterschiedlicher Sprühreagenzien, verwendet werden.

Beispiele für Laufmittel und Sprühreagenz zur Trennung von Aminosäuren:
- Chloroform, Ammoniak und Wasser oder Phenol und Wasser bei Kieselgel-Plättchen
- Butanol, Eisessig und Wasser bei Cellulose-Plättchen
- Ninhydrin als Sprühreagenz

Beispiele für Laufmittel und Sprühreagenz zur Trennung von Zuckern:
- Essigsäureethylester, Eisessig und Ameisensäure bei Cellulose-Plättchen
- Essigsäureethylester, 2-Propanol und Wasser bei Kieselgel-Plättchen
- Anilinphthalat als Sprühreagenz

Aminosäuren liegen als Feststoffe vor. Im Kristallgitter wirken zwischen den Zwitterionen starke elektrostatische Kräfte. Die Substanzen lassen sich nicht unzersetzt verdampfen, sie müssten zuerst in flüchtige Derivate überführt werden. Ebenso bei Xylose, dort wirken zwischen den Molekülen starke Wasserstoffbrückenbindungen.

Aufgabe 13: Kohlenhydrate, Energetik

1 Honig enthält u. a. das Trisaccharid Melezitose:

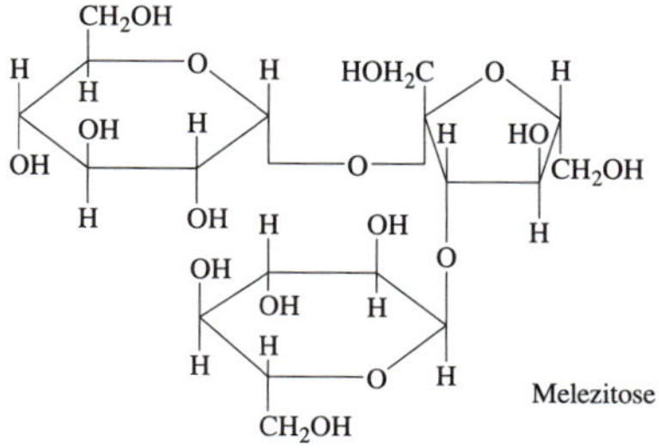

Melezitose

1.1 Benennen Sie die Monosaccharidbausteine und erläutern Sie den Aufbau des Trisaccharids.

1.2 Beschreiben Sie einen experimentellen Weg, wie dieses Trisaccharid hydrolysiert werden kann.
Benennen Sie eines der beiden bei der Hydrolyse entstehenden Disaccharidmoleküle mit dem Trivialnamen.
Begründen Sie das Verhalten der beiden Disaccharide bei der Fehling-Probe.

1.3 Das Monosaccharid Fructose reagiert mit Fehling'scher Lösung, da es in alkalischem Milieu mit den beiden Aldosen Glucose und Mannose im Gleichgewicht steht.
Die Mannose unterscheidet sich von der Glucose durch die Position der Hydroxy-Gruppe am Kohlenstoffatom Nr. 2.
Zeichnen Sie die Strukturformeln dieser Aldosen in der Fischer-Projektion.
Erklären Sie die Tatsache, dass zwei Aldosen entstehen.
Zeichnen Sie die Strukturformel des Produkts, das durch Oxidation am Kohlenstoffatom C-1 des Mannosemoleküls entsteht.

1.4 In saurer Lösung liegen Fructosemoleküle auch in zwei Pyranoseformen (= Sechsringe) vor.
Zeichnen Sie deren Strukturformeln in der Haworth-Projektion und benennen Sie diese.

2 Kohlenhydrate werden im Körper nahezu vollständig zu Kohlenstoffdioxid und Wasser umgesetzt. Der für den Nährwert maßgebliche physiologische Brennwert ist fast genauso groß wie der im Verbrennungskalorimeter messbare physikalische Brennwert.
Berechnen Sie mithilfe der angeführten Tabellenwerte den Brennwert von 100 g Saccharose.

	Saccharose $_{(s)}$	Kohlenstoffdioxid $_{(g)}$	Wasser $_{(l)}$
$\Delta_f H^0$ in kJ · mol^{-1}	−2 222	−393	−286

Lösung

1.1 Das Trisaccharid-Molekül ist aus zwei α-D-Glucosebausteinen und einem β-D-Fructosebaustein zusammengesetzt.
Der Fructosebaustein ist mit den Glucosebausteinen 2 → 1 und 3 → 1 verknüpft.

1.2 **1. Möglichkeit**: Eine Lösung des Trisaccharids wird z. B. mit konzentrierter Salzsäure versetzt, im Wasserbad einige Minuten gekocht und dann abgekühlt.

2. Möglichkeit: Eine Lösung wird erwärmt und mit einem Enzym versetzt, welches die glykosidischen Bindungen spaltet. Dieses Enzym gehört zu den **Glykosidasen**.

Eines der Disaccharide ist die Saccharose.

Saccharose reagiert nicht mit Fehling-Reagenz, da die beiden halbacetalischen Hydroxy-Gruppen an der glycosidischen Bindung beteiligt sind. Eine Ringöffnung ist nicht möglich. Das andere Dissacharid zeigt eine positive Fehling-Probe, da nur eine halbacetalische Hydroxy-Gruppe verschlossen ist. Der Fructose-Ring kann sich öffnen und durch Umlagerung der Ketose in eine Aldose kann der Zucker oxidiert werden.

1.3 Strukturformeln:

D-Glucose | D-Mannose | Oxidationsprodukt | Endiolform (Erg.)

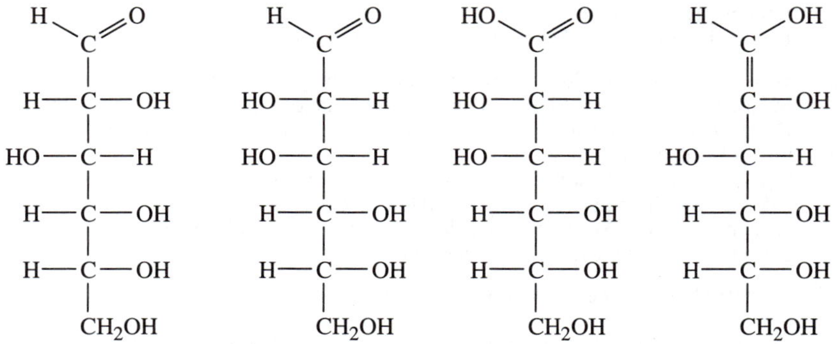

Die Gleichgewichtseinstellung zwischen Fructose, Glucose und Mannose verläuft über die Endiol-Form, am C-Atom 2 wird ein weiteres asymmetrisches C-Atom gebildet.

1.4 β-D-Fructopyranose

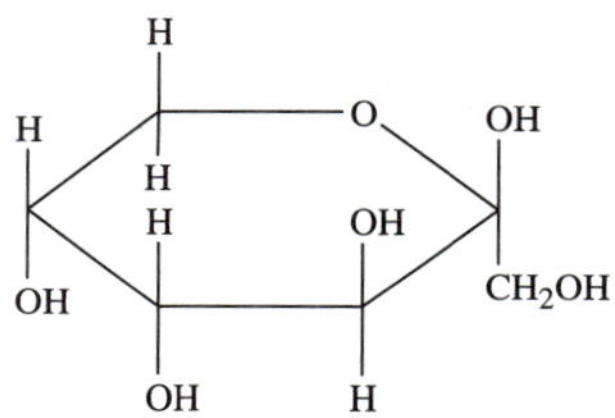

α-D- Fructopyranose

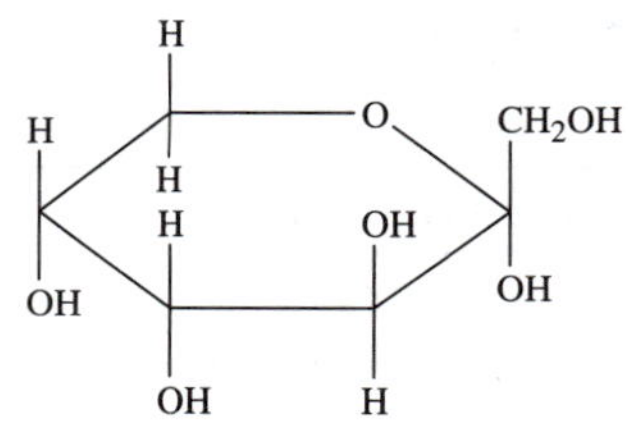

2 Reaktionsgleichung: $C_{12}H_{22}O_{11}\,(s) + 12\ O_2\,(g) \longrightarrow 12\ CO_2\,(g) + 11\ H_2O\,(l)$

$$\Delta_R H^0 = \sum \Delta_f H^0\,(\text{Pr.}) - \sum \Delta_f H^0\,(\text{Ed.})$$

$$\Delta_R H^0 = \{12(-393) + 11(-286) - (-2\,222)\}\ \text{kJ}$$

$$\Delta_R H^0 = -5\,640\ \text{kJ} \quad \text{für 1 mol Sacccharose (S)}$$

$$\Delta_R H^{0\,\prime} = \frac{\Delta_R H^0 \cdot m(S)}{M(S)} = \frac{-5\,640\ \text{kJ} \cdot \text{mol}^{-1} \cdot 100\ \text{g}}{342\ \text{g} \cdot \text{mol}^{-1}} = -1\,649\ \text{kJ} \quad \text{für 100 g Sacccharose}$$

Aufgabe 14: Kohlenhydrate, Energetik

1 Zur schnellen und spezifischen Bestimmung von D-Glucose im Harn werden Teststreifen verwendet.
Der Nachweis beruht auf der Oxidation des Glucose-Moleküls am Kohlenstoff-Atom 1.

1.1 Geben Sie die Strukturformeln des D-Glucose-Moleküls und seines Oxidationsproduktes in der Fischer-Projektion an.
Zeigen Sie, dass eine Oxidation stattgefunden hat.

1.2 In einem Experiment wird in ein Reagenzglas D-Fructose-Lösung, in ein zweites Saccharose-Lösung gegeben. Beide werden mit Natronlauge versetzt und über Nacht stehen gelassen. Danach werden beide Lösungen neutralisiert und mit dem Glucose-Teststreifen untersucht.
Begründen Sie die jeweils zu erwartende Beobachtung.

2 Zur Herstellung vieler Süßwaren wird Invertzucker verwendet.
Zu dessen Gewinnung wird Saccharose mit einer Säure und Wasser vermischt und 30 Minuten auf etwa 80 °C erhitzt. Es entsteht ein zäher Sirup. Diesem wird Natriumhydrogencarbonat zugesetzt. Nach kurzem Aufschäumen ist das Produkt gebrauchsfertig.
Formulieren Sie für die Bildung von Invertzucker eine Reaktionsgleichung unter Verwendung von Strukturformeln nach Haworth.
Benennen Sie den Reaktionstyp.
Geben Sie für das Aufschäumen eine Reaktionsgleichung an.
Vergleichen Sie bei beiden Reaktionen die jeweilige Funktion der Säure.

3 Die Reaktionsenthalpie für die vollständige Verbrennung von Glucose soll experimentell bestimmt werden. Dazu wird eine Stoffportion der Masse $m_1(\text{Glucose}) = 1$ g in einem mit $m_2 = 500$ g Wasser gefüllten Kalorimeter verbrannt. Die Verbrennung erfolgt bei konstantem Druck, und der entstehende Wasserdampf kondensiert. Das Wasser im Kalorimeter erwärmt sich um $\Delta\vartheta = 7$ K.

$c(H_2O) = 4{,}18 \text{ J} \cdot \text{g}^{-1} \cdot \text{K}^{-1}$ $C(\text{Kalorimeter}) = 148{,}6 \text{ J} \cdot \text{K}^{-1}$

$\Delta_f H^0(CO_2)_{(g)} = -393 \text{ kJ} \cdot \text{mol}^{-1}$ $\Delta_f H^0(H_2O)_{(l)} = -285 \text{ kJ} \cdot \text{mol}^{-1}$

Geben Sie eine Reaktionsgleichung für die Verbrennung von Glucose an.
Berechnen Sie die Verbrennungsenthalpie von 1 mol Glucose.
Berechnen Sie daraus die molare Standard-Bildungsenthalpie von Glucose.

4 „Energy-Drinks" enthalten neben Glucose und Saccharose auch Taurin (2-Aminoethansulfonsäure; $H_2N-CH_2-CH_2-SO_3H$). (Wahlbereich)

4.1 Taurin lässt sich nicht unzersetzt schmelzen, und seine wässrige Lösung zeigt eine geringe elektrische Leitfähigkeit.
Erklären Sie diese Sachverhalte und geben Sie dazu auch eine Strukturformel an. (Wahlbereich)

4.2 Geben Sie für die Moleküle von α-Alanin (2-Aminopropansäure) und β-Alanin (3-Aminopropansäure) je eine Strukturformel in Fischer-Projektion an.
Kennzeichnen Sie in den Strukturformeln von α-Alanin, und β-Alanin und Taurin eventuell vorhandene Chiralitätszentren. (Wahlbereich)

Lösung

1.1 **Strukturformeln:**

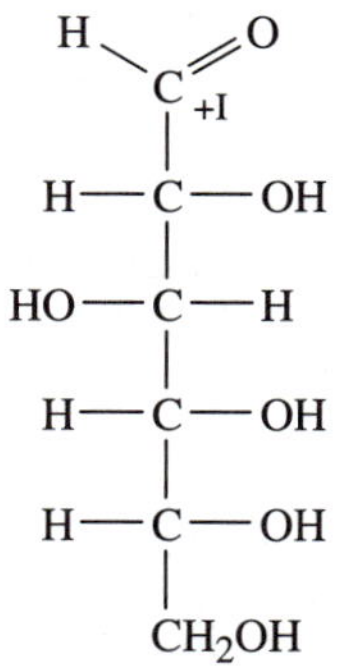

Glucose

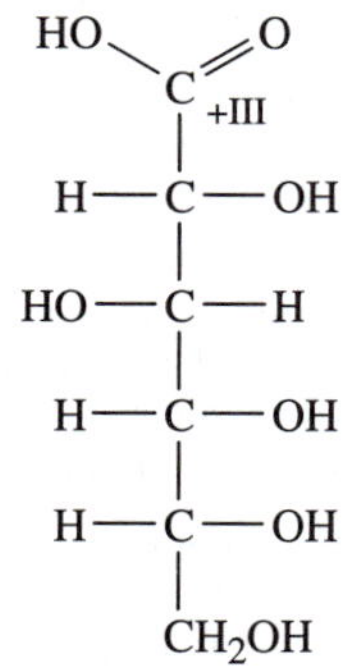

Gluconsäure

Die Oxidationszahl am C-Atom Nr. 1 ändert sich von +I zu +III. Die Erhöhung der Oxidationszahl entspricht der Oxidation.

1.2 **Fructose** wandelt sich über die Endiol-Form u. a. in Glucose um – der Test verläuft positiv.
Saccharose ist gegen Lauge stabil, es findet keine Hydrolyse statt – der Test ist negativ.

2 **Reaktionsgleichung**

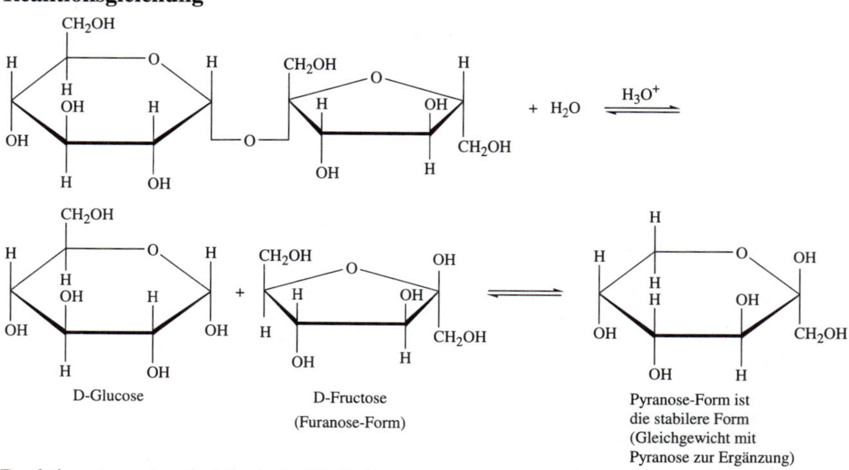

Reaktionstyp: säurekatalysierte Hydrolyse

Aufschäumen: $NaHCO_3 + H_3O^+ \rightleftharpoons Na^+ + 2\,H_2O + CO_2(g)$

oder: $HCO_3^- + H_3O^+ \rightleftharpoons 2\,H_2O + CO_2(g)$

H_3O^+-Ionen wirken bei der Hydrolyse als Katalysator und bei der Reaktion mit Natriumhydrogencarbonat als Protonendonatoren.

3 Reaktionsgleichung für die Verbrennung:

$$C_6H_{12}O_6 + 6\,O_2 \longrightarrow 6\,CO_2 + 6\,H_2O$$

Für die Wärmemenge gilt:

$$Q = -(c_W \cdot m_W + C_{Kal}) \cdot \Delta T$$

$$Q = -(4{,}18\,J \cdot g^{-1} \cdot K^{-1} \cdot 500\,g \cdot 7\,K + 148{,}6\,J \cdot K^{-1} \cdot 7\,K)$$
$$= -(14\,630 + 1\,040{,}2)\,J = -15{,}67\,kJ$$

$\Delta_R H = Q \cdot M = -15{,}67\,kJ \cdot g^{-1} \cdot 180\,g \cdot mol^{-1} = -2\,820{,}6\,kJ \cdot mol^{-1}$ (Umsatz)

$$\Delta_R H = \sum \Delta_f H^0(Pr.) - \sum \Delta_f H^0(Ed.) = 6 \cdot \Delta_f H^0(CO_2) + 6 \cdot \Delta_f H^0(H_2O_{(l)}) - \Delta_f H^0(Glucose)$$

$$\Delta_f H^0(Glucose) = 6 \cdot \Delta_f H^0(CO_2) + 6 \cdot \Delta_f H^0(H_2O_{(l)}) - \Delta_R H$$
$$= \left(6(-393) + 6(-285) + 2\,820{,}6\right) kJ \cdot mol^{-1}$$
$$= -1\,247{,}4\,kJ \cdot mol^{-1}$$

4.1

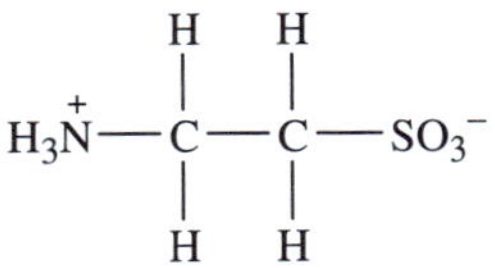

Bildung von Zwitterionen durch innermolekulare Protolyse. Starke elektrostatische Kräfte zwischen den Zwitterionen im Kristallgitter. Zwitterionen richten sich im elektrischen Feld nur aus, wandern aber nicht, woraus die geringe Leitfähigkeit resultiert. (Die Leitfähigkeit ändert sich jedoch in Abhängigkeit vom pH-Wert).
(Wahlbereich)

4.2

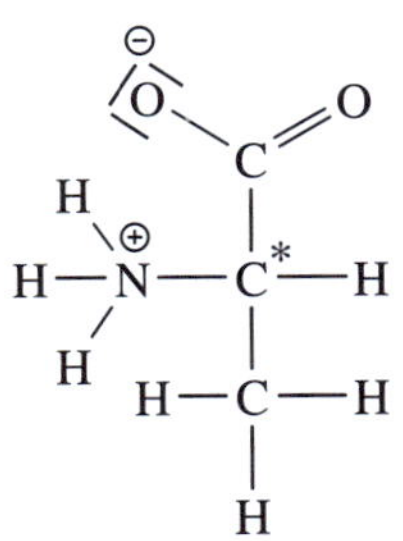

α-Alanin
* asymmetrisches C-Atom, Chiralitätszentrum

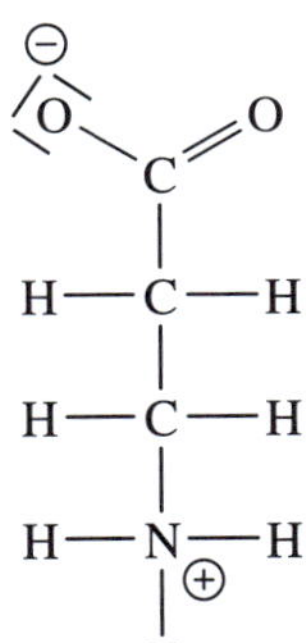

β-Alanin
keine asymmetrischen C-Atome

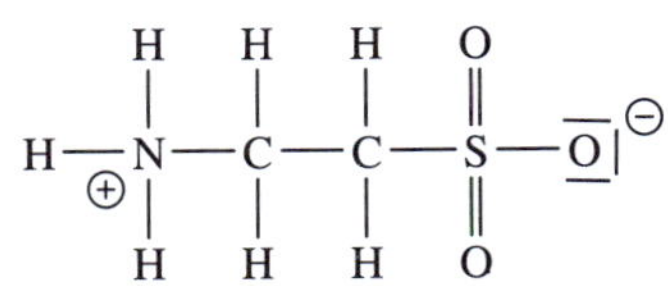

Taurin
(Bestandteil von Gallensäuren)
keine asymmetrischen C-Atome

(Wahlbereich)

Aufgabe 15: Proteine, Kohlenhydrate

Prionen sind Krankheitserreger, die keine Erbsubstanz enthalten und nur aus einem Proteinanteil bestehen. Sie stehen im Verdacht, beim Rind BSE und beim Menschen die Creutzfeld-Jakob-Krankheit zu verursachen.

1 Das menschliche Prionprotein besteht aus 254 Aminosäuren. Im vorderen Abschnitt weist das Protein folgende Sequenz auf:
– Glycin – Leucin – Cystein – Lysin –
(Leucin = 2-Amino-4-methylpentansäure)
Die Aminosäuren haben folgende Seitenketten R:

Glycin R = H Leucin R =

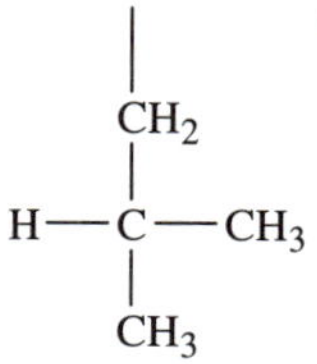

Cystein R =

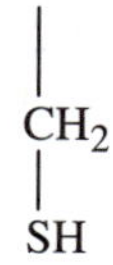

Lysin R =

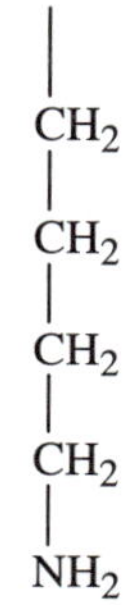

Zeichen Sie eine Strukturformel dieses Sequenzausschnitts.

2 Prionenproteine existieren in zwei verschiedenen Formen. Die „normale“, nicht krankheitserregende Form enthält vor allem α-Helices. Die veränderte, krankheitserregende Form weist hohe Anteile an β-Faltblattstrukturen auf.
Beschreiben Sie den Aufbau der beiden Sekundärstrukturen.
Erläutern Sie die Stabilisierung dieser Sekundärstrukturen.

3 Prionen sind besonders hitzestabil. Verantwortlich dafür ist u. a. eine stabile Tertiärstruktur. In den folgenden Sequenzausschnitten eines Proteins liegen die jeweils untereinander geschriebenen Aminosäuren in der Tertiärstruktur einander gegenüber.

...– Asparaginsäure – Cystein – X – Asparagin – X – Threonin – X – Lysin –...

...– Glutaminsäure – Cystein – X – Glutamin – X – Threonin – X – Glutaminsäure –...

(X = an der Tertiärstruktur nicht beteiligte Aminosäure)

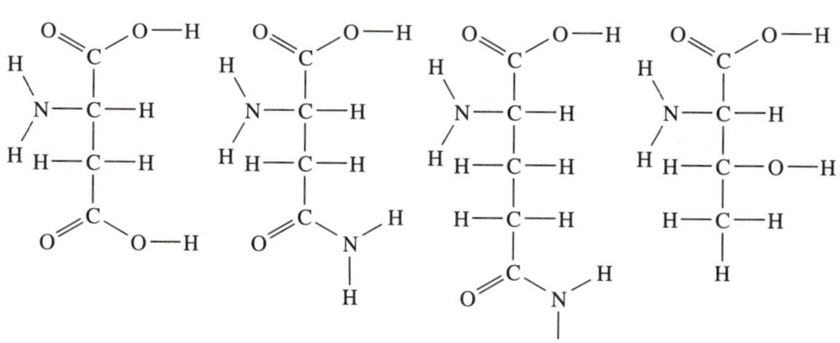

Asparaginsäure Asparagin Glutamin Threonin

Benennen und erläutern Sie die Wechselwirkungen zwischen den gegenüber liegenden Bausteinen, und beurteilen Sie die mögliche Auswirkung dieses Abschnitts auf die Hitzebeständigkeit.
Die meisten Proteine sind jedoch hitzeempfindlich. Beschreiben Sie die Folgen einer Hitzebehandlung für solche Proteine.

4 Glykoproteine sind Verbindungen, in denen an bestimmte Aminosäure-Bestandteile des Proteins Zuckermoleküle gebunden sind. Ein darin häufig vorkommender Zucker ist die Mannose, deren Molekül sich von dem der Glucose in der Stellung der OH-Gruppe am zweiten C-Atom unterscheidet.

4.1 Zeichnen Sie einen Strukturformelausschnitt, der die glykosidische Bindung eines α-D-Mannose-Moleküls in Haworth-Projektion an einen Threoninbaustein zeigt.

4.2 Beschreiben Sie, wie in einem Experiment die Mannose vom Glykoprotein abgespalten werden kann. Benennen Sie den Reaktionstyp.

4.3 Mit Lösungen des Glykoproteins und der Mannose wird jeweils die Fehling-Probe durchgeführt.
Begründen Sie die zu erwartenden Beobachtungen.

Lösung

1 Ausschnitt aus der Makromolekülkette des Proteins:

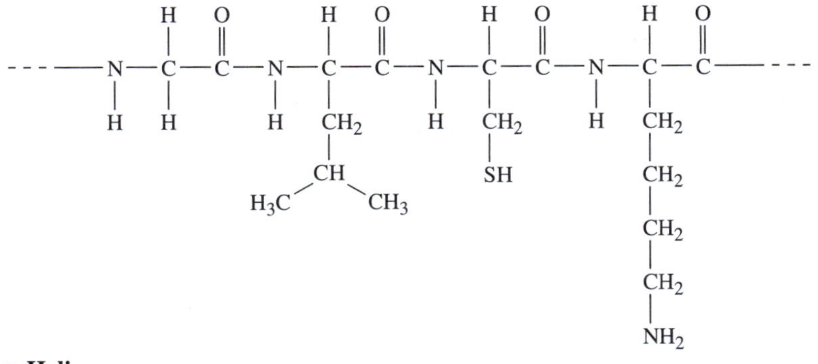

2 **α-Helix**
Die Polypeptidkette ist um die Längsachse des Moleküls gewunden. Die Seitenketten der Aminosäurereste weisen nach außen. Jede Windung der α-Helix ist über mehrere Wasserstoffbrücken mit den benachbarten Windungen verbunden. Die Wasserstoffbrücken bilden sich zwischen positiv polarisierten Wasserstoffatomen, die jeweils an ein Stickstoffatom einer Peptid-Bindung gebunden sind, und negativ polarisierten Carbonyl-Sauerstoffatomen, die sich in der Sequenz etwa vier Reste weiter entfernt befinden. Diese Wasserstoffbrücken verleihen der Struktur beachtliche Stabilität. Elektrostatische Wechselwirkungen zwischen benachbarten und entfernt liegenden Seitenketten, die unterschiedlich geladen sind, vergrößern die Stabilität weiter. Destabilisierend wirken die Abstoßungskräfte gleichnamig geladener benachbarter Seitenketten oder der große Platzbedarf benachbarter Aminosäuren mit voluminösen Resten.

β-Faltblatt

In einem antiparallelen β-Faltblatt verlaufen benachbarte Ketten in Bezug auf die Stellung der Amino- und Carbonyl-Gruppen entgegengesetzt. Die Peptid-Bindungen befinden sich in einer Ebene. Zwischen den Carbonyl- und den N–H-Gruppen bilden sich Wasserstoffbrückenbindungen aus. Die Seitenketten benachbarter Aminosäuren ragen in entgegengesetzten Richtungen aus den Ebenen der Zickzack-Struktur heraus.

Die zahlreichen Wasserstoffbrücken und relativ kleine Seitenketten führen zu hoher Stabilität.

Mesomere Formen der Peptidbindung (nach Erwartungshorizont nicht verlangt):

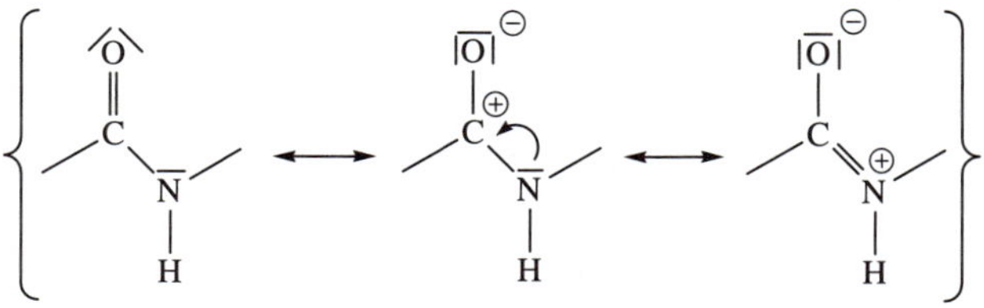

Die Bindung zwischen dem Kohlenstoffatom und dem Stickstoffatom hat etwa 40 % **Doppelbindungscharakter**. Die freie Drehbarkeit wird durch die π-Elektronenwolke eingeschränkt. (Begründung dafür, dass die Peptidbindung planar gebaut ist.)

3 **Wasserstoffbrücken** zwischen

a) den Carboxyl-Gruppen der Asparagin- und der Glutaminsäure,
b) den Säureamid-Gruppen ($-CONH_2$) der Aminosäuren Asparagin und Glutamin,
c) den Hydroxy-Gruppen der Aminosäuren Threonin;

Bildung von **Disulfidbrücken** zwischen den Cystein-Bausteinen;
elektrostatische Wechselwirkungen zwischen den positiv und negativ geladenen Seitenketten der Aminosäuren Lysin und Glutaminsäure.

Die zahlreichen Wasserstoffbrücken, die elektrostatischen Wechselwirkungen und die Disulfidbindungen stabilisieren dieses Protein und machen es so beständig gegen Hitzeeinwirkung. Bei den meisten anderen Proteinen führt die Hitzebehandlung zu einer irreversiblen Veränderung der Tertiärstruktur (Denaturierung) durch Aufhebung von van-der-Waals-Kräften und Wasserstoffbrücken oder durch Spaltung von Disulfidbindungen. Die Veränderung geht einher mit dem Verlust der biologischen Funktion.

4.1

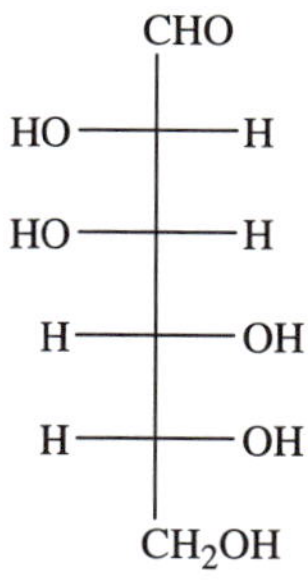

D-Mannose

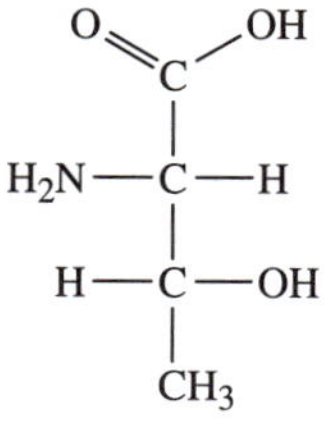

Threonin

z. B.:

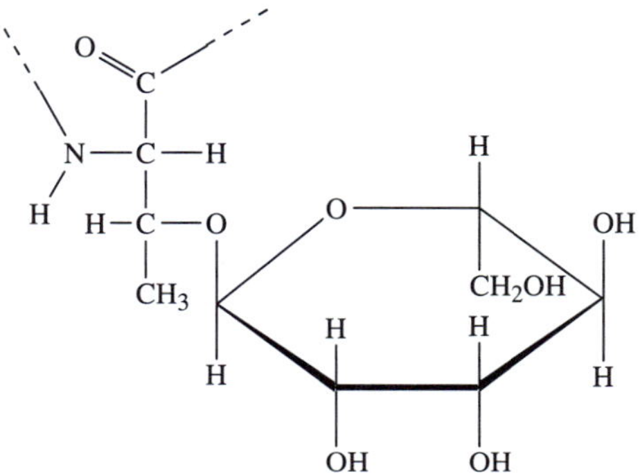

4.2 Die Glykoproteinlösung wird z. B. mit Salzsäure versetzt und gekocht. Reaktionstyp: säurekatalysierte Hydrolyse.

4.3 Glykoproteine: Fehling-Probe **negativ** – die halbacetalische Hydroxy-Gruppe ist blockiert, der Ring kann sich nicht öffnen;

Mannose: Fehling-Probe **positiv**, ziegelrotes Cu_2O fällt aus: Die halbacetalische Hydroxy-Gruppe ist nicht blockiert, der Ring kann sich öffnen.

Abiturprüfung (Baden-Württemberg): Profil-/Neigungsfach Chemie
Themengruppe III: Aromaten (LP 5), Tenside (LP 6, Wahlbereich)

Aufgabe 1: Aromaten – Wahlbereich

1 Naphthalin ist eine mehrkernige aromatische Kohlenwasserstoffverbindung. (gesamte Aufgabe Wahlbereich)

1.1 Geben Sie eine Strukturformel an und erläutern Sie den Begriff „mehrkernig“.

1.2 In Tetrachlormethan gelöstes Naphthalin kann wie Benzol mit Brom zur Reaktion gebracht werden, indem man etwas Eisenpulver zugibt und erwärmt.
Formulieren Sie hierzu eine Reaktionsgleichung und begründen Sie, warum diese Reaktion im Abzug durchgeführt werden muss.

1.3 Formulieren Sie unter Verwendung von Strukturformeln mit bindenden und nichtbindenden Elektronenpaaren den Reaktionsmechanismus der Bildung von Monobromnaphthalin unter den bei 1.2 genannten Versuchsbedingungen.
Geben Sie die Strukturformeln aller möglichen Strukturisomeren des Monobromnaphthalins an.

2 Strukturisomere erhält man ebenfalls bei der Monobromierung von Phenol. Diese Reaktion läuft in wässriger Lösung auch ohne Zugabe von Eisenpulver spontan ab.

2.1 Formulieren Sie hierzu eine Reaktionsgleichung und erläutern Sie anhand von Strukturformeln den Reaktionsablauf.
Begründen Sie, warum die Reaktion ohne Katalysator abläuft.

2.2 Benennen sie alle Strukturisomeren des Monobromphenols und zeichnen Sie dazu die Strukturformeln der Moleküle.
Welche dieser Isomeren werden bei dieser Reaktion bevorzugt gebildet?
Begründen Sie Ihre Aussage.

Lösung

1.1 Mehrkernig bedeutet „Kondensation“ zweier Benzolringe, wobei zwei Ringkohlenstoffatome gemeinsam sind.

1.2
$$C_{10}H_8 + Br_2 \xrightarrow{\text{Fe, Kat.}} C_{10}H_7Br + HBr$$

oder

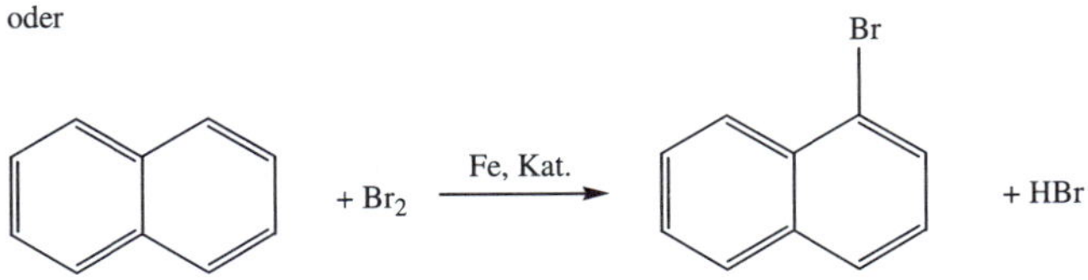

Tetrachlormethan ist giftig; die Bromdämpfe und das Bromwasserstoffgas wirken ätzend.

1.3 $2\,Fe + 3\,Br_2 \longrightarrow 2\,FeBr_3$

$FeBr_3 + Br_2 \rightleftharpoons [FeBr_4]^- + Br^+$

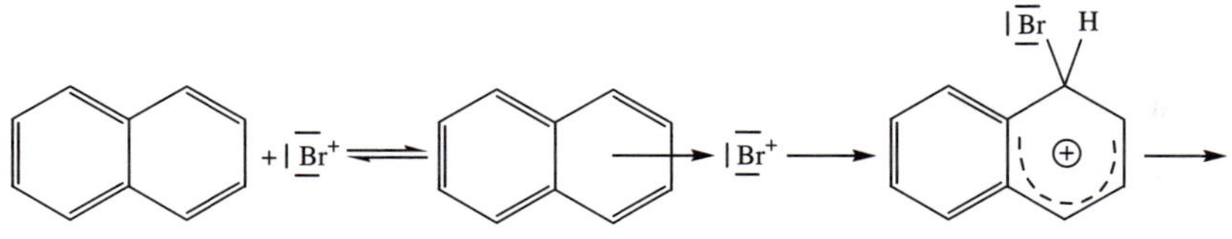

π-Komplex σ-Komplex

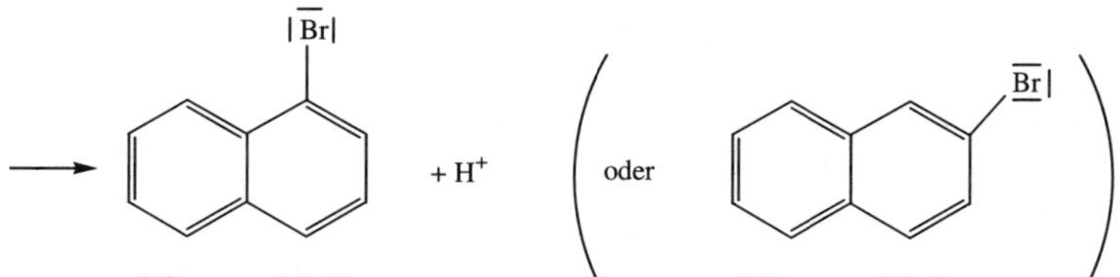

1-Brom-naphthalin 2-Brom-naphthalin

$H^+ + [FeBr_4]^- \longrightarrow HBr + FeBr_3$

Rückbildung des Katalysators

2.1 Die Hydroxy-Gruppe bzw. der negativ geladene Sauerstoff im Phenolat-Ion sind stark aktivierende Substituenten, +M-Effekt. Die Elektronendichte im Phenolmolekül ist dadurch gegenüber dem unsubstituierten Benzol erhöht. Das elektrophile Brom-Kation greift das nucleophile Ringsystem leichter an. Positionen mit höherer Elektronendichte sind o- und p-Stellungen.

Die Wechselwirkung des Systems mit dem Brommolekül sowie die Hydratation durch Wasserdipole führen zur heterolytischen Spaltung des Brommoleküls in Br^+ und Br^-.

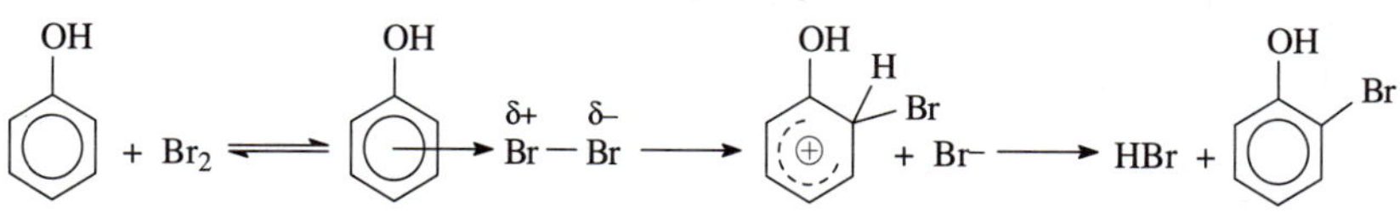

π-Komplex σ-Komplex

Die Hydroxy-Gruppe dirigiert in o- und p-Stellung.

Mesomere Grenzstrukturen

höhere Elektronendichte in o- und p-Stellung

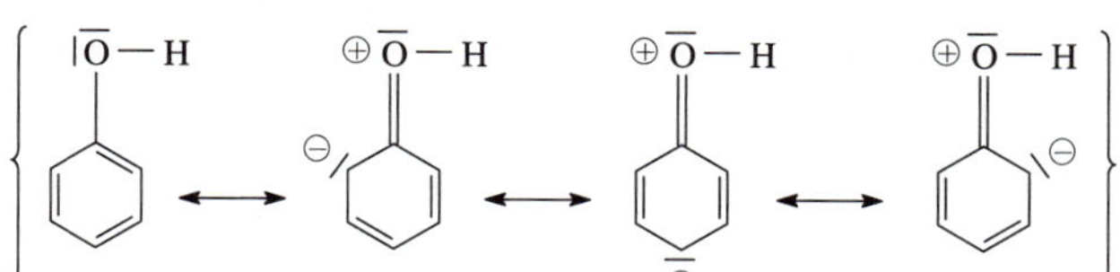

Ergänzungen (Mesomere Grenzstrukturen, die von Übergangszuständen ausgehen):

o-Angriff des Br^+-Teilchens

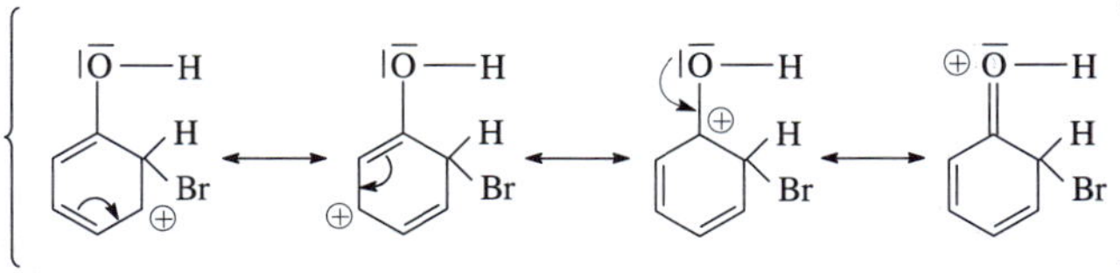

p-Angriff des Br^+-Teilchens

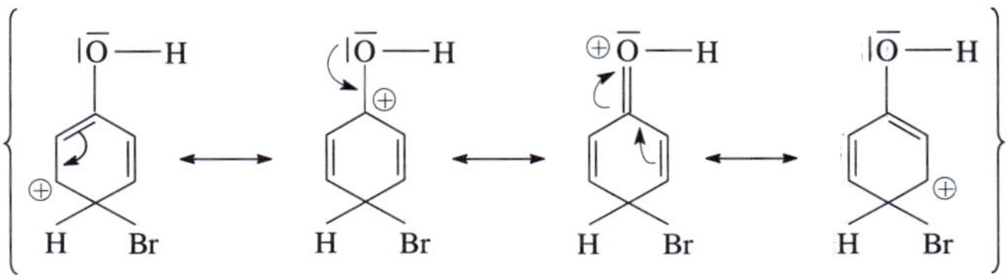

m-Angriff des Br^+-Teilchens

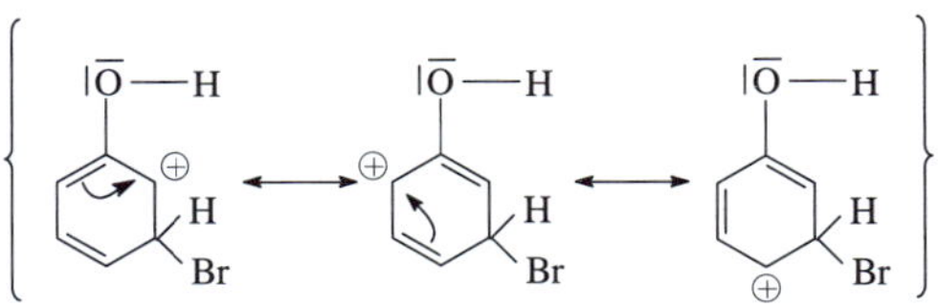

2.2

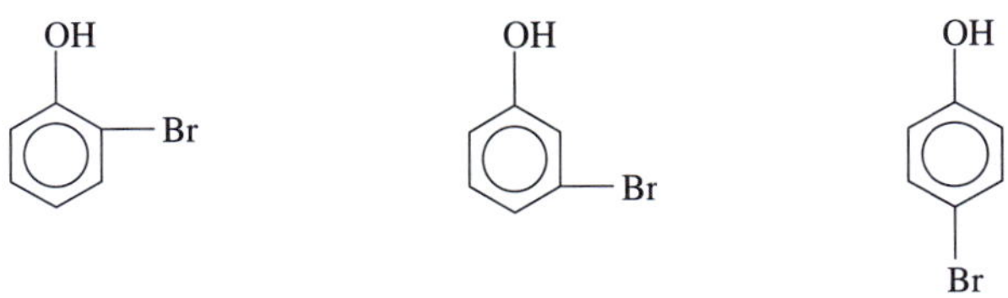

o-Bromphenol m-Bromphenol p-Bromphenol

Substitution in o- und p-Stellung; höhere Elektrodendichte in o- und p-Stellung aufgrund des +M-Effektes (s. 2.1).

Aufgabe 2: Alkine, Aromaten

1 Früher wurde Ethin (Acetylen, C_2H_2) aus Calciumcarbid (CaC_2) und Wasser hergestellt. Heute gewinnt man Ethin bevorzugt durch Umsetzung von Methan im elektrischen Lichtbogen, wobei neben Ethin auch noch Wasserstoff entsteht.
Geben Sie für beide Verfahren jeweils eine Reaktionsgleichung an. Verwenden Sie dazu Strukturformeln mit bindenden und nichtbindenden Elektronenpaaren.

2 Aus Ethin kann in Gegenwart eines Katalysators Benzol hergestellt werden. Wird in einer entsprechenden Synthese Propin anstelle von Ethin eingesetzt, so erhält man 1,3,5-Trimethylbenzol (Mesitylen).
Formulieren Sie die Reaktionsgleichungen beider Synthesen unter Verwendung von Strukturformeln.

3 Die Methylgruppen des Mesitylen reagieren bei Bestrahlung durch UV-Licht mit Brom. Die Wasserstoffatome der Methyl-Gruppen werden durch Bromatome ersetzt. Formulieren Sie die Reaktionsgleichung für die unter dieser Bedingung ablaufenden vollständigen Bromierung von Mesitylen und berechnen Sie die Masse der Stoffportion Brom, die zur vollständigen Bromierung einer Mesitylenportion der Masse m = 10 g benötigt wird.

4 Um Benzol mit Brom zur Reaktion zu bringen, muss dem Reaktionsgemisch ein Katalysator zugefügt werden. Benennen und formulieren Sie den Mechanismus, nach dem die Bromierung von Benzol verläuft.
(Wahlbereich)

Lösung

1.1 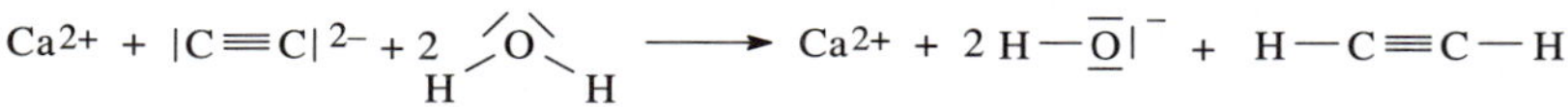

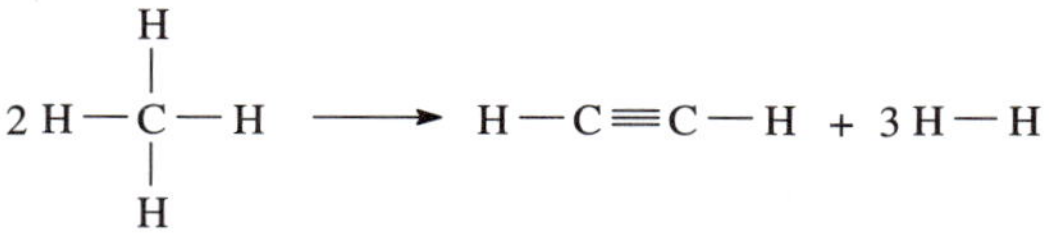

2 $3\ H{-}C{\equiv}C{-}H \longrightarrow$ 

$3\ H_3C{-}C{\equiv}C{-}H \longrightarrow$ 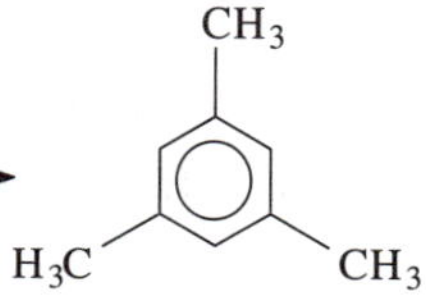

3 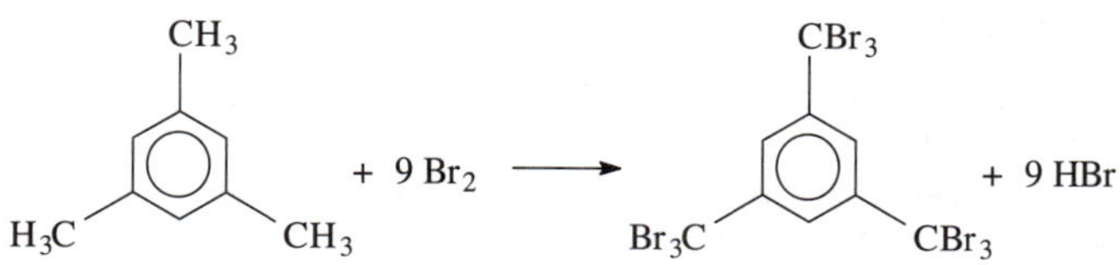

Mesitylen (M)

Aus der Reaktionsgleichung:

$$\frac{n(M)}{n(Br_2)} = \frac{1}{9} \quad \text{oder} \quad 9 \cdot n(M) = n(Br_2)$$

$$n(M) = \frac{m(M)}{M(M)} = \frac{10\ g}{120\ g}\ mol = \frac{1}{12}\ mol; \quad n(Br_2) = 9 \cdot n(M) = 9 \cdot \frac{1}{12}\ mol = \frac{3}{4}\ mol$$

mit $n(Br_2) \cdot M(Br_2) = m(Br_2)$ erhält man für die Masse:

$$m(Br_2) = \frac{3}{4}\,\text{mol} \cdot 159{,}82\ \text{g} \cdot \text{mol}^{-1} = 119{,}87\ \text{g}$$

Ergänzung:

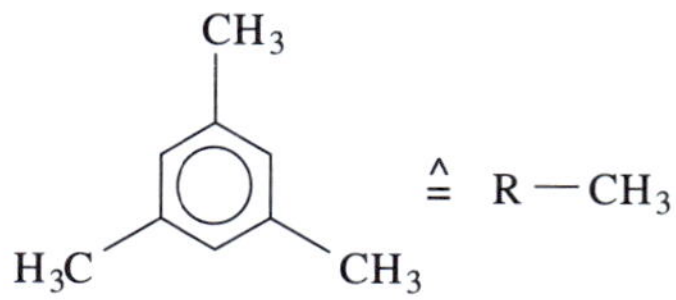

Start $|\overline{\underline{Br}}-\overline{\underline{Br}}| \rightleftharpoons 2\ Br\cdot$

Kette

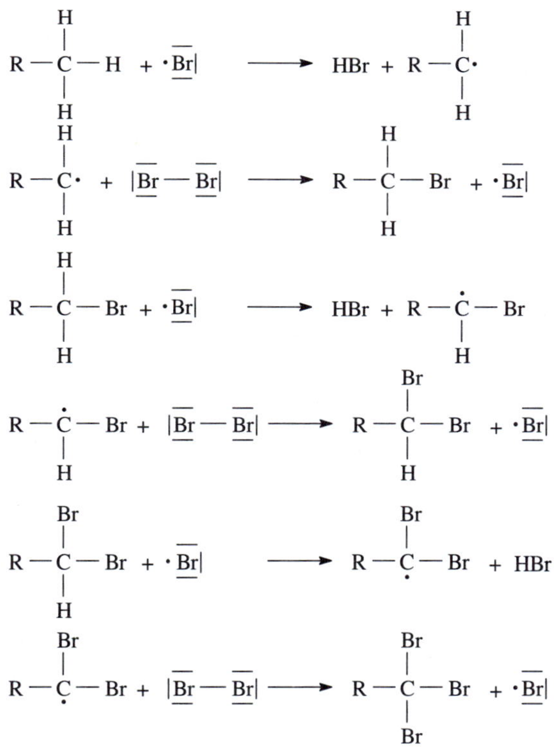

weitere Reaktionen mit den anderen Methyl-Gruppen

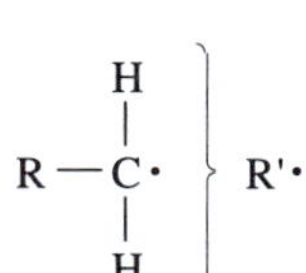

Abbruch

Reaktionen der Brom-Radikale: $|\overline{\underline{Br}}\cdot + \cdot\overline{\underline{Br}}| \longrightarrow Br_2$

Reaktion der Radikale R'•: $R'\cdot + \cdot R' \longrightarrow R'-R'$

Reaktion der Radikale R'• mit Brom-Radikalen: $R'\cdot + \cdot\overline{\underline{Br}}| \longrightarrow R'-Br$

4 $FeBr_3 + Br_2 \longrightarrow Br^+ + [FeBr_4]^-$

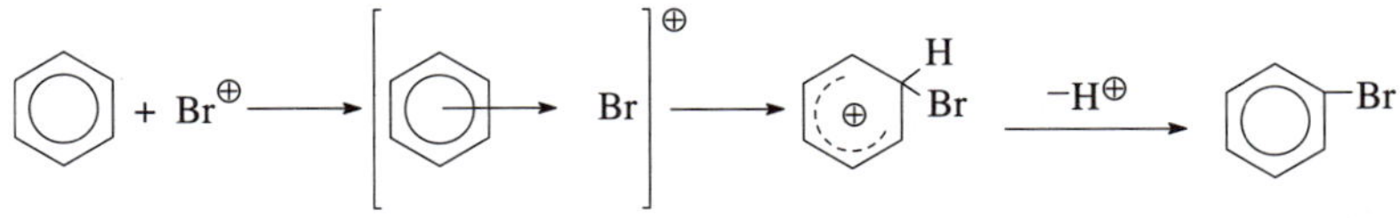

π-Komplex Phenonium-Ion Brombenzol

Rückbildung des Katalysators
$H^+ + [FeBr_4]^- \longrightarrow HBr + FeBr_3$

Mechanismus
Elektrophile Substitution
(Wahlbereich)

Aufgabe 3: Aromaten – Wahlbereich

1 Bei der Herstellung von Phenol wird Chlorbenzol als Ausgangsstoff benötigt. Dieses kann in einer exothermen Reaktion durch Chlorierung von Benzol gewonnen werden. (gesamte Aufgabe Wahlbereich)

1.1 Geben Sie die Reaktionsbedingungen für diese Chlorierung an. Benennen und formulieren Sie den Mechanismus dieser Reaktion.
Skizzieren Sie ein beschriftetes Enthalpiediagramm zu diesem Reaktionsmechanismus.

1.2 Chlorbenzol reagiert unter erhöhtem Druck mit wässriger Natriumhydroxidlösung zu Phenol.
Formulieren Sie dazu eine Reaktionsgleichung unter Verwendung von Strukturformeln mit bindenden und nichtbindenden Elektronenpaaren.

2 Bei Raumtemperatur ist Chlorbenzol flüssig. Geben Sie eine Erklärung für die unterschiedlichen Aggregatzustände von Chlorbenzol und Phenol bei Raumtemperatur.

3 Phenol reagiert mit Salpetersäure unter anderem zu Mononitrophenolen.

3.1 Geben Sie die Strukturformeln aller Mononitrophenole an, die bei dieser Reaktion entstehen können und benennen Sie diese.
Vergleichen Sie außerdem die Säurestärke eines dieser Mononitrophenole mit der von Phenol.

3.2 Welche der in 3.1 genannten Isomere entstehen bevorzugt? Begründen Sie Ihre Aussagen mithilfe mesomerer Grenzformeln.

3.3 Vergleichen Sie die Reaktivität von Chlorbenzol und Phenol bei der Nitrierung. Begründen Sie.

4 Zur Nitrierung von Benzol benötigt man Nitriersäure.
Geben Sie die Zusammensetzung von Nitriersäure an und erläutern Sie die Entstehung des reagierenden elektrophilen Teilchens mithilfe einer Reaktionsgleichung.

Lösung

1.1 Reaktionsbedingungen: Katalysator z. B. $AlCl_3$, Kühlung; Reaktionstyp: elektrophile Substitution an Benzol.

Bildung des elektrophilen Teilchens:

$AlCl_3 + Cl_2 \rightleftharpoons [AlCl_4]^- + Cl^+$

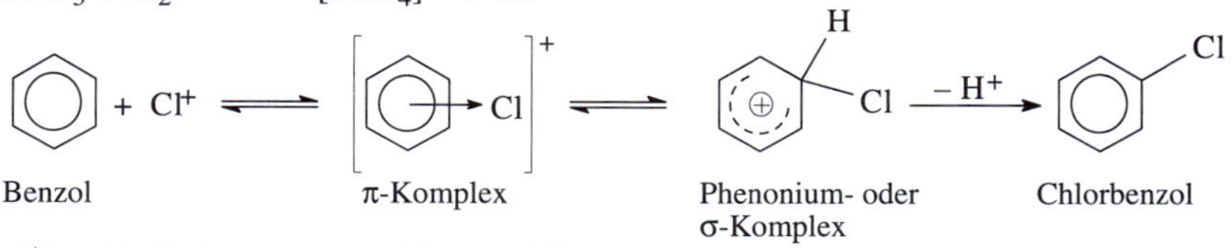

$H^+ + [AlCl_4]^- \rightleftharpoons HCl + AlCl_3$

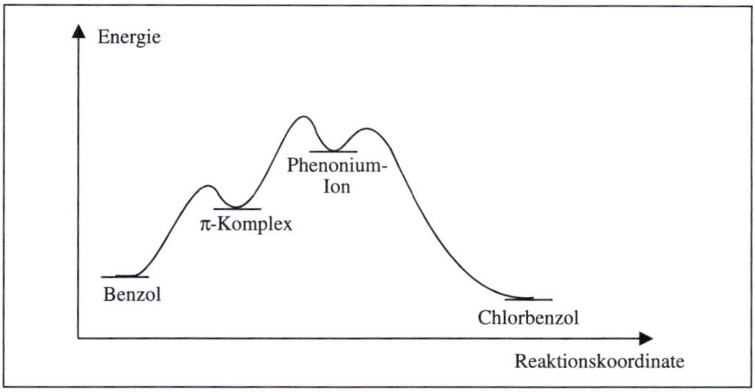

1.2

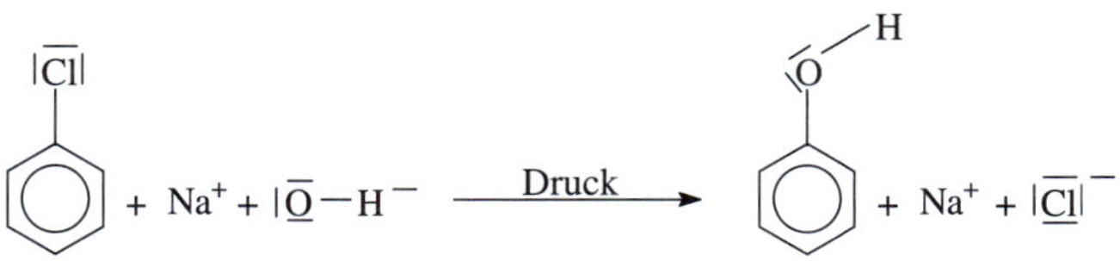

2 Bei Chlorbenzol van-der-Waals-Kräfte und Dipolkräfte; bei Phenol zusätzlich Wasserstoffbrückenbindungen:

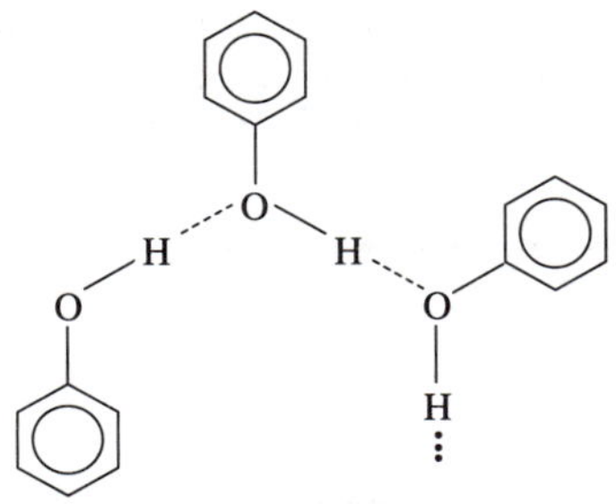

Phenol ist fest

3.1

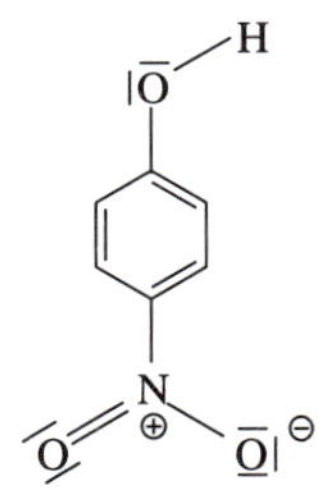

p-Nitrophenol

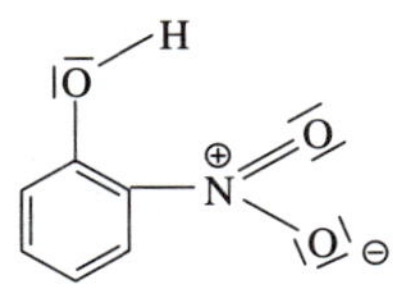

o-Nitrophenol

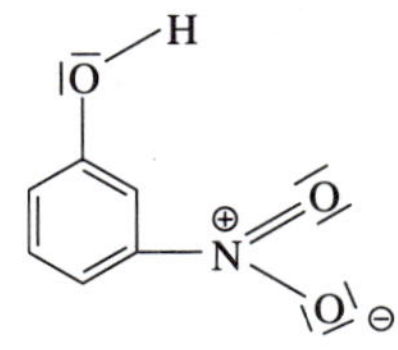

m-Nitrophenol

Die Nitro-Gruppe übt einen –I- und einen –M-Effekt aus. Das Wasserstoffatom der Hydroxy-Gruppe ist lockerer gebunden, es kann als Proton leichter übertragen werden. Nitrophenole sind stärker sauer als Phenol.

3.2 **Mesomere Grenzstrukturen**

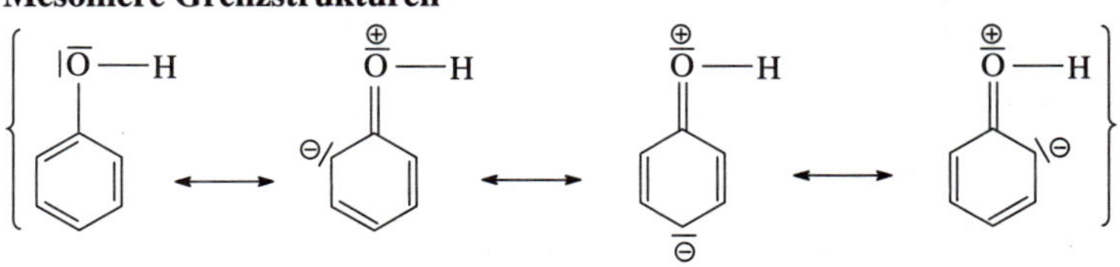

Relativ hohe Elektronendichte in o- und p-Stellung – o- und p-Nitrophenol entstehen bevorzugt.

Ergänzungen:
Mesomere Grenzstrukturen, die von Übergangszuständen ausgehen ($X^+ = NO_2^+$)

o-Angriff des X^+-Teilchens

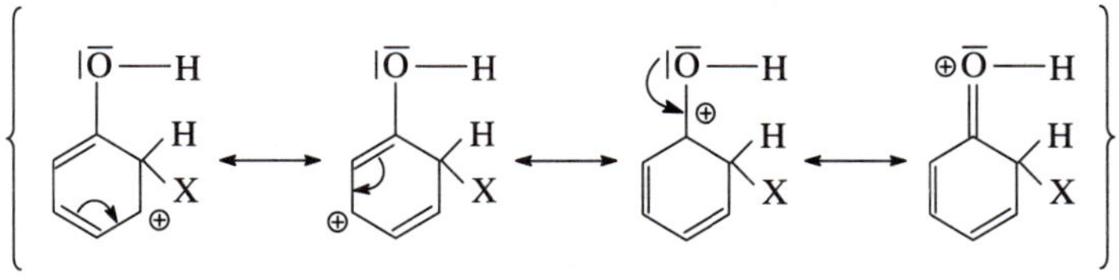

p-Angriff des X^+-Teilchens

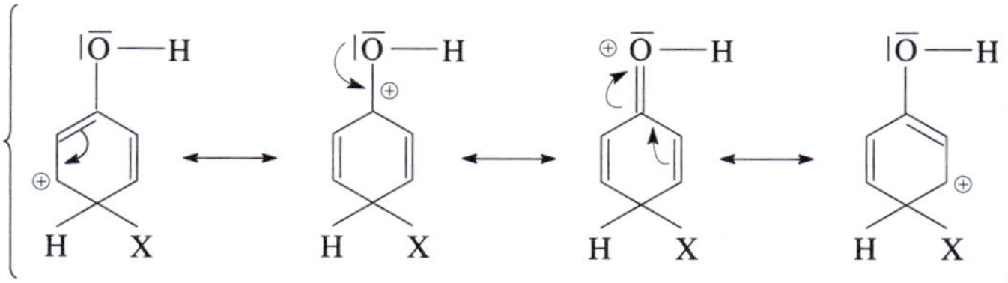

m-Angriff des X^+-Teilchens

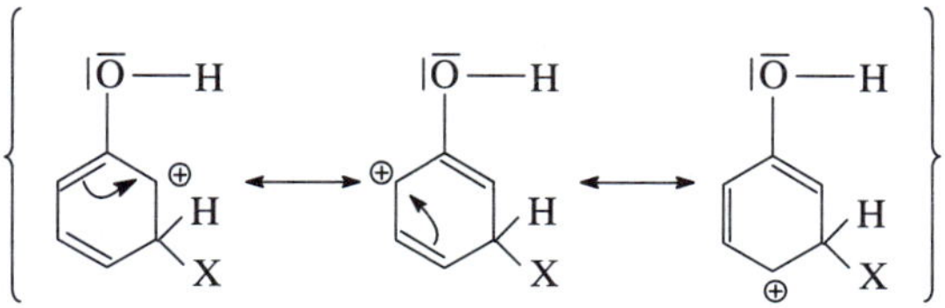

Mesomere Grenzstrukturen bei der Nitrierung von Phenol

Die Hydroxy-Gruppe ist ein Substituent, der wegen des +M-Effektes stark aktivierend wirkt. Die Elektronendichte im Phenol ist somit gegenüber dem unsubstituierten Benzol erhöht. Das elektrophile Nitronium-Ion kann das nucleophile Ringsystem leichter angreifen als Benzol. Die bei der Nitrierung des Phenols resultierenden o- und p-Phenonium-Ionen sind jedoch stabiler, denn sie können ihre positive Ladung besser verteilen (vier Grenzstrukturen) als dies bei dem m-Phenonium-Ion der Fall ist (drei Grenzstrukturen).

3.3 Chlor ist ein desaktivierender Substituent: –I-Effekt > +M-Effekt.
Die Hydroxy-Gruppe ist ein aktivierender Substituent: +M-Effekt > –I-Effekt.
Die Reaktivität von Phenol ist größer als diejenige von Chlorbenzol.

4 Gemisch aus 2 mol konz. Schwefelsäure und 1 mol konz. Salpetersäure:

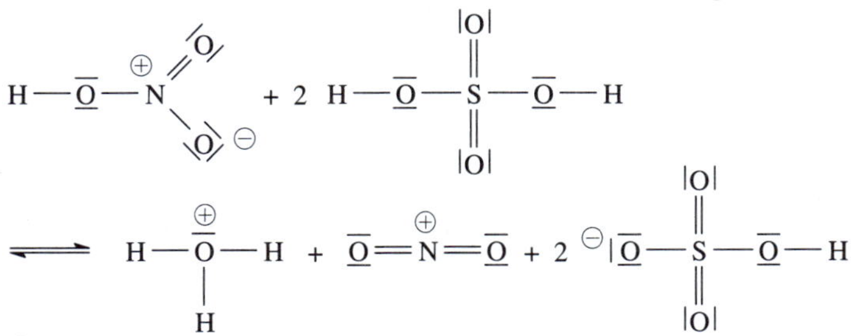

oder:

$$HNO_3 + 2\,H_2SO_4 \rightleftharpoons H_3O^+ + NO_2^+ + 2\,HSO_4^-$$

Aufgabe 4: Aromaten – Wahlbereich

1 Phenol ist eine organische Säure, die von F. F. Runge 1834 erstmals aus Steinkohlenteer isoliert wurde. Heute ist Phenol ein wichtiger Ausgangsstoff für die Herstellung zahlreicher organischer Verbindungen.
(Gesamte Aufgabe Wahlbereich)

1.1 Zeichnen Sie eine Strukturformel des Phenolmoleküls mit bindenden und nichtbindenden Elektronenpaaren.
Beschreiben Sie den Bau des Phenolmoleküls und erläutern Sie diesen mithilfe des Orbitalmodells.

1.2 Zeichnen Sie die Grenzformeln des Phenolat-Ions.

2 Salicylsäure (2-Hydroxybenzolcarbonsäure) ist ein Derivat des Phenols. Dieser Stoff kommt in der Rinde von Weiden *(Salix)* vor. Seine schmerzstillende Wirkung war bereits Hippokrates (460 – 377 v. Chr.) bekannt.
Technisch wird Salicylsäure nach dem *Kolbe-Schmitt-Verfahren* gewonnen. Hierbei wirkt in einem ersten Reaktionsschritt Kohlenstoffdioxid auf trockenes Natriumphenolat bei einer Temperatur von 120 – 140 °C und bei erhöhtem Druck ein. In einem zweiten Reaktionsschritt wird das entstandene Zwischenprodukt mit Salzsäure umgesetzt.

2.1 Benennen, formulieren und erläutern Sie den Reaktionsmechanismus, der dem ersten Reaktionsschritt zugrunde liegt. Verwenden Sie dabei Strukturformeln mit bindenden und nichtbindenden Elektronenpaaren.

2.2 Formulieren Sie eine Reaktionsgleichung für den zweiten Reaktionsschritt.

13 Bei der Suche nach einem wirksamen Rheumamittel veresterte F. Hoffmann 1897 Salicylsäure mit Essigsäure (Ethansäure) und fand so den Wirkstoff des Schmerzmittels Aspirin®, von dem heute jährlich über 40 000 t hergestellt werden. Auch der Ester aus Salicylsäure und Phenol ist eine pharmakologisch wirksame Substanz.

3.1 Zeichnen Sie die Strukturformeln der beiden Ester mit bindenden und nichtbindenden Elektronenpaaren.

3.2 Berechnen Sie die Massen der Stoffportionen der Edukte, die für die obige Jahresproduktion an Aspirin® benötigt werden.

4 Salicylsäure könnte ebenso als Ausgangsstoff für die Synthese eines Kunststoffes eingesetzt werden.
Zeichnen Sie einen sinnvollen Strukturformelausschnitt aus dem Makromolekül und geben Sie an, zu welcher Stoffklasse dieser Kunststoff gehört.

Lösung

1.1

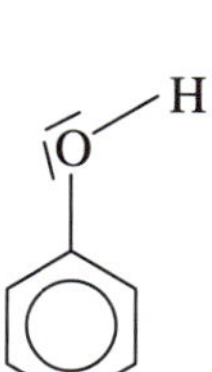

Alle C-Atome des Benzolringes sind sp^2-hybridisiert, Winkel 120°; σ-Bindungen liegen in einer Ebene; σ-Bindungen zwischen den H-Atomen und C-Atomen bzw. zwischen dem C- und O-Atom und dem O- und H-Atom.

1.2

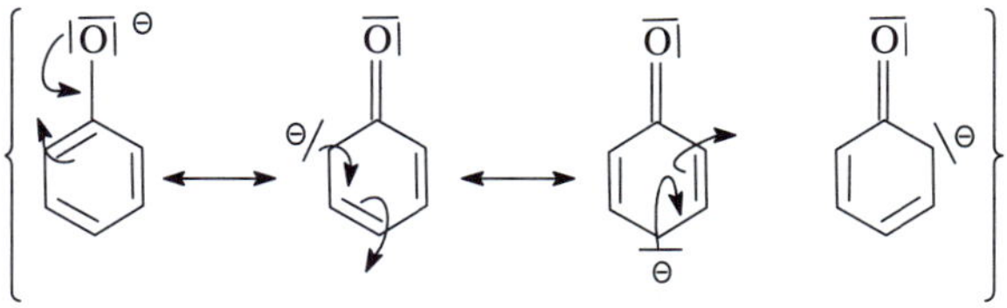

2.1 **Elektrophile Substitutionsreaktion**

CO_2-Molekül wird durch Wechselwirkung mit dem π-Elektronensystem des Benzolringes polarisiert.

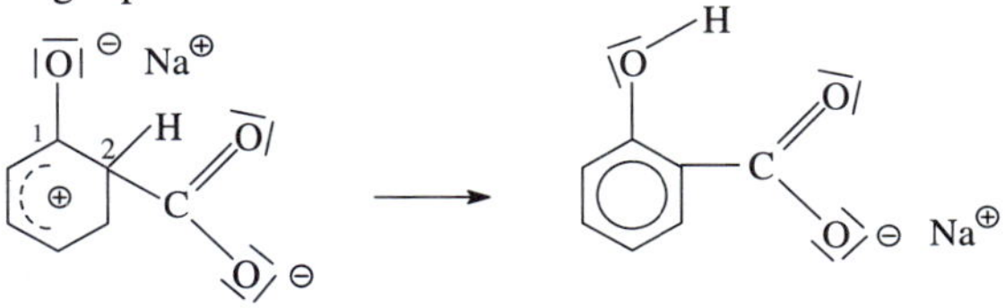

Phenonium-Ion sp^3-Hybridisierung am C-Atom Nr. 2, dadurch Unterbrechung der Elektronendelokalisation.
Abspaltung des Protons und Rückbildung des aromatischen Zustandes – Natriumsalz der Salicylsäure

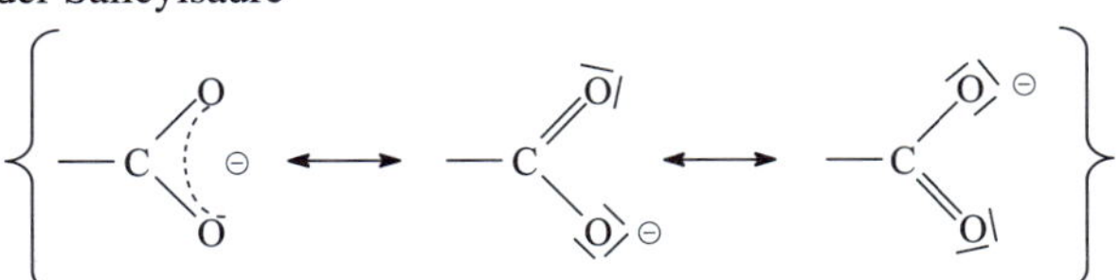

Carboxylat-Anion ist mesomeriestabilisiert

2.2

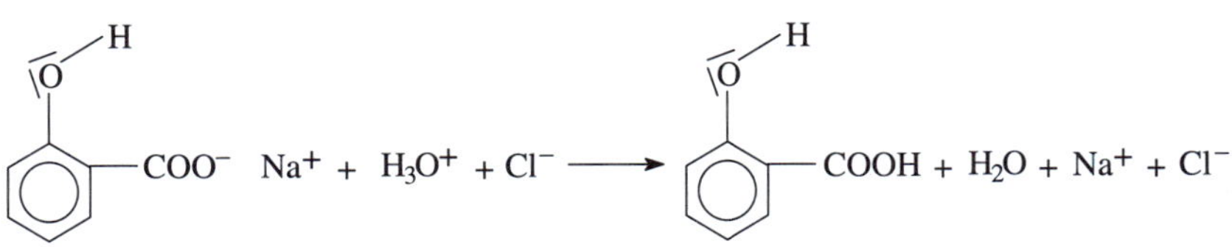

3.1

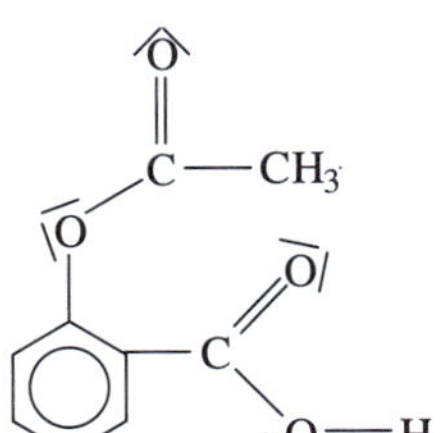

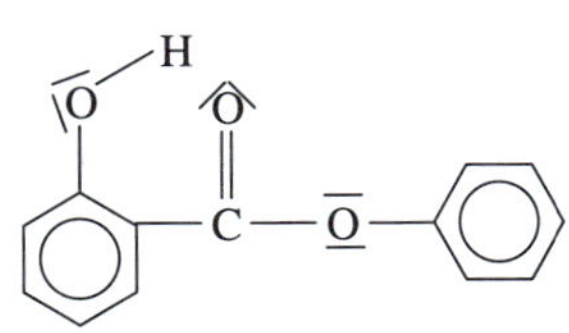

3.2 Salicylsäure, S; Aspirin, A; Ethansäure, E;

$n(S) = n(E) = n(A)$

$$n(A) = \frac{m(A)}{M(A)} = \frac{4 \cdot 10^{10}\ g}{181\ g}\ mol = 2,21 \cdot 10^{8}\ mol$$

$m(S) = n(A) \cdot M(S) = 2,21 \cdot 10^{8}\ mol \cdot 139\ g \cdot mol^{-1} = 3,07 \cdot 10^{10}\ g = 3,07 \cdot 10^{4}\ t$

$m(E) = n(A) \cdot M(E) = 2,21 \cdot 10^{8}\ mol \cdot 60\ g \cdot mol^{-1} = 132,6 \cdot 10^{8}\ g = 13.260\ t$

4

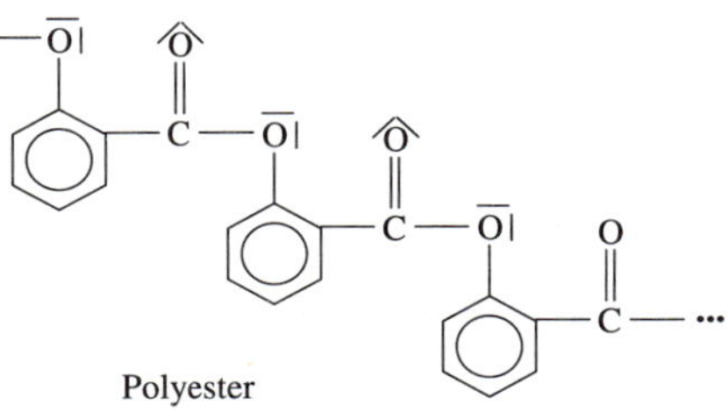

Polyester

Aufgabe 5: Aromaten – Wahlbereich

Neben dem Benzol gibt es eine Reihe weiterer Stoffe, deren Moleküle aromatischen Charakter zeigen. Dazu gehören Furan und Pyrrol, jedoch nicht γ-Pyran.

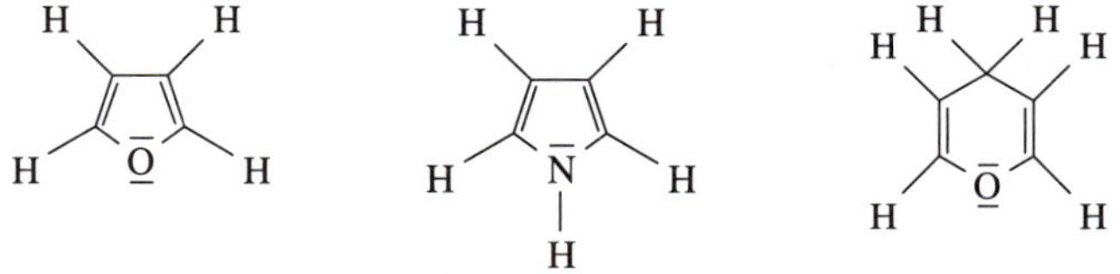

Furan Pyrrol γ-Pyran

(Gesamte Aufgabe Wahlbereich)

1 Alle drei Stoffe reagieren unter geeigneten Bedingungen mit Wasserstoff zu den entsprechenden gesättigten, ringförmigen Verbindungen. Die dabei freiwerdende Enthalpie beträgt für 1 mol Furan bzw. Pyrrol jeweils $\Delta H \approx 152$ kJ, für γ-Pyran $\Delta H \approx 240$ kJ. Formulieren Sie für Furan und γ-Pyran je eine Reaktionsgleichung mit Strukturformeln, und erläutern Sie eine wesentliche Ursache für die unterschiedlichen Reaktionsenthalpien.

2 Bei der vollständigen Hydrierung von Pyrrol entsteht Pyrrolidin. Zeichnen Sie dessen Strukturformel mit bindenden und nichtbindenden Elektronenpaaren.
Vergleichen Sie die unterschiedliche Basizität von Pyrrol und Pyrrolidin und geben Sie dafür eine Begründung.

3.1 Die an den Kohlenstoffatomen gebundenen Wasserstoffatome des Pyrrolringes lassen sich z. B. durch Bromatome wesentlich leichter substituieren als die Wasserstoffatome des Benzolringes.
Geben Sie dafür eine mögliche Erklärung.

3.2 Formulieren Sie den entsprechenden Reaktionsmechanismus für die Substitution eines Wasserstoffatoms, das an einem dem Stickstoff benachbarten Kohlenstoffatom gebunden ist.

4 γ-Pyran und Brom reagieren heftig miteinander.
Formulieren Sie eine Reaktionsgleichung mit Strukturformeln, und geben Sie den Reaktionsmechanismus an.

Lösung

1

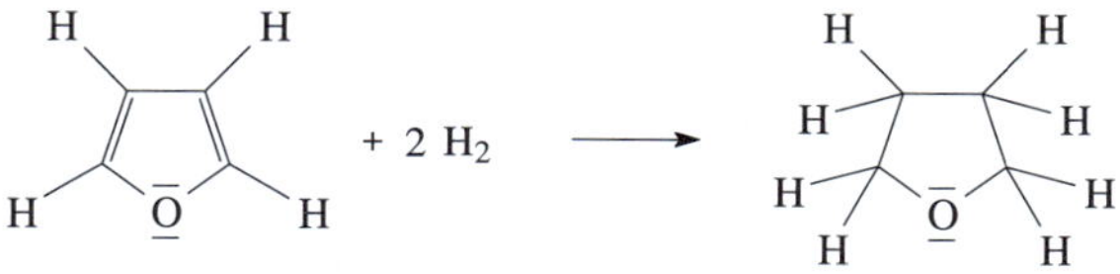

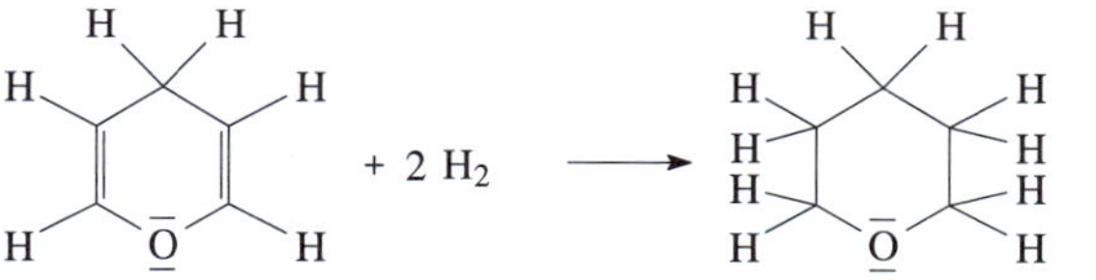

Aufgrund des 6π-Elektronensystems bei Furan und Pyrrol liegen stabile Verbindungen vor. Die Energieniveaus sind tiefer.
Bei der Hydrierung ergeben sich deshalb geringere Energiewerte als bei γ-Pyran.

2

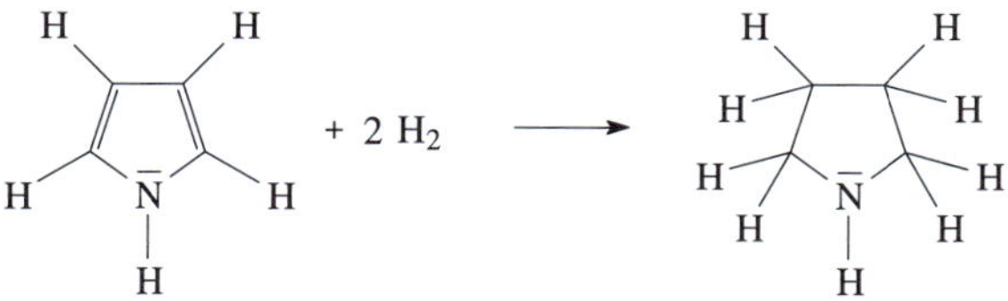

Pyrrolidin ist eine stärkere Base. Das Elektronenpaar beim Stickstoffatom des Pyrrols nimmt an der Mesomerie teil und ist so weniger „verfügbar“ (s. 3.2, Ergänzung).

3.1

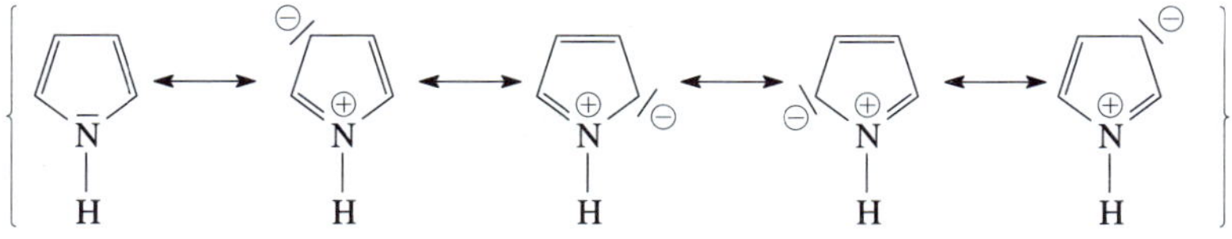

mesomere Grenzstrukturen (Ergänzung)

Da das freie Elektronenpaar beim Stickstoff an der Mesomerie beteiligt ist, erhöht sich die Elektronendichte an den Ringkohlenstoffatomen; oder: Stickstoffatom liefert zwei Elektronen, jedes C-Atom nur ein Elektron.

3.2 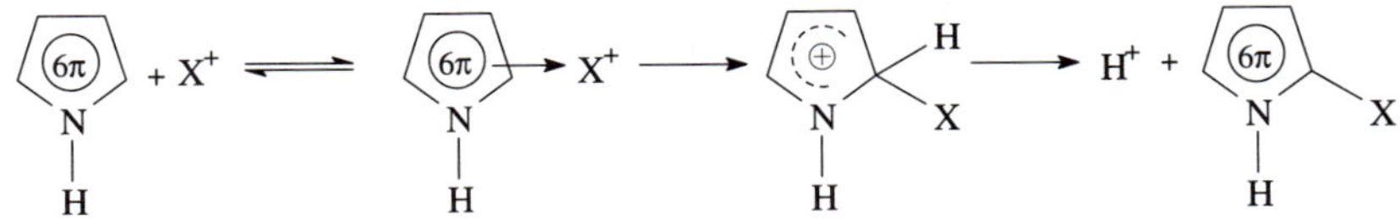

π-Komplex σ-Komplex

Ergänzung:

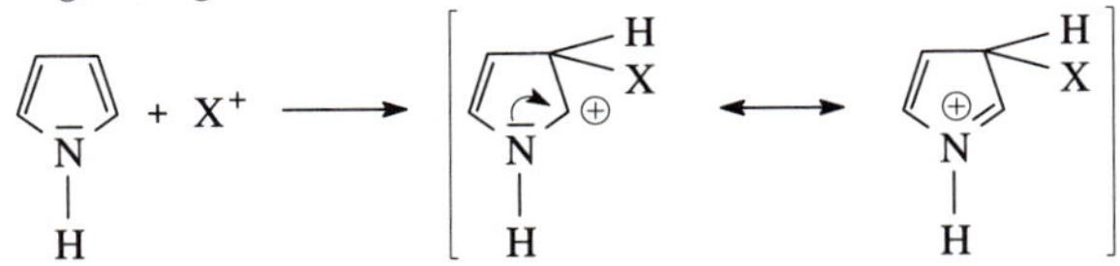

zwei mesomere Grenzstrukturen

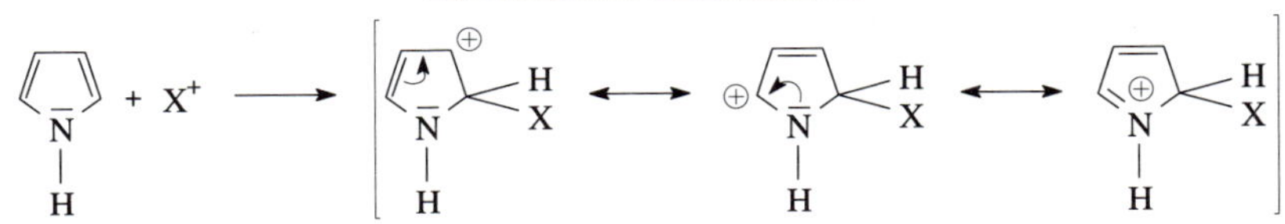

drei mesomere Grenzstrukturen

Substitutionen sind an dem C-Atom, das zum Heteroatom benachbart ist, bevorzugt (drei Grenzstrukturen).

4 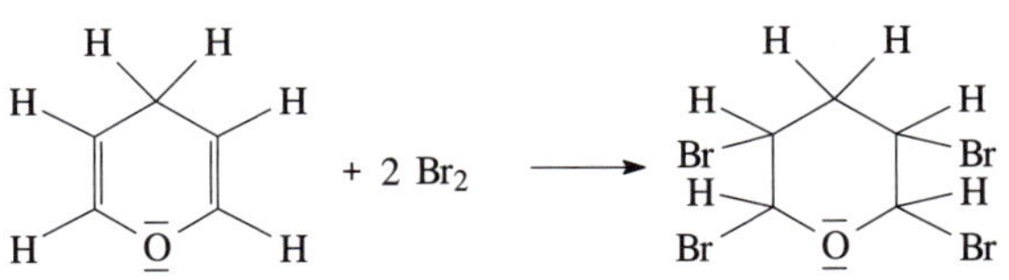

Mechanismus: elektrophile Addition

Aufgabe 6: Aromaten – Wahlbereich

1 Toluol (Phenylmethan) kann man durch Umsetzung von Benzol mit Chlormethan in Gegenwart des Katalysators Aluminiumchlorid gewinnen.
Stellen Sie die Reaktionsgleichung auf.
Formulieren Sie hierzu den Reaktionsmechanismus.
(Gesamte Aufgabe Wahlbereich)

2 Bei der Oxidation von Toluol können Benzylalkohol (Phenylmethanol), der nach bitteren Mandeln riechende Benzaldehyd (Phenylmethanal) und der Konservierungsstoff Benzoesäure entstehen.

2.1 Geben Sie für Toluol und die obigen Oxidationsprodukte die Strukturformeln mit bindenden und nicht bindenden Elektronenpaaren an und ermitteln Sie jeweils die Oxidationszahl des Kohlenstoffatoms in der Seitenkette.

2.2 Nach längerem Erhitzen von Toluol mit einer angesäuerten Kaliumpermanganatlösung entsteht Benzoesäure. Permanganat-Ionen reagieren dabei zu Mangan(II)-Ionen. Formulieren Sie die Teilgleichungen der Oxidation und Reduktion und stellen Sie die Reaktionsgleichung für die Redoxreaktion auf.

2.3 Löst man die Stoffmenge n = 0,1 mol Benzoesäure in Wasser und füllt auf das Endvolumen V = 1 Liter auf, so misst man einen pH-Wert von 2,6.
Geben Sie die Reaktionsgleichung für die Protolyse der Benzoesäure mit Wasser an.
Berechnen Sie näherungsweise die Säurekonstante K_S der Benzoesäure.

3 Aus Benzylalkohol (Phenylmethanol) und Essigsäure lässt sich ein duftender Bestandteil des Jasminöls synthetisieren.

3.1 Formulieren Sie eine Reaktionsgleichung für diese Synthese unter Verwendung von Strukturformeln und benennen Sie die Stoffklasse, zu der dieser Duftstoff gehört.

3.2 3 Mol reine Essigsäure und 3 Mol reiner Benzylalkohol werden zur Reaktion gebracht. Nach Einstellung des Gleichgewichts liegt im Reaktionsgemisch noch 1 Mol Essigsäure vor.
Berechnen Sie die Gleichgewichtskonstante K.
Hinweis: Anstelle der Stoffmengenkonzentrationen können in diesem Fall Stoffmengen bei der Berechnung verwendet werden, da sich das Gesamtvolumen bei der Reaktion nur unwesentlich ändert.
Nennen Sie eine Maßnahme, mit der die Ausbeute des Duftstoffes bezogen auf die eingesetzte Stoffmenge an Benzylalkohol gesteigert werden kann und begründen Sie Ihre Aussage.

Lösung

1 **Reaktionsgleichung**

$$C_6H_6 + CH_3Cl \xrightarrow{AlCl_3} HCl + C_6H_5{-}CH_3$$

Mechanismus

$$CH_3Cl + AlCl_3 \rightleftharpoons {}^{\oplus}CH_3 + [AlCl_4]^{\ominus}$$

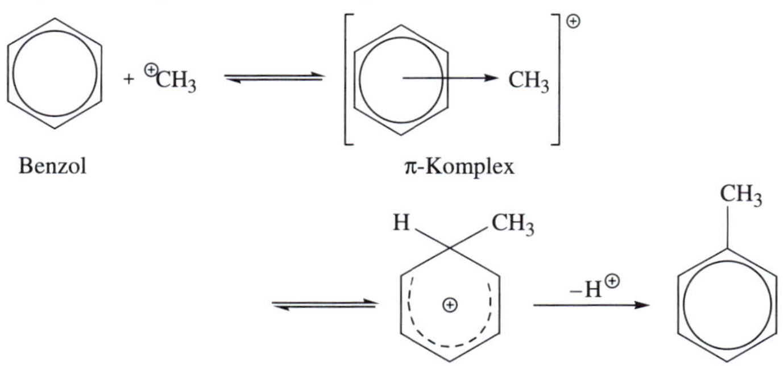

Benzol, π-Komplex, Phenonium-Ion, Toluol

Rückbildung des Katalysators

$$H^+ + [AlCl_4]^- \longrightarrow HCl + AlCl_3$$

2.1

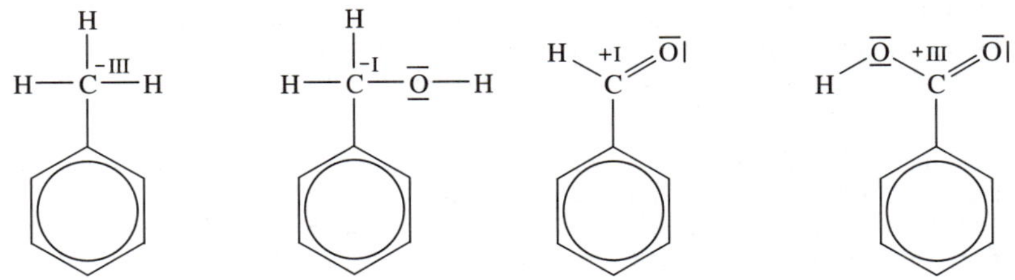

Toluol Benzylalkohol Benzaldehyd Benzoesäure

2.2

$$\text{Red.: } \overset{+VII}{MnO_4^-} + 5\,e^- + 8\,H^+ \longrightarrow Mn^{2+} + 4\,H_2O \qquad | \cdot 6$$

$$\text{Ox.: } C_6H_5\text{–}\overset{-III}{CH_3} + 2\,H_2O \longrightarrow C_6H_5\text{–}\overset{+III}{C}OOH + 6e^- + 6\,H^+ \qquad | \cdot 5$$

$$6\,MnO_4^- + 48\,H^+ + 5\,C_6H_5\text{–}CH_3 + 10\,H_2O \longrightarrow 6\,Mn^{2+} + 30\,H^+ + 5\,C_6H_5\text{–}COOH + 24\,H_2O$$

$$6\,MnO_4^- + 18\,H^+ + 5\,C_6H_5\text{–}CH_3 \longrightarrow 6\,Mn^{2+} + 14\,H_2O + 5\,C_6H_5\text{–}COOH$$

2.3 **Protolysereaktion**

BS (Benzoesäure) B⁻ (Benzoatanion)

Berechnung der Säurekonstanten

Die Konzentration ist:

$$c = \frac{n}{V} = \frac{0{,}1\ \text{mol}}{1\ \text{L}} = 0{,}1\ \text{mol} \cdot \text{L}^{-1}$$

Es gilt: $c(H_3O^+) = 10^{-pH} = 10^{-2,6}\,\text{mol} \cdot \text{L}^{-1} = 10^{-3} \cdot 10^{0,4}\,\text{mol} \cdot \text{L}^{-1} = 2{,}51 \cdot 10^{-3}\,\text{mol} \cdot \text{L}^{-1}$

und $c(H_3O^+) = c(B^-)$

$$\text{MWG: } K_S = \frac{c(H_3O^+) \cdot c(B^-)}{c(BS)} = \frac{c^2(H_3O^+)}{c(BS)}$$

$$= \frac{(2{,}51)^2 \cdot 10^{-6}}{0{,}1}\ \text{mol} \cdot \text{L}^{-1} = 6{,}3 \cdot 10^{-5}\,\text{mol} \cdot \text{L}^{-1}$$

3.1

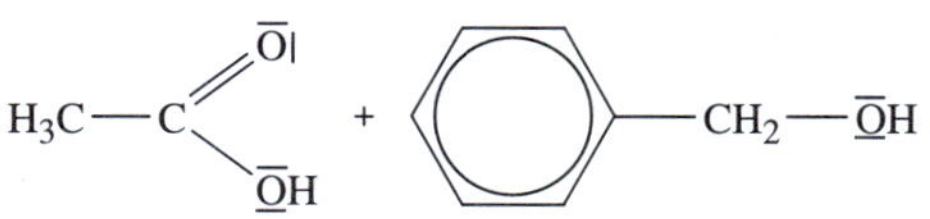

S (Säure) A (Alkohol)

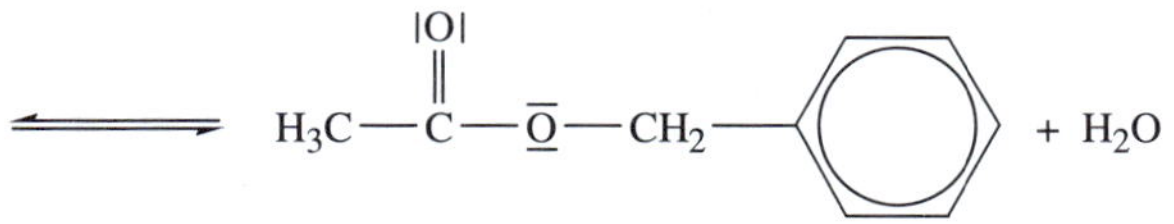

Ester

3.2 **Gleichgewichtskonstante K**

$$\text{MWG: } \frac{c(\text{Ester}) \cdot c(H_2O)}{c(S) \cdot c(A)} = K$$

$$K = \frac{2\,\text{mol} \cdot 2\,\text{mol}}{1\,\text{mol} \cdot 1\,\text{mol}} = \frac{4\,\text{mol}^2}{1\,\text{mol}^2} = 4$$

Die Ausbeute an Duft lässt sich durch die Erhöhung der Konzentration an Essigsäure steigern: Wird die Essigsäurekonzentration erhöht, dann ist die Wahrscheinlichkeit eines Zusammenstoßes der Essigsäuremoleküle mit den Alkoholmolekülen größer.

Begründung mit dem MWG:
Bei einer Erhöhung der Konzentration an Essigsäure muss, damit der Zahlenwert der Konstanten erhalten bleibt, die Konzentration des Esters ebenfalls zunehmen.

Aufgabe 7: Fette, Tenside – Wahlbereich

1 In einem Chemiepraktikum wird unter Verwendung von Fett Seife hergestellt. Beschreiben Sie dazu einen Versuch und formulieren Sie an einem selbst gewählten Beispiel eine Reaktionsgleichung.
(Gesamte Aufgabe Wahlbereich)

2 Firmen, die Tenside herstellen, machen u. a. Werbung mit dem Spruch: „Sauberkeit aus Fett und Zucker“. Gemeint sind Tenside, so genannte Alkylpolyglucoside (APG), für deren Herstellung Fettalkohole (langkettige primäre Alkohole) und Stärke als Rohstoffe dienen.

2.1 Zeichnen Sie die Strukturformel eines möglichen APG-Moleküls, bei dem Fettalkohol- und Kohlenhydratbaustein glycosidisch verknüpft sind.

2.2 Begründen Sie, weshalb APG Tensideigenschaften besitzt. Nennen Sie zwei Vorteile des APG-Tensids gegenüber der im Praktikum hergestellten Seife.

3 Aus Hexadecansäure (16 C-Atome) soll in mehreren Schritten Natriumhexadecylsulfat hergestellt werden. Dabei wird zunächst die Carbonsäure zum entsprechenden Alkohol hydriert und in einem weiteren Schritt dieser Alkohol mit Schwefelsäure verestert.

3.1 Formulieren Sie für diese beiden Reaktionen die Reaktionsgleichungen.

3.2 Geben Sie an, wie aus dem erhaltenen Ester das gewünschte Natriumhexadecylsulfat hergestellt werden kann, und formulieren Sie dazu die Reaktionsgleichung.

4 Das Wäschewaschen kann in Gegenden mit hartem Wasser zu Problemen führen. Deshalb wurde früher dem harten Wasser Soda (Natriumcarbonat) zugesetzt, um es „weich“ zu machen.
Erklären Sie den Begriff „hartes Wasser“ und beschreiben Sie anhand einer Reaktionsgleichung, was die Zugabe von Soda zu hartem Wasser bewirkt.

5 Drei Reagenzgläser enthalten jeweils einige Milliliter einer wässrigen Kernseifenlösung. Zur ersten Probe wird verdünnte Calciumchlorid-Lösung, zur zweiten verdünnte Salzsäure und zur dritten Probe gesättigte Kochsalz-Lösung gegeben. Was ist jeweils zu beobachten? Erklären Sie die Beobachtungen gegebenenfalls anhand von Reaktionsgleichungen.

Lösung

1

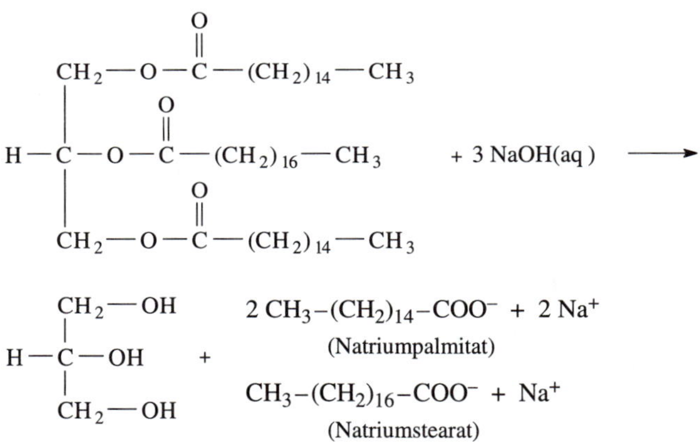

Fettprobe mit Natronlauge kochen; durch Aussalzen Assoziation der Seifenmoleküle, dadurch Abscheidung der Seife, Filtrieren z. B. mit Saugflasche.

2.1 **α-glykosidische Verknüpfung**

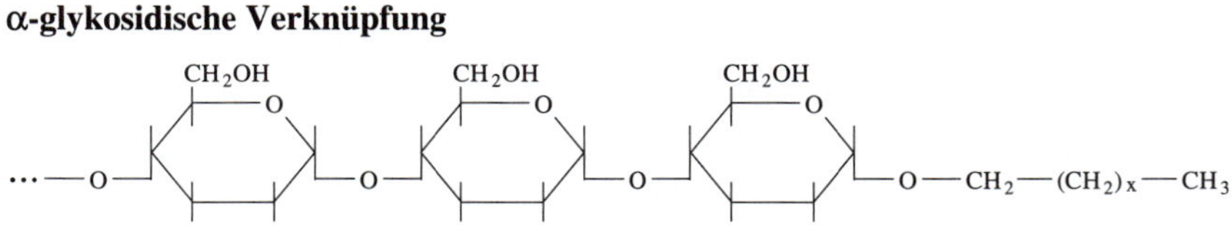

2.2 Langer hydrophober Alkylrest; Wechselwirkung zahlreicher Hydroxyl-Gruppen mit Wasserdipolen – hydrophiler Teil in der Stärkekomponente.
Vorteile: Einsatz in hartem Wasser, Hautfreundlichkeit, nachwachsende Rohstoffe.

3.1 1) $CH_3-(CH_2)_{14}-COOH + 2\,H_2 \longrightarrow CH_3-(CH_2)_{14}-CH_2OH + H_2O$

2) $CH_3-(CH_2)_{14}-CH_2OH + H_2SO_4 \longrightarrow CH_3-(CH_2)_{14}-CH_2-O-SO_3H + H_2O$

3.2 **Neutralisation mit Natronlauge**

$CH_3-(CH_2)_{14}-O-SO_3H + NaOH(aq) \longrightarrow CH_3-(CH_2)_{14}-O-SO_3^{\ominus}Na^{\oplus} + H_2O$

4 **Der Gehalt an Ca^{2+}- und Mg^{2+}-Ionen**

$Ca^{2+} + 2\,Na^+ + CO_3^{2-} \longrightarrow CaCO_3\downarrow + 2\,Na^+$

Niederschlag von Calciumcarbonat

5 A: $2\,CH_3-(CH_2)_x-COO^- + Ca^{2+} + 2\,Cl^- \longrightarrow (CH_3-(CH_2)_x-COO^-)_2Ca^{2+} + 2\,Cl^-$

weißer Niederschlag, Bildung von Kalkseife

B: $CH_3-(CH_2)_x-COO^- + H_3O^+ + Cl^- \longrightarrow CH_3-(CH_2)_x-COOH + H_2O + Cl^-$

Abscheidung der unlöslichen Fettsäure

C: Die Natrium- und Chlorid-Ionen entreißen den Seifenanionen die Wasserdipole, Assoziation der Seifenanionen, Abscheidung einer öligen Substanz.

Aufgabe 8: Fette, Tenside – Wahlbereich

1 Die Ölsäure (9-Octadecensäure, $C_{17}H_{33}COOH$) lässt sich aus Fetten und Ölen herstellen. Die im Ölsäuremolekül enthaltene Doppelbindung zwischen zwei Kohlenstoffatomen kann durch Reaktion mit Brom nachgewiesen werden.

1.1 Geben Sie für diese Reaktion von Brom mit Ölsäure eine Reaktionsgleichung unter Verwendung von Summenformeln an.
Formulieren Sie den Reaktionsmechanismus für die Reaktion von Brom mit einer C-C-Doppelbindung.

1.2 Das für die Reaktion mit Ölsäure benötigte Brom kann hergestellt werden, indem man Kaliumbromid zu einer angesäuerten Kaliumbromatlösung ($KBrO_3$) gibt.
Geben Sie für diese Reaktion eine Reaktionsgleichung an, und zeigen Sie, dass es sich um eine Redoxreaktion handelt.

1.3 Zu einer angesäuerten Kaliumbromatlösung werden $V = 5$ mL Ölsäure der Dichte $\rho = 0{,}89\ g \cdot mL^{-1}$ gegeben. Diese Lösung wird mit einem Überschuss an Kaliumbromid versetzt. Das entstehende Brom soll vollständig umgesetzt werden.
Berechnen Sie die Masse m der Stoffportion Kaliumbromat, die dafür in der Lösung enthalten sein muss.

1.4 Eine wässrige Lösung von Natriumoleat, dem Natrium-Salz der Ölsäure, ist waschaktiv, reagiert nicht neutral und bildet mit hartem Wasser einen Niederschlag.
Erklären Sie diese drei Eigenschaften, und geben Sie für die beiden letztgenannten jeweils eine Reaktionsgleichung an.

2 Moderne Waschmittel können als waschaktive Substanz 4-Dodecylbenzolsulfonat enthalten.
Für seine Herstellung wird in einer Reaktion (A) zunächst n-Dodecan (12 C-Atome) mit Chlor zu 1-Chlordodecan umgesetzt.
In einem zweiten, durch Aluminiumchlorid katalysierten Schritt (B) reagiert das organische Produkt mit Benzol zu Dodecylbenzol und Chlorwasserstoff.
Danach wird das Dodecylbenzol sulfoniert (Reaktion C).
Durch Zugabe von Natronlauge (Reaktion D) erhält man schließlich das gewünschte 4Dodecylbenzolsulfonat.

2.1 Geben Sie für die Reaktionen (A) bis (D) jeweils eine Reaktionsgleichung an.

2.2 Formulieren Sie für den Reaktionsschritt (C) ausführlich den Reaktionsmechanismus.

Lösung

1 $C_{17}H_{33}COOH + Br_2 \longrightarrow C_{17}H_{33}Br_2COOH$

Mechanismus (Ergänzung)

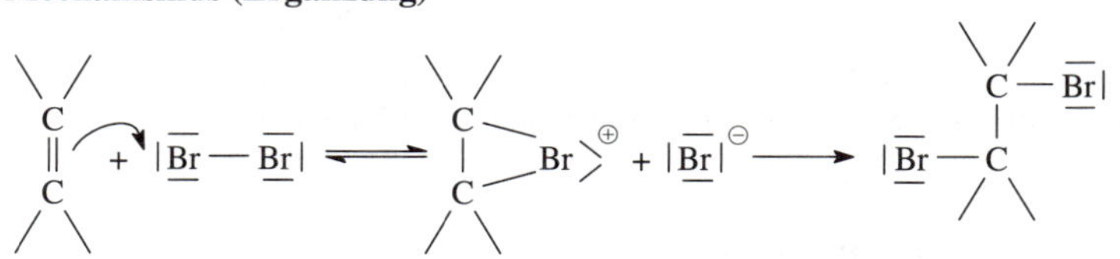

Wechselwirkung des π-Elektronensystems mit dem Brommolekül und heterolytische Spaltung in $Br^{\oplus}$ und $Br^{\ominus}$

Bromonium-Ion

Addition des nucleophilen Teilchens $Br^{\ominus}$ an das Kation

oder:

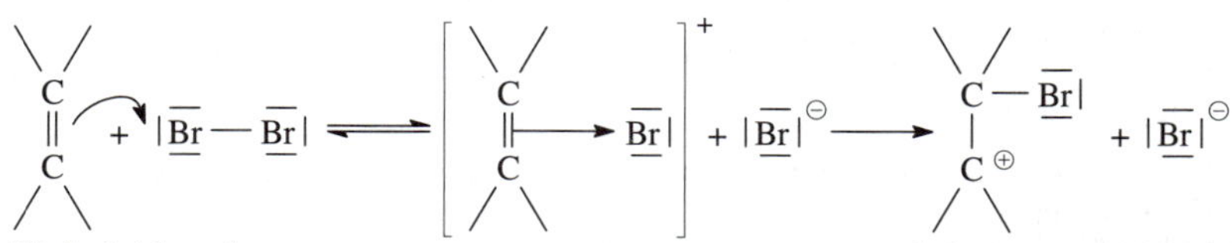

Wechselwirkung des π-Elektronensystems mit dem Brommolekül und heterolytische Spaltung in $Br^{\oplus}$ und $Br^{\ominus}$

π-Komplex

Carbonium-Ion

Addition des nucleophilen Teilchens $Br^{\ominus}$ an das Kation

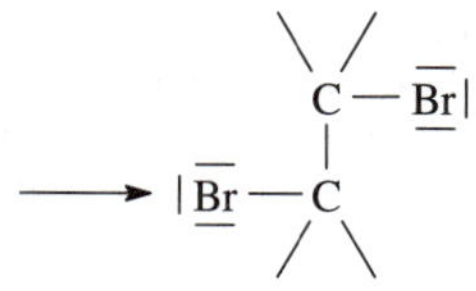

1.2 a) $\overset{+V}{BrO_3^-} + 5\,e^- + 6\,H_3O^+ \longrightarrow \tfrac{1}{2}\,\overset{0}{Br_2} + 9\,H_2O$ Reduktion

b) $\overset{-I}{Br^-} \longrightarrow \tfrac{1}{2}\,Br_2 + e^- \quad | \cdot 5$ Oxidation

$\overset{+V}{BrO_3^-} + 5\,\overset{-I}{Br^-} + 6\,H_3O^+ \longrightarrow 3\,\overset{0}{Br_2} + 9\,H_2O$ Redoxreaktion

Es handelt sich um eine Redoxreaktion, da eine Änderung der Oxidationszahlen stattfindet.
(Teilgleichungen a und b sind Ergänzungen)

1.3 Aus der Dichte $\rho = \frac{m}{V}$ folgt m(Ölsäure) = $\rho \cdot V = 0{,}89\ g \cdot mL^{-1} \cdot 5\ mL = 4{,}45\ g$

für die Stoffmenge gilt: $n = \frac{m}{M} = \frac{4{,}45\ g}{282\ g}\ mol = 1{,}58 \cdot 10^{-2}\ mol$

aus den Stoffmengenverhältnissen ergibt sich der Reihe nach:

$n(\text{Ölsäure}) = n(Br_2),\ \frac{n(Br_2)}{n(BrO_3^-)} = \frac{3}{1},\ n(Br_2) = 3 \cdot n(BrO_3^-),$

$n(BrO_3^-) = \frac{1}{3}\,n(Br_2) = \frac{1}{3}\,n(\text{Ölsäure}) = \frac{1}{3} \cdot 1{,}58 \cdot 10^{-2}\ mol = 0{,}53 \cdot 10^{-2}\ mol$

für die Masse erhält man:

$m(BrO_3^-) = n \cdot M = 0{,}53 \cdot 10^{-2}\ mol \cdot 167\ g \cdot mol^{-1} = 88{,}5 \cdot 10^{-2}\ g \approx 0{,}89\ g$

1.4 Substanzen gelten dann als waschaktiv, wenn sie (wie das Oleatan-Ion) eine langkettige lipophile Gruppe ($C_{17}H_{33}$-Rest) und eine stark polare Gruppe (Carboxylatgruppe) aufweisen.

Das Oleatanion protolysiert in wäßriger Lösung; durch die sich bildenden Hydroxid-Ionen entsteht eine alkalische Lösung:

$C_{17}H_{33}{-}COO^{\ominus} + H_2O \rightleftharpoons C_{17}H_{33}{-}COOH + OH^{\ominus}$

Das Oleatan-Ion bildet mit den Calcium-Ionen des harten Wassers einen schwerlöslichen Niederschlag aus Calciumoleat:

$2\,C_{17}H_{33}{-}COO^{\ominus} + Ca^{2\oplus} \longrightarrow (C_{17}H_{33}COO^{\ominus})_2\,Ca^{2\oplus}$

2.1 (A) $CH_3{-}(CH_2)_{10}{-}CH_3 + Cl_2 \longrightarrow CH_3{-}(CH_2)_{10}{-}CH_2{-}\overline{\underline{Cl}}| + H{-}\overline{\underline{Cl}}|$

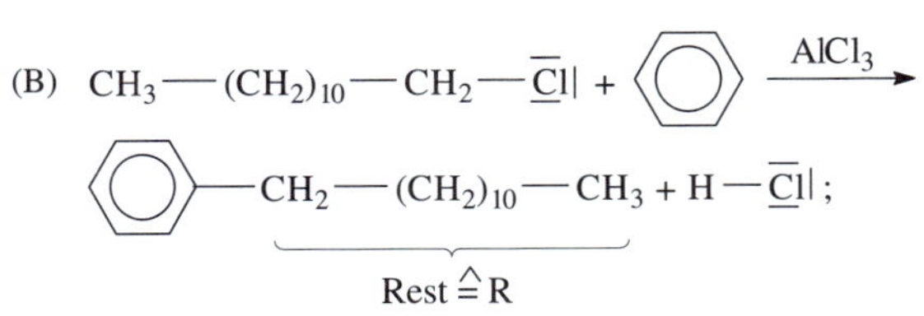

(C) 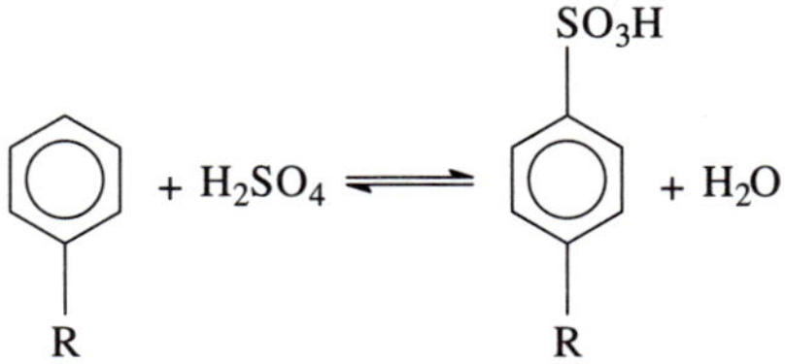

(D) 

2.2 Autoprotolyse der Schwefelsäure

$2\,H_2SO_4 \rightleftharpoons SO_3 + H_3O^{\oplus} + HSO_4^{\ominus}$

z. B.:

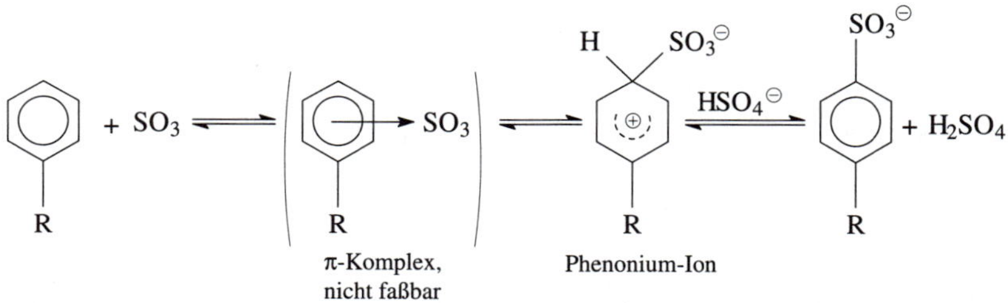

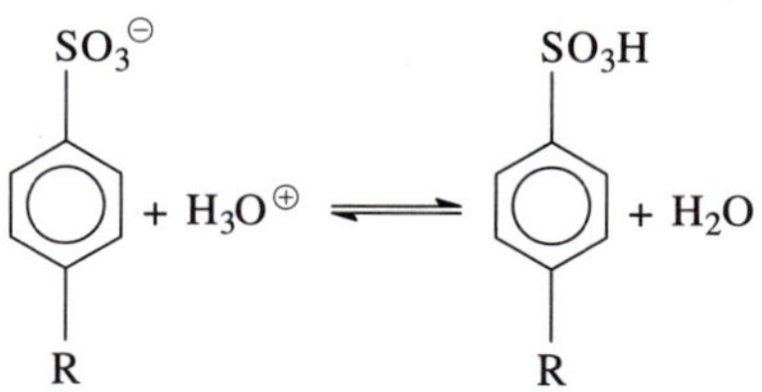

oder:

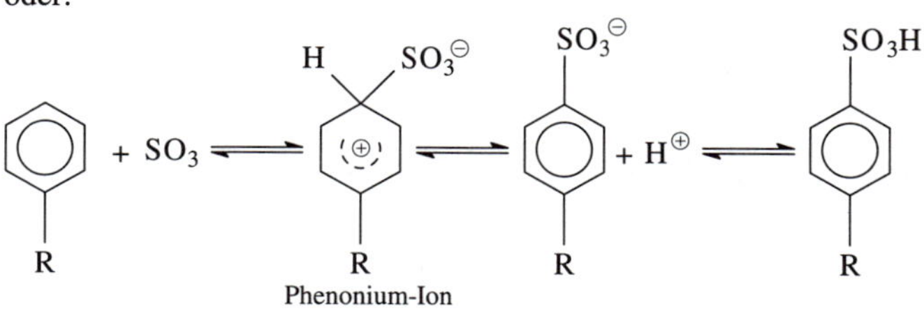

Als elektrophiles Teilchen kann auch das SO_3H^+-Ion angreifen, das in konzentrierter Schwefelsäure durch Autoprotolyse, in Oleum durch die Reaktion zwischen SO_3 und H_2SO_4 entsteht:

$$2\,H_2SO_4 \rightleftharpoons H_3SO_4^{\oplus} + HSO_4^{\ominus} \rightleftharpoons HSO_4^{\ominus} + SO_3H^{\oplus} + H_2O$$

$$SO_3 + H_2SO_4 \rightleftharpoons SO_3H^{\oplus} + HSO_4^{\ominus}$$

Aufgabe 9: Aromaten, Kunststoffe – Wahlbereich

Die Gewinnung von Phenol aus Steinkohlenteer kann den großen Bedarf an dieser Verbindung nicht mehr decken und ist nahezu bedeutungslos. Heute wird daher Phenol fast ausschließlich synthetisch hergestellt.

1 Ein möglicher Syntheseweg führt über die Sulfonierung (A) von Benzol, wobei anschließend die entstandene Benzolsulfonsäure mit Kochsalz in Natriumbenzolsulfonat umgewandelt wird (B). Die weitere Umsetzung (C) erfolgt mit geschmolzenem Natriumhydroxid. Dabei entstehen Natriumphenolat, Natriumsulfit und Wasser. Die nachfolgende Ansäuerung (D) mit Salzsäure führt zu Phenol.

1.1 Geben Sie für die vier Syntheseschritte A bis D je eine Reaktionsgleichung an.

1.2 Formulieren Sie den Reaktionsmechanismus für die Sulfonierung des Benzols, und benennen Sie den Reaktionstyp.
Erläutern Sie, weshalb Benzol nicht direkt mit Natronlauge zu Phenol reagieren kann.

2.1 Eine wässrige Phenollösung reagiert im Gegensatz zu einer wässrigen Cyclohexanollösung schwach sauer.
Erklären Sie diesen Sachverhalt aus der Molekülstruktur beider Verbindungen.

2.2 9,4 g Phenol werden in Wasser gelöst. Die Lösung wird auf ein Volumen von 1 000 mL eingestellt.
Berechnen Sie unter Verwendung einer Näherungsformel den pH-Wert der Lösung.

3 Phenol kann mit Aceton zu Bisphenol A reagieren.

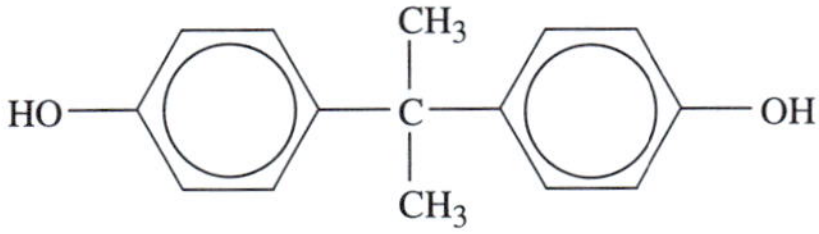

Bisphenol A

Setzt man Phosgen (Kohlensäuredichlorid, $COCl_2$) mit Bisphenol A um, so erhält man Chlorwasserstoff und einen Kunststoff, der u. a. zur Herstellung von Compact-Discs verwendet wird.

3.1 Geben Sie einen Formelausschnitt aus dem Makromolekül mit vier Bausteinen an.
Benennen Sie den zugrunde liegenden Reaktionstyp.

3.2 Für die Verarbeitung des Kunststoffs spielen seine thermischen Eigenschaften eine wichtige Rolle.
Erläutern Sie diese Eigenschaften, und begründen Sie diese mit der Molekülstruktur.

Lösung

1.1 (A) $C_6H_6 + SO_3 \longrightarrow C_6H_5SO_3H$

(B) $C_6H_5SO_3H + NaCl \longrightarrow C_6H_5SO_3Na + HCl$

(C) $C_6H_5SO_3Na + 2\,NaOH \longrightarrow C_6H_5ONa + Na_2SO_3 + H_2O$

(D) $C_6H_5ONa + HCl\,(aq) \longrightarrow C_6H_5OH + NaCl$

1.2 **Autoprotolyse der Schwefelsäure**

$2\,H_2SO_4 \rightleftharpoons SO_3 + H_3O^+ + HSO_4^-$

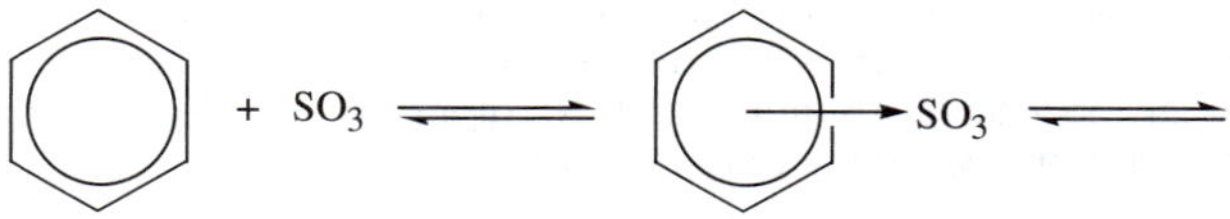

π-Komplex
nicht fassbar

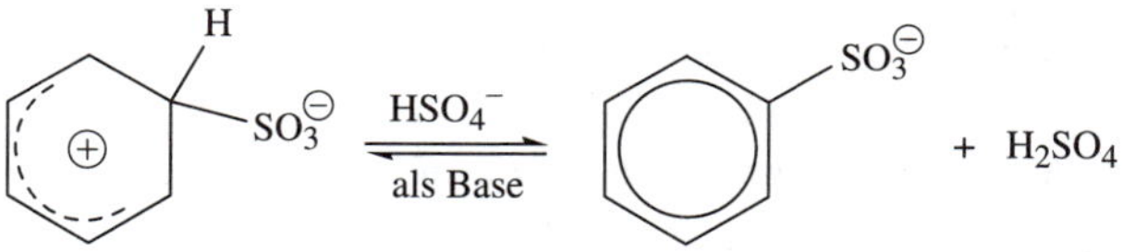

Phenonium-Ion

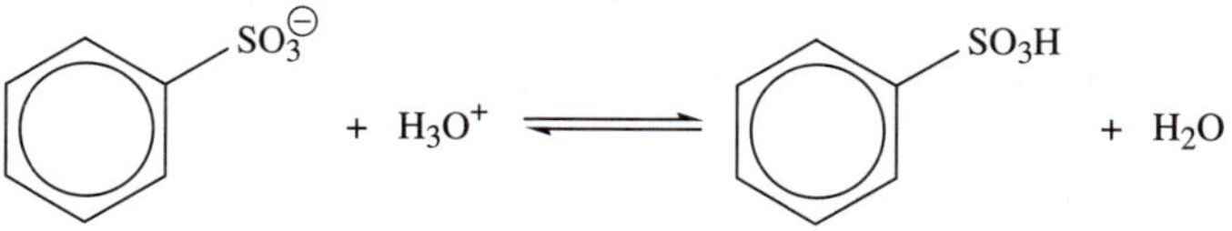

Als elektrophiles Teilchen kann auch das SO_3H^+-Ion angreifen, das in konzentrierter Schwefelsäure durch Autoprotolyse, in Oleum durch die Reaktion zwischen SO_3 und H_2SO_4 entsteht:

$2\,H_2SO_4 \rightleftharpoons H_3SO_4^+ + HSO_4^- \rightleftharpoons HSO_4^- + H_2O + SO_3H^+$

$SO_3 + H_2SO_4 \rightleftharpoons SO_3H^+ + HSO_4^-$

Reaktionstyp: **elektrophile Substitution**

Die in der Natronlauge vorhandenen Hydroxidionen sind keine elektrophilen, sondern **nucleophile** Teilchen.

2.1

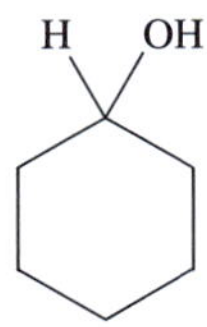

Cyclohexanol

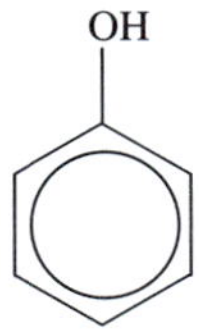

Phenol

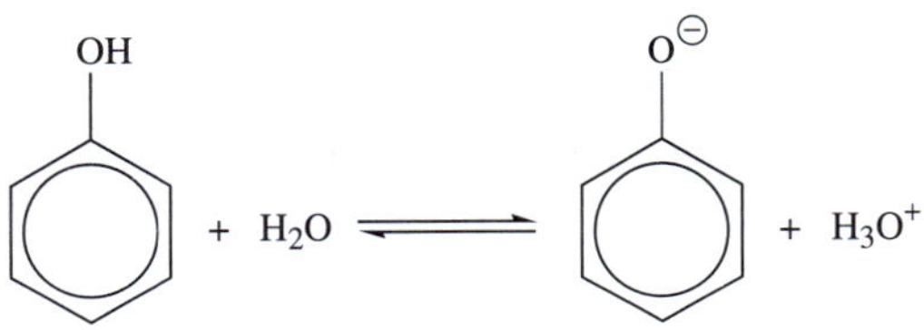

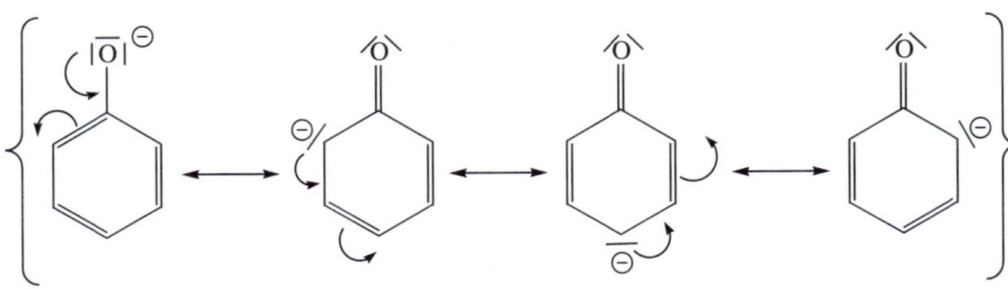

Das Phenolation ist mesomeriestabilisiert. Eine vergleichbare Stabilisierung ist bei Cyclohexanol nicht möglich.

oder:

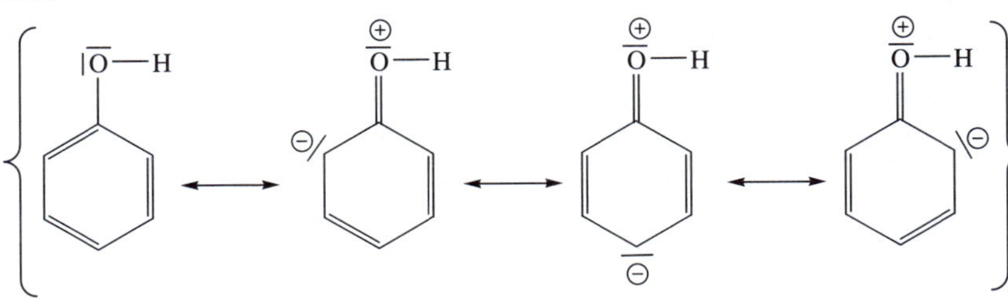

Durch die positive Ladung am Sauerstoffatom der Hydroxygruppe ist das Wasserstoffatom „lockerer“ gebunden und kann leichter als Proton auf Wasserteilchen übertragen werden – bei Cyclohexanol gibt es diesen +M-Effekt nicht.

2.2 $n(\text{Phenol}) = \frac{m}{M} = \frac{9{,}4\ g}{94\ g} = 0{,}1\ mol;$ $c(\text{Phenol}) = \frac{n}{V} = \frac{0{,}1\ mol}{1\ L} = 0{,}1\ mol \cdot L^{-1}$

$$pH = -\lg c(H_3O^+) = -\lg \sqrt{K_S \cdot c_0} = \frac{1}{2}(pK_S - \lg c_0) = 5{,}5$$

3.1 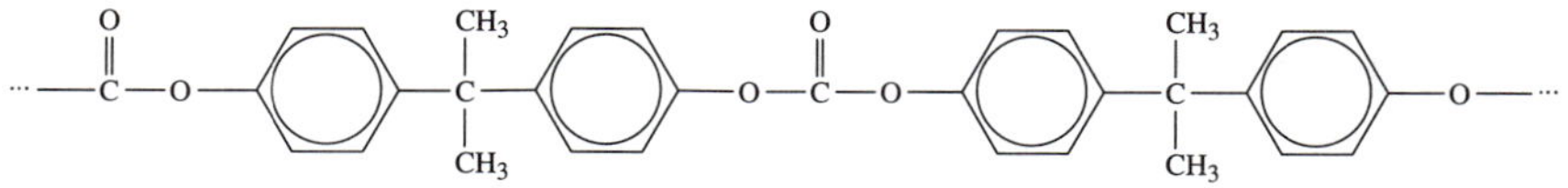

Reaktionstyp: **Polykondensation**

3.2 Bei der Reaktion entstehen lineare Molekülketten, die einen Thermoplast bilden. Dieser erweicht bei höherer Temperatur und lässt sich dann entsprechend verformen. Die nicht miteinander vernetzten Makromoleküle werden durch zwischenmolekulare Kräfte wie van-der-Waals- und Dipolkräfte zusammengehalten, die durch Temperaturerhöhung aufgehoben werden.

Aufgabe 10: Fette – Tenside – Wahlbereich

1 Nachwachsende Rohstoffe werden zunehmend interessant für die Forschung, die Wirtschaft und den Verbraucher. Gegenwärtig werden vorrangig Fette und Öle genutzt.
Zur Gewinnung von Biodiesel und Tensiden wird Raps großflächig angebaut. Im Rapsöl sind überwiegend Ölsäure (cis-9-Octadecensäure) und Laurinsäure (Dodecansäure) verestert.
Biodiesel ist ein Gemisch aus Fettsäuremethylestern, die durch Umsetzung von Rapsöl mit Methanol hergestellt werden.
Zeichnen Sie die Strukturformel aller Reaktionsprodukte dieser Umsetzung.
Formulieren Sie eine Reaktionsgleichung für die vollständige Verbrennung eines Fettsäuremethylesters.
Wie lässt sich der Einsatz von Biodiesel anstelle von herkömmlichem Dieselkraftstoff rechtfertigen? Was könnte dagegen sprechen? Führen Sie je ein Argument aus.

2 Zur Herstellung des Tensids Natriumlaurylsulfat (Natriumdodecylsulfat) wird die aus dem Rapsöl gewonnene Laurinsäure zunächst katalytisch hydriert. In einem zweiten Schritt wird das entstandene Dodecanol mit Schwefelsäure umgesetzt. Durch Zugabe von Natronlauge wird dann das Salz gebildet.
Formulieren Sie je eine Reaktionsgleichung für diese drei Reaktionsschritte.
Erklären Sie an einem Beispiel, dass das Dodecylsulfat-Anion grenzflächenaktiv ist.

1

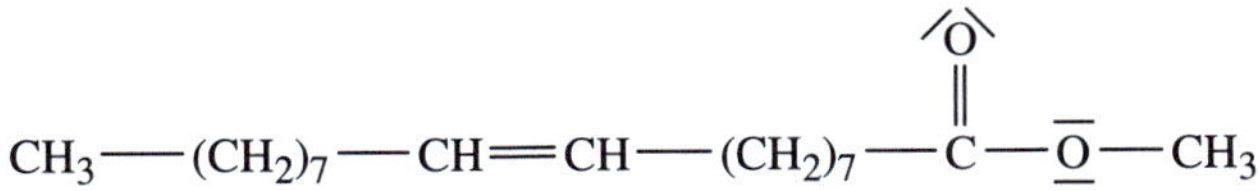

Ölsäuremethylester

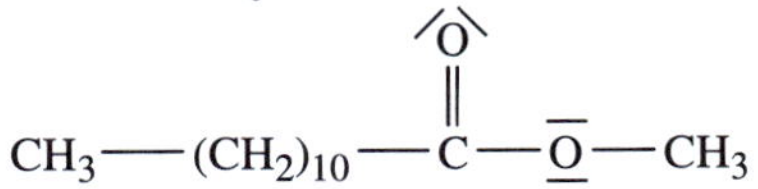

Laurinsäuremethylester

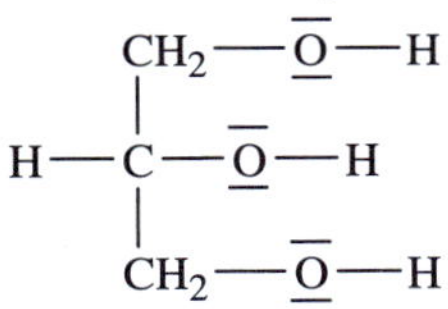

Glycerin

Verbrennung:

$$C_{19}H_{36}O_2 + 27\ O_2 \longrightarrow 19\ CO_2 + 18\ H_2O$$

oder:

$$2\ C_{13}H_{26}O_2 + 37\ O_2 \longrightarrow 26\ CO_2 + 26\ H_2O$$

Vorteile:
- Bio-Diesel fördert die heimische Landwirtschaft und schafft Arbeitsplätze
- fossile Brennstoffe werden geschont
- Bio-Diesel ist biologisch schnell abbaubar
- geringere Emissionen an Kohlenstoffmonooxid und Kohlenwasserstoffen, geringerer Ausstoß an Ruß und anderen Partikeln, enthält keinen Schwefel

Nachteile:
- Der Energiewert ist nicht so hoch wie bei normalem Diesel, die Leistung ist geringer, der Verbrauch höher
- Restanteile an Methanol wirken aggressiv auf Gummi, wasserlösliche Lacke und teilweise auf Beschichtungen
- der intensive Anbau von Raps benötigt Dünger und Pestizide, die Böden und Gewässer belasten

2

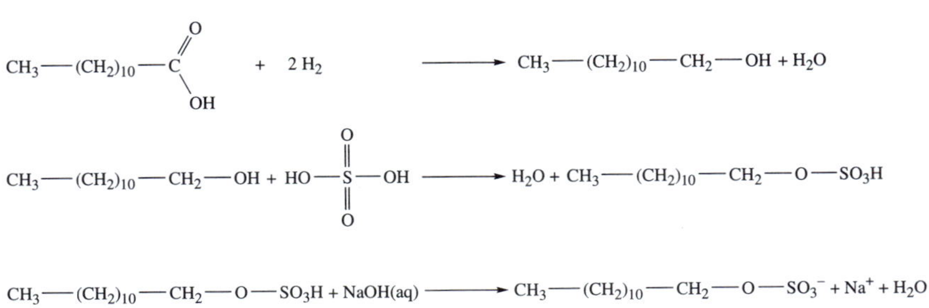

$CH_3 — (CH_2)_{10} — CH_2 — O — SO_3^-$

unpolarer Alkylrest — polarer Teil •

Symbol: —•

An der Grenzfläche z. B. Wasser/Luft treten die polaren Teile in Wechselwirkung mit den Wasserdipolen, die unpolaren Teile orientieren sich gegen Luft; an der Grenzfläche Fetttropfen/Wasser treten die unpolaren Teile in Wechselwirkung mit den Fettteilchen, während die polaren Gruppen sich gegen Wasser orientieren:

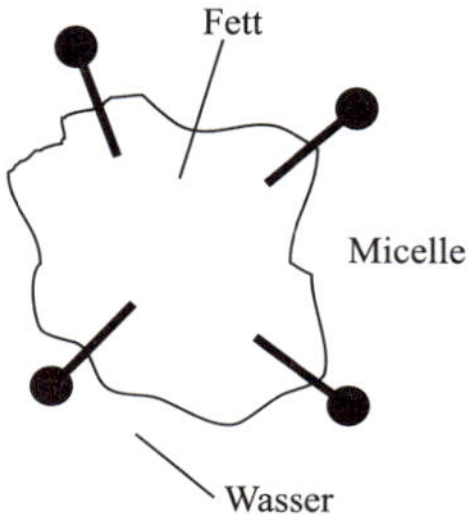

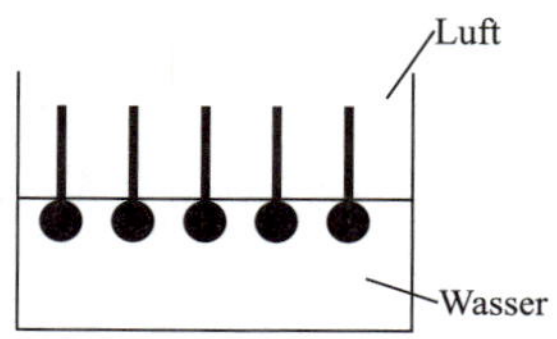

Abiturprüfung (Baden-Württemberg): Profil-/Neigungsfach Chemie
Themengruppe IV: Kunststoffe (LP 7)

Aufgabe 1: Kunststoffe

Kunststoffe können so hergestellt werden, dass sie verschiedensten Ansprüchen genügen. Ihre Eigenschaften hängen unter anderem von der Art und dem Grad der Vernetzung ab.

1 Gegeben sind die zwei Stoffpaare A und B, aus denen sich durch Polykondensation ein thermoplastischer und ein duroplastischer Kunststoff herstellen lassen:

A: cis-2-Butendisäure	und	1,4-Butandiol
B: 1,2-Benzoldicarbonsäure	und	1,2,3-Propantriol.

1.1 Geben Sie für die beiden Kunststoffe, die sich aus den beiden Stoffpaaren A bzw. B herstellen lassen, geeignete Strukturformelausschnitte an, wobei für B ein aus vier Monomeren bestehender Formelausschnitt genügt.
Erklären Sie unter Zuhilfenahme der Formelausschnitte das unterschiedliche Verhalten der beiden Kunststoffe beim Erwärmen.

1.2 Durch Weiterreaktion mit Styrol kann der thermoplastische Kunststoff zu einem duroplastischen Kunststoff reagieren.
Erläutern Sie diese Tatsache.

1.3 Styrol allein reagiert ebenfalls zu einem makromolekularen Stoff.
Formulieren Sie den dieser Reaktion zugrunde liegenden Mechanismus.

2 Rohkautschuk enthält Makromoleküle, von denen folgender Formelausschnitt gegeben ist:

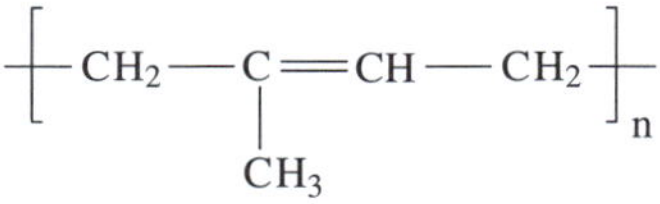

2.1 Zeichnen Sie einen geeigneten Ausschnitt aus der Formel eines vulkanisierten Gummis unter Verwendung des gegebenen Formelausschnitts von Rohkautschuk.

2.2 Erklären Sie die Eigenschaftsveränderung des Kautschuks, die beim Vulkanisieren auftritt und erläutern Sie, wie sich die Eigenschaften von Gummi beim Vulkanisieren beeinflussen lassen.

3 Polyurethane entstehen durch Reaktion bifunktioneller Alkyldiisocyanate mit bifunktionellen Alkoholen.
Formulieren Sie die Polyaddition am Beispiel der Reaktion von 1,6-Hexandiisocyanat mit 1,4-Butandiol.

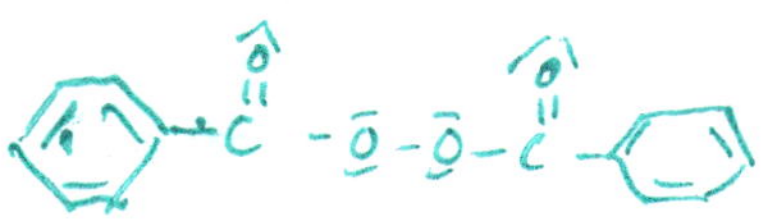

Lösung

1.1 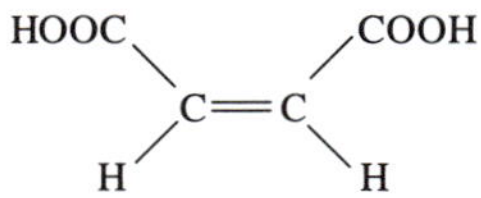

cis-2-Butendisäure

HO—CH_2—CH_2—CH_2—CH_2—OH

1,4-Butandiol

Formelausschnitt A

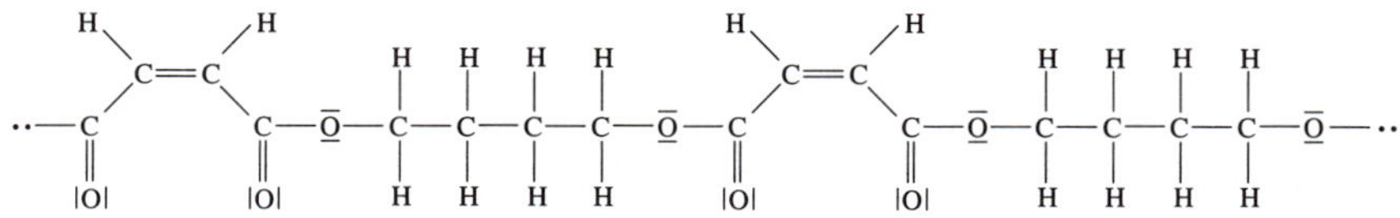

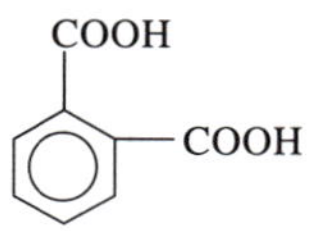

1,2-Benzoldicarbonsäure

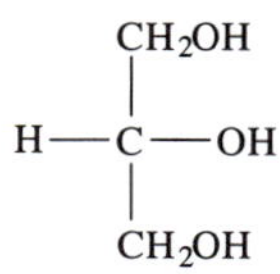

1,2,3-Propantriol

Formelausschnitt B

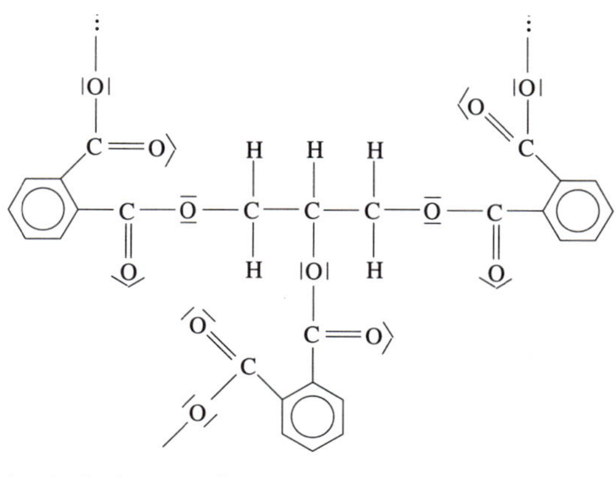

A: Aufgebaut aus linearen Molekülketten, thermoplastisches Verhalten, langsames Erweichen beim Erhitzen.

B: Engmaschiges Netzwerk, Duroplast; Erweichungsbereich und Fließbereich gibt es nicht; Zersetzung des Kunststoffes bei hohen Temperaturen.

1.2 Die Doppelbindungen in den Polyestermolekülketten können entkoppelt werden. Diese Reaktion kann mit Startradikalen oder durch Bestrahlen mit UV-Licht in Gang gebracht werden. Eine Polymerisation mit Styrol ist dadurch möglich.

Ergänzung:
Der Mechanismus ist eine Polymerisation des Styrols und eine Pfropfpolymerisation des Polystyrols mit dem Polyester.

Propfpolymerisation (Ergänzung):

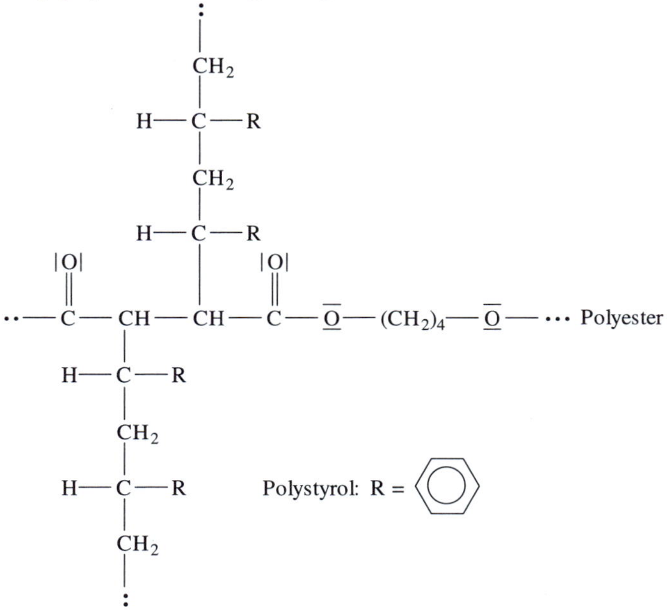

1.3 **Mechanismus**

Start: (R'• = Radikal)

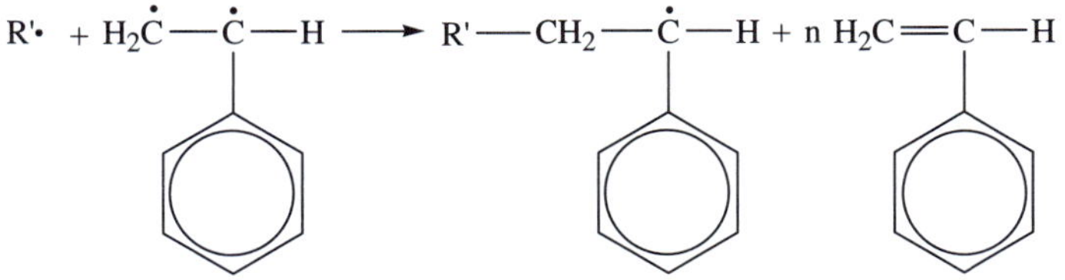

Kettenwachstum:

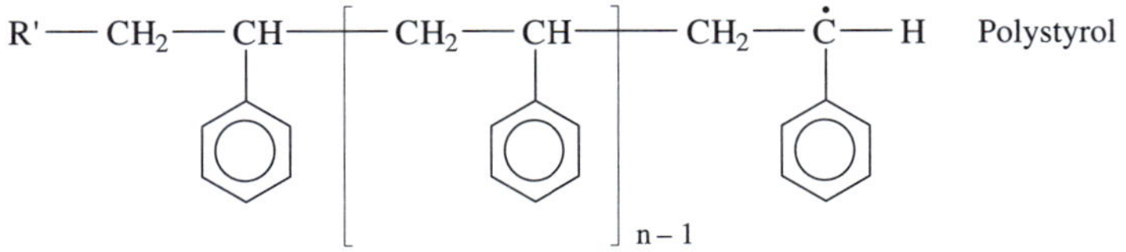

Abbruch: z. B. durch Rekombination von Radikalen.

2.1

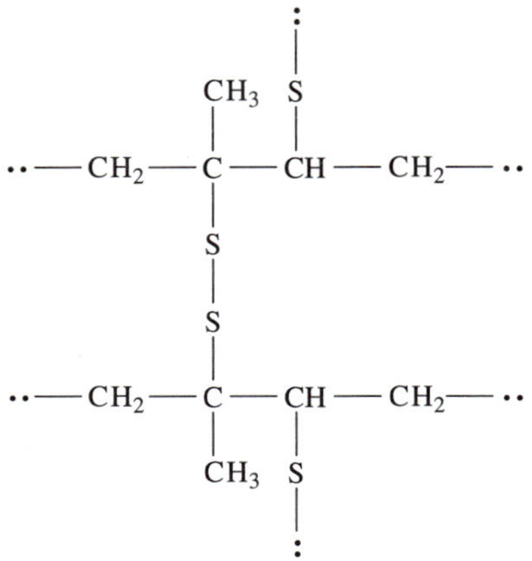

mit Schwefelbrücken
(unterschiedlicher Länge)

2.2 Bei der Reaktion mit Schwefel handelt es sich um eine Vernetzung, bei der die Makromolekülketten durch Schwefelbrücken unterschiedlicher Länge verbunden werden. Schwefel addiert an die Doppelbindungen der Polydiene und verküpft so deren Ketten. Je nach Schwefelgehalt entsteht ein harter (bis 30 % Schwefelgehalt) oder ein weicher Gummi (bis 2 % Gehalt) – ein Elastomer. Mit zunehmender Schwefelmenge steigt also der Vernetzungsgrad. Füllstoffe wie Ruß tragen zur Verfestigung bei, nicht nur zur inneren Verfestigung des Gefüges sondern auch zur Abriebfestigkeit.

3

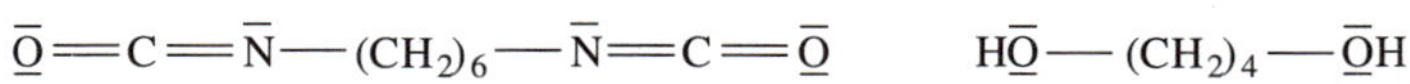

Hexametylendiisocyanat
1,6-Hexandiisocyanat

1,4-Butandiol

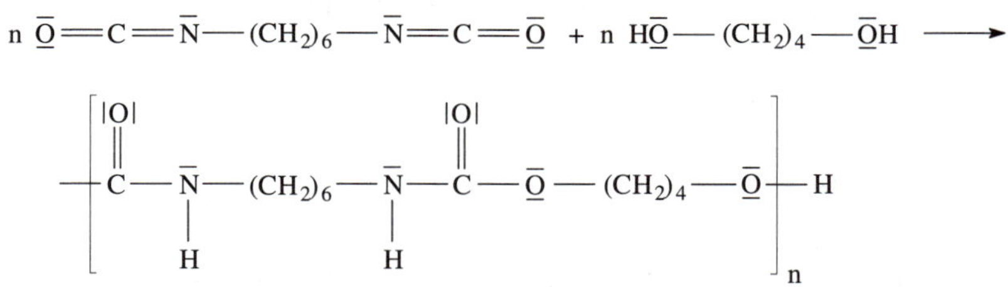

Aufgabe 2: Kunststoffe

1 In manchen „Allesklebern“ ist Polyvinylacetat enthalten.

Vinylacetat: 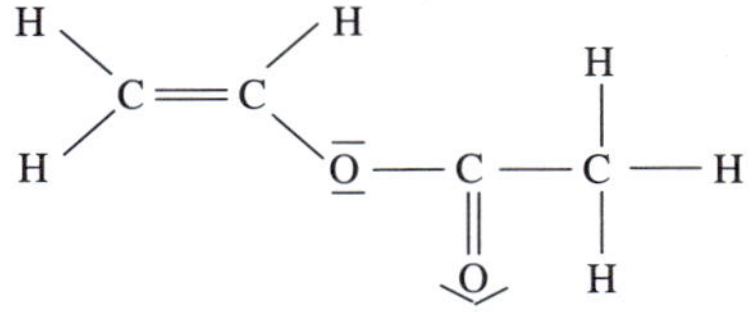

1.1 Erläutern Sie, wie aus dem Monomeren Vinylacetat das Polyvinylacetat-Makromolekül entsteht.
Geben Sie den Reaktionstyp an und skizzieren Sie einen charakteristischen Ausschnitt aus dem Makromolekül.
Wie verhält sich das Polyvinylacetat beim Erhitzen?

1.2 Technisch wird ein großer Teil des Polyvinylacetats durch Hydrolyse in Polyvinylalkohol umgewandelt, wobei das Kettengerüst erhalten bleibt.
Geben Sie für die bei der Hydrolyse entstehenden Teilchen die Strukturformel bzw. einen geeigneten Strukturformelausschnitt mit allen bindenden und nichtbindenden Elektronenpaaren an.

2 Beschreiben Sie die Herstellung eines Polymerisats oder eines Polykondensats aus den Substanzen, die Sie bei Ihrem Praktikumsversuch verwendet haben.

3 Als chirurgisches Nähmaterial wird ein Kunststoff verwandt, dessen Makromoleküle durch folgenden Formelausschnitt dargestellt werden:

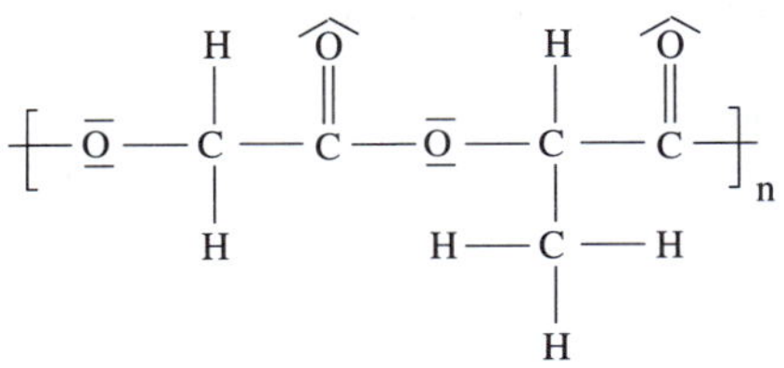

Er wird durch Enzyme hydrolytisch zu körperunschädlichen Stoffen abgebaut, wodurch ein späteres Ziehen der Fäden entfällt.

3.1 Klassifizieren Sie diesen Kunststoff nach Aufbau und nach dem Reaktionstyp seiner Entstehung aus den Monomeren.

3.2 Geben Sie die Strukturformeln der bei der Hydrolyse dieses Kunststoffs entstehenden Abbauprodukte in Fischer-Projektion an und benennen Sie diese.

Lösung

1.1

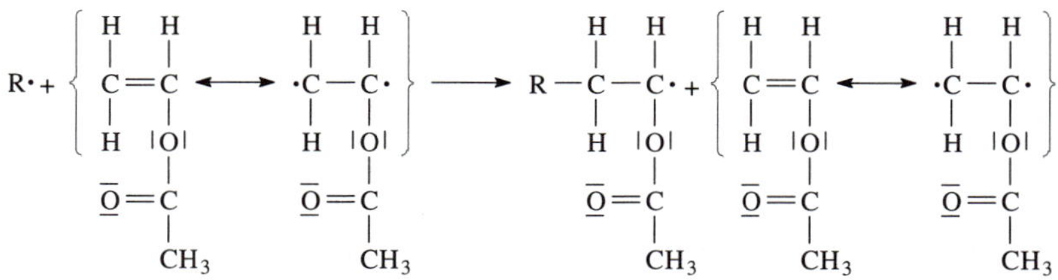

Starter-radikal — Entkopplung des π-Systems — Entkopplung

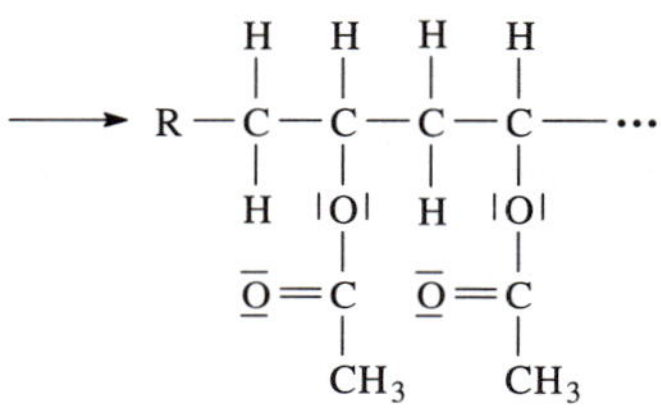

Kette

Reaktionstyp: Radikalkettenpolymerisation.

Thermoplastischer Kunststoff

Bei Temperaturerhöhung nimmt die Zugfestigkeit ab – größere thermische Energie; der Kunststoff gelangt zum zähplastischen Fließen.

1.2

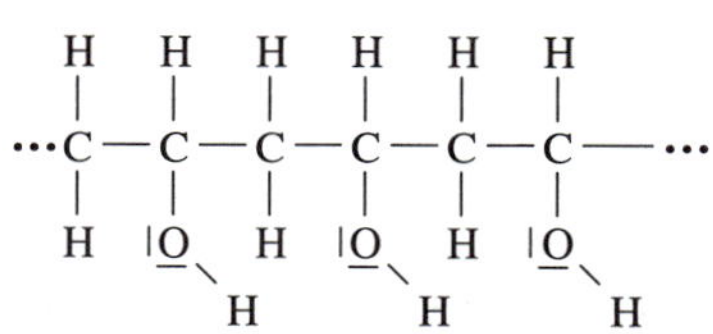

Polyvinylalkohol

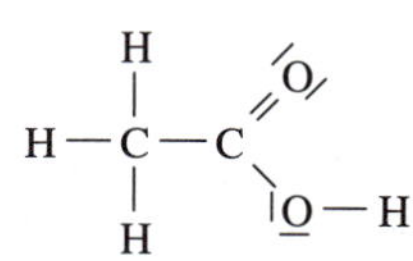

Essigsäure (Ethansäure)

2 Zum Beispiel: Zu einigen mL Styrol gibt man eine Spatelspitze Dibenzoylperoxid als Katalysator. Das Gemisch erwärmt man im Wasserbad. Die Flüssigkeit wird zunächst viskos und dann fest (glasklarer fester Zustand).

Ergänzung:

– Reaktionsmechanismus:

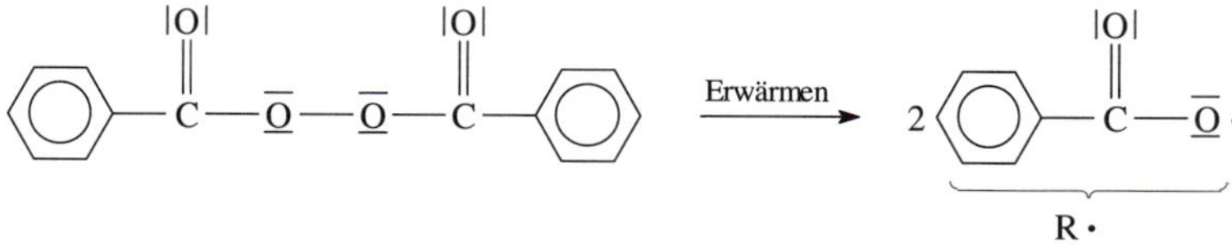

Dibenzoylperoxid

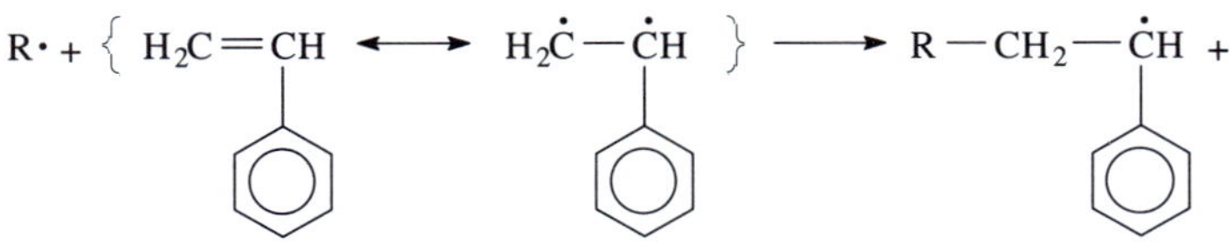

Entkopplung

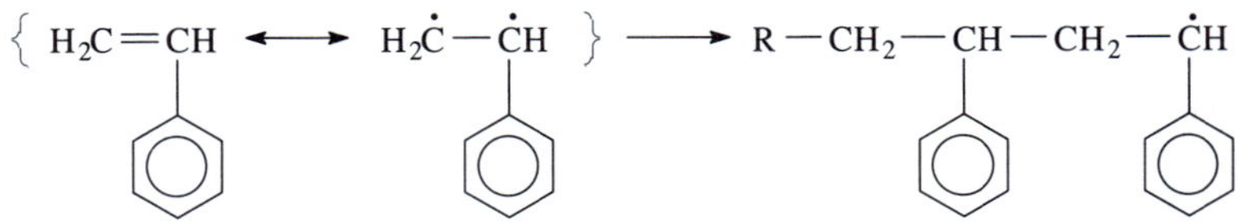

Kette

2. Beispiel:

Polyamid aus Adipinsäure (Hexandisäure) oder Sebacinsäure (Decandisäure) und Hexamethylendiamin (1,6-Diaminohexan). In der Praxis (Grenzflächenkondensation) verwendet man die Säurechloride:

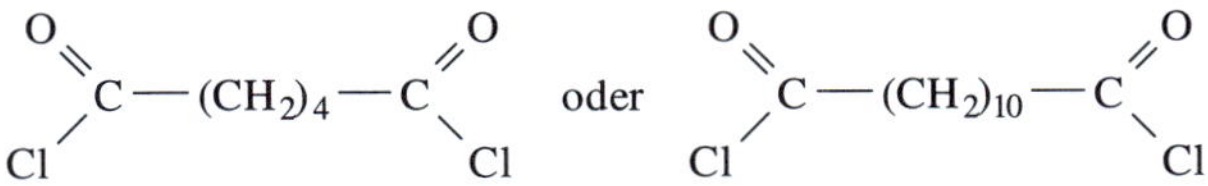

In einem Becherglas wird z. B. Sebacinsäuredichlorid in Tetrachlormethan gelöst und mit einer wäßrigen Lösung von Hexamethylendiamin überschichtet. An der Grenzfläche kann mit einer Pinzette ein Polyamidfaden gezogen werden.

Reaktionsgleichung (Ausschnitt):

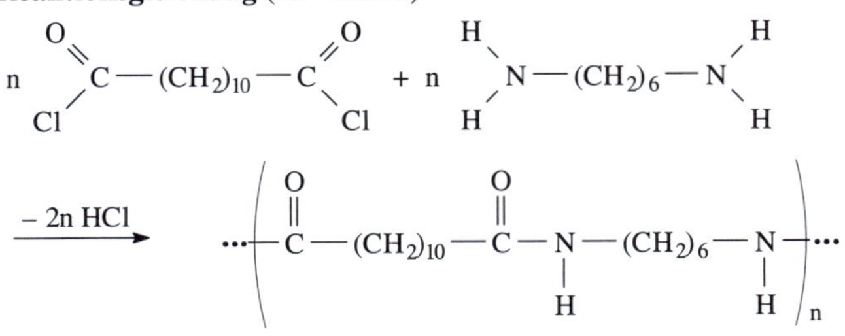

3.1 Linearer Aufbau – die Kettenmoleküle werden durch van-der-Waals-Kräfte zusammengehalten; Polykondensation; Thermoplast, Polyester.

3.2

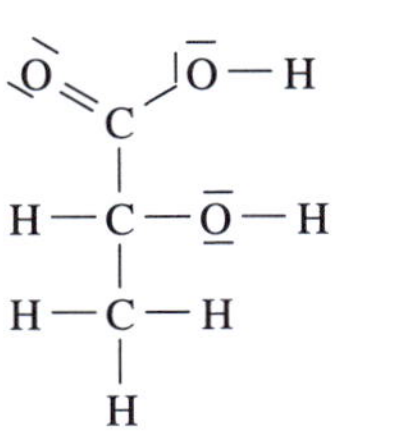

Milchsäure
2-Hydroxypropansäure

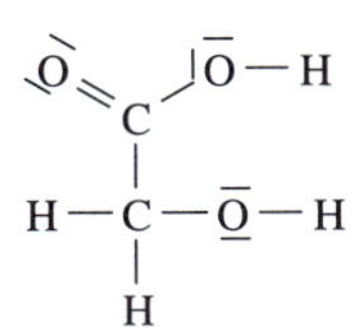

2-Hydroxyethansäure

Aufgabe 3: Kunststoffe

1 Bei der Synthese von Kunststoffen kommen unter anderem folgende Monomere zum Einsatz:

a) Chlorethen (Vinylchlorid)
b) Phenylethen (Styrol)
c) 1,6-Diaminohexan (Hexamethylendiamin)
d) 1,2,3-Propantriol (Glycerin)
e) Butandisäure (Bernsteinsäure)

1.1 Geben Sie für die Stoffe a bis e jeweils eine Strukturfomel mit bindenden und nichtbindenden Elektronenpaaren an.

1.2 Geben Sie sinnvolle Formelausschnitte der Makromoleküle an, die aus den Molekülen der Stoffe a bis e gebildet werden können (ohne Mischpolymerisate und Mischpolykondensate).

1.3 Beschreiben Sie das experimentelle Vorgehen für die Herstellung eines Kunststoffes ausgehend von Phenylethen und formulieren Sie den der Reaktion zugrunde liegenden Mechanismus.

2 Für Verpackungsmaterial sind Kunststoffe erwünscht, die nach Anwendung verschiedener Recycling-Verfahren wiederverwertet werden können. Diese Verfahren beruhen zum Beispiel auf Umschmelzprozessen oder auf hydrolytischer Spaltung.

2.1 Entscheiden Sie, welche der Kunststoffe aus Aufgabenteil 1.2 durch Umschmelzen, welche durch Hydrolyse der Wiederverwertung zugeführt werden können, und begründen Sie Ihre Entscheidung.

2.2 Neben dem Recycling spielt auch die Verbrennung von Kunststoffen bei der Abfallbeseitigung eine Rolle.
Nennen Sie einige Schadstoffe, die bei der Verbrennung der Kunststoffe aus Aufgabenteil 1.2 entstehen können.
Formulieren Sie für die Verbrennung von Chlorethen, stellvertretend für Polychlorethen (PVC), eine Reaktionsgleichung.
Beschreiben Sie für zwei bei der Verbrennung von PVC entstehende Produkte einen geeigneten experimentellen Nachweis.

Lösung

1.1 a)

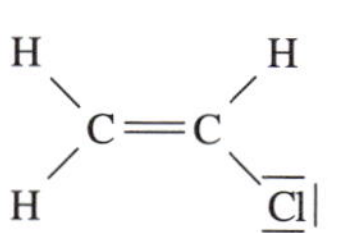

b)

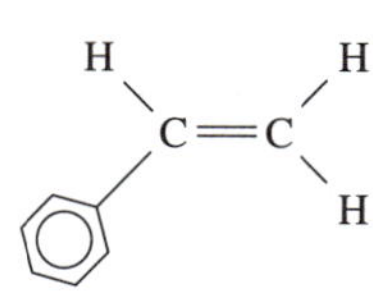

c)

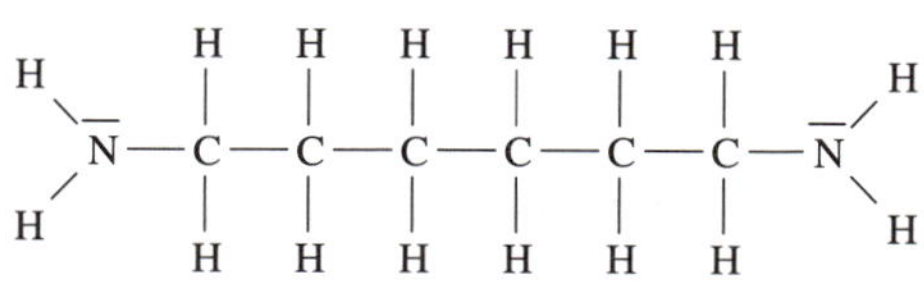

d)

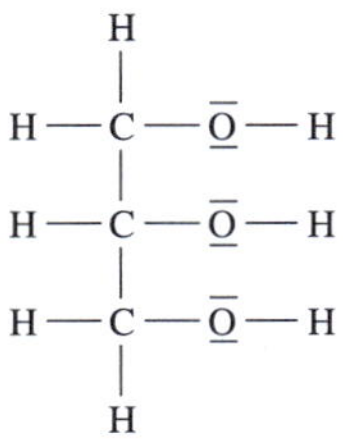

e)

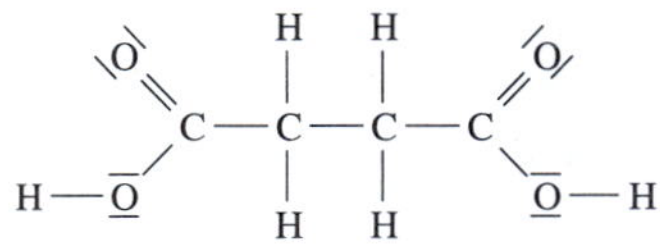

1.2 **Polyvinylchlorid**

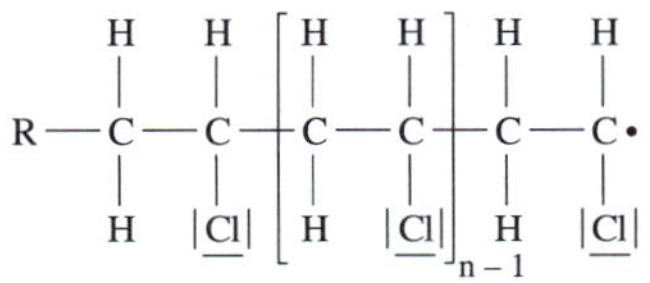

Polystyrol

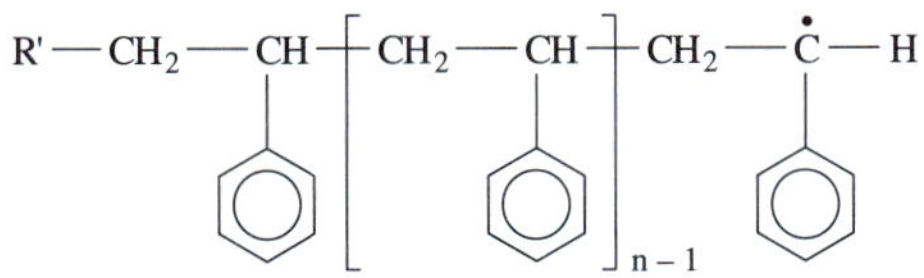

Polyamid (aus c und e)

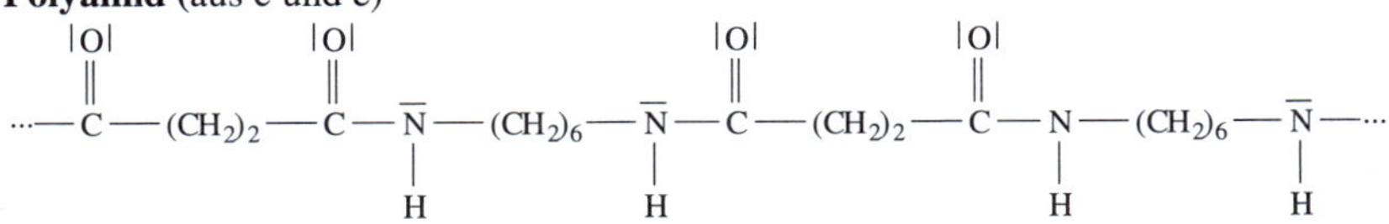

Polyester (aus d und e)

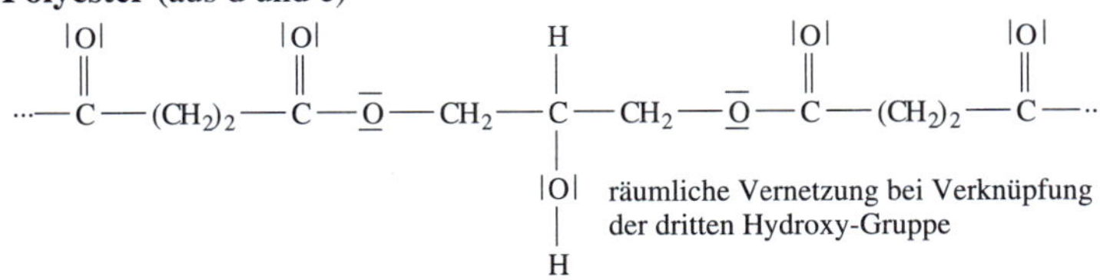

1.3 Zu Styrol gibt man z. B. einen Peroxid-Katalysator, rührt das Gemisch um und erhitzt. Die Radikale starten die Polymerisation:

Radikale

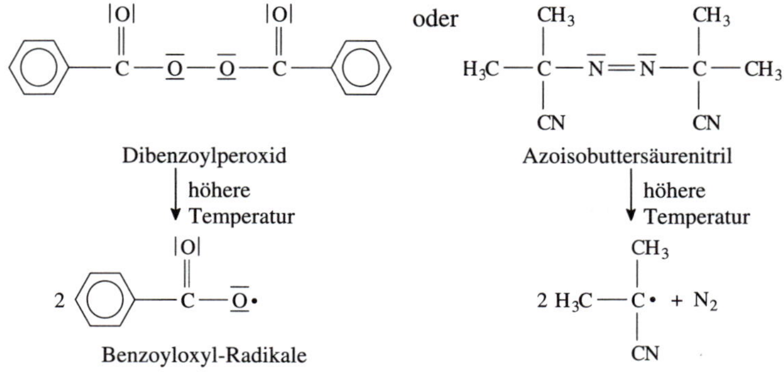

Mechanismus

Start: (R'• = Radikal)

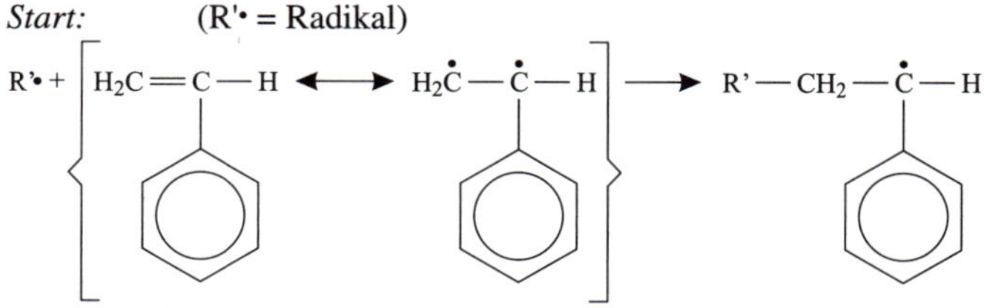

Kettenwachstum:

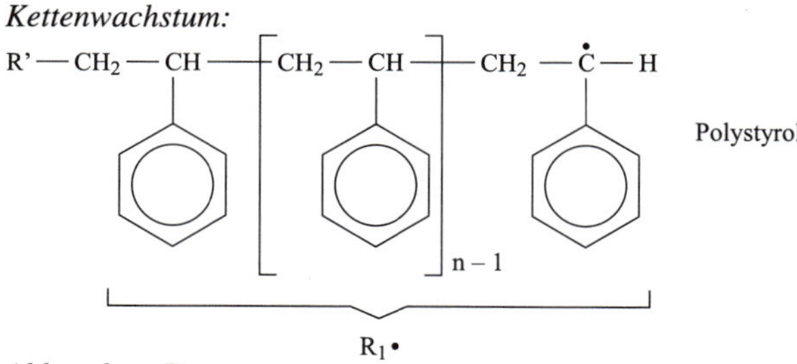

Abbruch: z. B.

– durch Kombination der Kette mit Katalysatorradikalen

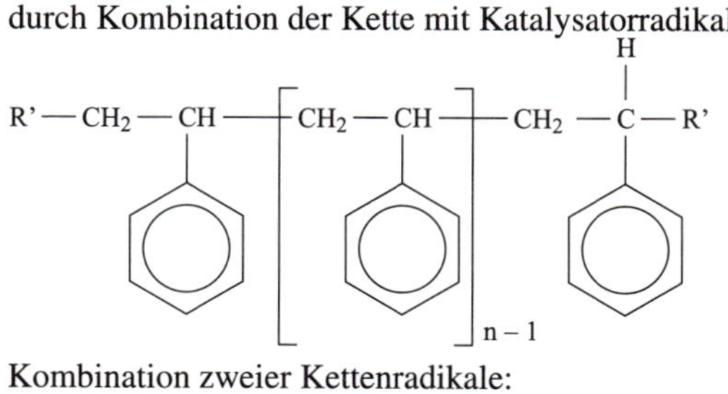

– Kombination zweier Kettenradikale:

$R_1\bullet + R_2\bullet \longrightarrow R_1—R_2$

2.1 Durch Umschmelzen: Polyvinylchlorid und Polystyrol. Diese Kunststoffe sind Thermoplaste, sie erweichen bei Temperaturerhöhung.
Durch Hydrolyse: Polyamide z. B. Kunststoff aus c und e sowie Polyester z. B. Kunststoff aus d und e. Diese Kunststoffe sind durch Polykondensation entstanden, die Hydrolyse ist die Umkehrung der Kondensation.
Bei räumlicher Vernetzung funktioniert diese Methode nicht.

2.2 Schadstoffe: Vinylchlorid, C_2H_3Cl; Ruß, C; Kohlenstoffmonooxid, CO; Kohlenstoffdioxid, CO_2; Chlorwasserstoff, HCl; Ammoniak, NH_3; Stickstoffoxide, NO_2 und NO.

Außerdem können bei der Verbrennung noch Wasserstoff H_2, Stickstoff N_2 und Wasserdampf $H_2O(g)$ entstehen.
Reaktionsgleichung: $2\,CH_2{=}CHCl + 5\,O_2 \longrightarrow 2\,H_2O + 4\,CO_2 + 2\,HCl$

Nachweis von Kohlenstoffdioxid: Gas z. B. in Kalkwasser einleiten, Trübung weist auf Kohlenstoffdioxid hin.
Reaktionsgleichung: $CO_2 + Ca(OH)_2 \longrightarrow CaCO_3(s) + H_2O$

Nachweis von Chlorwasserstoff: Gas in Wasser einleiten, Universalindikator zeigt saure Reaktion an.
Reaktionsgleichung: $HCl + H_2O \longrightarrow H_3O^+ + Cl^-$

Aufgabe 4: Kunststoffe

Polyurethane werden in vielfältiger Weise z. B. bei der Herstellung von Sportartikeln wie Skiern und Skischuhen verwendet.

1 Formulieren Sie einen sinnvollen Strukturformelausschnitt aus dem Polyurethanmolekül, das aus 1,4-Butandiol und Toluylen-2,6-diisocyanat hergestellt wird. Geben Sie den Reaktionstyp an, nach dem diese Synthese verläuft.

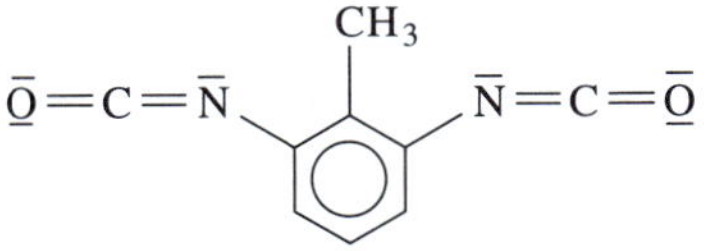

Toluylen-2,6-diisocyanat

2 Welches Verhalten zeigt der in Aufgabe 9 hergestellte Kunststoff bei Temperaturerhöhung?
Geben Sie dazu eine Erklärung.

3 Geben Sie die Strukturformel eines Alkohols an, der anstelle von 1,4-Butandiol zur Herstellung eines Polyurethans verwendet werden könnte, welches sich bei Temperaturerhöhung grundsätzlich anders verhält als der Kunststoff in Aufgabe 9.
Begründen Sie Ihre Angabe und erklären Sie das Verhalten des so hergestellten Kunststoffs beim Erwärmen.

4 Polyurethanschäume erhält man, wenn man dem Reaktionsgemisch etwas Wasser zumischt. Die bei der Reaktion von Wasser mit Diisocyanat entstehenden Kohlenstoffdioxid-Gasblasen werden dabei in die Kunststoffmasse eingeschlossen.
Formulieren Sie für diese Bildung von Kohlenstoffdioxid eine Reaktionsgleichung unter Verwendung von Strukturformeln.

5 Lässt man ein Gemsich aus verschiedenen Monomeren polymerisieren, so erhält man *Copolymere.*

5.1 Ein Copolymer wird aus Styrol und Ethen hergestellt. Geben Sie Strukturformeln der beiden Monomere an und zeichnen Sie einen Formelausschnitt, in dem die Monomerbausteine ständig wechseln (alternieren). Dieser Ausschnitt soll mindestens vier Bausteine umfassen.

5.2 Ein anderes Copolymer soll als Bausteine Styrol und 1,3-Butadien enthalten. Zeichnen Sie auch hier einen Formelausschnitt mit alternierenden Bausteinen. Dabei sollen nur die C-Atome 1 und 4 des Butadiens an der Verknüpfung beteiligt sein.

5.3 Erläutern Sie Aufbau und Eigenschaften von Elastomeren.
Erklären Sie, wie aus dem in 5.2 angegebenen Copolymer ein Elastomer hergestellt werden kann.

Lösung

1 **Ausschnitt**

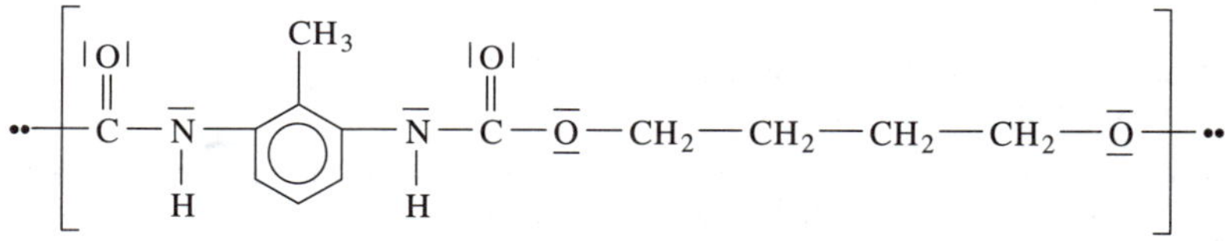

Reaktionstyp
Polyaddition

2 Dieser Kunststoff ist aus linearen Ketten aufgebaut und somit ein Thermoplast. Bei höherer Temperatur schwingen die Molekülketten stärker, so dass schließlich die zwischenmolekularen Kräfte überwunden werden können. Die Ketten gleiten gegeneinander ab. Der Kunststoff wird weich. Bei weiterer Temperaturzunahme bricht die elastische Rückstellkraft zusammen, der plastische Zustand ist erreicht („zähplastisches Fließen“).

3 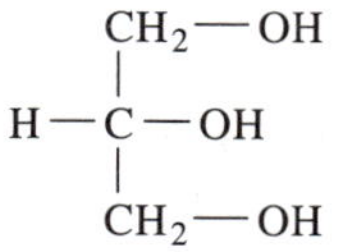

1,2,3-Propantriol (Glycerin)

Durch die dritte Hydroxyl-Gruppe entstehen dreidimensionale Vernetzungen – ein Duroplast. In diesen Duroplasten sind die Molekülketten nicht mehr vollkommen frei, sondern an einzelnen Stellen miteinander verknüpft. In diesen steifen und unbeweglichen Strukturen können die Molekülketten bei Temperaturerhöhung nicht aneinander abgleiten. Der Kunststoff kann nicht in eine zähflüssige Schmelze überführt werden.

4 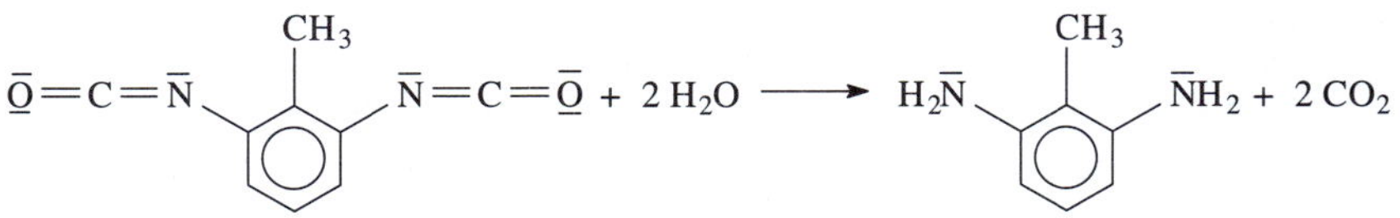

5.1 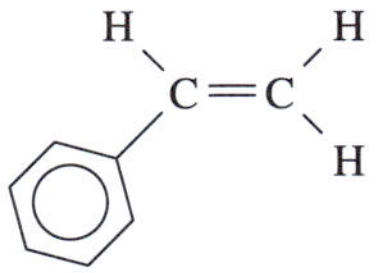

Styrol

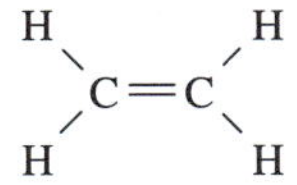

Ethen

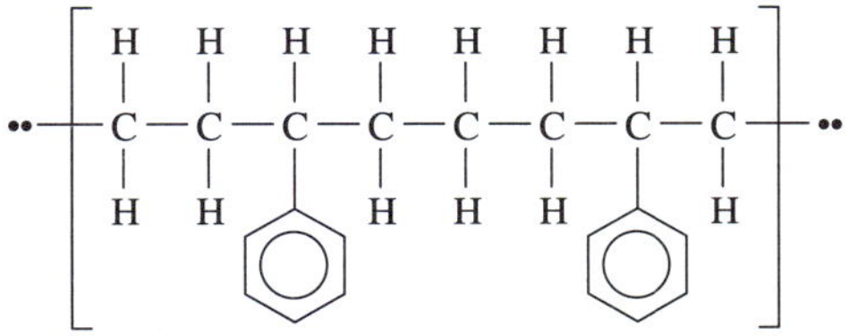

5.2 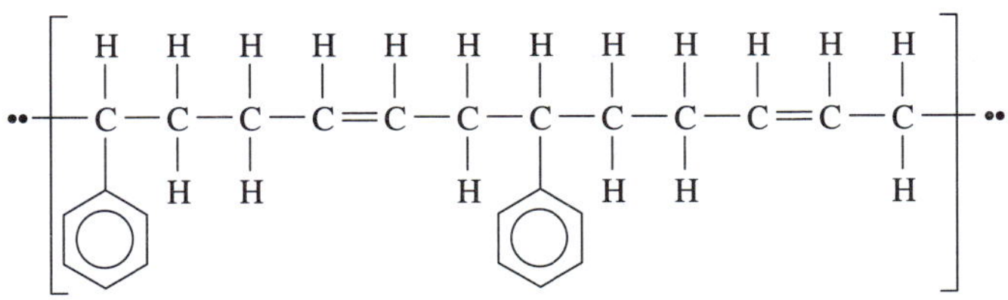

5.3 Elastomere sind weitmaschig vernetzte Molekülketten. Diese sind nicht mehr vollkommen frei. Bei Zug können die einzelnen Molekülketten jedoch noch zwischen den Haftpunkten aneinander abgleiten und sich strecken.
Quervernetzungen sind wegen der noch vorhandenen Doppelbindungen in den Polymeren möglich – Elastomere.

Aufgabe 5: Kunststoffe

Wegen besserer Umweltverträglichkeit und Wiederverwertbarkeit lösen Polyethen (PE), Polypropen (PP) und Polyethylenterephthalat (PET) zunehmend traditionelle Kunststoffmaterialien wie Polyvinylchlorid (PVC) ab.

1 Geben Sie jeweils einen sinnvollen Ausschnitt aus den Strukturformeln von PE-, PP- und PVC-Makromolekülen an.
Erläutern Sie, warum PE und PP bei der Verbrennung umweltverträglicher sind als PVC.

2 Der Synthese von PE, PP und PVC liegt ein gemeinsamer Reaktionsmechanismus zugrunde.
Benennen und formulieren Sie diesen am Beispiel der Synthese von PVC.

3 PET ist ein Polyester mit p-Benzoldicarbonsäure (Terephthalsäure) als einem Baustein. Geben Sie den Namen und die Strukturformel des zweiten Bausteins an sowie einen Formelausschnitt, der den Bau des Polyestermoleküls erkennen lässt.

4 PET ist ein thermoplastischer Kunststoff. Durch Abwandlung je eines der Monomeren können duroplastische Polyester hergestellt werden.
Geben Sie für beide Fälle jeweils eine denkbare Strukturformel eines solchen Monomeren an und begründen Sie.

Lösung

1

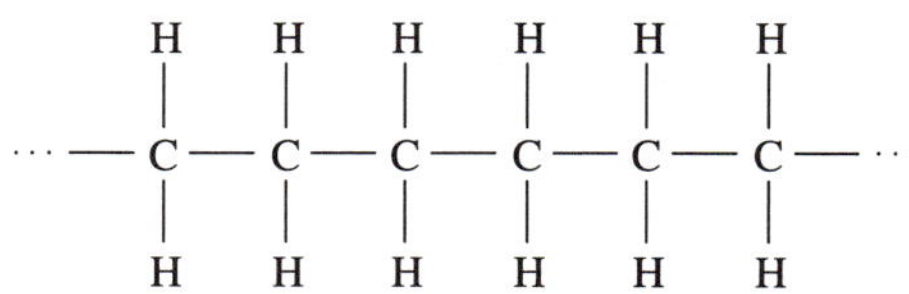

Polyethen, PE

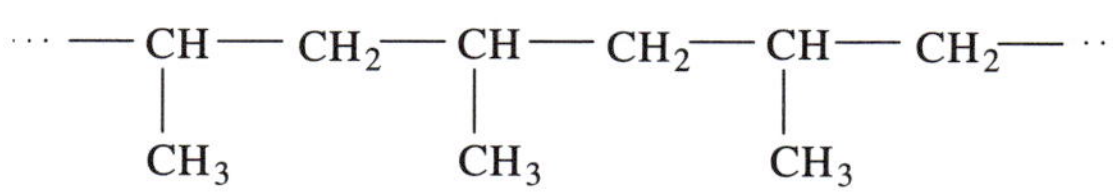

Polypropen, PP

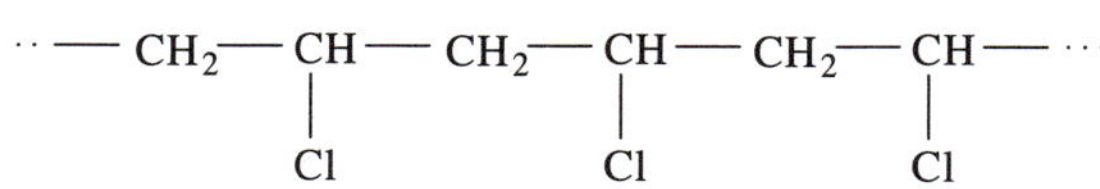

Polyvinylchlorid, PVC

Verbrennung von PE: Produkte hauptsächlich CO_2 und H_2O
Verbrennung von PP: Produkte hauptsächlich CO_2 und H_2O
Verbrennung von PVC: zusätzliche Produkte HCl(g), Cl_2 und Dioxine

2

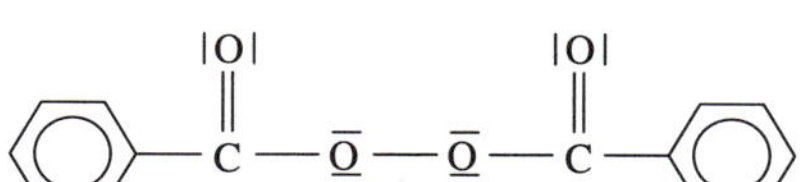

Dibenzoylperoxid

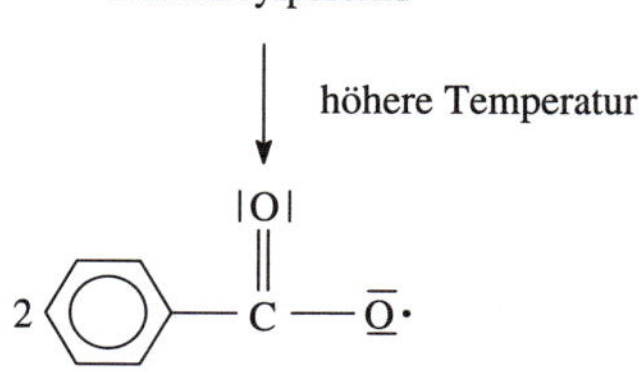

Benzoyloxyl-Radikale ≙ R·

Start

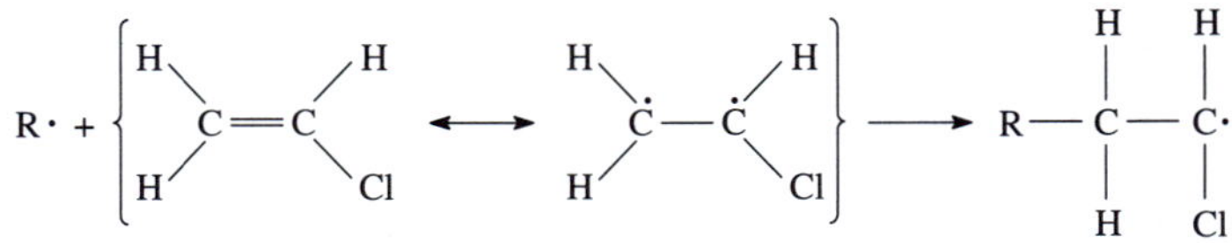

Entkopplung des π-Systems

Kettenwachstum

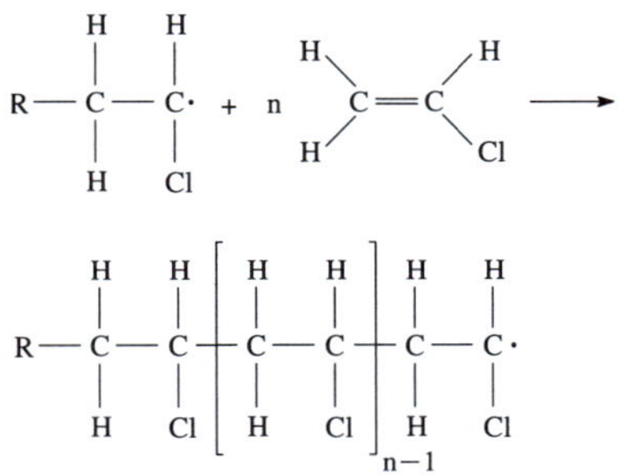

Abbruch, z. B.

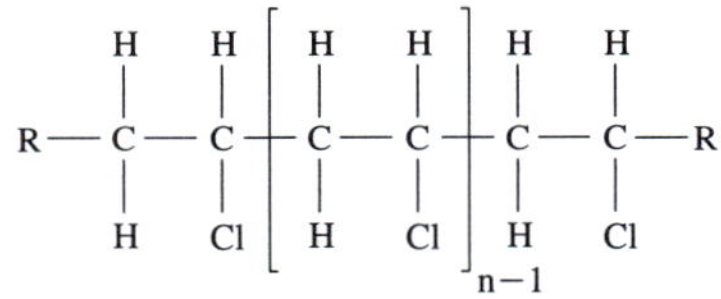

3

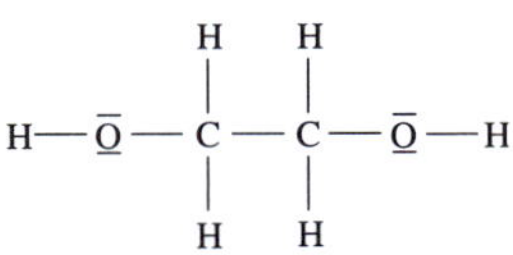

1,2-Ethandiol

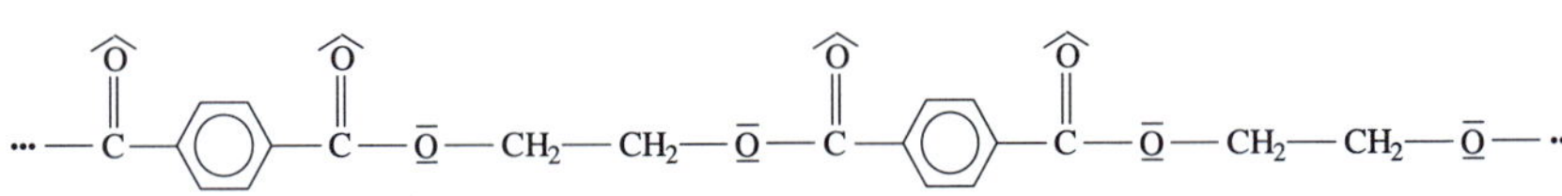

4

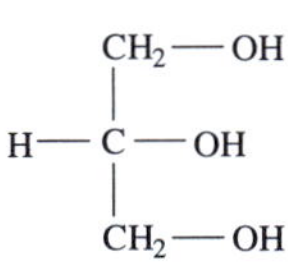

oder

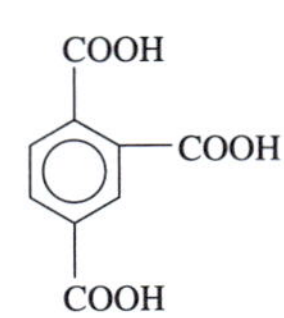

1,2,3-Propantriol

1,2,4-Benzoltricarbonsäure

Bei trifunktionellen Gruppen sind dreidimensionale Verknüpfungen möglich – räumliche Vernetzungen.

Aufgabe 6: Kunststoffe

1 Acrylsäure (Propensäure) wird technisch durch katalytische Oxidation von Propen mit Luftsauerstoff hergestellt. Als Zwischenprodukt entsteht hierbei Acrolein (Propenal).

1.1 Formulieren Sie die zugehörigen Reaktionsgleichungen unter Verwendung von Strukturformeln mit bindenden und nichtbindenden Elektronenpaaren.

1.2 Erläutern Sie unter Verwendung von Oxidationszahlen, dass es sich hierbei um Redoxreaktionen handelt.

2 Acrylsäure reagiert bei Raumtemperatur spontan mit Brom. Hierbei entsteht ein Gemisch aus zwei Isomeren.
Formulieren Sie für diese Reaktion eine Reaktionsgleichung.
Zeichnen Sie geeignete Formeln, die den Unterschied zwischen den beiden Isomeren erkennen lassen, und geben Sie die eindeutigen Namen der Isomeren an.

3 Beim Stehenlassen an der Luft oder durch Einwirkung einer Startersubstanz polymerisiert Acrylsäure zu einer wasserlöslichen Masse, die z. B. als Salbengrundlage verwendet wird.

3.1 Formulieren Sie einen Reaktionsmechanismus für die Polymerisation von Acrylsäure. Zeichnen Sie einen geeigneten Strukturformelausschnitt aus dem Makromolekül.

3.2 Erläutern Sie, warum sich Polyacrylsäure in Wasser löst.

4 In so genannten „Ultra"-Windeln werden pulverförmige quellbare Polymere verwendet, die ein Vielfaches ihres Eigengewichtes an Wasser aufnehmen können und dabei ihre Partikelform behalten. Ein solcher Superabsorber kann aus Polyacrylsäure und einer geeigneten Menge von 1,4-Butandiol hergestellt werden.

4.1 Zeichnen Sie einen geeigneten Strukturformelausschnitt aus dem Makromolekül eines Superabsorbers.

4.2 Erläutern Sie die Eigenschaften (Wasseraufnahmevermögen, Formstabilität) des Superabsorbers.
Wie verändern sich diese Eigenschaften bei einer Erhöhung des Anteils an Butandiol?

Lösung

1.1

A

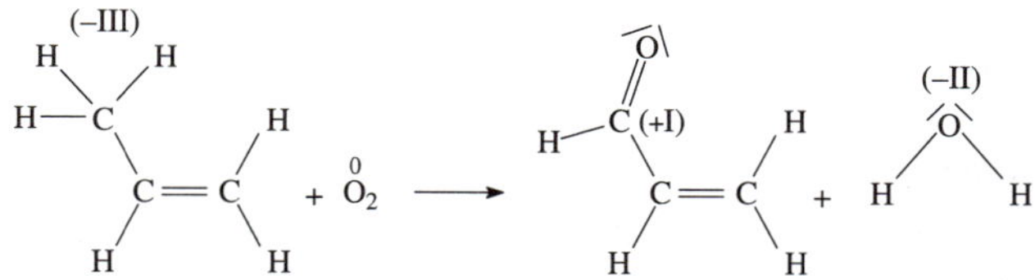

Propenal

B 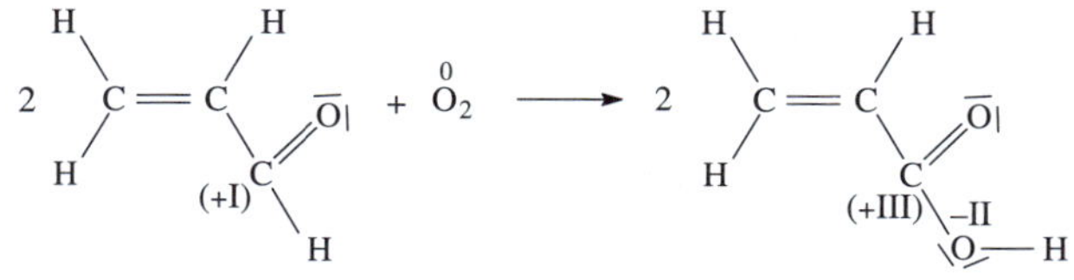

Acrylsäure,
Propensäure

1.2 Änderung der Oxidationszahlen, s. 1.1:
A: Kohlenstoffatom von –III auf +I, Oxidation; Sauerstoff von 0 zu –II, Reduktion;
B: Kohlenstoffatom von +1 auf +III, Oxidation; Sauerstoffatom von 0 zu –II, Reduktion.

2

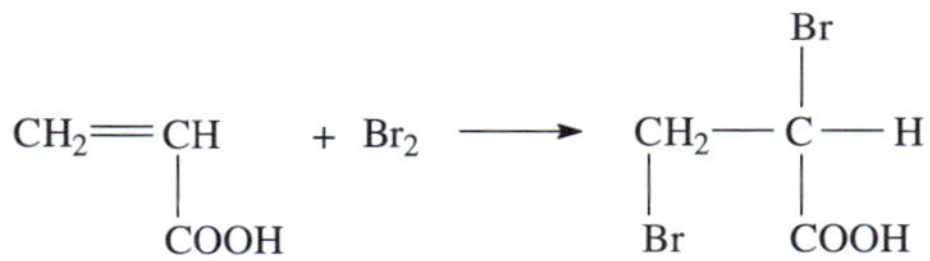

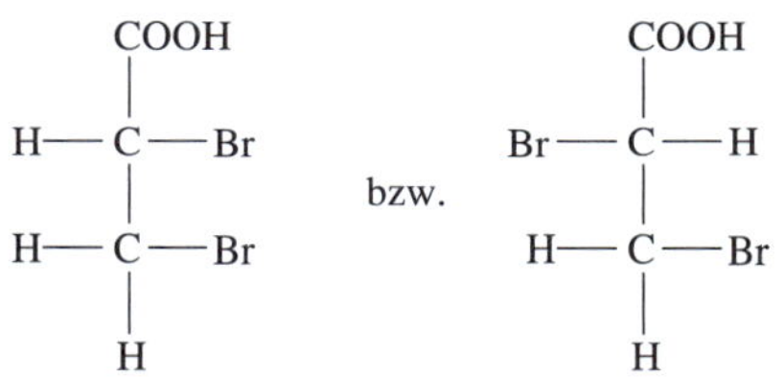

D-2,3-Dibrom-
propansäure

L-2,3-Dibrom-
propansäure

Mechanismus: Elektrophile Addition (Ergänzung)

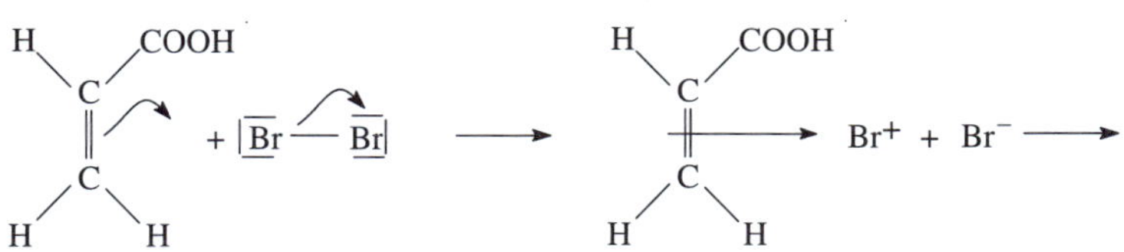

Polarisierung des
Brommoleküls und
heterolytische Spaltung

π-Komplex

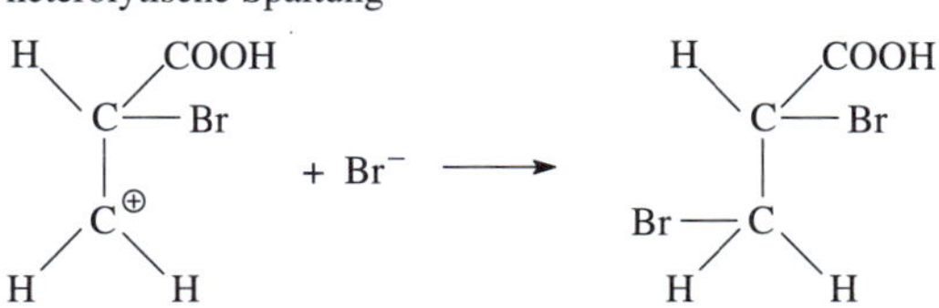

Carbenium-
Ion

Addition des
Bromid-Ions

3.1 **Start**

Kette

Abbruch, z. B.

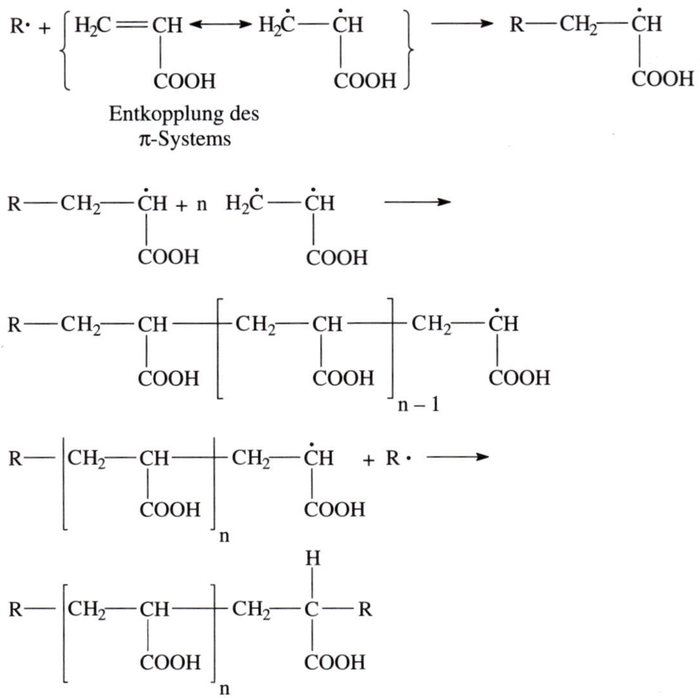

3.2 Carboxyl-Gruppen und Wasserdipole können über Wasserstoffbrücken in Wechselwirkung treten; außerdem können Carboxyl-Gruppen Protonen auf Wasserdipole übertragen, dadurch entstehen H_3O^+-Ionen und $-COO^-$-Ionen, die Wasserdipole anlagern.

4.1

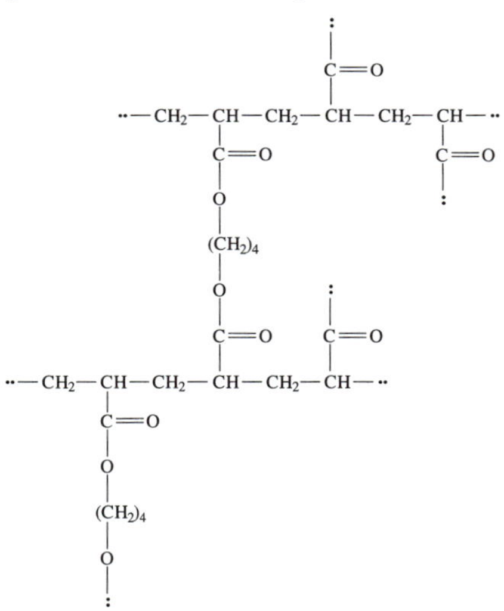

4.2 Durch Veresterung der Carboxyl-Gruppen mit den Hydroxy-Gruppen von 1,4-Butandiol entsteht eine vernetzte Struktur mit Poren. Die freien (nicht veresterten) Carboxyl-Gruppen bzw. Carboxylat-Gruppen wechselwirken mit Wasser-Dipolen. Wasser lagert sich in die Poren ein. Bei stärkerer Vernetzung nimmt die Formstabilität zu und das Wasseraufnahmevermögen sinkt.

Aufgabe 7: Kunststoffe

1 UP-Harz-Lacke liefern qualitativ hochwertige Beschichtungen. Sie enthalten in Styrol gelöste ungesättigte Polyester (UP). Beim Aushärten reagieren die beiden Komponenten zum festen Lack.

1.1 Zeichnen Sie einen sinnvollen Ausschnitt aus der Strukturformel eines Polyestermoleküls, das aus den Monomeren Butendisäure und 1,4-Butandiol entstanden ist.

1.2 Erläutern Sie die Reaktion, die zwischen den Komponenten beim Aushärten abläuft. Zeichnen Sie einen Ausschnitt aus der Strukturformel des ausgehärteten UP-Harz-Lackes.

1.3 Beschreiben Sie das Verhalten eines UP-Lackes, wenn eine Probe dieses Lackes im Reagenzglas allmählich erhitzt wird. Begründen Sie Ihre Aussage.

2 Zur Herstellung von Kunststoffen können jeweils zwei der folgenden Stoffe zur Reaktion gebracht werden: 1,3-Butadien, Decandisäure, Phenol, 1,6-Diaminohexan, 1,4-Benzoldiisocyanat, Methanal, wasserhaltiges Glycerin (Propantriol), Schwefel.

2.1 Nennen Sie aus den angegebenen Stoffen diejenigen, die
a) zur Herstellung einer reißfesten Faser,
b) zur Herstellung eines Hartschaums,
c) zur Herstellung von Gummi geeignet sind.

Zeichnen Sie für a, b und c die Strukturformeln der organischen Bausteine.

2.2 Die Reißfestigkeit der Faser nach a kann durch ein mechanisches Verfahren stark erhöht werden.
Zeichnen Sie einen Strukturformelausschnitt mit bindenden und nicht bindenden Elektronenpaaren.
Beschreiben Sie das Verfahren und erklären Sie, welche Vorgänge im molekularen Bereich die Reißfestigkeit erhöhen.

3 Beschreiben Sie einen experimentellen Nachweis, mit dem festgestellt werden kann, ob am Aufbau eines Kunststoffs Chlor beteiligt ist.

Lösung

1.1 **Monomere** $HO-(CH_2)_4-OH$ Butandiol $HOOC-CH=CH-COOH$ 2-Butendisäure

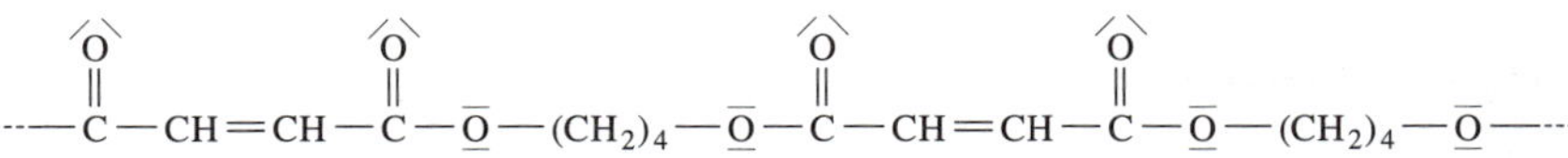

Polyester

1.2 Nach Zusatz eines Peroxid-Katalysators oder durch Erwärmen erfolgt eine Co-Polymerisation bzw. eine Pfropfpolymerisation des Styrols mit den in der Polyester-Kette liegenden ungesättigten Gruppen (Reaktion über Radikale):

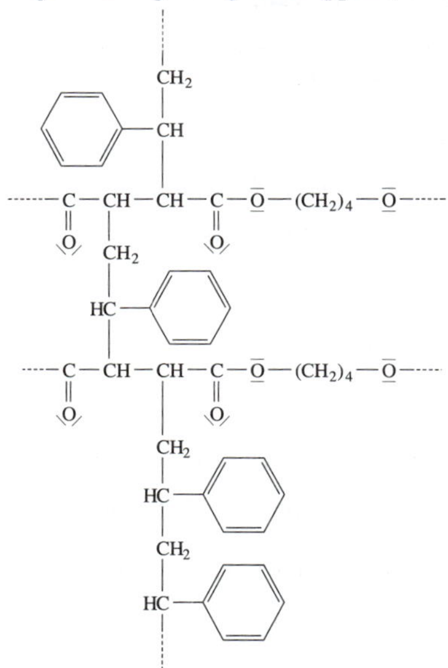

1.3 Der UP-Harz-Lack zeigt beim Erhitzen **duroplastisches Verhalten** wegen der starken Vernetzung. Es bildet sich ein engmaschiges Netzwerk, das steif und unbeweglich ist. Die Molekülketten können sich nicht mehr voneinander lösen und aneinander abgleiten. Der Kunststoff kann bei Temperaturerhöhung nicht in eine zähflüssige Schmelze überführt werden. Es gibt keinen Erweichungsbereich und Fließbereich. Bei hohen Temperaturen erfolgt Zersetzung.

2.1 a) Decandisäure und 1,6-Diaminohexan

b) 1,4-Benzoldiisocyanat und Propantriol

c) 1,3-Butadien (Vernetzung mit Schwefel möglich)

Strukturformeln

a) 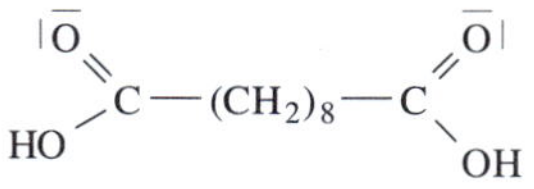

Decandisäure

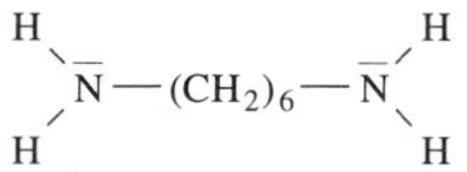

1,6-Diaminohexan

b) 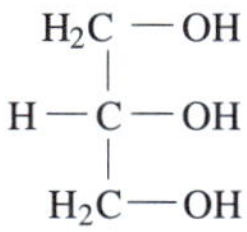

Propantriol

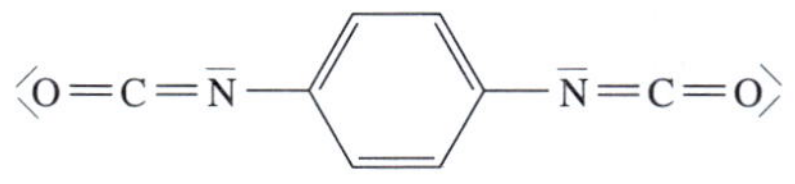

1,4-Benzoldiisocyanat

c) 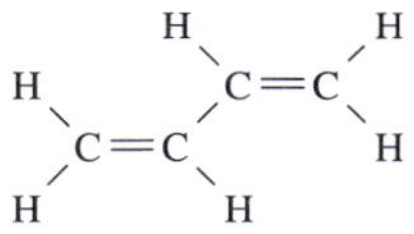

1,3-Butadien

2.2 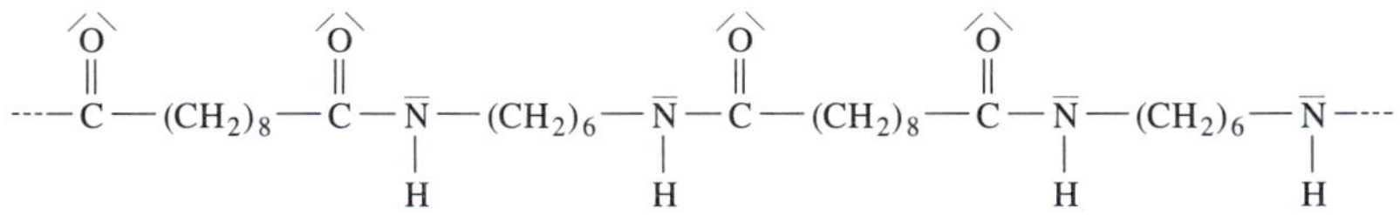

Verstrecken der Faser: Beim Verstrecken werden die Molekülketten parallel gelagert. Zusätzliche Wasserstoffbrücken-Bindungen bzw. stärkere Wirkungen der van-der-Waals-Kräfte führen zu zahlreichen parallel orientierten Kristalliten. Die Molekülteile zwischen den Kristalliten sind ebenfalls bis zu einem gewissen Grade orientiert.

3 – Thermische Zersetzung der Kunststoffe unter Luftabschluss (Pyrolyse). Aus Chlorwasserstoff entstehen bei der Gaswäsche u. a. Chlorid-Ionen, die mit Silbernitratlösung nachgewiesen werden können (Fällung von Silberchlorid):

$$Ag^+ + Cl^- \rightleftharpoons AgCl(s)$$

– Die Substanz wird an einem Kupferdraht in der Bunsenbrennerflamme erhitzt. Bei Anwesenheit von Chlor bilden sich flüchtige Kupferchloride, welche die Flamme grün färben.

Aufgabe 8: Kunststoffe

1 Beim Erhitzen von Polystyrol entsteht Styrol (Vinylbenzol), eine farblose Flüssigkeit mit aromatischem Geruch, die man abdestillieren kann.

1.1 Formulieren Sie für diese Reaktion eine Gleichung mit Stukturformeln.

1.2 Mit Brom reagiert Styrol sofort.
Stellen Sie die Reaktionsgleichung für diese Reaktion auf. Verwenden Sie Strukturformeln.
Benennen Sie das Reaktionsprodukt.

1.3 Bei der Verbrennung von Styrol an der Luft kann man aus den Beobachtungen schließen, dass die Reaktion unvollständig verläuft.
Formulieren Sie eine Reaktionsgleichung mit Summenformel, die diese Beobachtung berücksichtigt.

2 Technisch wichtig ist die Polymerisation von Gemischen unterschiedlicher Monomere (Copolymerisation).

2.1 Copolymerisiert man Styrol im Gemisch mit 1,4-Divinylbenzol, so kann man die Eigenschaften des Kunststoffes gezielt verändern.
Beschreiben Sie, welche Eigenschaften des Kunststoffes sich durch eine dosierte Zugabe von 1,4-Divinylbenzol ändern lassen.
Erläutern Sie Ihre Aussage anhand eines Stukturformelausschnittes.

2.2 Auch Styrol und 1,3-Butadien können im Gemisch copolymerisiert werden.
Zeichnen Sie einen Ausschnitt aus der Strukturformel eines Makromoleküls, der je zwei der beiden unterschiedlichen Monomere in beliebiger Reihenfolge zeigt.

2.3 Die Synthese des Copolymerisats aus Aufgabe 2.2 kann über den Anteil an Butadien so gesteuert werden, dass ein Werkstoff mit sehr guten elastischen Eigenschaften entsteht.
Erklären Sie, wie die Elastizität zustande kommt.

Lösung

1.1

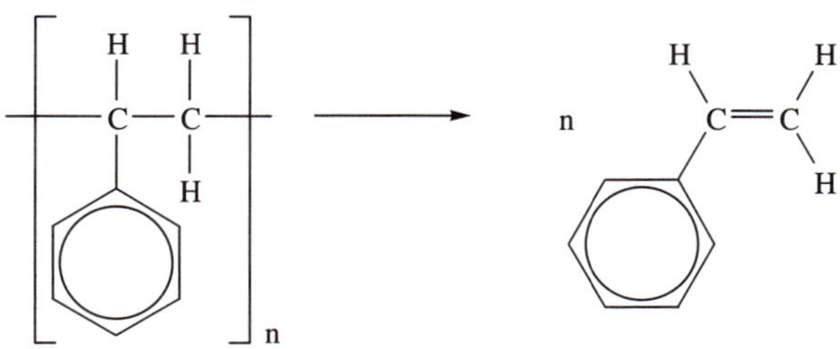

Polystyrol Styrol

1.2

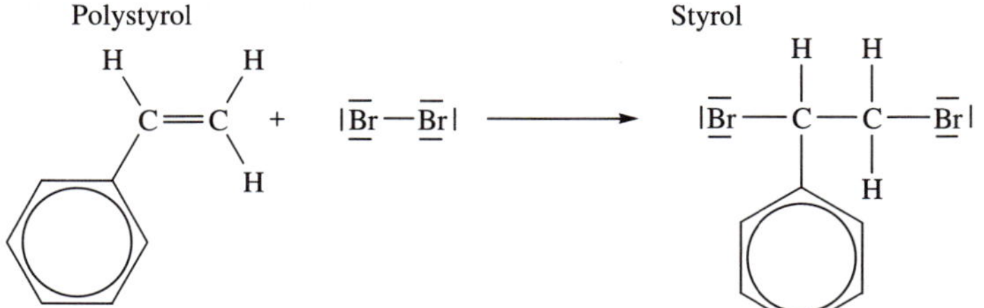

1,2 Dibrom-1-phenylethan

Mechanismus R ≙ 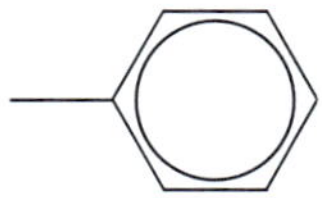
(Ergänzung)

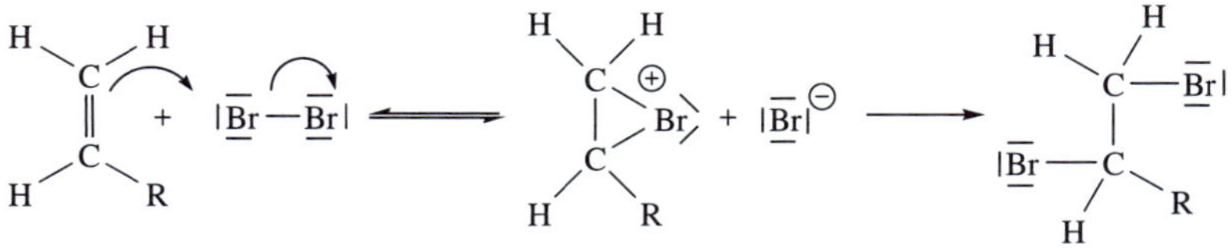

Polarisierung durch Wechselwirkung des π-Elektronensystems mit dem Brommolekül und heterolytische Spaltung in Br^+ und Br^-

Addition des nucleophilen Teilchens Br^- an das Kation (Bromonium-Ion)

1,2-Dibrom-1-phenylethan

1.3 **Verbrennung von Styrol an Luft**

$$C_8H_8 + 6\ O_2 \longrightarrow 4\ CO_2 + 4\ H_2O + 4\ C$$

2.1 **Strukturformelausschnitt**

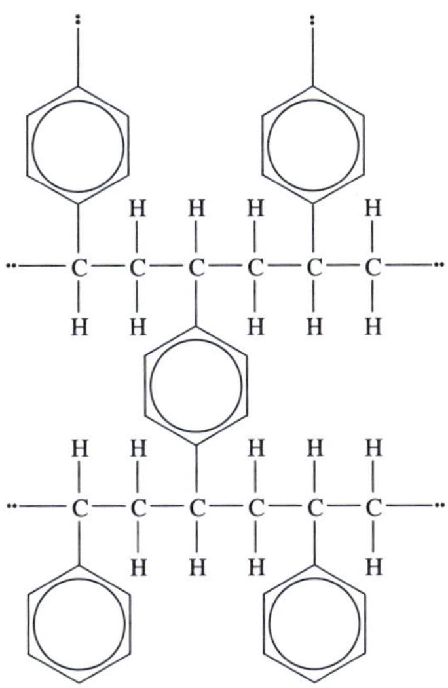

Der Grad der Vernetzung nimmt mit steigendem Anteil an 1,4-Divinylbenzol zu. Die Verformbarkeit, Löslichkeit und Quellbarkeit z. B. nehmen ab, die duroplastischen Eigenschaften werden ausgeprägter.

2.2

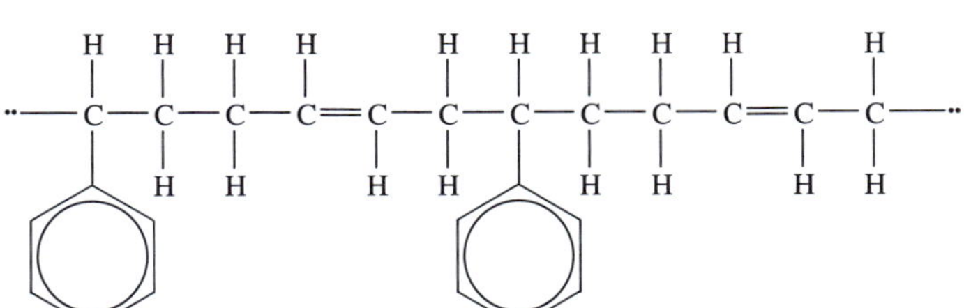

Ergänzung (allgemeine Darstellung):

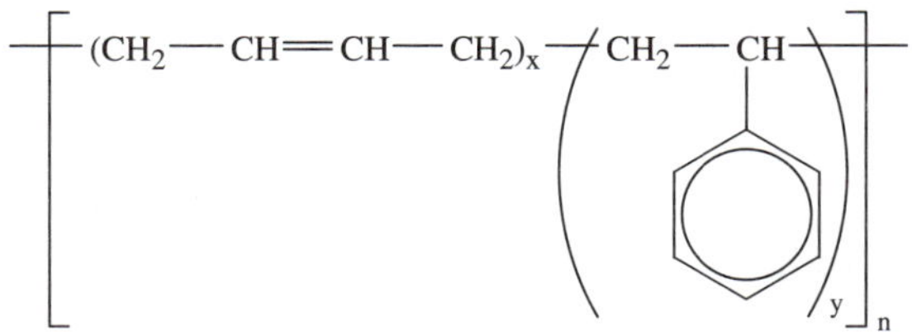

2.3 Die Polymerkette kann an den Doppelbindungen weitere Monomere binden. Dadurch sind Querverbindungen mit anderen Ketten möglich. Es entstehen weitmaschig vernetzte Molekülketten, die nicht mehr vollkommmen frei sind. Bei Belastung durch Druck oder Zug gleiten die Ketten zwischen den Haftpunkten aneinander ab oder lassen sich strecken.

Aufgabe 9: Kunststoffe

1 Aus 4-Hydroxybenzoesäure kann ein Polyarylat hergestellt werden. Polyarylate sind Kunststoffe, die sich z. B. vom Polyethen durch ihre hohe Festigkeit unterscheiden.

1.1 Geben Sie die Strukturformel des 4-Hydroxybenzoesäure-Moleküls mit bindenden und nichtbindenden Elektronenpaaren an.
Zeichnen Sie einen Ausschnitt aus der Strukturformel des polymeren Produktes.
Welcher Reaktionstyp liegt der Bildung des Polyarylats zugrunde?

1.2 Erklären Sie die unterschiedliche Festigkeit von Polyethen und dem Polyarylat aus 1.1.

1.3 Ein weiteres Polyarylat kann aus 1,3,5-Trihydroxybenzol und 1,4-Benzoldicarbonsäure hergestellt werden.
Formulieren Sie einen Ausschnitt aus der Strukturformel des Makromoleküls.
Beschreiben und erklären Sie die Unterschiede im thermischen Verhalten dieses Kunststoffes und des Kunststoffes aus 1.1.

1.4 Moderne Kunststoffe sollen nach Möglichkeit recycelbar sein.
Erläutern Sie für Polyethen und das Polyarylat aus 1.3 je ein geeignetes Verfahren.

2 4-Hydroxybenzoesäure kann in zwei Reaktionsschritten aus Phenol synthetisiert werden. (Wahlbereich)
Schritt A: Umsetzung von Phenol mit Monochlormethan in Gegenwart von wasserfreiem Aluminiumchlorid unter Bildung von 4-Methylphenol
Schritt B: Reaktion von 4-Methylphenol mit Luftsauerstoff in Gegenwart eines Katalysators zu 4-Hydroxybenzoesäure

2.1 Formulieren Sie für beide Reaktionsschritte je eine Reaktionsgleichung unter Verwendung von Strukturformeln.
Geben Sie jeweils den Reaktionstyp an und begründen Sie Ihre Aussage.
(Wahlbereich)

2.2 Erläutern Sie unter Verwendung von Strukturformeln den Mechanismus für die Reaktion A. (Wahlbereich)

Lösung

1.1 Strukturformel:

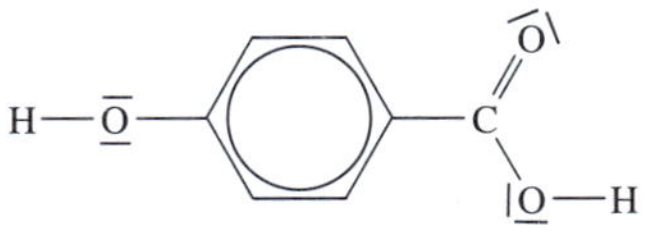

4-Hydroxybenzoesäure

Ausschnitt:

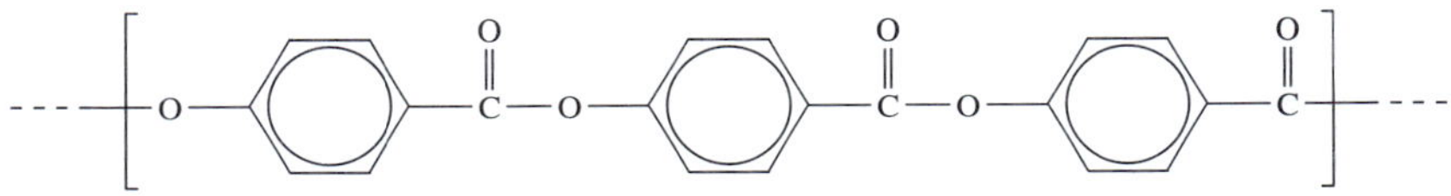

Reaktionstyp: Polykondensation

1.2 Hohe Festigkeit durch größere van-der-Waals-Kräfte infolge größerer Oberfläche der Makromoleküle und durch Dipolkräfte infolge Polarisierung der Carbonyl-Gruppe.

1.3 Ausschnitt:

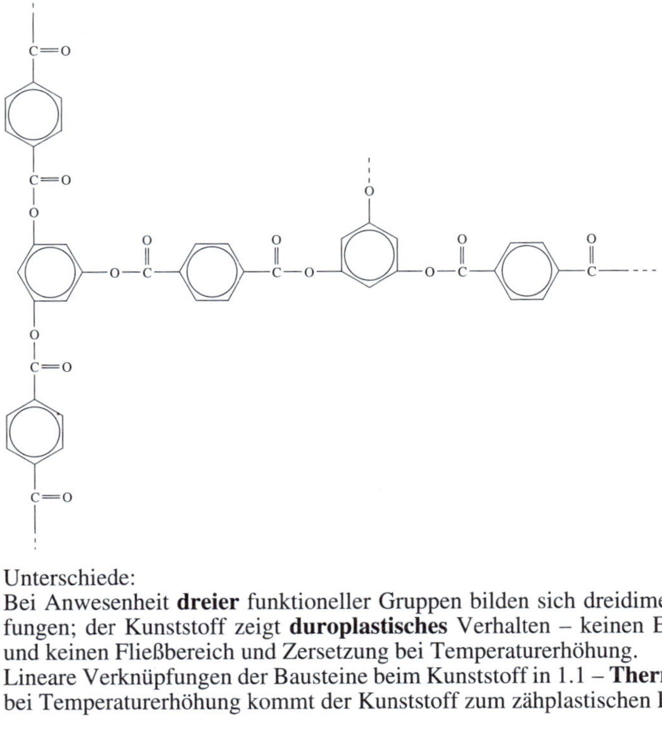

Unterschiede:
Bei Anwesenheit **dreier** funktioneller Gruppen bilden sich dreidimensionale Verknüpfungen; der Kunststoff zeigt **duroplastisches** Verhalten – keinen Erweichungsbereich und keinen Fließbereich und Zersetzung bei Temperaturerhöhung.
Lineare Verknüpfungen der Bausteine beim Kunststoff in 1.1 – **Thermoplast**;
bei Temperaturerhöhung kommt der Kunststoff zum zähplastischen Fließen.

1.4 **Polyethen**
Neue Formgebung durch **Umschmelzen**; Zersetzung durch **Pyrolyse** (Zerlegung durch Erhitzen in Abwesenheit von Sauerstoff); Abbau durch **UV-Sensibilisatoren** oder durch UV-empfindliche Monomere eines Copolymers. Es entstehen Kettenbrüche, wodurch der Kunststoff spröde und biologisch abbaubar wird.

Polyarylat
Spaltung bei hohen Temperaturen und unter Druck mit Wasserdampf liefert die Ausgangsverbindungen, anschließend Destillation zur Trennung der Stoffe.

2.1 Reaktionsgleichung A:

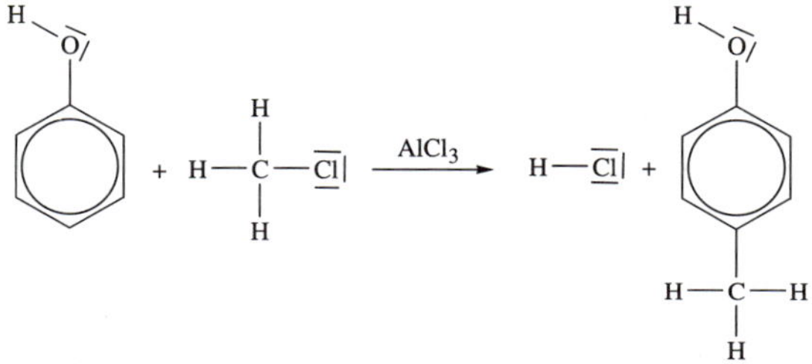

Reaktionsgleichung B:

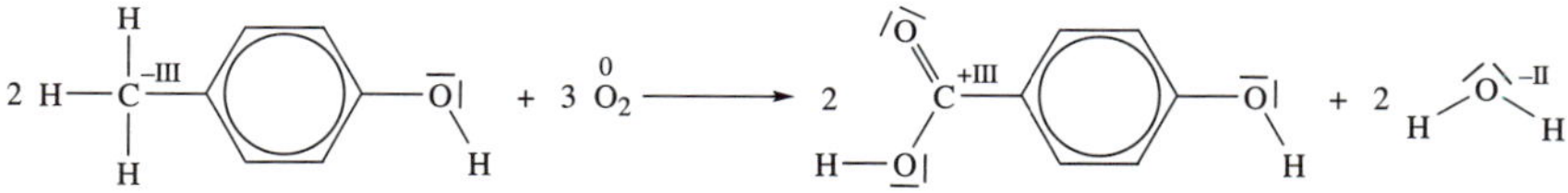

Reaktionstyp A: elektrophile Substitution, Austausch eines Protons gegen ein Methyl-Kation
Reaktionstyp B: Redoxreaktion, die Oxidationszahlen ändern sich
(Wahlbereich)

2.2 Mechanismus:

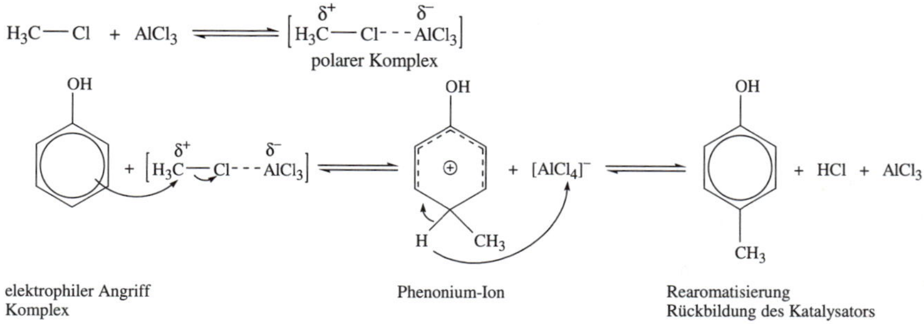

einfachere Darstellung:

$$H_3C—Cl + AlCl_3 \rightleftharpoons CH_3^+ + [AlCl_4]^-$$

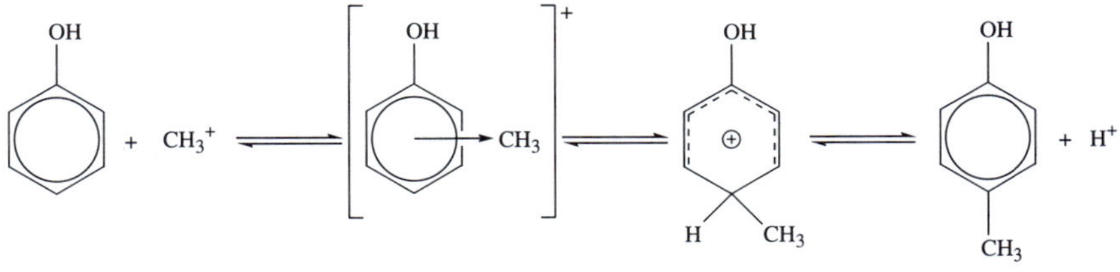

Rückbildung des Katalysators:

$$H^+ + [AlCl_4]^- \rightleftharpoons HCl\,(g) + AlCl_3$$

(Wahlbereich)

Aufgabe 10: Kunststoffe – Kohlenhydrate

1 Kohlenhydrate gewinnen als nachwachsende Rohstoffe zunehmend an Bedeutung. Aus dem Polysaccharid Stärke wird durch enzymatische Hydrolyse Glucose gewonnen. Aus Glucose lässt sich durch Umsetzung mit Toluol-2,4-diisocyanat ein Reaktivklebstoff herstellen, der z. B. Papier verkleben kann.
Zeichnen Sie einen Strukturformelausschnitt aus einem Stärkemolekül (Amylose) in Haworth-Projektion. Stellen Sie drei Glucoseeinheiten dar.
Geben Sie ein einfaches Experiment an, mit dem die Hydrolyse der Stärke verfolgt werden kann.

2 Vermischt man die Glucose-Komponente mit der Diisocyanat-Komponente des Papierklebstoffs, entsteht ein duroplastisches Polymer.
Zeichnen Sie einen Strukturformelausschnitt aus diesem Makromolekül.
Nennen Sie den Reaktionstyp der Polyreaktion.
Begründen Sie, warum speziell Papier sehr gut verklebt, wenn die Komponenten vor dem Aushärten auf das Papier aufgetragen werden.

Lösung

1

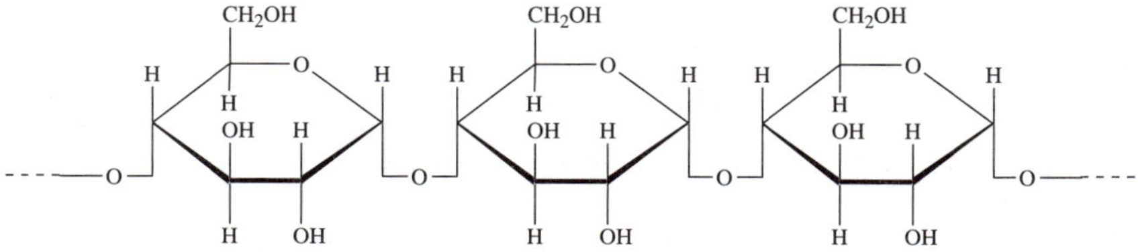

Zu der Stärkelösung gibt man eine Lösung von Iod. Die Iodmoleküle lagern sich dabei in die Hohlräume der spiraligen Struktur der Stärkemolekülketten ein. Dies ergibt eine Blaufärbung. Durch den Abbau entstehen kürzere Ketten (Oligosaccharide), die Farbe wechselt von blau nach violett, bei weiterem Abbau verschwindet die Färbung.
Der enzymatische Abbau bis zur Maltose kann mit Fehling-Reagenz nachgewiesen werden. Maltose ist ein reduzierender Zucker. Mit Fehling-Reagenz erhält man beim Erhitzen eine Rotfärbung durch Kupfer(I)-oxid.

2 Reaktionstyp: Polyaddition
z. B.:

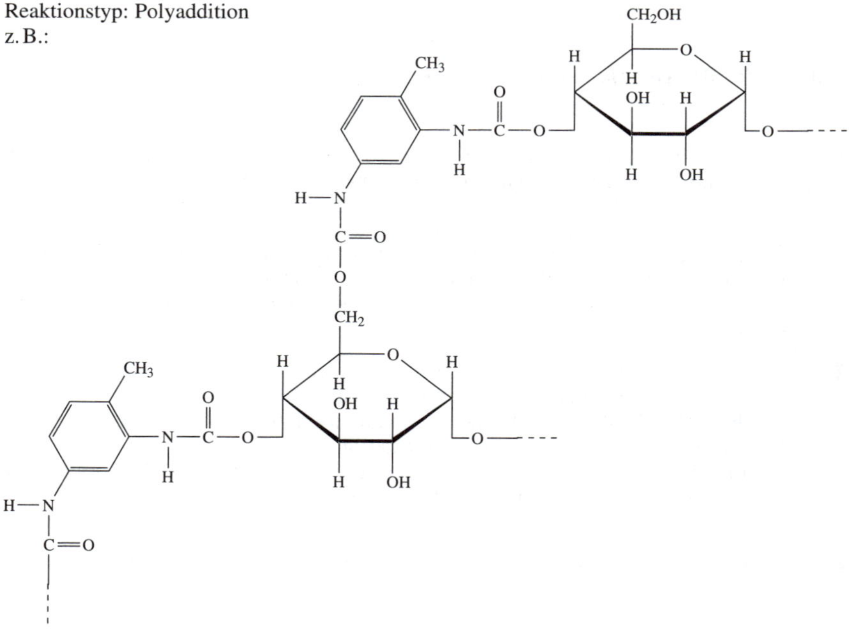

Papier besteht aus Cellulose, die aus β-D-Glucose-Bausteinen mit zahlreichen Hydroxy-Gruppen aufgebaut ist. Diese können mit den Diisocyanat-Bausteinen zu einem Duroplasten vernetzen.

Abiturprüfung (Baden-Württemberg): Profil-/Neigungsfach Chemie
Themengruppe V: Elektrochemie (LP 8)

Aufgabe 1: Elektrochemie

1 Im Labor kann Brom nach verschiedenen Verfahren gewonnen werden.
a) Durch Einleitung von Chlor in eine wässrige Lösung von Kaliumbromid.
b) Durch Reaktion einer sauren Kaliumbromidlösung mit Mangandioxid (Braunstein).
c) Durch Elektrolyse einer neutralen Kaliumbromidlösung der Konzentration: $c = 0{,}1\ mol \cdot L^{-1}$.

1.1 Formulieren Sie für a und b die Reaktionsgleichung unter Angabe sämtlicher Oxidationszahlen.

1.2 Formulieren Sie für c) die an den Elektroden ablaufenden Reaktionen und berechnen Sie die Zersetzungsspannung ohne Berücksichtigung von Überspannungen.
(2. Teil der Frage: Wahlbereich)

2 Das Normalpotenzial des Redoxpaares Bromid/Brom soll gemessen werden.

2.1 Erläutern Sie das Verfahren anhand einer beschrifteten Skizze.

2.2 In die Bromid/Brom-Halbzelle gibt man etwas Silbernitratlösung.
Wie wird dadurch das Potenzial der Zelle beeinflusst? Geben Sie eine Begründung. (Wahlbereich)

3 Eine Kaliumbromidlösung wird mit einer angesäuerten Kaliumdichromatlösung versetzt. Kann dabei Brom entstehen, falls das Reaktionsgemisch einen pH = 2 besitzt und die folgenden Konzentrationen vorliegen:
$c(Cr_2O_7^{2-}) = 1\ mol \cdot L^{-1}$, $c(Cr^{3+}) = 0{,}001\ mol \cdot L^{-1}$ und $c(KBr) = 1\ mol \cdot L^{-1}$?
Begründen Sie anhand einer Berechnung. (Wahlbereich)

4 Brom kann durch Reaktion mit einer Natriumsulfitlösung beseitigt werden.
Formulieren Sie die Reaktionsgleichung.

Lösung

1.1 **Reaktionsgleichungen**

a) $2\,\overset{-1}{Br^-} + \overset{0}{Cl_2} \longrightarrow \overset{0}{Br_2} + 2\,\overset{-1}{Cl^-}$

b) $\overset{+4\;-2}{MnO_2} + 2\,\overset{-1}{Br^-} + 4\,\overset{+1\;-2}{H_3O^+} \longrightarrow Mn^{2+} + \overset{0}{Br_2} + 6\,\overset{+1\;-2}{H_2O}$

1.2 **+ Pol:** $2\,Br^- \longrightarrow Br_2 + 2e^-$
– Pol: $2H_3O^+ + 2e^- \longrightarrow H_2 + 2\,H_2O$

Potenzial der Wasserstoffelektrode bei pH = 7:
$E_1 = -0{,}059\ V \cdot pH = -0{,}413\ V$

(Wahlbereich)

Potenzial der Bromelektrode:

$E_2 = 1{,}06\ V - 0{,}059\ V\ \lg 10^{-1} = 1{,}119\ V$

$\Delta E = E_2 - E_1 = 1{,}119\ V - (-0{,}413\ V) = 1{,}532\ V$

(Wahlbereich)

2.1

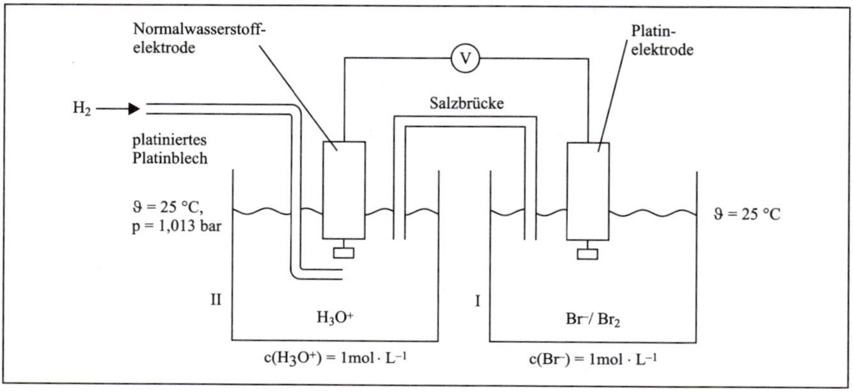

2.2 $Ag^+ + Br^- \longrightarrow AgBr(s)$

$E = 1{,}06\ V - 0{,}059\ V\ \lg c(Br^-)$

c(Br^-) nimmt ab; aus der Nernst-Gleichung ergibt sich damit eine Zunahme des Potenzials.

(Wahlbereich)

3 **Reaktionsgleichungen**

$Cr_2O_7^{2-} + 14\ H^+ + 6e^- \longrightarrow 2\ Cr^{3+} + 7\ H_2O$ (1)

$2\ Br^- \longrightarrow Br_2 + 2e^-$ (2)

Anwendung der Nernst-Gleichung auf diese Reaktionen:

$$(1)\quad E_1 = 1{,}33\ V + \frac{0{,}059}{6} V \cdot \lg \frac{c(Cr_2O_7^{2-}) \cdot c^{14}(H^+)}{c^2(Cr^{3+})}$$

$$= 1{,}33\ V + \frac{0{,}059}{6} V \cdot \lg \frac{c(Cr_2O_7^{2-})}{c^2(Cr^{3+})} - \frac{0{,}059}{6} V \cdot 14 \cdot pH$$

$$= 1{,}33\ V + \frac{0{,}059}{6} V \cdot \lg \frac{1}{10^{-6}} - \frac{0{,}059}{6} V \cdot 28 = 1{,}114\ V$$

(2) $E_2 = 1{,}06\ V - 0{,}059\ V\ \lg c(Br^-) = 1{,}06\ V$, da $c(Br^-) = 1\ mol \cdot L^{-1}$ ist.

Es gilt $E_1 > E_2$, somit ist die Reaktion möglich.

(Wahlbereich)

4 $\overset{+4}{S}O_3^{2-} + H_2O \longrightarrow \overset{+6}{S}O_4^{2-} + 2e^- + 2\ H^+$

$Br_2 + 2\ e^- \longrightarrow 2\ Br^-$

$SO_3^{2-} + H_2O + Br_2 \longrightarrow SO_4^{2-} + 2\ Br^- + 2\ H^+$

oder:

$SO_3^{2-} + 3H_2O + Br_2 \longrightarrow SO_4^{2-} + 2\ Br^- + 2\ H_3O^+$

Aufgabe 2: Elektrochemie – Wahlbereich

Die folgende Skizze stellt eine Elektrolysekammer des Membranverfahrens dar. Vor Inbetriebnahme der Elektrolysekammer wird der Kathodenraum mit Wasser, der Anodenraum mit Kochsalzlösung gefüllt. Die Trennwand ist nur für Natriumionen durchlässig.

Skizze:

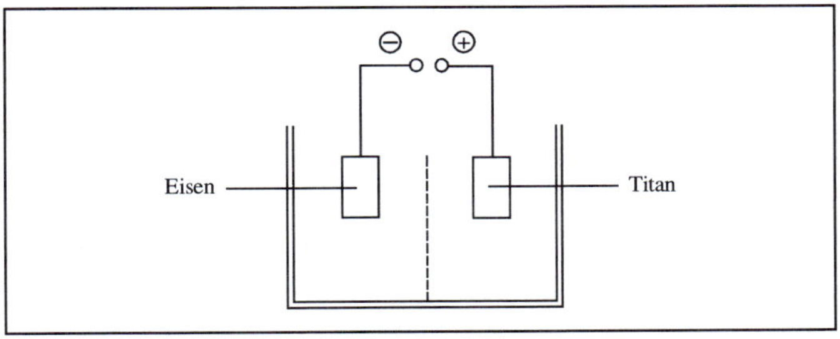

1 Formulieren Sie für alle an Kathode und Anode denkbaren Elektrodenvorgänge die Teilgleichungen.
Geben Sie an, welche Vorgänge bei dieser Elektrolyse tatsächlich ablaufen. Begründen Sie Ihre Angabe.

2 Während der Elektrolyse werden Proben aus dem Anoden- und Kathodenraum entnommen und mit folgenden Reagenzien versetzt:

A Silbernitratlösung
B Kaliumiodidlösung
C Phenolphthaleinlösung

Nennen und erklären Sie die zu erwartenden Beobachtungen. Formulieren Sie für die Reaktionen mit den Reagenzien A und B gegebenenfalls Reaktionsgleichungen.

3 Berechnen Sie das Abscheidungspotenzial für den an der Kathode entstehenden Stoff unter der Annahme, dass sich der pH-Wert im Kathodenraum seit Beginn der Elektrolyse um drei Einheiten geändert hat.

4 Aus dem Anodenraum wird eine Probe mit dem Volumen V = 10 mL entnommen und mit Silbernitratlösung der Konzentration $c = 1\ mol \cdot L^{-1}$ titriert. Nach Zugabe von V = 31 mL dieser Silbernitratlösung ist die Reaktion beendet.
Berechnen Sie die Masse m der in einem Liter der Lösung enthaltenen Kochsalzportion.

Lösung

1 **Reaktionen an den Elektroden**

+Pol:

$2\ Cl^- \longrightarrow Cl_2 + 2\ e^-$ $\quad E^0 = 1{,}36\ V$

$4\ OH^- \longrightarrow 2\ H_2O + O_2 + 4e^-$ $\quad E = 1{,}23\ V - 0{,}059\ V \cdot pH = 0{,}82\ V$ für pH = 7

Abscheidung von Sauerstoff, da negativeres Potenzial; **tatsächlich** Abscheidung von Chlor wegen Überspannung des Sauerstoffs an der Titanelektrode.

–*Pol:*

$2\,H_3O^+ + 2\,e^- \longrightarrow H_2 + 2\,H_2O$ $E = -0{,}059\ V \cdot pH = -0{,}41\ V$ für $pH = 7$

$2\,Na^+ + 2e^- \longrightarrow 2\,Na$ $E^0 = -2{,}71\ V$

Abscheidung von Wasserstoff wegen des positiveren Potenzials.

2 **Kathodenraum:** Mit A keine Änderung; mit B keine Änderung; mit C Rotfärbung, alkalisch reagierende Lösung.

Anodenraum: Mit A weißer Niederschlag von Silberchlorid; mit B braune Lösung wegen Iodausscheidung; mit C keine Färbung.

Reaktionsgleichungen

A: $Ag^+ + Cl^- \longrightarrow AgCl(s)$

B: $Cl_2 + 2\,e^- \longrightarrow 2\,Cl^-$

$2\,I^- \longrightarrow I_2 + 2\,e^-$

$Cl_2 + 2\,I^- \longrightarrow 2\,Cl^- + I_2$

Chlor hat ein positiveres Potenzial, es ist das Oxidationsmittel.

3 $E = -0{,}059\ V \cdot pH$; für $pH = 10$ ergibt sich $E = -0{,}059\ V \cdot 10 = -0{,}59 V$

4 $Na^+ + Cl^- + Ag^+ + NO_3^- \longrightarrow AgCl(s) + Na^+ + NO_3^-$

$n(Ag^+) = n(Cl^-)$; mit $c = \frac{n}{V}$ folgt $n(Ag^+) = c(Ag^+) \cdot V(Ag^+)$

$n(Ag^+) = 1\ mol \cdot L^{-1} \cdot 31 \cdot 10^{-3}\ L = 31 \cdot 10^{-3}\ mol$; $n(NaCl) = n(Cl^-) = 31 \cdot 10^{-3}\ mol$

$$c(NaCl) = c(Cl^-) = \frac{31 \cdot 10^{-3}\ mol}{10 \cdot 10^{-3}\ L} = 3{,}1\ mol \cdot L^{-1}$$

für die Masse erhält man mit $n = \frac{m}{M}$:

$m(NaCl) = n(NaCl) \cdot M(NaCl) = 31 \cdot 10^{-3}\ mol \cdot 58{,}5\ g \cdot mol^{-1} = 1{,}814\ g$

Masse in 1 L: $m(NaCl) \cdot 10^2 = 181{,}4\ g$

Aufgabe 3: Elektrochemie – Wahlbereich

1 Ein häufig verwendeter Werkstoff ist Aluminium.
Für Verpackungszwecke wird Reinstaluminium benötigt, das man aus Hüttenaluminium (mit den Verunreinigungen Zink, Eisen, Mangan, Kupfer) durch elektrolytische Raffination herstellt. Sie findet als eine Dreischichten-Elektrolyse bei einer Temperatur von $\vartheta = 750\,°C$ statt. Die unterste Schicht, flüssiges Hüttenaluminium, dient als eine Elektrode. Darüber liegt die zweite Schicht, eine Elektrolytschmelze aus Aluminiumfluorid, Bariumchlorid, Natriumfluorid und Natriumchlorid. Die oberste Schicht bildet das flüssige Reinstaluminium. Diese stellt gleichzeitig die andere Elektrode dar.

1.1 Das für die Elektrolytschmelze benötigte Aluminiumfluorid wird durch Umsetzung von Aluminiumoxid mit Fluorwasserstoff hergestellt.
Formulieren Sie die Reaktionsgleichung und geben Sie den Reaktionstyp an.

1.2 Geben Sie für diese Raffination die Polung der Elektroden und die Gleichungen der an den Elektroden ablaufenden Reaktionen an.

1.3 Begründen Sie, warum bei diesem Prozess aus dem verunreinigten Hüttenaluminium Reinstaluminium entsteht.

2 Zur Vermeidung von Korrosionsschäden wird Aluminium eloxiert.
Erläutern Sie anhand einer beschrifteten Skizze das Eloxal-Verfahren und formulieren Sie die Gleichungen für die an den Elektroden ablaufenden Teilreaktionen.
Weshalb ist das Werkstück nach dieser Behandlung vor Korrosion geschützt?

3 Aluminium ist ein wichtiges Reduktionsmittel, mit dem andere Metalle aus ihren Oxiden hergestellt werden können.
Formulieren Sie eine Reaktionsgleichung für die Gewinnung von Eisen aus Eisenoxid mit der Formel Fe_3O_4. Berechnen Sie die Masse der Aluminiumportion, die eingesetzt werden muß, um eine Stoffportion Eisen mit der Masse m (Fe) = 250 g zu gewinnen.

Lösung

1.1 **Reaktionsgleichung:** $Al_2O_3 + 6\,HF \longrightarrow 2\,AlF_3 + 3\,H_2O$
Reaktionstyp: Protolyse

1.2 Hüttenaluminium: positiver Pol
Reinstaluminium: negativer Pol

+Pol: $Al \longrightarrow Al^{3+} + 3\,e^-$ Oxidation
–Pol: $Al^{3+} + 3\,e^- \longrightarrow Al$ Reduktion

1.3 Ionen von Metallen, die unedler sind als Aluminium (z. B. Na^+- oder Ba^{2+}-Ionen), bleiben in der Schmelze – an der Kathode Abscheidung von Aluminium. An der Anode wird oxidiert; Metalle, die edler sind als Aluminium, bleiben in der Anodenschicht – Aluminium wird oxidiert.

2 Eloxal-Verfahren (elektrolytische Oxidation des Aluminiums)

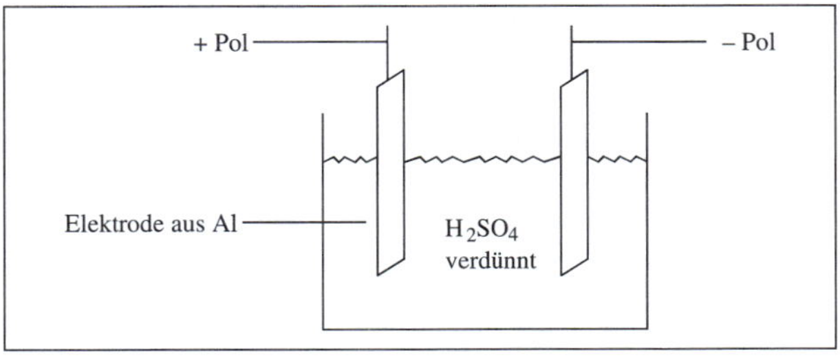

Kathode: $2\,H^+ + 2\,e^- \longrightarrow H_2$
oder $2\,H_3O^+ + 2\,e^- \longrightarrow 2\,H_2O + H_2$

An der **Anode** findet Oxidation statt. Mögliche Reaktionen sind:

$$Al \longrightarrow Al^{3+} + 3\,e^-$$

$$2\,H_2O \longrightarrow O_2 + 4\,H^+ + 4\,e^-$$

Oxidiert werden diejenigen Teilchen mit dem negativeren Potenzial, also:

$$Al \longrightarrow Al^{3+} + 3\,e^-$$

Die Aluminium-Ionen reagieren jedoch gleich weiter:

$$2\,Al^{3+} + 3\,H_2O \longrightarrow Al_2O_3 + 6\,H^+$$

oder: $$2\,Al + 9\,H_2O \longrightarrow Al_2O_3 + 6\,H_3O^+ + 6\,e^-$$

Aluminium wird durch elektrolytische Oxidation mit einer Oxidschicht versehen, die das Metall vor Korrosion schützt.

3 $3\,Fe_3O_4 + 8\,Al \longrightarrow 4\,Al_2O_3 + 9\,Fe$

Aus der Reaktionsgleichung:

$$\frac{n(Al)}{n(Fe)} = \frac{8}{9} \quad \text{oder} \quad n(Al) = \frac{8}{9} \cdot n(Fe); \quad \text{mit} \quad n = \frac{m}{M} \quad \text{folgt}$$

$$\frac{m(Al)}{M(Al)} = \frac{8}{9} \cdot \frac{m(Fe)}{M(Fe)} \quad \text{oder} \quad m(Al) = \frac{8}{9} \cdot \frac{m(Fe)}{M(Fe)} \cdot M(Al)$$

$$m(Al) = \frac{8}{9} \cdot \frac{250\,g \cdot mol}{56\,g} \cdot 27\,g \cdot mol^{-1} = 107{,}14\,g$$

Aufgabe 4: Elektrochemie – überwiegend Wahlbereich

1 In der Natur kommt Kupfer hauptsächlich in Form von sulfidischen Erzen vor, z. B. als Kupferglanz (Kupfer(I)-sulfid). Zur Gewinnung von Rohkupfer wird ein Teil des Kupferglanzes zunächst zu rotem Kupfer(I)-oxid und Schwefeldioxid umgesetzt. Kupfer(I)-oxid wird anschließend mit weiterem Kupferglanz erhitzt. Dabei entstehen Kupfer und Schwefeldioxid.

1.1 Formulieren Sie für die beiden Schritte des Verfahrens jeweils die Reaktionsgleichung.

1.2 Wie viel Rohkupfer kann man aus einer Stoffportion Kupferglanz der Masse m = 10 t erhalten, und wie groß muss die Stoffportion Kupferglanz sein, die davon im ersten Schritt geröstet wird?

2 Das so erhaltene Rohkupfer enthält noch Verunreinigungen wie z. B. Silber, Gold, Eisen und Zink. Diese Verunreinigungen werden durch elektrolytische Raffination entfernt. (Wahlbereich)

2.1 Erstellen Sie eine beschriftete Skizze für dieses Verfahren. (Wahlbereich)

2.2 Erläutern und begründen Sie die Vorgänge an den Elektroden. (Wahlbereich)

3 Ein einfaches Verfahren zur Herstellung von Leiterplatten für elektronische Geräte besteht darin, dass auf einer mit Reinkupfer beschichteten Kunststoffplatte die zukünftigen Leiterbahnen durch einen Schutzlack abgedeckt werden und das ungeschützte Kupfer in einem Ätzbad durch Oxidation in Lösung gebracht wird. (Wahlbereich)

3.1 Zeigen Sie mithilfe der Normalpotenziale, dass eine Lösung von Eisen(III)-chlorid als Ätzbad verwendet werden kann.
Formulieren Sie hierzu eine Reaktionsgleichung. (Wahlbereich)

3.2 In einem frischen Ätzbad ist die Konzentration an Eisen(III)-chlorid $c = 2\ mol \cdot L^{-1}$.
Nachdem einige Leiterplatten geätzt worden sind, beträgt die Konzentration der Eisen-(III)-Ionen $c(Fe^{3+}) = 0{,}2\ mol \cdot L^{-1}$ und die Konzentration der Kupfer(II)-Ionen $c(Cu^{2+}) = 0{,}9\ mol \cdot L^{-1}$.
Entscheiden Sie anhand einer Rechnung, ob in diesem Bad noch weitere Leiterplatten geätzt werden können. (Wahlbereich)

Lösung

1.1 $2\ Cu_2S + 3\ O_2 \longrightarrow 2\ Cu_2O + 2\ SO_2$

$Cu_2S + 2\ Cu_2O \longrightarrow 6\ Cu + SO_2$

1.2 Für die Stoffmengen gilt: $\frac{n(Cu_2S)}{n(Cu)} = \frac{1}{2}$ oder $n(Cu) = 2 \cdot n(Cu_2S)$

Mit $n = \frac{m}{M}$ erhält man: $2 \cdot \frac{m(Cu_2S)}{M(Cu_2S)} = \frac{m(Cu)}{M(Cu)}$ oder

$$m(Cu) = 2 \cdot \frac{m(Cu_2S)}{M(Cu_2S)} \cdot M(Cu) = \frac{2 \cdot 10 \cdot 10^6\ g}{160\ g}\ mol \cdot 64\ g \cdot mol^{-1} = 8 \cdot 10^6\ g = 8\ t$$

$\frac{2}{3}$ müssen im ersten Schritt geröstet werden; dies entspricht 6,67 t.

2.1 **Aufbau**

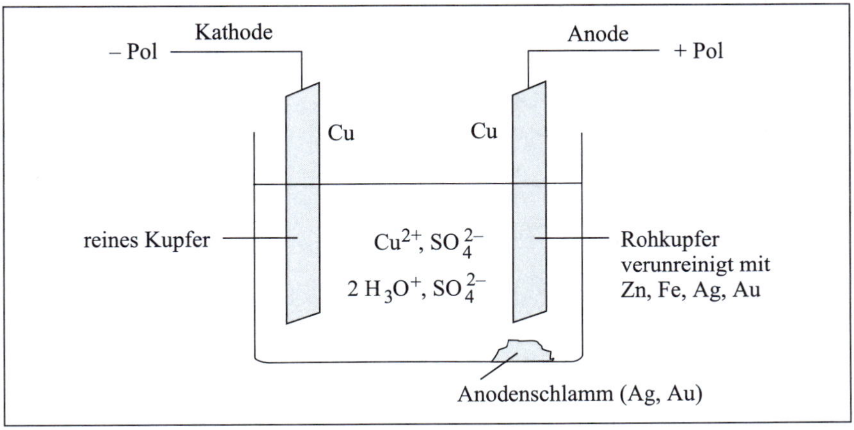

2.2 Verunreinigtes Kupfer wird als Anode geschaltet, reinstes Kupferblech bildet die Kathode. Eisen, Nickel und Zink gehen als Verunreinigungen in Lösung, ebenso Kupfer. Die edleren Metalle Gold und Silber fallen als Anodenschlamm ab. Am –Pol scheidet sich Kupfer ab. Der Elektrolyt setzt sich aus Kupfersulfat und Schwefelsäure zusammen.

Mögliche Vorgänge an der Anode

$$2\,SO_4^{2-} \longrightarrow S_2O_8^{2-} + 2\,e^-$$
$$2\,H_2O \longrightarrow O_2 + 4\,H^+ + 4\,e^-$$
$$(4\,OH^- \longrightarrow 2\,H_2O + O_2 + 4\,e^-)$$
$$Cu \longrightarrow Cu^{2+} + 2\,e^-$$
$$Zn \longrightarrow Zn^{2+} + 2\,e^-$$
$$Fe \longrightarrow Fe^{2+} + 2\,e^-$$

Oxidiert werden diejenigen Teilchen mit dem **negativeren Potenzial**; Kupfer, Eisen, Nickel, Zink gehen in Lösung.

Mögliche Vorgänge an der Kathode

$$(2\,H_2O + 2\,e^- \longrightarrow H_2 + 2\,OH^-)$$
$$2\,H_3O^+ + 2\,e^- \longrightarrow H_2 + 2\,H_2O$$
$$Cu^{2+} + 2\,e^- \longrightarrow Cu$$
$$Zn^{2+} + 2\,e^- \longrightarrow Zn$$
$$Fe^{2+} + 2\,e^- \longrightarrow Fe$$

Reduziert werden diejenigen Teilchen mit dem **positivsten Potenzial**, also Abscheidung von Kupfer.

3.1

$$Cu \longrightarrow Cu^{2+} + 2\,e^-$$
$$2\,Fe^{3+} + 2\,e^- \longrightarrow 2\,Fe^{2+}$$
$$\overline{Cu + 2\,Fe^{3+} \longrightarrow 2\,Fe^{2+} + Cu^{2+}}$$

Reduktionspotenziale

$E^0(Cu^{2+}/Cu) < E^0(Fe^{3+}/Fe^{2+})$, Kupfer geht in Lösung.

3.2 **Für die Konzentrationen gilt**

$c(Fe^{3+}) = 0{,}2\ mol \cdot L^{-1} \Rightarrow c(Fe^{2+}) = 1{,}8\ mol \cdot L^{-1}$; $c(Cu^{2+}) = 0{,}9\ mol \cdot L^{-1}$

$$E(Fe^{2+}/Fe^{3+}) = +\,0{,}77\ V + \frac{0{,}059\ V}{1} \cdot \log \frac{c(Fe^{3+})}{c(Fe^{2+})} \approx 0{,}71\ V$$

$$E(Cu/Cu^{2+}) = +\,0{,}35\ V + \frac{0{,}059\ V}{2} \cdot \log c(Cu^{2+}) \approx 0{,}35\ V$$

Da das System Fe^{2+}/Fe^{3+} unter diesen Bedingungen immer noch das positivere Elektrodenpotenzial besitzt, kann weiteres Kupfer oxidiert werden.

Aufgabe 5: Elektrochemie – z. T. Wahlbereich

Silber ist das meistgebrauchte Edelmetall. Um seine Härte zu steigern, wird es mit Kupfer legiert und unter anderem zu Münzen, Schmuck und Bestecken verarbeitet.

1 Eine Silbermünze mit der Masse $m_1 = 11{,}2$ g soll auf ihren Gehalt an Silber und Kupfer untersucht werden. Dazu wird ein Stück der Münze mit der Masse $m_2 = 0{,}7$ g in konzentrierter Salpetersäure aufgelöst. Bei dieser Reaktion entsteht neben den Metallnitraten unter anderem Stickstoffmonooxid, das an der Luft zu braunem Stickstoffdioxid weiterreagiert.

1.1 Formulieren Sie für die ablaufenden Vorgänge die Reaktionsgleichungen und zeigen Sie, dass es sich dabei um eine Redoxreaktion handelt.
Nennen und begründen Sie die für die Durchführung der Reaktion erforderlichen Sicherheitsvorkehrungen.

1.2 Zur quantitativen Bestimmung der Silberionen wird die erhaltene Lösung zunächst mit Wasser verdünnt und anschließend mit einer Salzsäure der Konzentration $c = 0{,}2\ \text{mol} \cdot \text{L}^{-1}$ versetzt. Nach Zugabe von V(Salzsäure) = 20,3 mL ist der Endpunkt der Fällungsreaktion erreicht.
Geben Sie die Reaktionsgleichung für die Fällungsreaktion an.
Berechnen Sie die Masse m des in der Münze enthaltenen Silbers.

2 Ein versilberter Löffel, dessen Oberfläche mit einer schwarzen Silbersulfidschicht überzogen ist, kann gereinigt werden, indem man ihn in Aluminiumfolie wickelt und in eine Kochsalzlösung legt.

2.1 Geben Sie die Teilreaktionen an, die während dieses Reinigungsprozesses ablaufen.

2.2 Nach Abschluss des Reinigungsprozesses laufen weiterhin elektrochemische Vorgänge an den Metalloberflächen ab.
Erklären Sie diesen Sachverhalt und formulieren Sie die zugehörigen Teilgleichungen.7

3 Für ein Experiment werden $V_1 = 100$ mL einer Silbernitratlösung der Konzentration $c = 0{,}04\ \text{mol} \cdot \text{L}^{-1}$ und $V_2 = 100$ mL einer Kupfer(II)-nitratlösung der gleichen Konzentration gemischt und mit Salpetersäure angesäuert. Das Gemisch wird an Platinelektroden elektrolysiert. (Wahlbereich)

3.1 Berechnen Sie die Abscheidungspotenziale für die Metallionen.

3.2 Berechnen Sie, von welcher Silberionenkonzentration an unter den gegebenen Versuchsbedingungen neben Silber auch Kupfer abgeschieden wird.

4 Silberschichten auf nichtmetallischen Unterlagen kann man durch Reaktion zwischen ammoniakalischer Silbersalzlösung und Methanal erzeugen.
Formulieren Sie hierzu eine Reaktionsgleichung.

Lösung

1.1 **Auflösung des Kupfers**

Cu	$\longrightarrow$	$Cu^{2+} + 2\,e^-$	$\cdot\,3$	Oxidation
$\overset{+V}{N}O_3^- + 4\,H^+ + 3e^-$	$\longrightarrow$	$\overset{+II}{N}O + 2\,H_2O$	$\cdot\,2$	Reduktion
$3Cu + 2\,NO_3^- + 8H^+$	$\longrightarrow$	$3Cu^{2+} + 2\,NO + 4\,H_2O$		Redoxreaktion
$3\overset{0}{C}u + 8\,H\overset{+V}{N}O_3$	$\longrightarrow$	$3\,\overset{+II}{C}u(\overset{+V}{N}O_3)_2\,(aq) + 2\,\overset{+II}{N}O + 4\,H_2O$		Gesamtreaktion

Auflösung des Silbers

Ag	$\longrightarrow$	$Ag^+ + e^-$	$\cdot\,3$	Oxidation
$\overset{+V}{N}O_3^- + 4\,H^+ + 3e^-$	$\longrightarrow$	$\overset{+II}{N}O + 2\,H_2O$		Reduktion
$3Ag + NO_3^- + 4H^+$	$\longrightarrow$	$3Ag^+ + NO + 2\,H_2O$		Redoxreaktion
$3\overset{0}{A}g + 4\,H\overset{+V}{N}O_3$	$\longrightarrow$	$3\,\overset{+I}{A}g\overset{+V}{N}O_3\,(aq) + \overset{+II}{N}O + 2\,H_2O$		Gesamtreaktion

Weiterreaktion des Stickstoffmonooxids

$$2\,\overset{+II}{N}\overset{-II}{O} + \overset{0}{O_2} \rightleftharpoons 2\,\overset{+IV}{N}\overset{-II}{O_2}$$

Die Oxidationszahlen ändern sich, darum handelt es sich um eine Redoxreaktion.

Sicherheitsvorkehrungen

Stickstoffoxide NO_x sind giftig – Arbeit im Abzug
Salpetersäure wirkt ätzend – Schutzbrille (Schutzhandschuhe)

1.2 $Ag^+ + H_3O^+ + Cl^- \longrightarrow AgCl(s) + H_3O^+$

$n(Ag^+) = n(Cl^-) = n(\text{Salzsäure}) = c(\text{Salzsäure}) \cdot V(\text{Salzsäure})$
$= 0{,}2\ mol \cdot L^{-1} \cdot 20{,}3 \cdot 10^{-3}\ L$
$= 4{,}06 \cdot 10^{-3}\ mol$

$m(Ag) = n(Ag) \cdot M(Ag)$

$m(Ag) = 4{,}06 \cdot 10^{-3}\ mol \cdot 108\ g \cdot mol^{-1} = 0{,}44\ g$

$$m(Ag, \text{Münze}) = \frac{0{,}44\ g \cdot m_1}{m_2} = \frac{0{,}44\ g \cdot 11{,}2\ g}{0{,}7\ g} = 7{,}04\ g$$

2.1 Folie: $Al \longrightarrow Al^{3+} + 3\,e^-$

Löffel: $Ag_2S + 2\,e^- \longrightarrow 2\,Ag + S^{2-}$

2.2 Silber und Aluminium bilden ein Lokalelement; die Elektronen fließen vom Aluminium zum edleren Silber und reduzieren an der Grenzfläche zwischen Silber und Wasser Protonen aus den Wassermolekülen zu Wasserstoff:

$Al \longrightarrow Al^{3+} + 3\,e^-$ **– Pol** Aluminium geht hier weiter in Lösung

$2\,H_2O + 2\,e^- \longrightarrow H_2 + 2\,OH^-$ **+ Pol** am Silber Wasserstoffentwicklung

oder, bei genügend gelöstem Sauerstoff:

$O_2 + H_2O + 4\,e^- \longrightarrow 4\,OH^-$

3.1 $V_G = V_1 + V_2 = 200$ ml, $c(Ag^+) = c(Cu^{2+}) = \dfrac{100 \cdot 0{,}04 \cdot 10^{-3}\ \text{mol}}{200 \cdot 10^{-3}\ \text{L}} = 0{,}02\ \text{mol} \cdot \text{L}^{-1}$

aus $E = E^0 + \dfrac{0{,}059}{z}\ V \cdot \lg c(Me^{z+})$ folgen:

$$E_1 = 0{,}8\ V + \frac{0{,}059}{1}\ V \cdot \lg c(Ag^+) = 0{,}8\ V + 0{,}059\ V \cdot \lg(2 \cdot 10^{-2}) = 0{,}7\ V$$

$$E_2 = 0{,}35\ V + \frac{0{,}059}{2}\ V \cdot \lg c(Cu^{2+}) = 0{,}35\ V + \frac{0{,}059\ V}{2} \cdot \lg(2 \cdot 10^{-2}) = 0{,}3\ V$$

3.2 $E(Ag/Ag^+) = 0{,}3\ V$

$0{,}3\ V = 0{,}8\ V + 0{,}059\ V \cdot \lg c(Ag^+)$

$$\frac{-0{,}5\ V}{0{,}059\ V} = \lg c(Ag^+),\ |c(Ag^+)| = 10^{-8{,}47} = 10^{0{,}53} \cdot 10^{-9} = 3{,}39 \cdot 10^{-9}$$

$$c(Ag^+) = 3{,}39 \cdot 10^{-9}\ \text{mol} \cdot \text{L}^{-1}$$

4 $2\,Ag^+ + 2\,e^- \longrightarrow 2\,Ag$ Reduktion

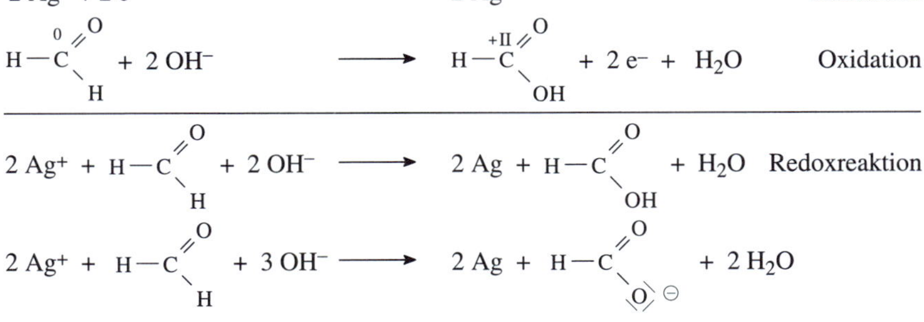

Aufgabe 6: Elektrochemie – z. T. Wahlbereich

Ein wichtiges Zinkerz ist die Zinkblende (Zinksulfid, ZnS), die häufig als Beimengungen Blei- und Sibersulfid enthält.
Zur Zinkgewinnung wird das Erz zunächst geröstet. Man erhält verunreinigtes Zinkoxid, das nach zwei verschiedenen Verfahren (A) und (B) zu Zink umgesetzt werden kann.

1 Beim Röstprozess wird bei hohen Temperaturen Luft über Zinksulfid geleitet. Dabei entstehen Schwefeldioxid und Zinkoxid.
Formulieren Sie hierzu eine Reaktionsgleichung mit Oxidationszahlen.

2 Beim trockenen Verfahren (A) wird Zinkoxid mit Kohlenstoff bei hohen Temperaturen zur Reaktion gebracht. Dabei entstehen Kohlenstoffmonooxid und flüssiges Rohzink.
Stellen Sie die Reaktionsgleichung für die Reduktion von Zinkoxid auf.
Zur Reinigung wird das Zink abdestilliert.
Geben Sie an, worauf dieses Reinigungsverfahren beruht.

3 Beim nassen Verfahren (B) wird das Röstprodukt mit Schwefelsäure umgesetzt. Die entstehende Lösung wird zur Reinigung mit Zinkpulver versetzt und das Zink anschließend elektrolytisch abgeschieden.

3.1 Stellen Sie für die Reaktion zwischen Zinkoxid und Schwefelsäure die Reaktionsgleichung auf und benennen Sie den Reaktionstyp.

3.2 Erläutern Sie mithilfe einer Reaktionsgleichung die Wirkungsweise des zugegebenen Zinkpulvers und begründen Sie die Notwendigkeit dieses vorgeschalteten Reinigungsverfahrens.

3.3 Formulieren Sie die Reaktionsgleichungen für die denkbaren Kathodenreaktionen und berechnen Sie die Elektrodenpotenziale. Gehen Sie dabei von einer Zinkionen-Konzentration $c = 1\ mol \cdot L^{-1}$ und einem $pH = 5$ aus. Vergleichen Sie das Ergebnis der Rechnung mit dem experimentellen Befund.
(Wahlbereich)

4 Obwohl Zink ein unedles Metall ist, wird es als Überzugsmetall für Eisenbleche verwendet, um diese vor Korrosion zu schützen. (Wahlbereich)

4.1 Erklären Sie, worauf die Schutzwirkung des unbeschädigten Zinküberzugs beruht.
Erläutern Sie mithilfe einer beschrifteten Skizze, welche Vorgänge bei der Beschädigung des Überzugs bei Einwirkung saurer Lösungen ablaufen.

4.2 Bettet man einen mit Zinkdraht verbundenen Eisennagel in mit neutraler, wässriger Phenolphthalein-Lösung versetzte Gelatine ein, so verfärbt sich der Bereich um den Eisennagel rotviolett.
Erklären Sie dieses Versuchsergebnis und formulieren Sie die Reaktionsgleichungen.

Lösung

1 Reaktionsgleichung: $2\,\overset{+II\,-II}{ZnS} + 3\,\overset{0}{O_2} \longrightarrow 2\,\overset{+II\,-II}{ZnO} + 2\,\overset{+IV\,-II}{SO_2}$

2 Reaktionsgleichung: $ZnO + C \longrightarrow Zn + CO$

Bei der Destillation geht Zink zuerst als Dampf über, während Blei und Silber, infolge höherer Siedepunkte, im Rückstand zurückbleiben. Der Zinkdampf wird abgeleitet und an anderer Stelle kondensiert.

3.1 Reaktionsgleichung: $ZnO + H_2SO_4 \longrightarrow ZnSO_4 + H_2O$

Protolysereaktion (O^{2-}-Ionen wirken als Base, Schwefelsäure liefert Protonen).

3.2 Die Ionen der edleren Metalle werden reduziert, z. B.:

$2\,Ag^+ + Zn \longrightarrow Zn^{2+} + 2\,Ag$

Bei der anschließenden Elektrolyse würden diese Ionen **vor** den Zinkionen an der Kathode reduziert werden.

3.3 Kathodenreaktionen:

$Zn^{2+} + 2\,e^- \longrightarrow Zn$

$2\,H_3O^+ + 2\,e^- \longrightarrow 2\,H_2O + H_2$

$E(Zn^{2+}/Zn) = E^0(Zn^{2+}/Zn) = -0{,}76\,V$

$E(H_3O^+/H_2) = -0{,}059\,V \cdot pH = -0{,}295\,V$

An der **Kathode** wird **reduziert**, und zwar diejenigen Teilchen mit dem positiveren Potenzial – aufgrund des positiveren Potenzials sollte dort allerdings zuerst elementarer Wasserstoff entstehen. Die hohe Überspannung des Wasserstoffes am Zink ermöglicht aber die Zinkabscheidung.

4.1 Zink bildet an seiner Oberfläche eine festhaftende, widerstandsfähige Oxidschicht. Aus diesem Grund korrodiert das Zink kaum.

Skizze: Säurekorrosion

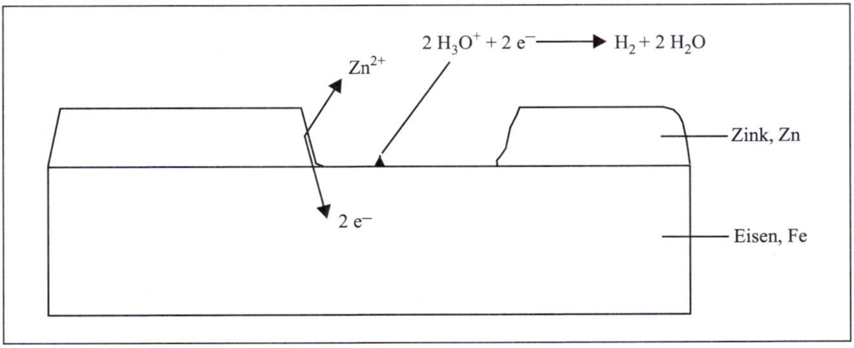

Das Normalreduktionspotenzial des Redoxsystems Zn^{2+}/Zn ist negativer als dasjenige des Redoxsystems Fe^{2+}/Fe. Zinkionen gehen in Lösung:

$$Zn \longrightarrow Zn^{2+} + 2\,e^- \qquad \text{(Lokalanode)}$$

Die Elektronen fließen zum Eisen. Dort werden Hydronium-Ionen zu Wasserstoff reduziert:

$$2\,H_3O^+ + 2\,e^- \longrightarrow 2\,H_2O + H_2 \qquad \text{(Lokalkathode)}$$

Eisen korrodiert („rostet") also auch bei Beschädigung des Zinküberzuges nicht, so lange noch Zink statt seiner oxidiert werden kann. Zink fungiert als so genannte „Opferanode"

4.2 Der Indikator zeigt ein alkalisches Milieu an. Die Zinkionen gehen in Lösung, die Elektronen werden zum Eisen geleitet. Dort reduzieren sie den im Wasser gelösten oder am Eisen adsorbierten Sauerstoff. Mit Wasser bilden sich Hydroxid-Ionen:

$$2\,Zn \longrightarrow 2\,Zn^{2+} + 4\,e^-$$

$$O_2 + 2\,H_2O + 4\,e^- \longrightarrow 4\,OH^-$$

Aufgabe 7: Elektrochemie – z. T. Wahlbereich

1 In einem Experiment soll das Standardpotenzial E^0 des Redoxpaares Fe^{2+}/Fe^{3+} ermittelt werden.

1.1 Fertigen Sie eine beschriftete Skizze des Versuchsaufbaus an.

1.2 Geben Sie die Reaktionsgleichung für den Fall an, dass elektrische Energie entnommen wird.
Zeigen Sie, dass es sich um eine Redoxreaktion handelt und kennzeichnen Sie Anode und Kathode.

2 Ein galvanisches Element ist aufgebaut aus einer Fe^{2+}/Fe^{3+}-Halbzelle und einer Standard-Silber-Halbzelle. Die gemessene Spannung beträgt $U = 0{,}1$ V. Dabei ist die Silber-Halbzelle die Anode.
Berechnen Sie, in welchem Verhältnis die Konzentrationen der Fe^{3+}- und Fe^{2+}-Ionen vorliegen. (Wahlbereich)

3 Um den Gehalt von Eisen in Eisenlegierungen zu bestimmen, werden diese mit verdünnter Schwefelsäure behandelt, wobei Fe^{2+}-Ionen in Lösung gehen. Der Gehalt an Fe^{2+}-Ionen kann quantitativ bestimmt werden, indem eine Probe mit einer stark sauren Kaliumpermanganat-Lösung titriert wird. Bei einem solchen Experiment werden $V_1 = 50$ mL der Fe^{2+}-Lösung mit Kaliumpermanganat-Lösung der Konzentration $c(MnO_4^-) = 0{,}02\ mol \cdot L^{-1}$ titriert. Bis zum Endpunkt der Titration werden $V_2 = 27{,}6$ mL Kaliumpermanganat-Lösung verbraucht.
Formulieren Sie eine Reaktionsgleichung für die Reaktion von Eisen mit verdünnter Schwefelsäure.
Geben Sie die Reaktionsgleichung für die Titration an.
Woran erkennt man den Endpunkt der Titration?
Berechnen Sie die Masse der in 1 Liter Lösung enthaltenen Eisen-Ionen.

4 In drei Parallelversuchen tauchen jeweils ein Eisen- und ein Magnesiumstab in eine Lösung mit pH = 5 ein. In den Versuchen I und II wird an den Metallstäben eine Gleichspannung von U = 3 V angelegt, wobei in Versuch I Eisen als Minuspol und in Versuch II Eisen als Pluspol geschaltet ist. Im Versuch III werden die beiden Metallstäbe elektrisch leitend miteinander verbunden. (Versuch III: Wahlbereich)

4.1 Geben Sie die zu erwartenden Beobachtungen in den Versuchen I bis III an und formulieren Sie die zugehörigen Reaktionsgleichungen.
Nennen Sie eine praktische Anwendung zum Versuch III.

4.2 In Gefäß III wird die saure Lösung durch sauerstoffgesättigtes Wasser, dem einige Tropfen Phenolphtalein zugesetzt wurden, ersetzt.
Geben Sie die zu erwartende Beobachtung an und formulieren Sie dazu eine Reaktionsgleichung. (Wahlbereich)

Lösung

1.1 Skizze:

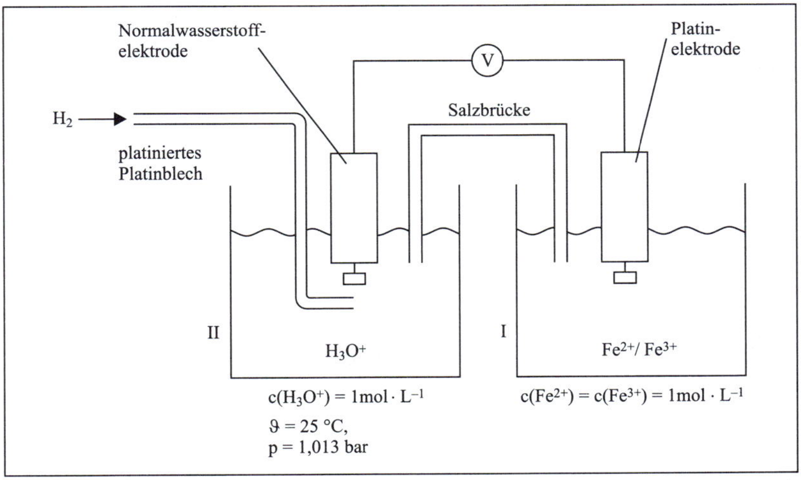

1.2 **Reaktionsgleichungen**

$$H_2 + 2\,H_2O \rightleftharpoons 2\,H_3O^+ + 2\,e^- \qquad \text{Anode: Oxidation}$$

$$2\,Fe^{3+} + 2\,e^- \rightleftharpoons 2\,Fe^{2+} \qquad \text{Kathode: Reduktion}$$

$$2\,\overset{+III}{Fe}{}^{3+} + 2\,\overset{+I\,-II}{H_2O} + \overset{0}{H_2} \rightleftharpoons 2\,\overset{+II}{Fe}{}^{2+} + 2\,\overset{+I\,-II}{H_3O^+}$$

Redoxreaktion, die Oxidationszahlen ändern sich.

2 $E_2 = E_{20} + 0{,}059\ V \cdot \lg \frac{c(Fe^{3+})}{c(Fe^{2+})}$

$E_1 = E_{10}$

$\Delta E = E_{20} - E_{10} + 0{,}059\ V \cdot \lg \frac{c(Fe^{3+})}{c(Fe^{2+})}$

Mit den Zahlenwerten:

$$0{,}1\ V = -0{,}8\ V + 0{,}77\ V + 0{,}059\ V \cdot \lg \frac{c(Fe^{3+})}{c(Fe^{2+})}$$

$\frac{c(Fe^{3+})}{c(Fe^{2+})} = 10^{2{,}2} \approx 160$

3 **Reaktionsgleichung**

$Fe + H_2SO_4 \longrightarrow FeSO_4(aq) + H_2$

oder:

$Fe + 2\ H_3O^+ + SO_4^{2-} \longrightarrow Fe^{2+} + 2\ H_2O + H_2 + SO_4^{2-}$

Reaktionsgleichungen für die Titration:

$Fe^{2+} \rightleftharpoons Fe^{3+} + e^-$	$\cdot 5$	Oxidation
$MnO_4^- + 8\ H_3O^+ + 5\ e^- \rightleftharpoons Mn^{2+} + 12\ H_2O$		Reduktion
$MnO_4^- + 5\ Fe^{2+} + 8\ H_3O^+ \rightleftharpoons Mn^{2+} + 5\ Fe^{3+} + 12\ H_2O$		Gesamtreaktion

Der Endpunkt der Titration ist bei bleibender **Violettfärbung** erreicht.

Aus der Reaktionsgleichung ergibt sich:

$\frac{n(Fe^{2+})}{n(MnO_4-)} = \frac{5}{1}$ oder $n(Fe^{2+}) = 5 \cdot n(MnO_4^-)$

mit $c \cdot V = n$ und $n \cdot M = m$ erhält man:

$m(Fe^{2+}) = 5 \cdot c(MnO_4^-) \cdot V(MnO_4^-) \cdot M(Fe^{2+})$

$m(Fe^{2+}) = 5 \cdot 0{,}02\ mol \cdot L^{-1} \cdot 27{,}6 \cdot 10^{-3} L \cdot 56\ g \cdot mol^{-1} = 154{,}56\ mg = 0{,}155\ g$

in 1 l: $m(Fe^{2+}) \approx 0{,}155\ g \cdot 20 = 3{,}1\ g$

4.1 **I: Elektrolyse**

Anode: Magnesium löst sich auf: $Mg \longrightarrow Mg^{2+} + 2\ e^-$

Kathode: Entwicklung von Wasserstoff: $2\ H_3O^+ + 2\ e^- \longrightarrow H_2 + 2\ H_2O$

II: Elektrolyse

Anode: Eisen geht in Lösung: $Fe \longrightarrow Fe^{2+} + 2\ e^-$

Kathode: Entwicklung von Wasserstoff: $2\ H_3O^+ + 2\ e^- \longrightarrow H_2 + 2\ H_2O$

III: Bildung eines **Lokalelements**

Magnesium löst sich auf, am Eisenstab entwickelt sich Wasserstoff:

$$Mg \longrightarrow Mg^{2+} + 2\,e^-$$

$$2\,H_3O^+ + 2\,e^- \longrightarrow H_2 + 2\,H_2O$$

Anwendung: z. B. kathodischer Schutz von Eisen („Opferanode“)

4.2 Die Lösung färbt sich **violett**: Bildung von Hydroxid-Ionen:

$$O_2 + 2\,H_2O + 4\,e^- \longrightarrow 4\,OH^-$$

Aufgabe 8: Elektrochemie, Redoxreaktionen, Energetik

Magnesium ist ein silberglänzendes, vielseitig verwendbares Leichtmetall, das durch Schmelzelektrolyse aus Magnesiumchlorid gewonnen wird.

1 Als Rohprodukt für die großtechnische Gewinnung von Magnesium dient das in der Natur vorkommende Magnesit (Magnesiumcarbonat, $MgCO_3$), aus dem durch Erhitzen zunächst Magnesiumoxid gewonnen wird (Reaktion A). In einer nachfolgenden Reaktion B wird das Oxid durch Umsetzung mit Kohle und Chlor in Magnesiumchlorid und Kohlenstoffmonooxid umgewandelt.

1.1 Formulieren Sie für beide Vorgänge die Reaktionsgleichungen.
Zeigen Sie, dass Reaktion B eine Redoxreaktion ist.

1.2 Um das Magnesium zu erhalten, wird eine Schmelze von Magnesiumchlorid, der Alkalimetallchloride und Calciumchlorid zugesetzt wurden, bei 700–800 °C elektrolysiert.
Formulieren Sie die Reaktionsgleichungen für die Elektrodenvorgänge.
Welchem Zweck dient der Zusatz der Alkalimetallchloride und des Calciumchlorids?
Begründen Sie, warum die Magnesiumabscheidung durch diese zugesetzten Salze nicht beeinträchtigt wird.

2.1 Magnesiumchlorid kann auch durch Synthese aus den Elementen gebildet werden.
Ermitteln Sie mithilfe der Tabellenwerte die Reaktionsentropie $\Delta_R S^0$ der Synthese, und interpretieren Sie den erhaltenen Wert.
Berechnen Sie den Temperaturbereich, in dem ein freiwilliger Ablauf der Magnesiumchlorid-Synthese möglich ist.

2.2 9,53 g Magnesiumchlorid werden in so viel Wasser gelöst, dass 100 mL Lösung entstehen. Diese Lösung wird bei pH = 7 an Platinelektroden elektrolysiert.
Formulieren Sie für alle möglichen Elektrodenvorgänge die Reaktionsgleichungen, und bestimmen Sie die dazugehörigen Abscheidungspotenziale.
Begründen Sie, welche Stoffe sich an den Elektroden abscheiden. Für Sauerstoff ist eine Überspannung von $\eta = 0{,}78$ V zu berücksichtigen.
(Wahlbereich)

3 Durch Verbrennen von Magnesiumspänen an Luft entsteht neben einem weißen Pulver auch ein gelbgrüner Feststoff (Magnesiumnitrid, Mg_3N_2). Letzterer kann mit Wasser zu Magnesiumhydroxid und einem Gas umgesetzt werden, das feuchtes Universalindikator-Papier bläut.

Formulieren Sie die Reaktionsgleichungen für die Bildung der beiden Feststoffe sowie für die Umsetzung des Nitrids mit Wasser.
Geben Sie außerdem die Reaktionsgleichung für die Reaktion an, die zu der Blaufärbung des Indikatorpapiers führt, und erläutern Sie den Reaktionstyp.

	Magnesium	Chlor	Magnesiumchlorid
$\Delta_f H^0$ in $kJ \cdot mol^{-1}$	0	0	−642
S^0 in $J \cdot mol^{-1} \cdot K^{-1}$	33	223	90

Lösung

1.1 Reaktionsgleichungen:

A $MgCO_3 \longrightarrow MgO + CO_2$

B $\overset{+II\,-II}{MgO} + \overset{0}{C} + \overset{0}{Cl_2} \longrightarrow \overset{+II\,-I}{MgCl_2} + \overset{+II\,-II}{CO}$

Änderung der Oxidationszahlen: **Redoxreaktion**

1.2 **Minuspol:** $Mg^{2+} + 2\,e^- \longrightarrow Mg$ (Kathode)
Pluspol: $2\,Cl^- \longrightarrow Cl_2 + 2\,e^-$ (Anode)

Die Zusätze dienen zur Herabsetzung der Schmelztemperatur.

Am Minuspol werden diejenigen Teilchen mit dem **positiveren** Potenzial zuerst reduziert. Die Standardpotenziale der Alkalimetall- und Calciumionen sind negativer als das Standardpotenzial $E^0(Mg^{2+}/Mg)$, also wird Magnesium zuerst abgeschieden.

2.1 $$\Delta_R H^0 = \sum^n \Delta_f H^0(Pr.) - \sum^n \Delta_f H^0(Ed.) = 1\,mol \cdot \Delta_f H^0(MgCl_2) = -642\,kJ$$

$$\Delta_R S^0 = \sum^n S^0(Pr.) - \sum^n S^0(Ed.) = S^0(MgCl_2) - S^0(Cl_2) - S^0(Mg)$$
$$= 1\,mol \cdot 90\,J \cdot K^{-1} \cdot mol^{-1} - 1\,mol \cdot 223\,J \cdot K^{-1} \cdot mol^{-1} - 1\,mol \cdot 33\,J \cdot K^{-1} \cdot mol^{-1}$$
$$\approx -0{,}166\,kJ \cdot K^{-1}$$

Die Reaktionsentropie ist negativ, was einer **Zunahme der Ordnung** entspricht, die durch den Phasenwechsel von fest/gasförmig nach fest bedingt wird.

Es gilt: $\Delta_R G = \Delta_R H^0 - T \cdot \Delta_R S^0 \leq 0$ und daraus $T \leq \dfrac{\Delta_R H^0}{\Delta_R S^0} \Rightarrow T \leq 3\,867\ K$

2.2 Mit $n = \frac{m}{M}$ und $c = \frac{n}{V}$ ergibt sich:

$$c(MgCl_2) = \frac{m}{M \cdot V} = \frac{9{,}53\,g}{95{,}3\,g \cdot mol^{-1} \cdot 0{,}1\,L} = 1\,mol \cdot L^{-1}$$

$$c(Mg^{2+}) = 1\,mol \cdot L^{-1}; \quad c(Cl^-) = 2\,mol \cdot L^{-1}$$

Kathode

$Mg^{2+} + 2\,e^- \longrightarrow Mg$ $\quad E(Mg^{2+}/Mg) = E^0(Mg^{2+}/Mg) = -2{,}38\,V$

$2\,H_3O^+ + 2\,e^- \longrightarrow H_2 + 2\,H_2O$ $\quad E(H_3O^+/H_2, pH = 7) = -0{,}059\,V \cdot pH = -0{,}41\,V$

Anode

$2\,Cl^- \longrightarrow Cl_2 + 2\,e^-$ $\quad E(Cl_2/Cl^-) = E^0 - 0{,}059\,V \cdot \lg c(Cl^-) = 1{,}34\,V$

$4\,OH^- \longrightarrow O_2 + 2\,H_2O + 4\,e^-$

$E(O_2/OH, pH = 7) = 1{,}23\,V - 0{,}059\,V \cdot pH + \eta = 1{,}6\,V$

An der **Kathode** werden diejenigen Teilchen mit dem **positiveren** Potenzial zuerst reduziert, also erfolgt zunächst die Abscheidung von Wasserstoff;
An der **Anode** werden diejenigen Teilchen mit dem **negativeren** Potenzial zuerst oxidiert, also erfolgt zuerst die Abscheidung von Chlor.

Alternativ: Die Wasserstoffhalbzelle und die Chlorhalbzelle weisen jeweils das höchste (am wenigsten negative) Reduktions- bzw. Oxidationspotenzial auf.
(Wahlbereich)

3 $2\,Mg + O_2 \longrightarrow 2\,MgO$

$3\,Mg + N_2 \longrightarrow Mg_3N_2$ (Magnesiumnitrid)

$Mg_3N_2 + 6\,H_2O \longrightarrow 3\,Mg(OH)_2 + 2\,NH_3$

$\underset{B_1}{NH_3} + \underset{S_2}{H_2O} \rightleftharpoons \underset{S_1}{NH_4^+} + \underset{B_2}{OH^-}$ Protolysereaktion

(B_1/S_1, B_2/S_2 = korresponierende Säure-Base-Paare)

Aufgabe 9: Redoxreaktionen, Bleiakkumulator, Brennstoffzellen

1 Blei ist eines der wichtigsten Gebrauchsmetalle. Rohstoff für die Bleiherstellung ist Blei(II)-sulfid (Bleiglanz), PbS.
Beim Röstreaktionsverfahren wird das Blei(II)-sulfid teilweise mit Sauerstoff umgesetzt, sodass Blei(II)-oxid entsteht (Reaktion A).
Das restliche Blei(II)-sulfid reagiert unter Luftabschluss mit dem entstandenen Blei(II)-oxid zu Blei (Reaktion B).
Bei beiden chemischen Reaktionen entsteht als weiteres Produkt Schwefeldioxid.
Formulieren Sie die Reaktionsgleichungen für die Reaktionen A und B.
Benennen Sie für beide Reaktionen jeweils das Oxidations- und Reduktionsmittel. Welcher Anteil des eingesetzten Blei(II)-sulfids muss im ersten Reaktionsschritt umgesetzt werden, um im zweiten Schritt eine vollständige Reaktion zu Blei zu erreichen?

2 Zum größten Teil wird Blei für die Herstellung von Akkumulatoren (z. B. Auto-Starterbatterien) verwendet.
Fertigen Sie eine beschriftete Skizze eines geladenen Bleiakkumulators an.
Als Elektrolyt wird im Bleiakkumulator verdünnte Schwefelsäure (Massenanteil $w(H_2SO_4) = 38\ \%$, Dichte $\rho = 1{,}28\ g \cdot mL^{-1}$) verwendet.
Berechnen Sie die Stoffmengenkonzentration $c(H_2SO_4)$ der Schwefelsäure. Erklären Sie mithilfe der Reaktionsgleichung für den Entladevorgang, warum die Schwefelsäurekonzentration ein Maß für den Ladezustand des Akkumulators ist.

3 Gegenwärtig werden als mobile Energiequellen Brennstoffzellen weiterentwickelt. Zwei verschiedene Brennstoffzelltypen sind in der Abbildung auf der folgenden Seite dargestellt.
Formulieren Sie die Reaktionsgleichungen für die Elektrodenreaktionen der beiden Brennstoffzelltypen. Berücksichtigen Sie dabei deren unterschiedlichen Bau.
Geben Sie die Reaktionsgleichung für die Gesamtreaktion in den beiden Brennstoffzellen an. Bestimmen Sie für diese Reaktion die freie Reaktionsenthalpie (Standardbedingungen werden angenommen).

$\Delta_f H^0$ (H_2O) [$kJ \cdot mol^{-1}$]	S^0 (H_2O) [$J \cdot K^{-1} \cdot mol^{-1}$]	S^0 (H_2) [$J \cdot K^{-1} \cdot mol^{-1}$]	S^0 (O_2) [$J \cdot K^{-1} \cdot mol^{-1}$]
–286	70	131	205

Abbildungen zu Aufgabe 3

Alkalische Brennstoffzelle **AFC**:
Als Elektrolytflüssigkeit wird bei diesem Brennstoffzellentyp Kalilauge verwendet.
Prinzipschema (vereinfacht):

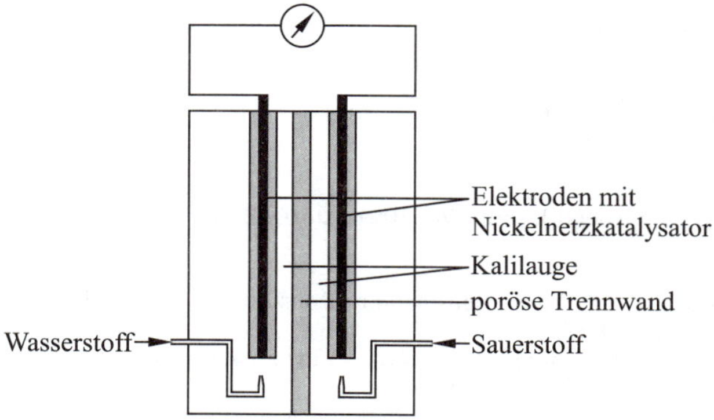

Brennstoffzelle mit protonendurchlässiger **Kunststoffmembran PEMFC**:
Hier wird keine Elektrolytflüssigkeit benutzt. Anode und Kathode werden durch eine protonendurchlässige Kunststofffolie getrennt.

Prinzipschema (vereinfacht):

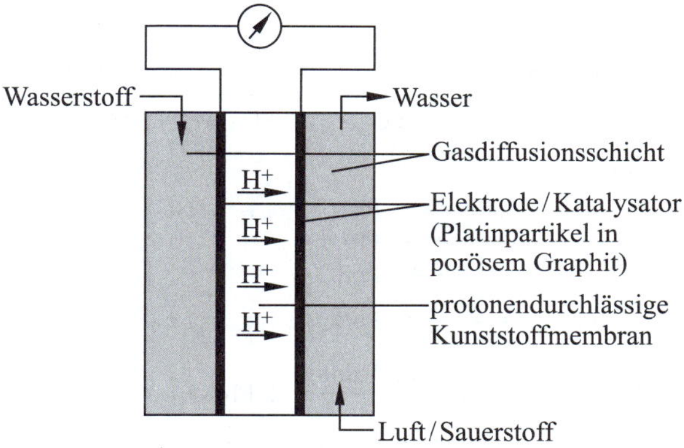

Lösung

1 A $2\,PbS + 3\,O_2 \longrightarrow 2\,PbO + 2\,SO_2$
Oxidationsmittel: Sauerstoff-Molekül
Reduktionsmittel: Sulfid-Ionen

B $PbS + 2\,PbO \longrightarrow 3\,Pb + SO_2$
Oxidationsmittel: Blei-Ion
Reduktionsmittel: Sulfid-Ionen

2/3 des eingesetzten Bleisulfids müssen umgesetzt werden.

2 Skizze:

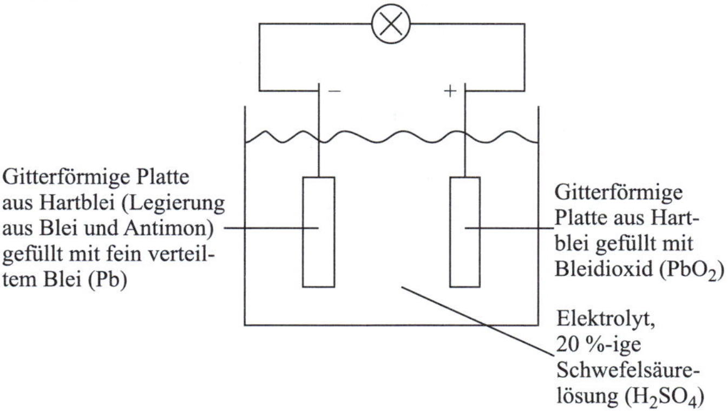

$$c = \frac{n}{V} = \frac{m}{M \cdot V} = \frac{m_L \cdot W}{M \cdot V \cdot 100} = \frac{0{,}38 \cdot \rho \cdot V \cdot 1\,000}{M \cdot V} = \frac{0{,}38 \cdot 1{,}28 \cdot 1\,000}{98} \text{ mol} \cdot L^{-1}$$

$c = 4{,}963 \text{ mol} \cdot L^{-1}$

Vorgänge am negativen Pol:

$Pb \rightleftharpoons Pb^{2+} + 2\,e^-$

$Pb^{2+} + SO_4^{2-} \rightleftharpoons PbSO_4\downarrow \qquad (PbSO_4 \rightleftharpoons Pb^{2+} + SO_4^{2-})$

$Pb + SO_4^{2-} \rightleftharpoons PbSO_4\downarrow + 2\,e^- \qquad (PbSO_4 \rightleftharpoons Pb^{2+} + SO_4^{2-})$

Vorgänge am positiven Pol:

$PbO_2 + 4\,H^+ \rightleftharpoons Pb^{4+} + 2\,H_2O$

$Pb^{4+} + 2\,e^- \rightleftharpoons Pb^{2+}$

$Pb^{2+} + SO_4^{2-} \rightleftharpoons PbSO_4\downarrow$

$2\,e^- + PbO_2 + 4\,H^+ + SO_4^{2-} \rightleftharpoons PbSO_4\downarrow + 2\,H_2O$

Gesamtreaktion: $Pb + PbO_2 + 2\,H_2SO_4 \xrightarrow{\text{Entladung}} 2\,PbSO_4(s) + 2\,H_2O$

Beim Entladen wird Schwefelsäure verbraucht und Wasser gebildet, durch die Verdünnung ändert sich die Dichte.

3 AFC-Zelle:

$2\,H_2 + 4\,OH^- \longrightarrow 4\,H_2O + 4\,e^-$ – Pol

$O_2 + 2\,H_2O + 4\,e^- \longrightarrow 4\,OH^-$ + Pol

$2\,H_2 + O_2 \longrightarrow 2\,H_2O$

PEMFC-Zelle:

$2\,H_2 \longrightarrow 4\,H^+ + 4\,e^-$ – Pol

$O_2 + 4\,H^+ + 4\,e^- \longrightarrow 2\,H_2O$ + Pol

$2\,H_2 + O_2 \longrightarrow 2\,H_2O$

Gesamtreaktion:

$2\,H_2 + O_2 \longrightarrow 2\,H_2O$

Berechnung der Freien Reaktionsenthalpie:

$2\,H_2(g) + O_2(g) \longrightarrow 2\,H_2O(l)$

$$\Delta_R G^0 = \Delta_R H^0 - T\Delta_R S^0$$
$$= \sum \Delta_f H^0(\text{Pr.}) - \sum \Delta_f H^0(\text{Ed.}) - T\left(\sum S^0(\text{Pr.}) - \sum S^0(\text{Ed.})\right)$$

$\Delta_R G^0 = 2 \cdot \Delta_f H^0(H_2O\,(l)) - T(2 \cdot S^0(H_2O\,(l)) - 2\,S^0(H_2\,(g)) - S^0(O_2\,(g))$

$\Delta_R G^0 = 2 \cdot (-286)\text{ kJ} - 298 \cdot (2 \cdot 70 - 2 \cdot 131 - 205)\text{ J}$

$\Delta_R G^0 = -572\text{ kJ} + 97{,}45\text{ kJ} = -474{,}55\text{ kJ}$

Hinweise zu den Übungsaufgaben

Mit den im Folgenden angebotenen Übungsaufgaben können unterschiedliche Lerninhalte, vertieft und erweitert werden, insbesondere aus dem Bereich der „Naturstoffe“. In einigen Aufgaben kommen an manchen Stellen außerdem veränderte Fragestellungen zum Einsatz, oder die Aufgaben fordern Fähigkeiten wie die Auswertung von Diagrammen, den Umgang mit Texten und die Deutung von Versuchsergebnissen. Die Formulierungen entsprechender Lösungsansätze ermöglichen die Einübung solcher Fertigkeiten.

Übungsaufgaben zu zentralen Themen des neuen Lehrplans im Fach Chemie (Baden-Württemberg)

Aufgabe 1: Energetik und Redoxreaktionen

1 Der Energiebedarf des Menschen setzt sich aus einem Grundumsatz und einem Arbeitsumsatz zusammen. Für die Grundumsatzenergie wird in der Regel für 1 kg Körpergewicht und für die Dauer einer Stunde ein Wert von 4,2 kJ angesetzt. Der Arbeitsumsatz hängt von der körperlichen Aktivität ab. Für eine leichte Tätigkeit errechnet sich ein Zuschlag von 30 % des Grundumsatzes.

1.1 Ermitteln Sie den Energietagesbedarf für einen Menschen mit einer Körpermasse von 70 kg, der eine leichte Tätigkeit ausübt.

1.2 Würde man den Tagesbedarf allein durch die Verbrennung von Glucose decken, so müsste man etwa 600 g Glucose verzehren und zur Verbrennung etwa 440 Liter Sauerstoff bei Standardbedingungen aufnehmen.
Bestätigen Sie durch entsprechende Berechnungen diese Angaben.
Berechnen Sie außerdem den Brennwert sowie den Heizwert, wenn 1 mol Glucose verbrannt werden.
Geben Sie für D-Glucose eine Strukturformel in der Haworth-Projektion an.

1.3 Ein Radfahrer mit einer Körpermasse von 80 kg ist eine Stunde lang mit konstanter Geschwindigkeit unterwegs. Die Leistungsabgabe seines Körpers bezogen auf 1 kg Körpermasse beträgt dabei $4{,}44\ J \cdot s^{-1} \cdot kg^{-1}$.
Der Energieverbrauch soll mit Schokolade abgedeckt werden. Wie viel Gramm Schokolade sind dazu notwendig, wenn der Gehalt an umsetzbarer chemischer Energie bei Vollmilchschokolade $23\,650\ kJ \cdot kg^{-1}$ beträgt.

2 Fliegende Tiere können als Flugtreibstoffe z. B. Kohlenhydrate, Fette (hauptsächlich Triglyceride) oder ein Gemisch aus beiden benutzen. Bei der vollständigen Verbrennung mit Sauerstoff entsteht aus beiden Treibstoffgruppen Kohlenstoffdioxid und Wasser.

2.1 Formulieren Sie die Reaktionsgleichung für die Verbrennung von 2 mol Tristearylglycerid. Bei diesem Triglycerid ist 1,2,3-Propantriol (Glycerin) mit Octadecansäure, $C_{17}H_{35}COOH$, (Stearinsäure) verestert. Die Summenformel für Tristearylglycerid ist $C_{57}H_{110}O_6$.
Geben Sie für das Triglycerid auch eine Strukturformel an. Die Kohlenwasserstoffreste können dabei zusammengefasst werden.

2.2 Misst man das bei der Verbrennung von Kohlenhydraten und von Fett eingeatmete Sauerstoffvolumen und das ausgeatmete Kohlenstoffdioxidvolumen (gleiche Zeitspannen vorausgesetzt) und bildet dann den Quotienten, so erhält man bei Kohlenhydraten den Wert 1 und bei Fetten den Wert 0,7. Diesen Quotienten bezeichnet man als Respiratorischen Quotienten RQ. Begründen Sie diese angegebenen Quotienten, indem Sie für einen vollständigen Formelumsatz sowohl für Glucose als auch für Tristearylglycerid das Stoffmengenverhältnis zwischen aufgenommenem Sauerstoff und freigesetztem Kohlenstoffdioxid bilden.
Der RQ für die Verbrennung von Proteinen beträgt 0,8. Was bedeutet ein RQ-Wert zwischen 0,8 und 0,9 bezüglich der Nahrungsaufnahme beim Menschen?

Lösung

1.1 Grundumsatz, Tagesbedarf: $70\,\text{kg} \cdot 4{,}2 \dfrac{\text{kJ}}{\text{k} \cdot \text{kg}} \cdot 24\,\text{h} = 7\,056\,\text{kJ}$

Leistungsumsatz: $\dfrac{30 \cdot 7056}{100}\,\text{kJ} = 2\,116{,}8\,\text{kJ}$

Gesamt: 9 173 kJ

1.2 Reaktionsgleichung:

$$C_6H_{12}O_6 + 6\,O_2 \longrightarrow 6\,CO_2 + 6\,H_2O_{(l)}$$

$$\Delta_R H = \sum \Delta_f H^0(\text{Pr.}) - \sum \Delta_f H^0(\text{Ed.})$$

$$\Delta_R H = 6 \cdot \Delta_f H^0(CO_2) + 6 \cdot \Delta_f H^0(H_2O(l)) - \Delta_f H^0(C_6H_{12}O_6)$$

$$\Delta_R H = [6(-394) + 6(-285) + 1\,274]\,\text{kJ}$$

$$\Delta_R H = -2\,806\,\text{kJ}$$

Stoffmenge für den Tagesbedarf: $n = \dfrac{9\,173\,\text{kJ}}{2\,806\,\text{kJ}}\,\text{mol} = 3{,}269\,\text{mol}$

Masse m an Glucose: $m = n \cdot M = 3{,}269\,\text{mol} \cdot 180\,\text{g} \cdot \text{mol}^{-1} = 588{,}43\,\text{g}$

Stoffmenge an Sauerstoff: für 1 mol Glucose benötigt man 6 mol O_2, für 3,269 mol Glucose benötigt man **19,614 mol O_2**

Volumen: $V = n \cdot V_m = 19{,}614\,\text{mol} \cdot 22{,}4\,\text{L} \cdot \text{mol}^{-1} = 439{,}35\,\text{L}$

$$\Delta_R H = -2\,806\,\text{kJ} \cdot \text{mol}^{-1} = \Delta H_{0,m}$$

Brennwert: $H_0 = \dfrac{2\,806}{180} \dfrac{\text{kJ} \cdot \text{mol}^{-1}}{\text{g} \cdot \text{mol}^{-1}} = 15{,}59\,\text{kJ} \cdot \text{g}^{-1}$

Heizwert: $H_u = \dfrac{(2\,806 - 6 \cdot 44)}{180} \dfrac{\text{kJ} \cdot \text{mol}^{-1}}{\text{g} \cdot \text{mol}^{-1}} = 14{,}12\,\text{kJ} \cdot \text{g}^{-1}$

Strukturformel von D-Glucose in Haworth-Projektion:

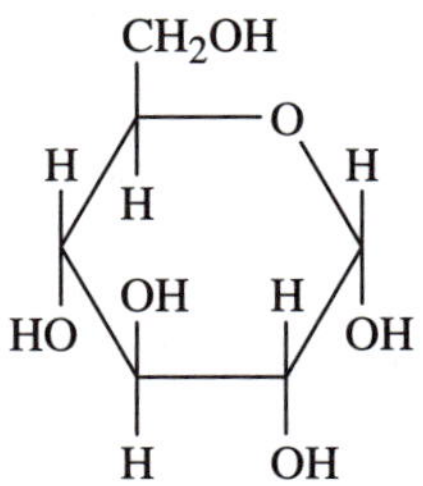

1.3 Energieverbrauch: $W = 4{,}44\ \text{J} \cdot \text{s}^{-1} \cdot \text{kg}^{-1} \cdot 80\ \text{kg} \cdot 3\,600\ \text{s} = 1\,278{,}72\ \text{kJ}$

$$m(\text{Schokolade}) = \frac{1\,278{,}72\ \text{kJ}}{23\,650\ \text{kJ}}\ \text{kg} = 0{,}054\ \text{kg} = 54\ \text{g}$$

Man bräuchte **54 g Vollmilchschokolade**, um den Energieverbrauch zu decken.

2.1 $C_{57}H_{110}O_6 + 163\ O_2 \longrightarrow 114\ CO_2 + 110\ H_2O$

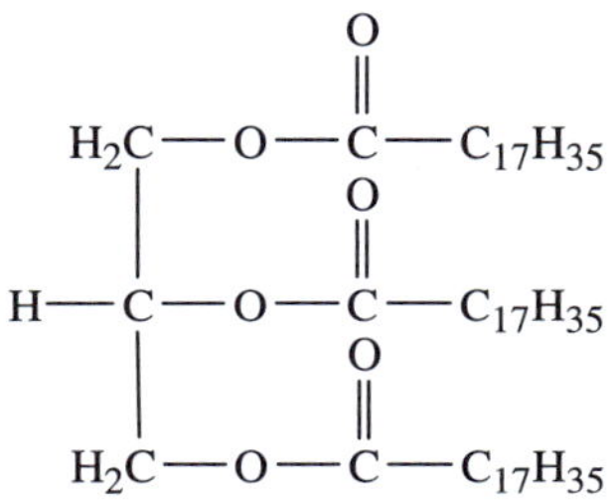

2.2 Es gilt: $n(O_2) = \frac{V(O_2)}{V_0}$ oder $n(O_2)V_0 = V(O_2)$ und $n(CO_2) = \frac{V(CO_2)}{V_0}$ und

$n(CO_2)V_0 = V(CO_2)$

das Verhältnis ist: $\frac{n(CO_2)V_0}{n(O_2)V_0} = \frac{V(CO_2)}{V(O_2)} = \frac{1}{1} = 1$

Entsprechend gilt bei der Verbrennung von Triglycerid mit

$nV_0 = V$: $V(O_2) = 163\ \text{mol} \cdot V_0$ und $V(CO_2) = 144\ \text{mol} \cdot V_0$

für das Verhältnis: $\frac{V(CO_2)}{V(O_2)} = \frac{144}{163} = 0{,}699 \approx 0{,}7$

Der Wert des respiratorischen Koeffizienten zwischen 0,8 und 0,9 deutet auf den Abbau eines **Nährstoffgemisches** aus Kohlenhydraten, Fetten und Proteinen hin.

Aufgabe 2: Energetik und Brennstoffzelle

Wasserstoff kann nicht nur als Grundstoff für die Synthesen chemischer Verbindungen eingesetzt werden, sondern auch als Energieträger zur Wärme- und Stromerzeugung. Außerdem ist sein Gebrauch als Kraftstoff möglich.

1 Formulieren Sie für Methan als Hauptbestandteil des Erdgases, für Octan als Bestandteil des Benzins sowie für Wasserstoff die Reaktionsgleichungen für die Verbrennungen.

2.1 Berechnen Sie mit den in der Tabelle angegebenen Werten für die fossilen Brennstoffe Methan und Octan und für Wasserstoff die spezifischen Brennwerte bei Standardbedingungen. Der spezifische Brennwert ist die bei der Verbrennung freigesetzte Energie bezogen z. B. auf die Masse des eingesetzten Brennstoffes (Einheit $\text{kJ} \cdot \text{g}^{-1}$ oder $\text{kJ} \cdot \text{kg}^{-1}$). Berechnen Sie für Wasserstoff und Methan außerdem den Brennwert bezogen auf 1 Liter verbrannten Gases.

2.2 Beurteilen Sie den Wasserstoff als Energieträger. Benutzen Sie u. a. auch die Werte aus Teil 2. Diskutieren Sie auch Probleme, die bei der Verwendung als Kraftstoff auftreten können.

3.1 In der Raumfahrttechnik findet neben der Knallgaszelle die Hydrazin- Brennstoffzelle Verwendung. In dieser wird der flüssige Brennstoff Hydrazin, N_2H_4 mit Sauerstoff zu Stickstoff und Wasser verbrannt.
Skizzieren Sie schematisch den Aufbau einer Demonstrations-Hydrazin-Brennstoffzelle und formulieren Sie die an den Elektroden ablaufenden Vorgänge. Als Elektrolyt wird Kalilauge verwendet. Der Sauerstoff entsteht durch Zerfall von Wasserstoffperoxid.

Tabelle

Verbindung	**Werte für die Bildungsenthalpien $\Delta_f H^0$ in $kJ \cdot mol^{-1}$**
Methan	−75
Kohlenstoffdioxid	−393
Wasser	−285
Octan	−208

Lösung

1 **Reaktionsgleichungen**

Methan: $CH_4 + 2\,O_2 \longrightarrow CO_2 + 2\,H_2O_{(l)}$

Octan: $2\,C_8H_{18} + 25\,O_2 \longrightarrow 16\,CO_2 + 18\,H_2O_{(l)}$

Wasserstoff: $2\,H_2 + O_2 \longrightarrow 2\,H_2O_{(l)}$

2.1 Für die Reaktionsenthalpie gilt allgemein: $\Delta_R H^0 = \sum \Delta_f H^0(\text{Pr.}) - \sum \Delta_f H^0(\text{Ed.})$

Methan: $\Delta_R H^0 = \Delta_f H^0(CO_2) + 2 \cdot \Delta_f H^0(H_2O(l)) - \Delta_f H^0(CH_4)$

$\Delta_R H^0 = (-393 - 2 \cdot 285 - (-75))\ kJ = -888\ kJ$

der molare Brennwert ist: $-\Delta_R H^0 = H_{0,m} = +888\ kJ \cdot mol^{-1}$

der spezifische Brennwert

ist: $H_0 = \dfrac{H_{0,m}}{M} = \dfrac{888}{16}\,\dfrac{kJ \cdot mol^{-1}}{g \cdot mol^{-1}} = 55{,}5\ kJ \cdot g^{-1} = 55500\ kJ \cdot kg^{-1}$

für Octan: $\Delta_R H^0 = 16\,\Delta_f H^0(CO_2) + 18\,\Delta_f H^0(H_2O(l)) - 2\,\Delta_f H^0(C_8H_{18})$

$\Delta_R H^0 = [16(-393 + 18(-285) - 2(-208)]\ kJ = -11\,002\ kJ$

der molare Brennwert ist: $H_{0,m} = -\dfrac{\Delta_R H^0}{2} = 5501\ kJ \cdot mol^{-1}$

der spezifische Brennwert ist: $H_0 = \frac{H_{0,m}}{M} \frac{kJ \cdot mol^{-1}}{g \cdot mol^{-1}} = \frac{5501}{114} \frac{kJ}{g} = 48,25\,kJ \cdot g^{-1}$

oder $H_0 = 48\,250\,kJ \cdot kg^{-1}$

für Wasserstoff: $\Delta_R H^0 = 2 \cdot \Delta_f H^0(H_2O(l)) = -570\,kJ$

der molare Brennwert ist: $H_{0,m} = -\frac{\Delta_R H^0}{2}\,kJ \cdot mol^{-1} = +285\,kJ \cdot mol^{-1}$

der spezifische Brennwert ist: $H_0 = \frac{H_{0,m}}{M} = \frac{285}{2} \frac{kJ \cdot mol^{-1}}{g \cdot mol^{-1}} = 143\,kJ \cdot g^{-1}$

oder $H_0 = 143000\,kJ \cdot kg^{-1}$

der Brennwert bezogen auf 1 Liter Gas ist: $H_0 = \frac{H_{0,m}}{V_m} = \frac{+285}{22,4} \frac{kJ \cdot mol^{-1}}{L \cdot mol^{-1}}$

$H_0 = 12,72\,kJ \cdot L^{-1}$

entsprechender Wert für Methan: $H_0 = \frac{H_{0,m}}{V_m} = \frac{888}{22,4} \frac{kJ \cdot mol^{-1}}{L \cdot mol^{-1}} = 39,64\,kJ \cdot L^{-1}$

2.2 Wasserstoff ist ein sehr guter Energieträger, wenn man den Brennwert auf die Masseneinheit bezieht. Bezogen auf die Volumeneinheit ist er dagegen ein schlechter Energieträger. Erforderlich ist daher ein relativ großes Tankvolumen: Dies kann einen verkleinerten Laderaum oder eine verringerte Reichweite zur Folge haben.
Wasserstoff ist ein umweltfreundlicher Energieträger; bei der Verbrennung mit Luft entstehen neben Wasser nur die schädlichen Stickoxide.

3

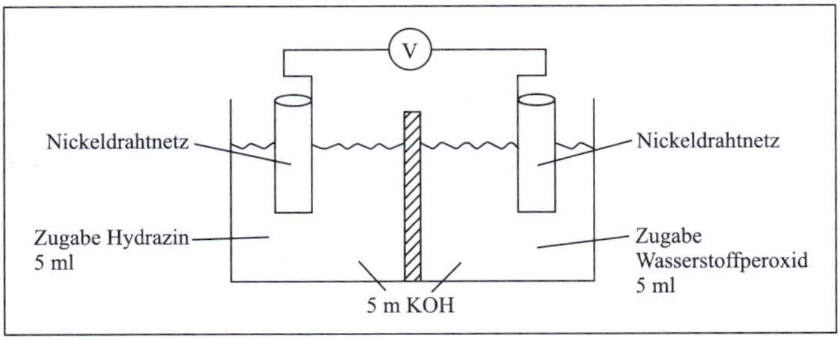

$\overset{-II}{N_2}H_4 + 4\,OH^- \longrightarrow \overset{0}{N_2} + 4\,e^- + 4\,H_2O$ **–Pol** (vereinfachte Gleichung)

$O_2 + 2\,H_2O + 4\,e^- \longrightarrow 4\,OH^-$ **+Pol**

$N_2H_4 + O_2 \longrightarrow N_2 + 2\,H_2O$

Der Sauerstoff entsteht durch Zerfall von Wasserstoffperoxid:

$2\,H_2O_2 \longrightarrow 2\,H_2O + O_2$

Aufgabe 3: Energetik, Kohlenhydrate, Ethanol

Lesen Sie den Text durch und bearbeiten Sie folgende Aufgaben.

1 Formulieren Sie die Brutto-Reaktionsgleichung für den Gärungsvorgang. Benutzen Sie als Ausgangsstoff Glucose und für das Molekül die entsprechende Summenformel. Zeigen Sie, dass dieser Gärungsvorgang eine energieliefernde und spontan ablaufende Reaktion ist. Deuten Sie auch das Vorzeichen für die Entropieänderung.

2 Geben Sie von den Disacchariden Maltose und Saccharose je eine Formel in der Haworth-Projektion an. Beschreiben Sie einen Versuch, mit dem sich die beiden Disaccharide unterscheiden lassen. Erklären Sie auch ihre Vorgehensweise. Zeichnen Sie von dem Polysaccharid Amylopektin einen Formelausschnitt mit vier Bausteinen. Beschreiben Sie den Aufbau eines anderen Polysaccharids aus dem möglicherweise vergärbare Glucose gewonnen werden könnte. Stellen Sie das Verfahren dar, um aus dem Polysaccharid das Monosaccharid zu erhalten.

3 Beschreiben Sie die im Text erwähnte Methode der Destillation. Die bei der Destillation erreichbare Obergrenze beträgt etwa 96 %. Geben Sie Möglichkeiten an, wie man praktisch wasserfreien Alkohol erhalten könnte. Eine Halbliterflasche Pils enthält 5 Vol.-% Ethanol. Berechnen Sie den Promillegehalt für einen Menschen von 70 kg Körpermasse nach dem Konsum von drei Flaschen Pils sowie die Abbauzeit.

Anlagen zur Übungsaufgabe 3

Alkoholische Getränke wie Bier und Wein sind schon seit mehr als 6 000 Jahren bekannt. Wichtige Inhaltsstoffe für die Bierherstellung sind die in den Gersten- und Weizenkörnern enthaltenen Polysaccharide Amylose und Amylopektin. Diese müssen durch stärkespaltende Enzyme in die Bausteine Maltose und Glucose zerlegt werden. Aus diesen gewinnen Hefepilze durch Gärung Energie und als Nebenprodukte Ethanol und Kohlendioxid. Vergärbare Zucker im Wein sind hauptsächlich Saccharose und die Spaltprodukte Fructose und Glucose.
Die natürliche Vergärung hat bezüglich des Alkoholgehaltes ihre Grenzen. Die Hefepilze vertragen höchstens 16 Volumenprozent Alkohol. Die Anwendung der Destillation erlaubte erstmals im Mittelalter die Gewinnung von hochprozentigem Alkohol.
Ethanol hat eine Dichte von $\rho(\text{Ethanol}) = 0{,}789\ g \cdot mL^{-1}$. Für die Verteilung von Alkohol (Ethanol) im menschlichen Körper stehen nur etwa 70 % der Körpermasse zur Verfügung (Knochen nehmen nur sehr wenig auf). Pro Stunde und ein kg Körpermasse werden etwa 0,1 g Alkohol (Ethanol) abgebaut.

Verbindung	**$\Delta_f H^0$ in kJ · mol^{-1}**	**S^0 in J · mol^{-1} · K^{-1}**
Kohlenstoffdioxid	−393	214
Ethanol	−278	161
Glucose	−1274	212

Lösung

1 $C_6H_{12}O_6 \longrightarrow 2\,C_2H_5OH + 2\,CO_2$

$$\Delta_f H^0 = \sum \Delta_f H^0(\text{Pr.}) - \sum \Delta_f H^0(\text{Ed.})$$
$$= 2 \cdot \Delta_f H^0(C_2H_2OH) + 2\,\Delta_f H^0(CO_2) - \Delta_f H^0(C_6H_{12}O_6)$$
$$= -\,68\ \text{KJ};\ \text{exotherme Reaktion, Wärme wird abgeben.}$$

$$\Delta_R S^0 = \sum S^0(\text{Pr.}) - \sum S^0(\text{Ed.})$$
$$= 2 \cdot S^0(C_2H_2OH) + 2\,S^0(CO_2) - S^0(C_6H_{12}O_6)$$
$$= 538\ \text{J} \cdot \text{K}^{-1}$$

Die Entropie nimmt zu, da u. a. aus einem festen ein gasförmiger Stoff gebildet wird.

$\Delta_R G^0 = \Delta_R H^0 - T \cdot \Delta_R S^0 = -68\ \text{kJ} - 298\ \text{K} \cdot 0{,}598\ \text{kJ} \cdot \text{K}^{-1}$

$\Delta_R G^0 = -228{,}32\ \text{kJ}$; exergonische Reaktion (spontan ablaufender Vorgang)

2

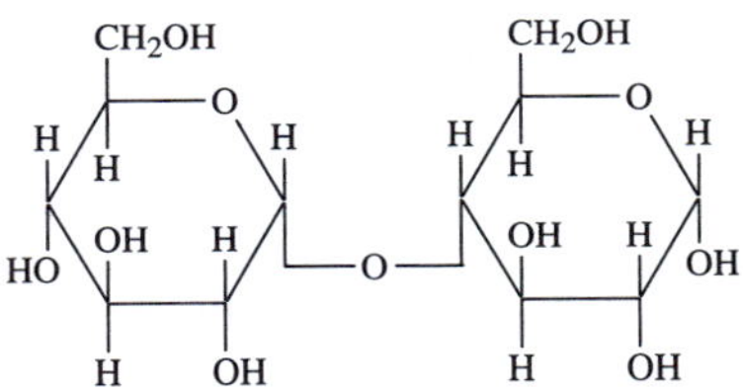

Maltose

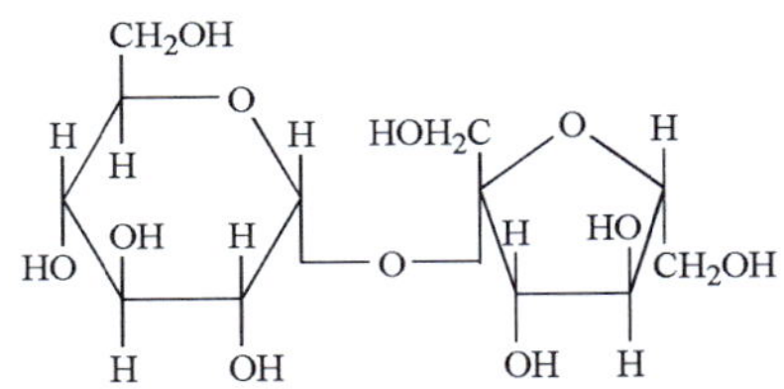

Saccharose

Zu den Lösungen der Disaccheride gibt man entweder in gleichen Mengen die Reagenzien Fehling I und Fehling II oder ammoniakalische Silbernitratlösung. Anschließend wird erhitzt. Maltose ist ein reduzierender Zucker. Kupfer(II)-Ionen oder Silber(I)-Ionen werden reduziert. Man erhält einen roten Niederschlag von Kupfer(I)-oxid mit den Fehling-Reagenzien oder einen Silberspiegel mit der ammoniakalischen Silbernitratlösung. Saccharose ist ein nicht-reduzierender Zucker. Die Reaktionen funktionieren hier nicht.

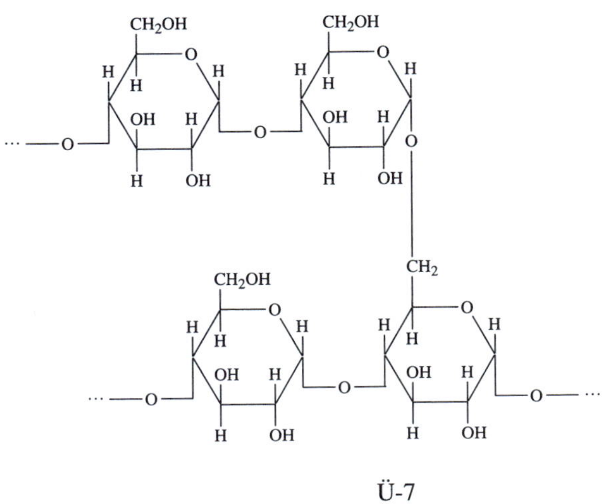

Amylopektin

Ein anderes Polysaccharid ist die Cellulose. Cellulose besteht aus β-D-Glucosebausteinen, die β-(1→4) verknüpft sind. Jeder zweite Baustein ist dabei um 180° gekippt. Die glykosidischen Bindungen können mit Säuren gespalten werden.

3 Das alkoholische Getränk z. B. Wein wird erhitzt. Ethanol hat einen niedrigeren Siedepunkt als Wasser. Ethanol verdampft zuerst. Der Dampf wird gekühlt und kondensiert. Das Restwasser kann mit Trockenmitteln wie z. B. Schwefelsäure oder Calciumoxid gebunden werden.

Gehalt an Alkohol: $V = \frac{5\,\%}{100\,\%} \cdot 500\text{ mL} = 25\text{ mL}$

Masse des Ethanols: $m = \rho \cdot V = 0{,}789\text{ g} \cdot \text{mL}^{-1} \cdot 25\text{ mL} = 19{,}73\text{ g}$

In einem halben Liter sind 25 mL Ethanol mit einer Masse von 19,73 g enthalten.

Verteilung: $\frac{19{,}73\text{ g}}{(70:100) \cdot 70\,000\text{ g}} = \frac{19{,}73\text{ g}}{49\,000\text{ g}} = 0{,}3878 \cdot 10^{-3} = 0{,}3878\text{ ‰}$;

bei drei Flaschen sind dies 1,163 ‰.

Abbau: pro Stunde verliert der 49 kg große Verteilungsraum $\frac{0{,}1 \cdot 70\text{ g}}{49\,000\text{ g}} = 0{,}14\text{ ‰}$

an Ethanol, Zeit = $\frac{1{,}163\text{ ‰}}{0{,}14\text{ ‰}} \cdot \text{h} \approx 8\text{ h}$

Es dauert etwa 8 Stunden, bis der Ethanolgehalt abgebaut ist.

Aufgabe 4: Gleichgewichte, Kohlenstoffdioxid

1 Lesen Sie Text 1 durch und erklären Sie, weshalb bei der Katastrophe am Nyos-See zahlreiche Menschen und Tiere umkamen.
Machen Sie mithilfe der Abbildungen 1 und 2 allgemeine Aussagen über die Löslichkeit des Gases Kohlenstoffdioxid in Wasser.
Berechnen Sie
a) die Stoffmenge und die Masse an CO_2, die sich bei 25 °C in 1 L Wasser lösen;
b) die Stoffmenge und das Volumen an CO_2, die sich bei 0 °C und 5 atm in 1 L Wasser lösen. Benutzen Sie dazu die Diagramme.
Erläutern Sie den explosionsartigen Gasausbruch beim Aufsteigen des stark kohlensäurehaltigen Tiefenwassers.

2 Bei der Einleitung von Kohlenstoffdioxid in Wasser bilden sich mehrere Gleichgewichte, die oft folgendermaßen formuliert werden:

A $CO_{2\,(g)} \rightleftharpoons CO_{2\,(aq)}$

B $CO_{2\,(aq)} + H_2O \rightleftharpoons H^+ + HCO_3^-$

Formulieren Sie für B den Term des Massenwirkungsgesetzes. Abb. 3 enthält die Temperaturabhängigkeit der Konstanten für das Gleichgewicht B. Beschreiben Sie diese Abhängigkeit und differenzieren Sie außerdem mit den Begriffen exotherm und endotherm.

Nach einer anderen Darstellung werden nachstehende Gleichgewichte angeführt:

A $CO_{2\,(g)} \rightleftharpoons CO_{2\,(aq)}$

B $CO_{2\,(aq)} + H_2O \rightleftharpoons H_2CO_3$

C $H_2CO_3 \rightleftharpoons H^+ + HCO_3^-$

Geben Sie den Term des Massenwirkungsgesetzes für das Gleichgewicht C an und berechnen Sie die Konstante K mit den weiteren Angaben pH = 7,4, $c(H_2CO_3) = 6 \cdot 10^{-6}$ mol · L^{-1} und $c(HCO_3^-) = 2{,}4 \cdot 10^{-2}$ mol · L^{-1}.

3 Der gegenwärtige Eintrag an Kohlenstoff durch die Nutzung fossiler Brennstoffe in die Atmosphäre beträgt $5{,}5 \cdot 10^9$ t pro Jahr.
Berechnen Sie den entsprechenden Eintrag an Kohlendioxid. Diskutieren Sie einige Eigenschaften, die den im Text 2 erwähnten Verfahren zugrunde liegen.

Anlagen zur Übungsaufgabe 4

Text 1

In den Vulkangebieten Kamaruns gibt es zwei Kraterseen, die als „tickende Zeitbomben" bezeichnet werden. Vulkanische Aktivität setzt in großer Tiefe Kohlenstoffdioxid frei. Das Gas steigt hoch, bis es in das Grundwasser unter den Kratern gelangt. Es löst sich darin. Die Grenze zwischen dichtem Tiefenwasser und dem weniger dichten Oberflächenwasser ist besonders stabil. Die Wassermassen der Seen wälzen sich im allgemeinen nicht um. Dies geschieht durch Sturmböen, Erdrutsche oder Erdbeben. Dann entweicht das Kohlenstoffdioxid explosionsartig aus dem an die Oberfläche gelangenden Tiefenwasser – ählich wie Sekt, der aus einer geschüttelten und entkorkten Flasche schlagartig entweicht. Ein solcher Fall ereignete sich im Nyos-See im August 1986. Die Kohlenstoffdioxid Gaswolke wälzte sich durch benachbarte Flusstäler. Im Umkreis von etwa 20 km kamen 1 700 Menschen und ihr Vieh um.
(Nach: *Spektrum der Wissenschaften*, Heft 1, 01, S. 70–73.)

Text 2

Die durch die Tätigkeit des Menschen verursachte Zunahme des Treibhausgases Kohlenstoffdioxid muss wegen der Gefährdung des Weltklimas begrennzt werden. Darüber besteht internationales Einvernehmen. Eine Stabilisierung der atmosphärischen Kohlenstoffdioxid-Konzentration auf das Zweifache des vorindustriellen Wertes gilt als Mindestziel.
Einige Vorschläge zur Beseitigung von Kohlenstoffdioxid, die diskutiert werden, sind z. B.:

1 Blöcke von Trockeneis (gefrorenes Kohlenstoffdioxid) in das Meer fallen lassen;

2 Einleiten von Kohlenstoffdioxid in die Ozeane in Tiefen von 1 000 m durch Schläuche, die Schiffe hinter sich herziehen;

3 Installationen von senkrechten Rohrleitungen von Plattformen auf hoher See, die bis zu Mulden im Meeresgrund in Tiefen von 3 000 m oder mehr reichen.

(Nach: *Spektrum der Wissenschaften*, Heft 5, 00, S. 48–54

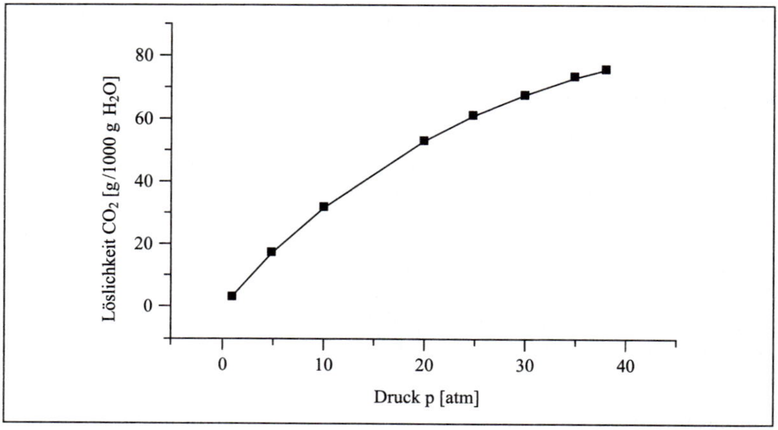

Abb. 1: Löslichkeit von CO_2 in Wasser in Abhängigkeit vom Druck bei 273 K.

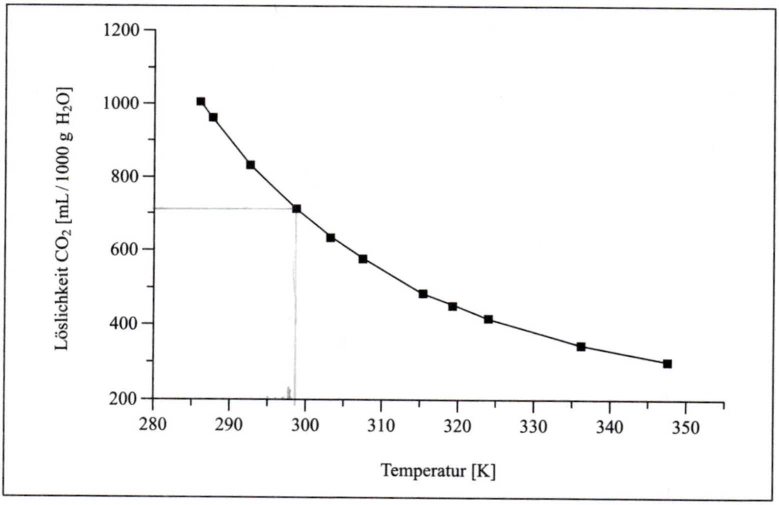

Abb. 2: Löslichkeit von CO_2 in Wasser in Abhängigkeit von der Temperatur.

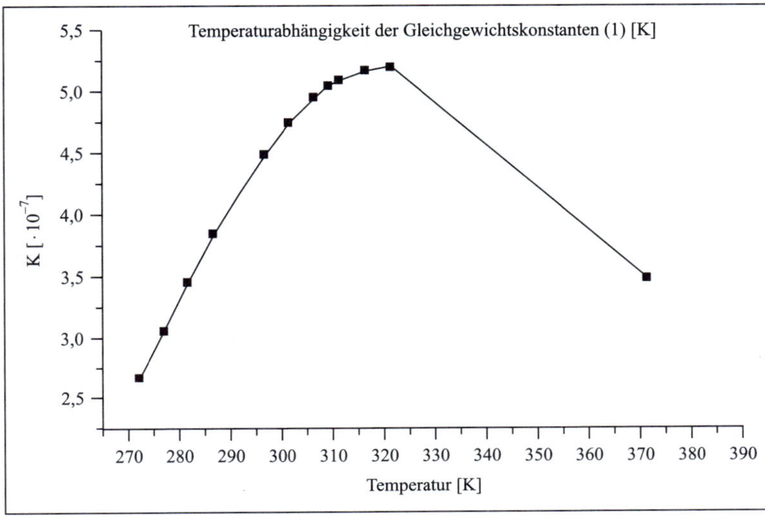

Abb. 3: Temperatur der Gleichgewichtskonstanten.
(aus: Christoph Maulbetsch, Chemie im Kontext-Teil 1,
Praxis der Naturwissenschaften, Chemie, Heft 6/51.)

Lösung

1 Die Dichte von Kohlenstoffdioxid ist größer als diejenige der Luft (etwa 1,5-mal so groß). Das Gas sammelt sich am Boden. Die erwähnte Gaswolke sank in die Flusstäler ab und verdrängte die Luft und damit den Sauerstoff zum Atmen.
Aus den Diagrammen ergibt sich:
Die Löslichkeit von Kohlenstoffdioxid in Wasser nimmt mit zunehmendem Druck zu; die Löslichkeit des Gases nimmt in Wasser mit zunehmender Temperatur ab.

Aus dem Diagramm 1 entnimmt man: $m(CO_2) = 16\ g$ bei $p = 5$ atm. und 0 °C

für die Stoffmenge n gilt: $n = \frac{m}{M} = \frac{16\ g}{44\ g}\ mol = 0{,}36\ mol$

für das Volumen V: $V = n \cdot V_m = 0{,}36\ mol \cdot 22{,}4\ L \cdot mol^{-1} = 8\ L$

bei 298 K lösen sich 760 mL Gas, das entsprechende reduzierte Volumen ist
$V_r = 0{,}916 \cdot 760\ mL = 696{,}2\ mL$

für die Stoffmenge gilt: $n = \frac{V}{V_m} = \frac{696{,}2\ mL}{22\,400\ mL}\ mol = 0{,}031\ mol$

die Masse m errechnet sich zu: $m = n \cdot M = 0{,}031\ mol \cdot 44\ g \cdot mol^{-1} = 1{,}37\ g$

Durch den Gasausbruch wird ein Teil des Tiefenwassers mitgerissen. dies führt zu einer weiteren Druckentlastung, noch mehr Tiefenwasser gelangt nach oben. Die Vorgänge schaukeln sich auf und es kommt zum explosionsartigen Ausbruch.

2 Massenwirkungsgesetz: $K = \dfrac{c(H^+) \cdot c(HCO_3^-)}{c(CO_{2\,(aq)}) \cdot c(H_2O)}$

Die Werte der Konstanten nehmen bei einer Temperaturerhöhung zu. Das Gleichgewicht B verschiebt sich bei Temperaturerhöhung in Richtung der Produkte, also nach rechts. Die Reaktion ist endotherm. Nach dem Prinzip von LE CHATELIER verschiebt sich ein Gleichgewicht bei Temperaturerhöhung in Richtung des wärmeverbrauchenden Vorgangs, um dem Zwang auszuweichen. Hier also nach rechts.
Dies gilt allerdings nur bis etwa 50 °C. Danach nehmen die Konstanten wieder ab. Das Gleichgewicht würde sich nach links verschieben. Die Reaktion wäre exotherm.

Massenwirkungsgesetz für C: $K = \dfrac{c(H^+) \cdot c(HCO_3^-)}{c(H_2CO_3)}$

Es gilt: $pH = -\lg c(H^+)$ oder $c(H^+) = 10^{-pH} = 10^{-7,4}\ mol \cdot L^{-1}$

Die Werte in den Term für das Massenwirkungsgesetz eingesetzt liefern für K folgende Zahlenwerte: $K = \dfrac{10^{-7,4} \cdot 2,4 \cdot 10^{-2}}{6 \cdot 10^{-6}}\ mol \cdot L^{-1} = \dfrac{2,4 \cdot 10^{-9,4} \cdot 10^{6}}{6} = 1,6 \cdot 10^{-4}\ mol \cdot L^{-1}$

3 Für die Stoffmengen gilt: $n(C) = n(CO_2)$ oder $\dfrac{m(C)}{M(C)} = \dfrac{m(CO_2)}{M(CO_2)}$

aufgelöst nach $m(CO_2)$: $m(CO_2) = \dfrac{m(C)}{M(C)} \cdot M(CO_2)$

Die Zahlenwerte ergeben: $m(CO_2) = \dfrac{5,5 \cdot 10^9 t \cdot 44\ g \cdot mol^{-1}}{12\ g \cdot mol^{-1}} \approx 20 \cdot 10^9 t$

Kohlenstoffdioxid kann verflüssigt werden. Durch eine Düse ausströmendes Kohlenstoffdioxid erstarrt zu einer festen Masse, infolge des Wärmeverbrauchs bei der Verdunstung – Kohlensäureschnee. Verdichteter Kohlensäureschnee wird zu Trockeneis.
Die im Meer abgelassenen Blöcke sinken nach unten, das feste Kohlenstoffdioxid sublimiert und Gas löst sich in Wasser. Durch das Absinken entsteht eine Verteilung und Verdünnung.

Bei tieferen Temperaturen und höheren Drucken in 1 000 m Tiefe löst sich mehr Kohlenstoffdioxid (Abb. 1 und 2). Durch die Reaktion mit Wasser entstehen schwach saure Lösungen. Um zu große pH-Wert-Änderungen zu vermeiden, muss genügend verdünnt werden. Die fahrenden Schiffe sorgen für ausreichende Verdünnung.

Unter dem hohen Druck in 3 000 m Tiefe kann sich das Gas verflüssigen, auf den Grund sinken und so einen zusammenhängenden „Kohlenstoffdioxid-See“ bilden. Austauschvorgänge (Tiefenwasser – Oberflächenwasser) erfolgen äußerst langsam.

Aufgabe 5: Säure-Base-Gleichgewichte, Naturstoffe

Benutzen Sie für die Lösung der Aufgabe die Abbildung und den Text in der Anlage.

1 Beschreiben Sie den Unterschied zwichen der Uratmosphäre nach Miller und der heutigen Atmosphäre.
Erläutern Sie, weshalb bei den Experimenten elektrische Entladungen, ultraviolettes Licht, Wärme oder Röntgenstrahlen eingesetzt werden.

2 Geben Sie für die Moleküle des Gasgemisches, welches Miller für sein Experiment benutzte, entsprechende Strukturformeln an.
Beschreiben Sie Versuche, mit denen im Labor Ammoniak und Wasserstoff hergestellt werden können. Verwenden Sie dazu auch Reaktionsgleichungen.

3 Die Ameisensäure, Essigsäure und die Milchsäure haben unterschiedliche pK_S-Werte: Ameisensäure, 3,77; Essigsäure, 4,76; Milchsäure, 3,79.
Definieren Sie den Begriff pK_S-Wert. Ordnen Sie danach die Säuren nach zunehmender Säurestärke und stellen Sie die Moleküle dieser Säuren in Strukturformeln mit bindenden und nichtbindenden Elektronenpaaren dar. Das Milchsäuremolekül kommt in zwei isomeren Formen vor. Skizzieren Sie auch die zweite Form.
Zeigen Sie am Beispiel der Ameisensäure, dass die wässrigen Lösungen sauer reagieren. Berechnen Sie den pH-Wert einer Milchsäurelösung der Konzentration c(Milchsäure) = 10^{-1} mol · L^{-1}

4 Bei den abgewandelten Vesuchsbedingungen (Bestrahlung z. B. durch UV-Licht) entstanden z. B. die Pentose Ribose und die Base Adenin. Nach einer Hypothese könnten sich Ribose aus Methanal als Grundsubstanz und Adenin aus Blausäure HCN gebildet haben. Zeigen Sie, dass dies formal möglich ist.

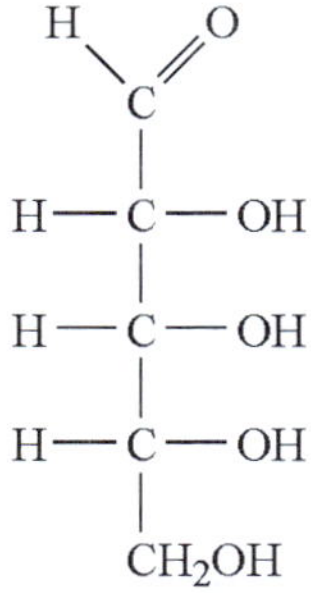

Ribose

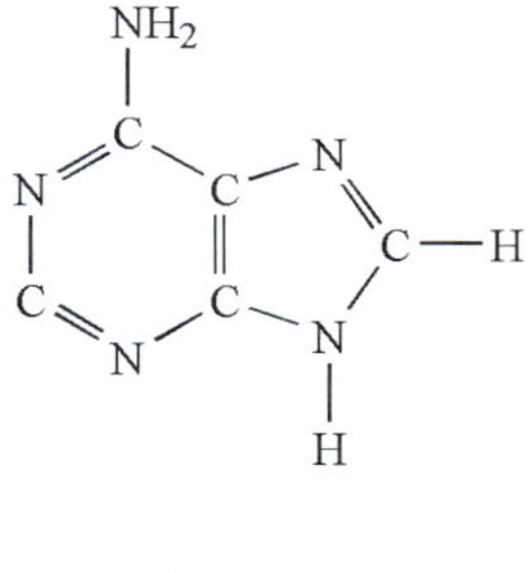

Adenin

5 Neben den vielen Monomeren findet man bei den Versuchen auch Polymere wie z. B. Polyaminosäureketten. Zeichnen Sie einen Ausschnitt aus der Makromolekülkette einer Polyaminosäurekette mit den Aminosäuren – Glycin – Alanin – Glutaminsäure –Serin –.
Die Reste der Aminosäuren sind:
R = H für Glycin
R = $-CH_3$ für Alanin
R = $-(CH_2)_2-COOH$ für Glutaminsäure
R = $-CH_2OH$ für Serin

Anlagen zur Übungsaufgabe 5

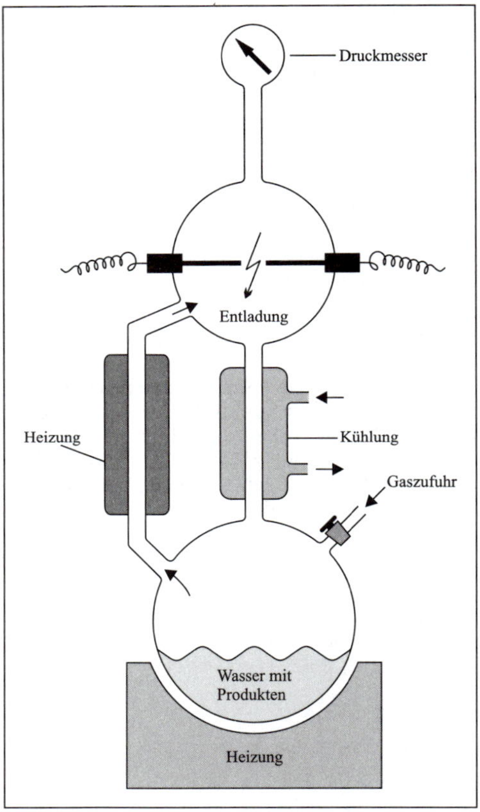

Ein klassisches Experiment zur nichtbiologischen Entstehung organischer Moleküle.
Apparatur, abgeändert nach S. L. Miller 1953, zur Simulation der Entstehung organischer Verbindungen aus Gasgemischen wie sie ursprünglich in der frühen Erdatmosphäre vorhanden gewesen sein könnten.

Text

MILLER setzte ein Gasgemisch aus Ammoniak, Wasserdampf, Methan und Wasserstoff längere Zeit elektrischen Entladungen aus. Anschließend analysierte er den Inhalt. In der Gasphase waren Kohlenstoffmonooxid und Kohlenstoffdioxid vorhanden. Die wässerige Phase enthielt u. a. Methanal, Blausäure (HCN), Ameisensäure (Methansäure), Essigsäure (Ethansäure) und Milchsäure (2-Hydroxypropansäure).
Spätere Experimente wandelten die Bedingungen etwas ab. Zu dem Gasgemisch kamen Kohlenstoffdioxid und Blausäure hinzu. Statt elektrischen Entladungen benutzte man u.a. auch ultraviolettes Licht, Röntgenstrahlen oder Wärme. Es entstanden weitere komplexere Verbindungen, darunter z. B. Monosaccharide wie Ribose und Desoxyribose und organische Basen, z. B. Adenin.

Lösung

1 Die Uratmosphäre nach MILLER enthielt im Gegensatz zu der heutigen Atmosphäre keinen freien Sauerstoff. Die Uratmosphäre war eine reduzierende Atmosphäre, die heutige Atmosphäre ist eine oxidierende Atmosphäre. Durch elektrische Ladungen, Wärme, Röntgenstrahlen und UV-Strahlen wird Aktivierungsenergie und Energie zum Aufbrechen von Atombindungen – Bildung von Radikalen – zugeführt.

2 **Strukturformeln**

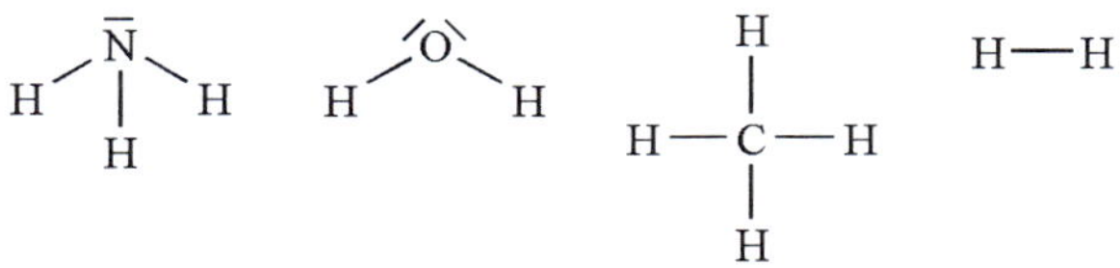

Ammoniak Wasser Methan Wasserstoff

Möglichkeiten zur Herstellung von Ammoniak:

a) Aus den Elementen: Ein Gemisch aus Wasserstoff und Stickstoff (aus Stahlflaschen) leitet man über einen erhitzten Katalysator (z. B. Cereisen):
$N_2 + 3\,H_2 \rightleftharpoons 2\,NH_3$

b) Aus Ammoniumchlorid und Natronlauge: In einem Gasentwicklungsgerät befindet sich festes Ammoniumchlorid, auf dieses wird Natronlauge getropft; Ammoniak entwickelt sich folgender Reaktion:
$NH_4Cl_{(s)} + NaOH_{(aq)} \longrightarrow NaCl_{(aq)} + NH_3 + H_2O$

c) Aus Magnesiumnitrid und Wasser: Reagenzglas mit Gasableitungsrohr; zu festem Magnesiumnitrid gibt man Wasser:
$Mg_3N_{2\,(s)} + 6\,H_2O \longrightarrow 3\,Mg(OH)_{2\,(aq)} + 2\,NH_3$

Möglichkeiten zur Herstellung von Wasserstoff:

a) Elektrische Zersetzung des Wassers mit dem Hofman-Apparat:
$2\,H_2O \longrightarrow 2\,H_2 + O_2$

b) Gasentwicklung mit dem Kipp'schen Apparat aus Zink und verdünnter Schwefelsäure:
$Zn + H_2SO_4 \longrightarrow H_2 + ZnSO_{4\,(aq)}$

3 Definition: $pK_S = -\lg K_S$ oder $K_S = 10^{-pK_S}$; je größer der pK_S-Wert ist, umso geringer ist die Säurestärke (umso kleiner der K_S-Wert);
Ordnung nach zunehmender Säurestärke: Essigsäure, Milchsäure; Ameisensäure.

Strukturformeln

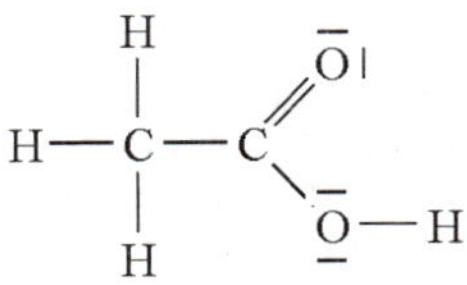

Essigsäure

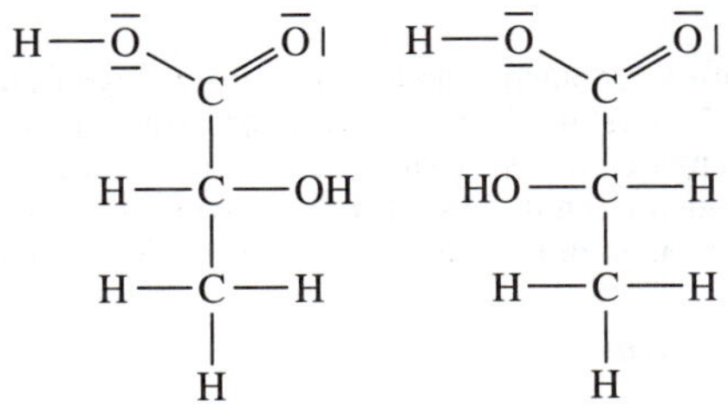

Milchsäure

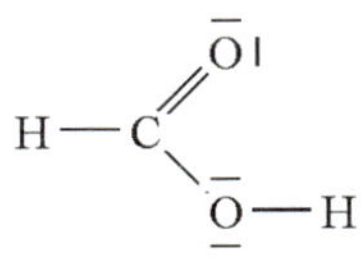

Ameisensäure

Protolysereaktion: $H{-}COOH + H_2O \rightleftharpoons H_3O^+ + H{-}COO^-$

Für schwache Säuren gilt: $c(H_3O^+) = \sqrt{K_S \cdot c_0}$; $pH = -\lg c(H_3O^+)$ und somit

$$pH = \frac{pK_S - \lg c_0}{2} = \frac{3,79 + 1}{2} \approx 2,4$$

4 Summenformel der Ribose: $C_5H_{10}O_5$, Methanal: CH_2O – aus 5 Methanteilchen könnte sich ein Riboseteilchen bilden.
Summenformel von Adenin: $C_5H_5N_5$, Blausäure HCN – aus 5 Teilchen Blausäure ergibt sich ein Teilchen Adenin.

5 **Ausschnitt**

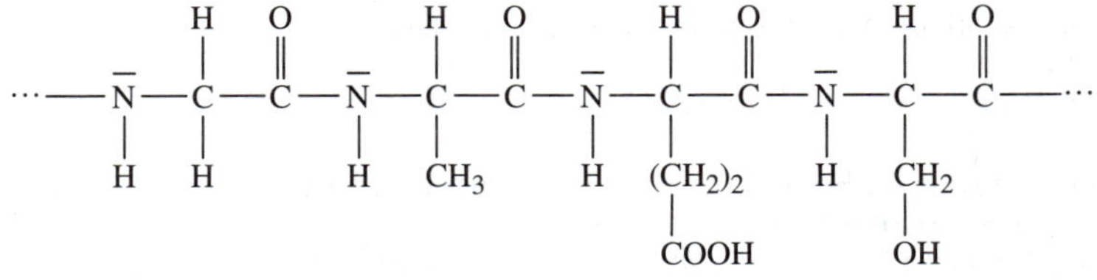

Aufgabe 6: Naturstoffe

1 Geben Sie von den im Text erwähnten Stoffwechselprodukten Aceton (2-Propanon) und β-Hydroxybutansäure je eine Strukturformel mit bindenden und nicht bindenden Elektronenpaaren an. Beide Stoffe sind in Wasser löslich. Begründen Sie dies.

2 Beschreiben Sie einen Versuch, mit dem Glucose im Urin nachgewiesen werden kann. Erläutern Sie auch die zugrunde liegenden Reaktionen.
Geben Sie außerdem sowohl von dem Glucosemolekül als auch von dem Oxidationsprodukt, das entsteht, wenn am anomeren C-Atom der Glucose oxidiert wird, die Formeln in der Fischer-Produktion an.

3 Berechnen Sie mit dem im Text angegebenen Wert die Normalkonzentration der Glucose im Blutplasma.
Stellen Sie anhand der Abbildungen 1 bis 3, unabhängig von den Skalen, Zusammenhänge zwischen dem Blutzuckergehalt und der Insulinmenge einerseits, und zwischen der Blutzuckermenge und dem Glucosegehalt andererseits her.
Formulieren Sie auch eine Hypothese über die Wirkungen von Insulin und Glucagon.
Im Glycogen kommen dieselben Verknüpfungen der Bausteine vor wie im Amylopektin. Zeichnen Sie einen Ausschnitt mit diesen Verknüpfungen aus der Makromolekülkette des Glycogens (vier Bausteine).

4 Beschreiben Sie allgemein die Verknüpfungen der Aminosäuren z. B. im Polypeptid Glycagon und stellen Sie dies formelmäßig dar.
Im Insulin-Makromolekül gibt es in der A-Kette zwischen den Aminosäurepositionen 6 und 11 eine Disulfid-Brücke. Die beiden Ketten A und B sind untereinander durch zwei weitere Disulfid-Brücken verbunden, und zwar ist die Aminosäure in der Position 7 der A-Kette mit der Aminosäure in der Position 7 in der B-Kette verknüpft. Die Aminosäure in der Position 20 der A-Kette ist mit der Aminosäure in der Position 19 in der B-Kette verknüpft.
Erläutern Sie die Bindungen in den Disulfid-Brücken.
Beschreiben Sie mögliche Auswirkungen der Disulfidbrücke in der A-Kette auf deren Struktur und die der weiteren Brücken in der Gesamtstruktur.

Anlagen zur Übungsaufgabe 6

Text

Unter den weltweit verbreiteten Volkskrankheiten rangiert der „Zucker“ (*Diabetes mellitus*) auf einem der vorderen Plätze. Bei den Diabetikern ist der Zuckerhaushalt gestört. Ein relativer oder gänzlicher Mangel an Insulin ist der entscheidende Auslöser der Krankheit. Die Wirkung des Insulins besteht darin, dass es in Muskeln und in der Leber die Bildung von Glycogen (tierische Stärke) aus der Glucose im Blut und dessen Speicherung anregt. Steigt der Blutglucosegehalt (Blutzuckerspiegel) über den Normalwert – etwa 100 mg Glucose pro 1 dL Blutplasma – z. B. nach dem Genuss eines glucosehaltigen Getränks, wird Insulin ausgeschüttet. Bei Insulinmangel wird ein Teil der Glucose über den Urin ausgeschieden. Bei sehr starkem Mangel können Stoffwechselprodukte wie Aceton (2-Propanon) und β-Hydroxybutansäure entstehen.
Das Makromolekül Insulin besteht aus zwei Polypeptidketten, von denen eine aus 30 Aminosäuren (Kette B) und die andere aus 21 Aminosäuren (Kette A) aufgebaut ist. Ein anders Polypeptid, das in den Zuckerhaushalt eingreift, ist das aus 29 Aminosäuren bestehende Glucagon.
Die Zuckerkrankheit kann unter anderem durch Testen des Urins (*Diabetes mellitus* = lat.: „Durchlauf honigsüßen Urins“) oder am Aceton-Atem eines Erkrankten erkannt werden.

Abbildungen zu den Zusammenhängen zwischen Blutzucker, Insulin und Glucagon

Zum Zeitpunkt 0 wird einem gesunden Menschen ein Glucosetrank verabreicht:

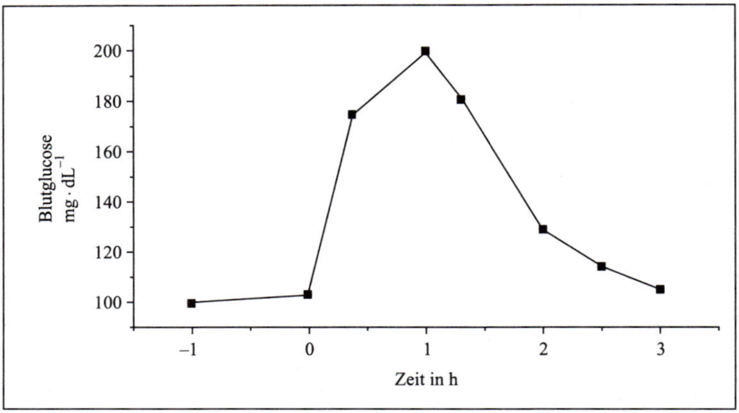

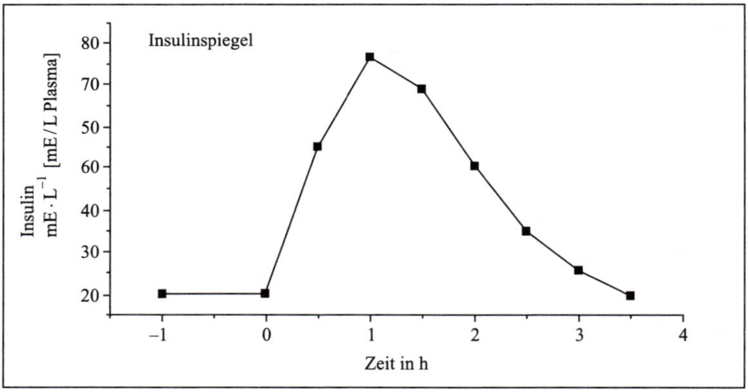

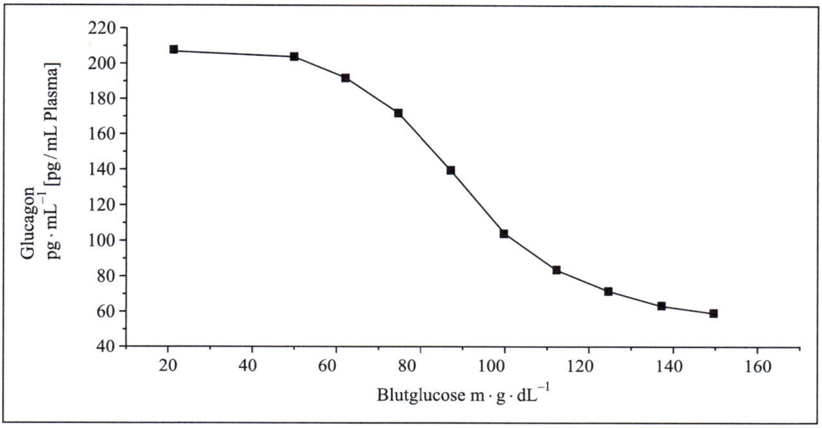

Werte verändert nach: Schmidt und Thews, Physiologie des Menschen, 25. Aufl.

Lösung

1 Strukturformeln

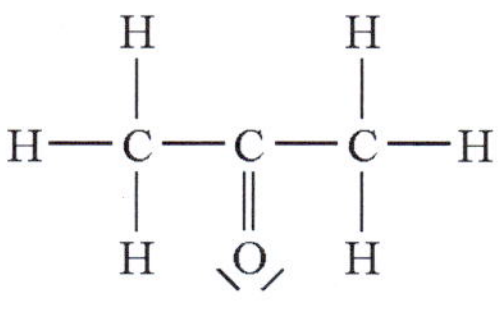

Aceton

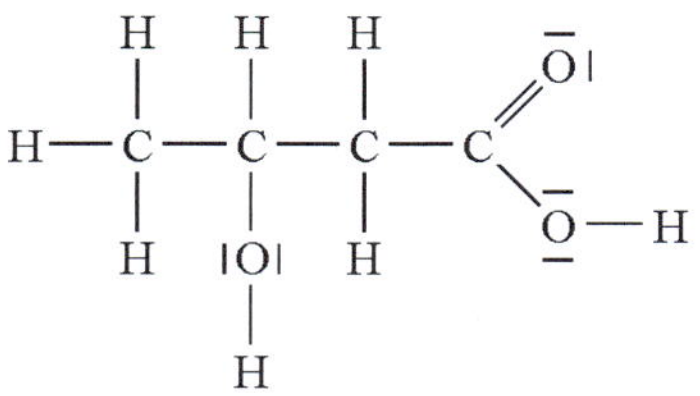

β-Hydroxybutansäure

Die Aceton-Moleküle können über die Carbonylgruppe mit den Wassermolekülen Wasserstoffbrücken bilden:

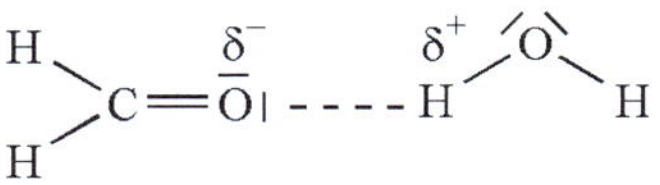

Die Carboxylgruppen und die Hydroxygruppen der β-Hydroxybutansäuremoleküle bilden mit den Wassermolekülen Wasserstoffbrücken. Außerdem protolysieren ß-Hydroxybutansäuremoleküle:

$$CH_3-CH(OH)-CH_2-COOH + H_2O \underset{\text{Protolyse}}{\rightleftharpoons} H_3O^+ + CH_3-CH(OH)-CH_2-COO^-$$

2 Mit Fehling-Reagenz:
Die Urinprobe wird mit den Reagenzien Fehling I und II in gleichen Mengen versetzt und im Wasserbad erwährmt. Die Fällung von Kupfer(I)-oxid gibt eine rote Farbe. Glucose-Moleküle werden oxidiert und die Cu^{2+}-Ionen zu Cu^{+}-Ionen reduziert.
Oder mit Teststreifen:
Eintauchen eines Streifens in die Probe. Vergleich der Färbung mit der Farbskala. Oxidation der Glucosemoleküle mit Glucoseoxidase. Als weiteres Produkt entsteht Wasserstoffperoxid, das einen Indikatorfarbstoff unter Mitwirkung eines weiteren Enzyms, der Peroxidase, oxidieren kann. Reduzierte und oxidierte Form zeigen unterschiedliche Farben an.

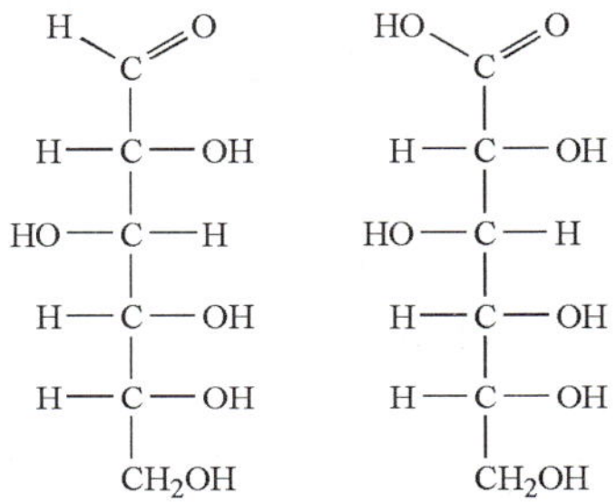

Glucose Oxidationsprodukt

3 Es gilt: $n = \frac{m}{M} = \frac{0{,}100\ g}{180\ g}\ mol = 5{,}5 \cdot 10^{-4}$; $c = \frac{n}{V} = \frac{5{,}5 \cdot 10^{-4}\ mol}{0{,}1\ L} = 5{,}5\ mmol \cdot L^{-1}$

Nach dem Glucosetrank steigt der Glucosegehalt im Blut und mit kurzer Verzögerung auch der Insulingehalt. Der Glucagongehalt ist gering. Insulin bewirkt den Aufbau von Glycogen. Der Glucosegehalt nimmt ab. Mit dieser Abnahme sinkt auch die Insulinmenge und der Glucagongehalt steigt an.
Glucagon könnte für einen Abbau der tierischen Stärke sorgen und so den Zuckerspiegel im Blut auf Normalniveau halten. Glucagon ist ein „Gegenspieler“ des Insulins.

Strukturformelausschnitt

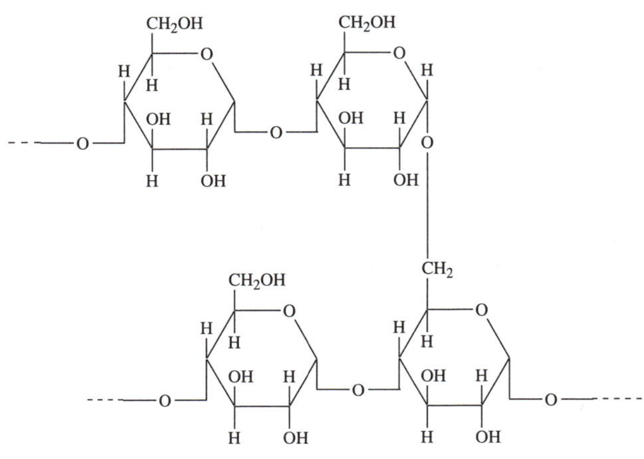

4 Die Aminogruppe der ersten Aminosäure bildet den Beginn der Kette (das N-terminale Ende), die Carboxylgruppe dieser Aminosäure reagiert unter Wasserabspaltung mit der Aminogruppe der nächsten Aminosäure, die Carboxylgruppe dieser Aminosäure mit der Aminogruppe der folgenden Aminosäure wiederum unter Wasserabspaltung, usw.:

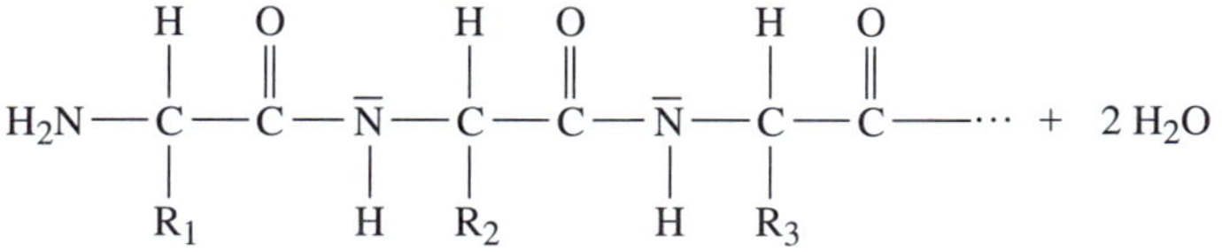

Zwei Schwefelatome sind durch eine Atombindung miteinander verbunden und diese durch Atombindungen mit den C-Atomen der zugehörigen Aminosäuren (Cystein):

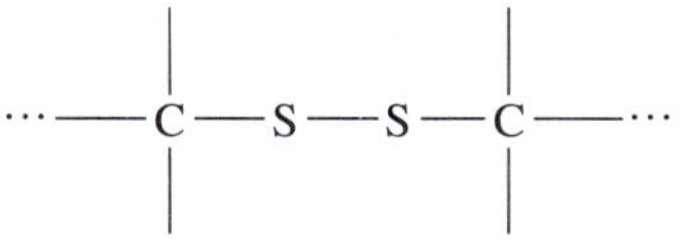

Die Disulfid-Brücke führt zu einer Verdrillung der Sekundärstruktur, z. B. einer α-Helix, im Raum. Die neue Struktur bezeichnet man als Tertiärstruktur. Die Verbindung der beiden Ketten A und B durch Disulfid-Brücken hat eine komplexere Gesamtstruktur zur Folge.

Aufgabe 7: Naturstoffe

Organismen, die in kalten Regionen leben, schützen sich vor Frostschäden z. B. durch niedermolekulare Stoffe, die den Gefrierpunkt erniedrigen oder durch spezielle Frostschutzproteine, die das Wachstum von Eiskristallen verhindern.

1 Zu den niedermolekularen Frostschutzmitteln gehören z. B. Glycerin (1,2,3-Propantriol) und das Disaccharid Trehalose.

1.1 Glycerin ist eine zähe und in Wasser sehr gut lösliche Flüssigkeit.
Erklären Sie diese Eigenschaft aus der Molekularstruktur.

1.2 Die Trehalose besteht aus zwei α-D-Glucosebausteinen, die α-(1 → 1) verknüpft sind.
Geben Sie zunächst die Strukturformeln für ein α-D-Glucosemolekül in den Projektionen nach Fischer und Haworth an und danach die Strukturformel für das Trehalose-Molekül in der Haworth-Projektion.

1.3 Mit der Trehalose wird die Fehling-Probe durchgeführt.
Beschreiben Sie die experimentelle Vorgehensweise und machen Sie eine Aussage über das Versuchsergebnis. Erklären Sie den Sachverhalt.

2 Ein aus Meeresfischen isoliertes Frostschutzprotein ist z. B. aus einem sich wiederholenden Tripeptid der Sequenz [– Alanin – Alanin – Threonin –]$_n$ aufgebaut, wobei an die Threoninreste je ein Disaccharid angehängt ist.

2.1 Die Aminosäuren Alanin und Threonin sind durch die Reste (Seitenketten) $-CH_3$ und

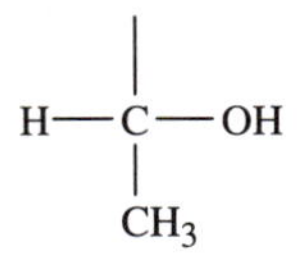

gekennzeichnet. Der Rest der Aminosäure Alanin ist unpolar und derjenige der Aminosäure Threonin polar.
Begründen Sie dies.
Zeichnen Sie ein Tripeptid mit der Sequenz Alanin – Alanin – Threonin.

2.2 Das an Threonin gebundene Disaccharid besteht aus zwei β-D-Galactose-Bausteinen, die β-(1 → 3) verknüpft sind. Der zweite Galactose-Baustein, der über das Kohlenstoffatom Nr. 1 mit der Aminosäure verbunden ist, besitzt am Kohlenstoffatom Nr. 2 anstelle der Hydroxygruppe die Gruppe

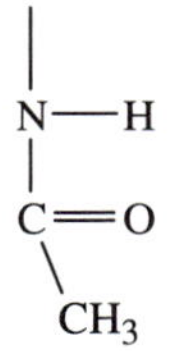

Die Galactose ist ein Monosaccharid, das sich von der Glucose durch die Position der Hydroxygruppe am Kohlenstoffatom Nr. 4 unterscheidet.
Zeichnen Sie zuerst die Strukturformel für das β-D-Galactosemolekül und dann diejenige für das Disaccharid-Molekül in den Projektionen nach Haworth.

2.3 Beschreiben Sie, wie das Disaccharid-Molekül mit der Aminosäure Threonin verknüpft werden kann und benennen Sie die Bindungsart.

Lösung

1.1 Die Hydroxygruppen im Glycerinmolekül sind polarisiert. Zwischen den Glycerinmolekülen können sich zahlreiche Wasserstoffbrückenbindungen ausbilden:

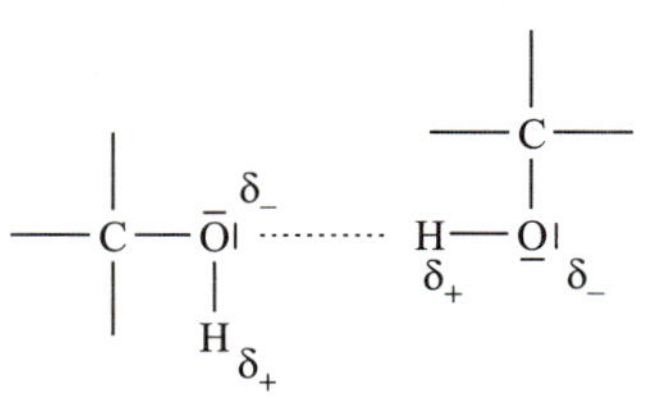

Wasserstoffbrückenbindungen gibt es auch zwischen Glycerinmolekülen und Wassermolekülen. Auf diesen Wechselwirkungen beruht die sehr gute Löslichkeit in Wasser:

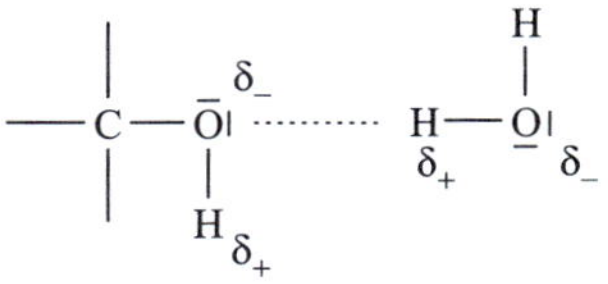

1.2 **Formeln**

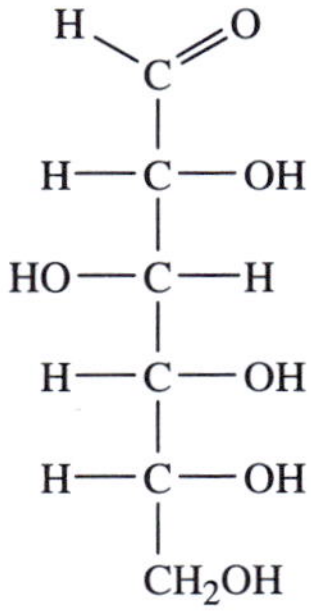

Fischer-Projektion der D-Glucose

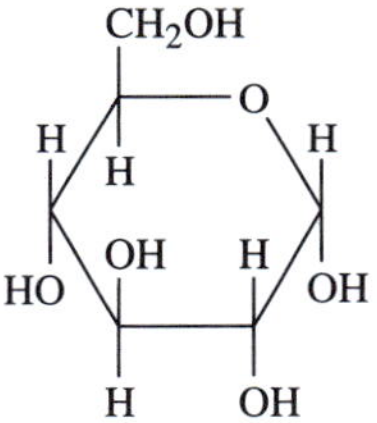

Haworth-Projektion der α-D-Glucose

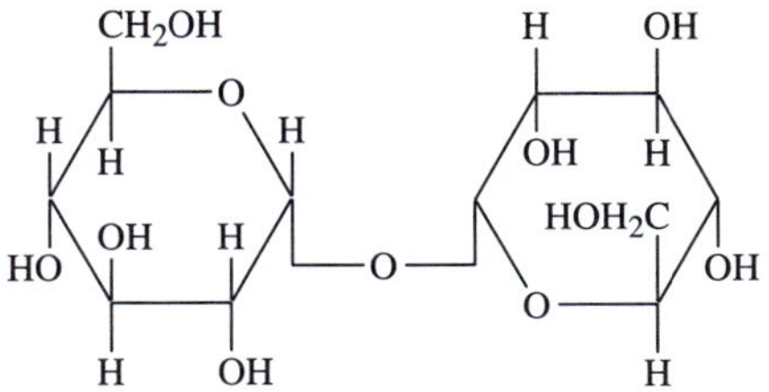

Trehalose

1.3 Die Trehalose-Lösung wird mit Fehling-Reagenz I und Fehling-Reagenz II im Verhältnis 1:1 versetzt und anschließend erhitzt.
Die Fehling-Probe ist **negativ**, da im Trehalosemolekül beide halbacetalischen Hydroxygruppen miteinander reagiert haben. Eine Ringöffnung ist nicht möglich. (Oder: die anomeren Kohlenstoffatome von beiden Glucoseeinheiten sind an der glycosidischen Bindung beteiligt.)

2.1 Die Methylgruppe ist unpolar. Die Werte der Elektronegativitäten von Kohlenstoff und Wasserstoff unterscheiden sich wenig. Die Hydroxygruppe in der Seitenkette des Threonins ist polarisiert:

$$\overset{\delta^-}{-O}-\overset{\delta^+}{H}$$

Tripeptid mit der Sequenz Alanin – Alanin – Threonin:

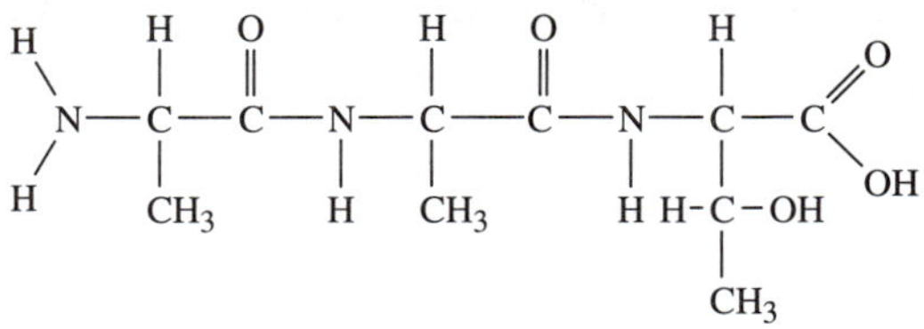

2.2.

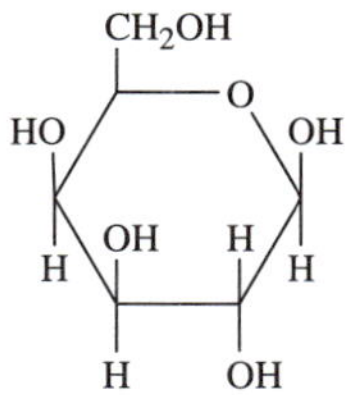

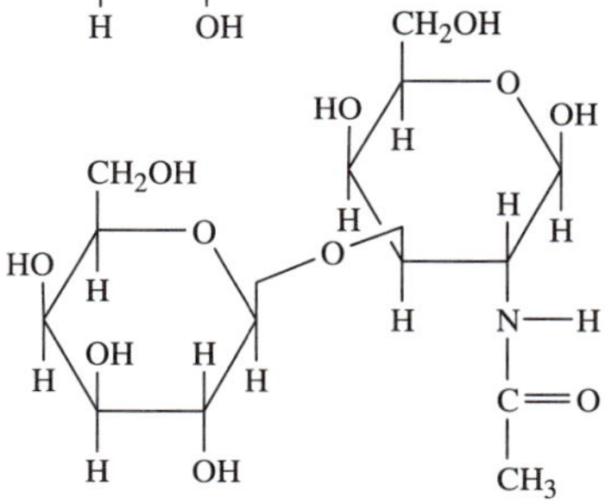

2.3 Glycosidische Bindung; zwischen der Hydroxygruppe des anomeren C-Atoms des Disaccharids und der Hydroxygruppe des Threonins spaltet sich Wasser ab:

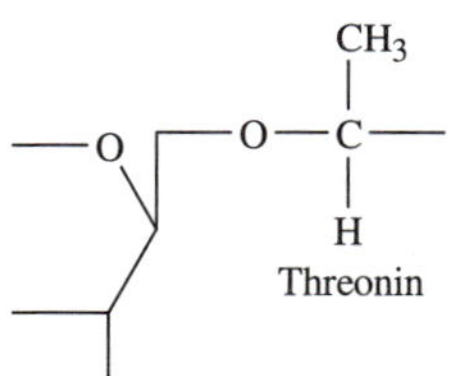

Aufgabe 8: Nukleinsäuren

Die Desoxyribonukleinsäuren (DNA) sind hochmolekulare Verbindungen. Ihre Grundeinheiten, die Nukleotide, bestehen aus den Grundbausteinen Base, Desoxyribose und Phosphorsäure. Die DNA tritt als Doppelstrang auf. Der Doppelstrang ist so aufgebaut, dass die Basen nach innen zeigen. Dabei steht dem Adenin das Thymin, dem Guanin das Cytosin gegenüber. Die Desoxyribose ist ein Monosaccharid mit fünf Kohlenstoffatomen. Am Kohlenstoffatom Nr. 2 ist anstelle einer Hydroxygruppe ein Wasserstoffatom gebunden. Die Hydroxygruppen sind in der Fischer-Projektion nach rechts orientiert. Die Phosphorsäure hat die Summenformel H_3PO_4.

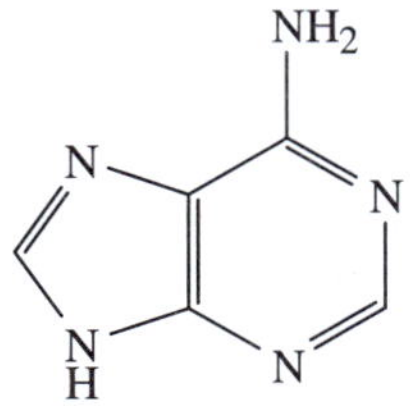

Adenin

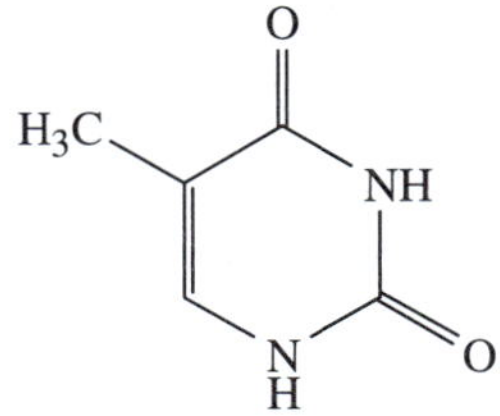

Thymin

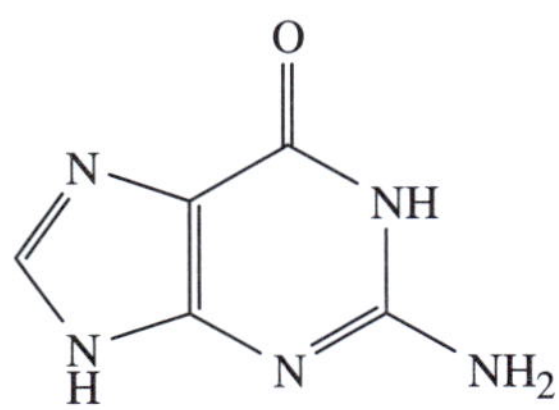

Guanin

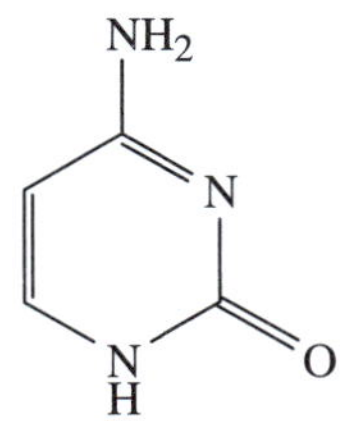

Gytosin

1.1 Die Basensequenz auf einem DNA-Strang lautet: ACTCGA
Geben Sie die Sequenz auf dem komplementären Strang an.
Beschreiben Sie eine Möglichkeit, wie der Doppelstrang zusammengehalten werden kann. Benutzen Sie dazu die Wechselwirkungen zwischen Adenin und Thymin sowie Guanin und Cytosin und stellen Sie diese schematisch dar.

1.2 Beschreiben Sie, wie man experimentell aus den Nukleotiden die Grundbausteine erhalten könnte.

1.3 DNA-Fragmente können mit folgender Methode aufgetrennt werden: In die Taschen eines auf einer Platte aufgebrachten Gels bringt man Proben der Fragmente. Die Platte taucht in eine Kammer, in der zwei Elektroden angebracht sind und die mit Pufferlösung gefüllt ist. Nach Anlegen einer Gleichspannung beginnt die Auftrennung.
Begründen Sie das Verfahren. Wie könnten die DNA-Banden sichtbar gemacht werden?

2 Geben Sie von der Desoxyribose die Formeln in der Fischer-Projektion und in der Haworth-Projektion an. Benutzen Sie für letztere die β-Furanoseform. Zeichnen Sie auch von der Phosphorsäure eine mögliche Strukturformel.

3 Geben Sie für den Monosaccharidbaustein einen möglichen Nachweis an. Begründen Sie diesen und formulieren Sie dazu auch eine (mehrere) Reaktionsgleichung.

4 Erläutern Sie zunächst den Bau eines Nukleotidbausteins und danach den Bau eines DNA-Stranges.

Lösung

1.1 Komplementärer Strang: TGAGCT
Zusammenhalt der Stränge über Wasserstoffbrückenbindungen. Zwischen Adenin und Thymin gibt es zwei, zwischen Guanin und Cytosin drei mögliche Ausbildungen.

Schematisch:

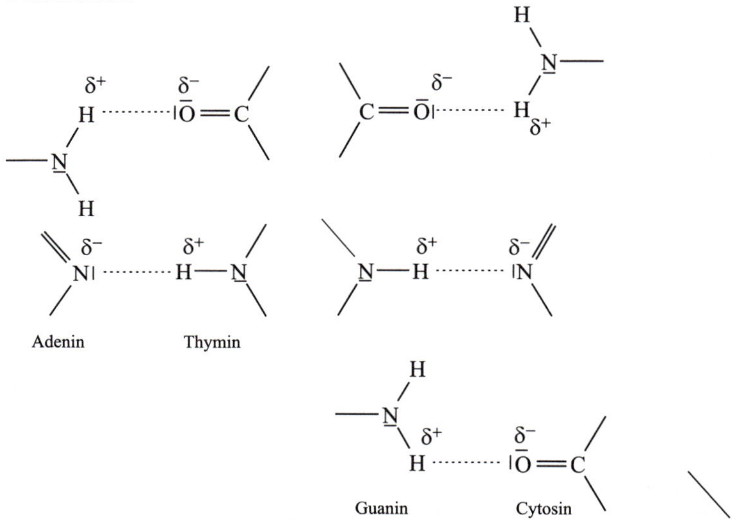

1.2 Zu einer Nukleinat-Lösung gibt man Schwefel- oder Salpetersäure und erhitzt im kochenden Wasserbad, wobei eine **saure Hydrolyse** stattfindet.

1.3 Die negativ geladenen Bruchstücke wandern im elektrischen Feld in das Gel hinein. Die kürzeren Fragmente sind dem positiven Pol am nächsten, die großen Bruchstücke befinden sich in der Nähe des negativen Pols. Sichtbarmachen durch Anfärben mit einem Farbstoff, der in das Gel diffundiert und sich mit der DNA verbindet.

2 Formeln:

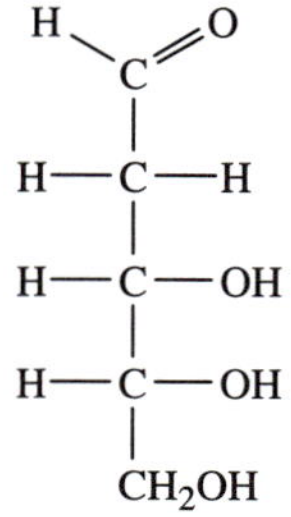

Fischer-Projektion der Desoxyribose

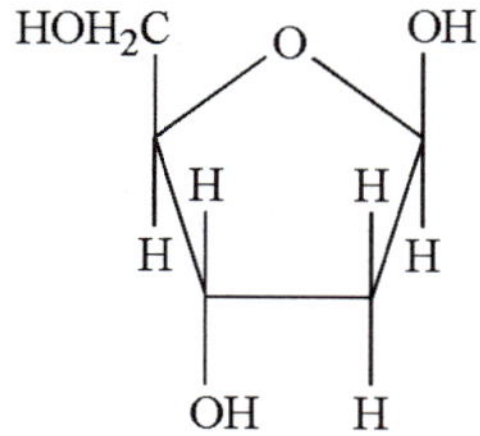

Furanose-Form

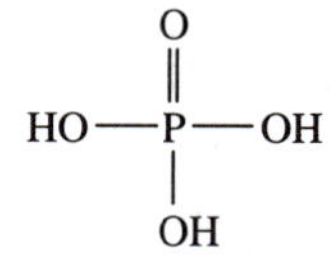

Phosphorsäure

3 Nachweis z. B. mit der Fehling-Probe. Die halbacetalische Hydroxygruppe ist nicht blockiert, Ringöffnung ist möglich. Die Aldehydgruppe kann **oxidiert** werden.

Reaktionsgleichungen:

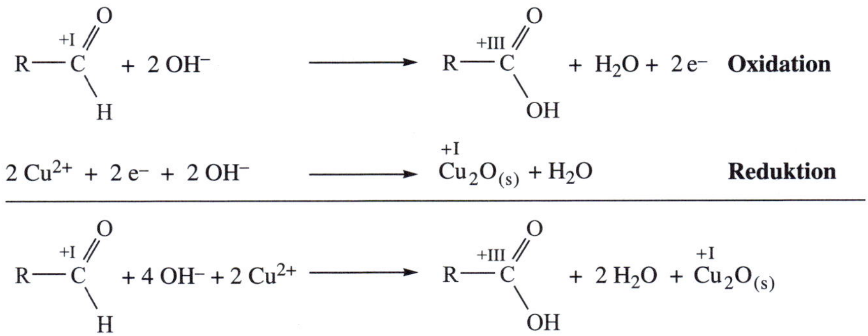

4 Die Phosphorsäure ist mit der alkoholischen Hydroxygruppe des Zuckerbausteins (Pentose) am Kohlenstoffatom Nr. 5 verestert. Zuckerbaustein und Base sind über eine β-N-glycosidische Bindung verbunden.
In der DNA sind die Nukleotidbausteine über Bindungen der Phosphorsäure mit Hydroxygruppen der Pentose an den Kohlenstoffatomen Nr. 5 und Nr. 3 (Esterbindungen) verbunden. Die Bindungen sind dabei vom Kohlenstoffatom Nr. 5 der einen Pentose zum Kohlenstoffatom Nr. 3 der nächsten Pentose gerichtet.

Schematisch:

(P) Phosphorsäurebaustein; A Base; | Pentosebaustein

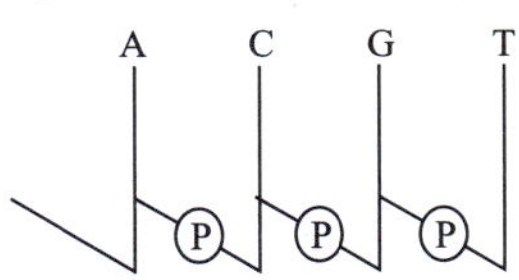

Aufgabe 9: Enzyme

Die meisten Enzyme sind Proteine, die chemische Reaktionen katalysieren. Ein einfacher Fall einer durch Enzyme katalysierten Reaktion ist die Umwandlung eines Substrates (S) in ein Produkt (P). Die Umsetzung verläuft dabei über die Zusammenlagerung von Enzym (E) und Substrat zu einem Enzym-Substrat-Komplex (ES): $S + E \rightleftharpoons ES \longrightarrow E + P$

1 Beschreiben Sie allgemein die Wirkungsweise eines Katalysators. Fertigen Sie dazu auch ein Diagramm an.

2 Erläutern Sie die Begriffe aktives Zentrum (katalytisches Zentrum) und Schlüssel-Schloss-Prinzip.

3 Das Enzym Urease katalysiert die Umwandlung des Harnstoffs

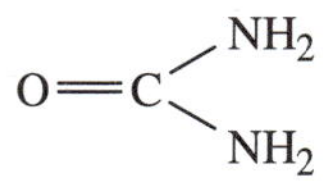

mit Wasser zu Kohlenstoffdioxid und Ammoniak, wobei sekundär Ammoniumcarbonat $(NH_4)_2CO_3$ entsteht.

3.1 Eine Computersimulation zeigt die Änderungen verschiedener Konzentrationen bei der Einwirkung der Urease auf eine Harnstofflösung.
Interpretieren Sie die im Schaubild enthaltenen Graphen:

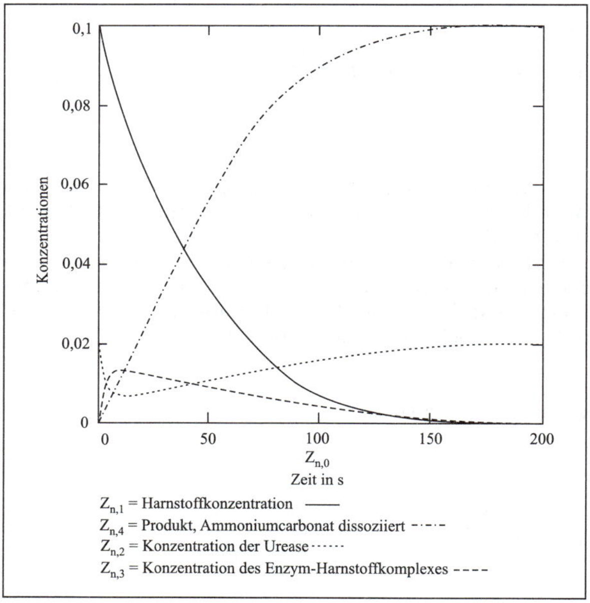

3.2 Verwendet man anstelle von Harnstoff Thioharnstoff

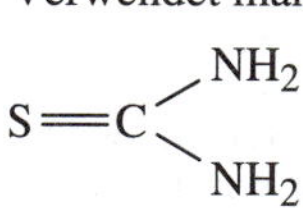

dann findet keine Reaktion statt. Welche charakteristische Eigenschaft des Enzyms zeigt sich bei diesem Experiment und wie könnte diese erklärt werden?

3.3 Einen wesentlich langsameren Umsatz der Urease kann man feststellen, wenn die Harnstofflösung anstatt mit Wasser mit demselben Volumen an Thioharnstofflösung versetzt wird.
Entwickeln Sie zur Erklärung dieses Sachverhalts entsprechende Vorstellungen.

Lösung

1 Katalysatoren sind Stoffe, die eine chemische Reaktion durch Herabsetzung der Aktivierungsenergie beschleunigen. Dabei werden sowohl die Hin- als auch die Rückreaktion beschleunigt. Die Lage des Gleichgewichtes wird nicht verändert. Die Katalysatoren wirken in geringen Mengen und sie liegen nach der Reaktion unverändert vor.

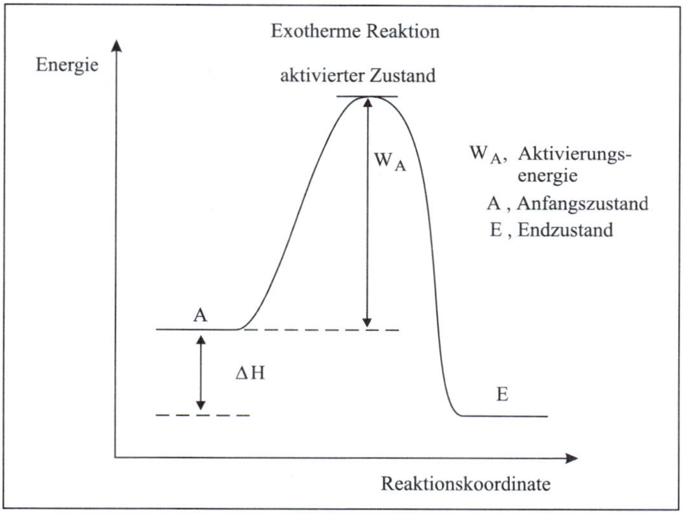

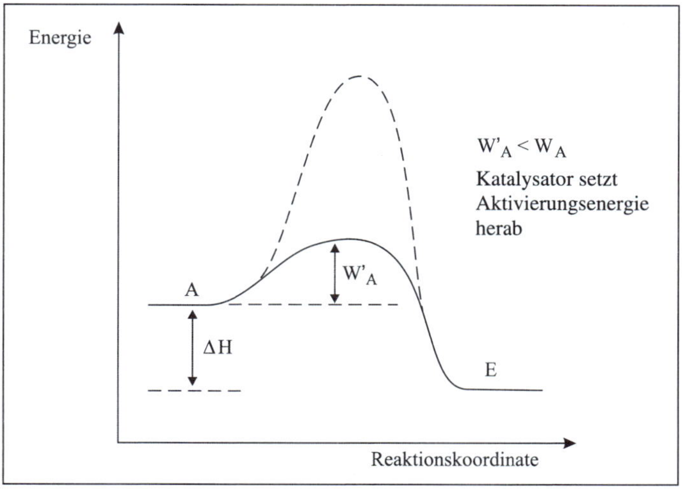

2 Das aktive Zentrum stellt eine Oberflächenstruktur des Enzyms dar, in der das Substratmolekül gebunden ist. So wie ein Schlüssel nur in eine spezielle Form eines Schlosses passt, so passt das Muster eines Substratmoleküls in ein entsprechendes Muster eines Enzym-Moleküls.

3.1 Die Urease hydrolysiert den Harnstoff. Die Konzentration nimmt zu Beginn sehr schnell und dann langsam bis fast zu Null ab. In dem Maße wie die Konzentration abnimmt, nimmt die Konzentration des sekundär gebildeten Ammoniumcarbonates bis zur Sättigung zu. Die mit geringerer Konzentration vorhandene Urease bildet rasch den Enzym-Substrat-Komplex ES. Die Konzentration dieses Komplexes hat ein Maximum, wenn die Urease-Konzentration ein Minimum hat. Durch den Zerfall des Komplexes geht dessen Konzentration gegen Null und die Konzentration der Urease erreicht wieder den ursprünglichen Wert.

3.2 Das Enzym wirkt substratspezifisch. Die Einpassung des Thioharnstoffmoleküls in die Vertiefung der Enzymoberfläche erfolgt nicht exakt. Aus diesem Grunde kann die Spaltung nicht katalysiert werden.

3.3 Aufgrund ihrer ähnlichen Struktur können Thioharnstoff-Moleküle an das aktive Zentrum von Enzymmolekülen zwar angelagert, jedoch nicht umgesetzt werden. Ein Teil der Enzymmoleküle ist also blockiert. Es wird weniger Harnstoff pro Zeiteinheit umgesetzt.

Aufgabe 10: Enzyme

Die Geschwindigkeit v, mit der Enzyme Substrate umsetzen, hängt u. a. von den Konzentrationen der Substrate und von bestimmten Temperatur- und pH-Bereichen ab.

1 Die Geschwindigkeit einer Enzymreaktion in Abhängigkeit von der Substratkonzentration geht aus Abb. 1 hervor:

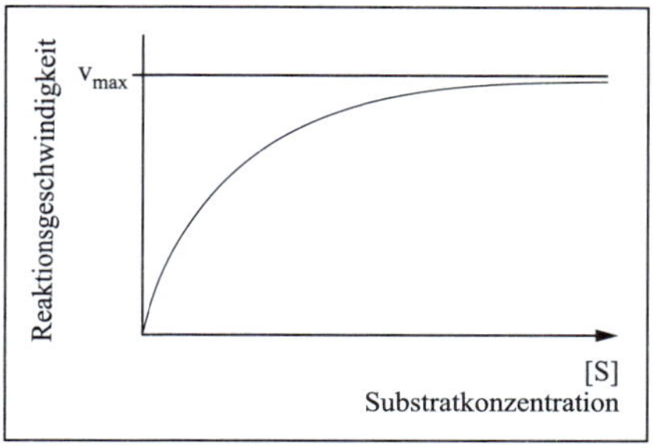

Abb. 1

Interpretieren Sie den Kurvenverlauf. Berücksichtigen Sie dabei auch die Modellvorstellung von der Bildung eines Enzym-Substrat-Komplexes:

$$E + S \rightleftharpoons ES \longrightarrow E + P$$

2 Abb. 2 zeigt für eine Enzymreaktion die Abhängigkeit der Reaktionsgeschwindigkeit von der Temperatur.
Beschreiben Sie den Graphen und geben Sie dazu eine Erklärung.

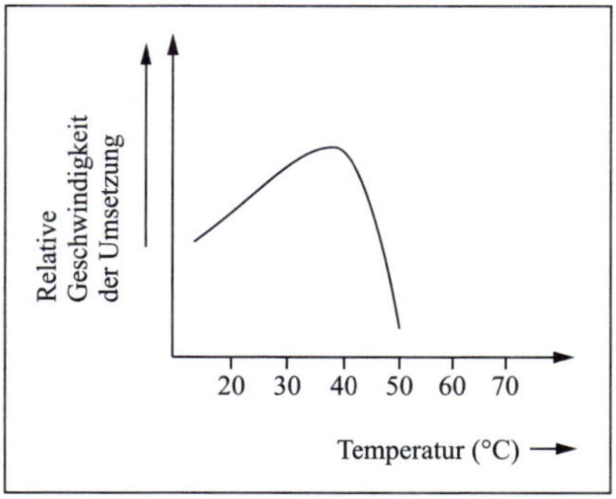

Abb. 2

3 Die Abhängigkeiten mehrerer Enzymaktivitäten von den pH-Werten verdeutlicht Abb. 3. Geben Sie für die Tatsache, dass Enzyme ihre größte Wirksamkeit in bestimmten pH-Bereichen entfalten, eine allgemeine Erklärung.

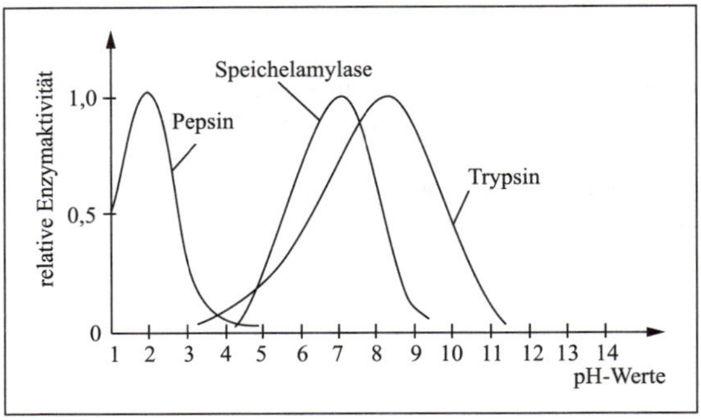

Abb. 3

4 Um die optimale Aktivität des Enzyms Pepsin herauszufinden, werden mit Suspensionen von ausgeflocktem Eiklar in Reagenzgläsern (RG) folgende Versuche gemacht: RG 1 enthält zusätzlich destilliertes Wasser; RG 2 enthält zusätzlich eine entsprechende Menge Pepsinlösung; RG 3 enthält zusätzlich verdünnte Salzsäure und RG 4 enthält zusätzlich verdünnte Salzsäure und Pepsinlösung. Alle Inhalte der Reagenzgläser RG 1 bis RG 4 werden im Wasserbad einige Zeit auf 40 °C erwärmt. Das experimentelle Ergebnis ist:
Nur im RG 4 geht die Trübung deutlich zurück.
Charakterisieren Sie das Enzym Pepsin.

Lösung

1 Bei sehr geringen Substratkonzentrationen nimmt die Geschwindigkeit etwa linear mit der Erhöhung der Substratkonzentration zu. Die Konzentration des Komplexes ES nimmt zu, wenn diejenige von S steigt und damit auch die Geschwindigkeit. Liegen schließlich alle Enzymmoleküle als Enzym-Substrat-Komplex (ES) vor, so erreicht die Reaktion ihre maximale Geschwindigkeit. Bei diesem Sättigungszustand hat eine weitere Erhöhung der Substratkonzentration keinen Einfluss mehr.

2 Die Reaktionsgeschwindigkeit nimmt mit zunehmender Temperatur zunächst zu (RGT-Regel) – Anstieg der Kurve bis zum Optimum. Dies liegt in der Zunahme der kinetischen Energien der Reaktionspartner begründet (Anzahl der reaktionsfähigen Teilchen nimmt zu). Bei höheren Temperaturen werden die Enzyme denaturiert und somit inaktiviert – steiler Abfall der Kurve.

3 Ladungsänderungen z. B. durch Protonierung oder Deprotonierung der Seitenketten von Aminosäuren im aktiven Zentrum oder in dessen Umgebung können zu Änderungen in den Bindungsverhältnissen zum Substrat oder zu Änderungen in der Struktur des Enzyms und damit zu Aktivitätsänderungen führen.

4 Der Rückgang der Trübung deutet darauf hin, dass Proteine durch Pepsin abgebaut werden. Die Erwärmung im Wasserbad auf 40 °C liefert das Temperaturoptimum. Die höchste Aktivität entfaltet das Enzym bei pH-Werten zwischen 1 und 2, dies entspricht z. B. dem pH-Wert des Magensaftes.

Aufgabe 11: Enzyme

1 Das Enzym Urease hydrolysiert (Reaktion mit Wasser) Harnstoff

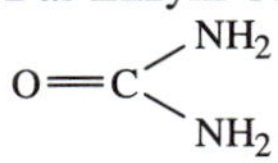

zu Ammoniak und Kohlenstoffdioxid (Reaktion A), woraus sekundär Ammoniumcarbonat gebildet wird. Dies geschieht in folgenden Gleichgewichtsreaktionen:
Kohlenstoffdioxid und Wasser bilden Kohlensäure (Reaktion B);
Ammoniak setzt sich mit Wasser zu Ammoniumhydroxid um (Reaktion C);
Ammoniumhydroxid und Kohlensäure bilden Ammoniumcarbonat, $(NH_4)_2CO_3$, (Reaktion D).

Formulieren Sie für die Reaktionen A bis D je eine Gleichung.
Zeigen Sie, dass bei B keine Redoxreaktion vorliegt. Benennen Sie für C und D den jeweiligen Reaktionstyp und begründen Sie dies.

2 In einem Experiment zur Demonstration der Harnstoffhydrolyse wird ein Standzylinder mit einer Harnstofflösung, einigen Tropfen Phenolphthalein und einer Urease-Aufschwemmung gefüllt. Ein zweiter Standzylinder ohne Urease dient zum Vergleich. Nach einiger Zeit färbt sich der Zylinder mit der Enzymlösung rot. Deuten Sie das Versuchsergebnis und formulieren Sie dazu auch Reaktionsgleichungen.

3 In einem weiteren Experiment soll die Änderung der Stromstärke bei konstanter Wechselspannung in einer mit Urease versetzten Harnstofflösung gemessen werden.
Fertigen Sie für eine mögliche Versuchsanordnung eine Skizze an und beschriften Sie diese. Die folgenden Anlagen enthalten Daten von solchen Messungen. Erläutern Sie den Verlauf der Graphen. Welche Wirkungen haben Schwermetall-Ionen auf Enzyme?

Anlagen zur Übungsaufgabe 11

Harnstoffspaltung durch Urease
je 100 mL 1 %-ige Harnstofflösung werden mit 0,5 mL, 1 mL bzw. 2 mL 1 %-iger Urease-Aufschwemmung versetzt:

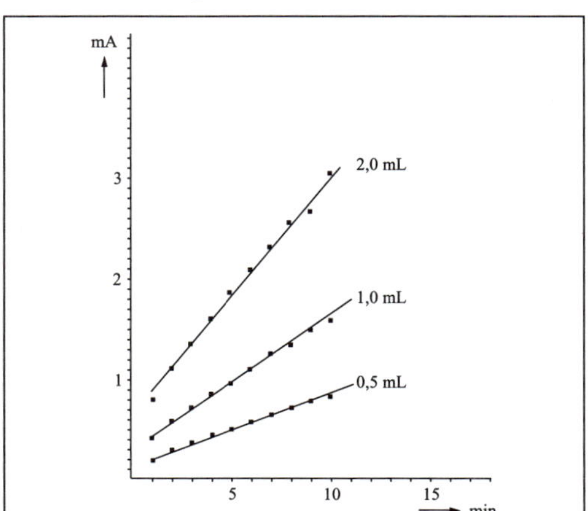

Harnstoffspaltung durch Urease

je 100 mL 1 %-ige Harnstofflösung versetzt mit 1 mL 1 %-iger Urease-Aufschwemmung; nach 8 Minuten Zugabe von 0,5 mL einer 1 %-igen Silbernitratlösung:

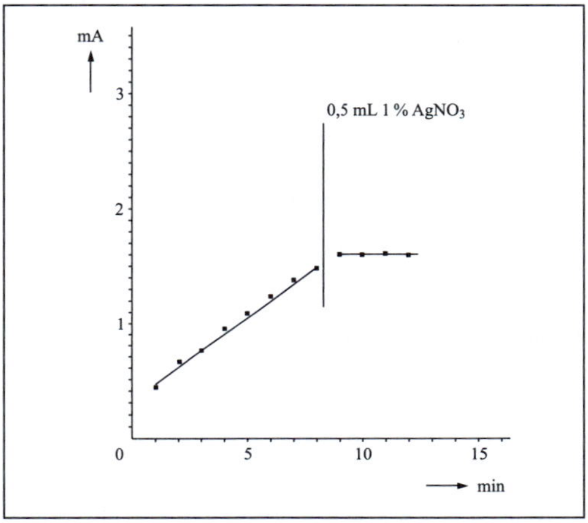

Abb. nach: Phywe Nachrichten, 36. Jahrg. S. 57

Lösung

1 A 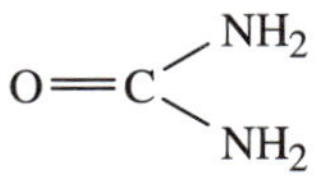 $+ H_2O \longrightarrow 2\,NH_3 + CO_2$

B $CO_2 + H_2O \rightleftharpoons H_2CO_3$

oder: $CO_2 + H_2O \rightleftharpoons H_2O \cdot CO_2 + H_2O \rightleftharpoons H_3O^+ + HCO_3^-$

C $NH_3 + H_2O \rightleftharpoons NH_4^+ + OH^-$ (NH_4OH)

D $2\,NH_4OH + H_2CO_3 \rightleftharpoons (NH_4)_2CO_3 + 2\,H_2O$

$\overset{+IV\,-II}{CO_2} + \overset{+I\,-II}{H_2O} \rightleftharpoons \overset{+I\,+IV\,-II}{H_2CO_3}$ keine Änderung der Oxidationszahlen

C und D sind Protolysereaktionen.
C: freies Elektronenpaar beim Stickstoff – Base, die Wasserteilchen liefern Protonen.
D: OH^--Ionen wirken als Base, H_2CO_3-Teilchen liefern Protonen

2 Das Ammoniumcarbonat liegt in dissoziierter Form als CO_3^{2-}- und NH_4^+-Ionen vor. Carbonat-Ionen reagieren stärker alkalisch als Ammonium-Ionen sauer reagieren. Rotfärbung mit Phenolphthalein durch stärkere alkalische Reaktion:

$CO_3^{2-} + H_2O \rightleftharpoons HCO_3^- + OH^-$ $K_S \cdot K_B = 10^{-14}$, $K_B = 2{,}5 \cdot 10^{-4}$

$NH_4^+ + H_2O \rightleftharpoons NH_3 + H_3O^+$ $K_S = 5{,}8 \cdot 10^{-10}$

3 **Versuchsanordnung**

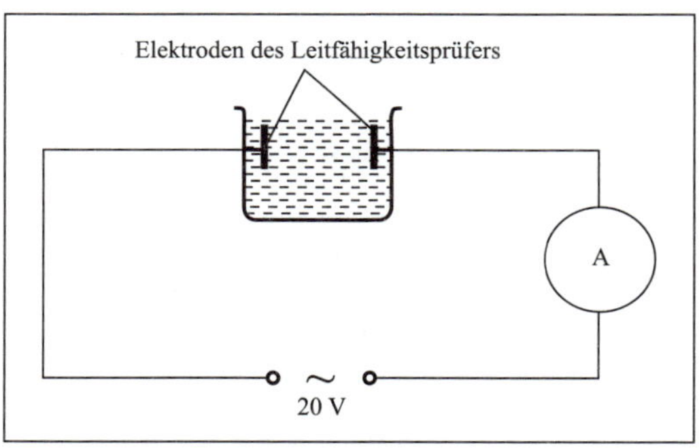

Je länger die Urease aktiv ist, umso größer ist die Anzahl der gebildeten Ammonium- und Carbonat-Ionen und damit auch die Anzahl der Ladungen. Die Stromstärke steigt an, sie nimmt etwa linear zu. Bei größerer Urease-Konzentration ist der Umsatz höher, die Stromstärken nehmen zu. Nach Zugabe von Silbernitratlösung steigt die Stromstärke nochmals kurz an, da zusätzliche Ionen (Ag^+- und NO_3^--Ionen) in die Lösung gebracht wurden. Anschließend bleibt die Stromstärke konstant. Durch die Silber-Ionen wird die Wirkung der Urease gehemmt, weiterer Harnstoffmoleküle können nicht mehr gespalten werden.
Schwermetall-Ionen können Enzymreaktionen hemmen.

Aufgabe 12: Enzyme

Das Enzym α-Amylase, das z. B. im Speichel vorkommt, baut Stärke in Maltose-Einheiten ab.

1 Geben Sie die Bausteine und deren Verknüpfungen an, aus denen die Polysaccharide Amylose und Amylopektin sowie das Disaccharid Maltose aufgebaut sind.
Zeichnen Sie von der Amylose und von Amylopektin je einen Strukturformelausschnitt mit drei Bausteinen.

2.1 Eine wässrige Stärkelösung wird mit einigen Tropfen einer Iodlösung versetzt und anschließend erhitzt. Die blaue Farbe verschwindet, taucht aber beim Abkühlen wieder auf.
Deuten Sie die Beobachtungen und begründen Sie das experimentelle Ergebnis aus der Struktur der Amylose.

2.2 Beim Abbau der Amylose durch das Enzym α-Amylase können Spaltprodukte (Oligosaccharide) aus etwa sechs Bausteinen nachgewiesen werden.
Begründen Sie auch dies aus der Struktur der Amylose.

3 Wirkungen der α-Amylase unter verschiedenen Bedingungen können durch folgende Versuche (V; siehe S. Ü-43) in sechs beschrifteten Reagenzgläsern (RG 1 bis RG 6), die alle 1 %-ige Stärkelösung desselben Volumens enthalten, demonstriert werden.

Versuch Nr.	Inhalt der Reagenzgläser	Durchführung	Experimentelles Ergebnis
V 1	RG 1: Stärkelösung + Amylaselösung	RG 1 bei Zimmertemperatur fünf Minuten stehen lassen und danach einige Tropfen Iodlösung zugeben	starke Entfärbung
V 2	RG 2: Stärkelösung + Amylaselösung	RG 2 in ein Becherglas mit 40 °C stellen, nach fünf Minuten herausnehmen und einige Tropfen Iodlösung zugeben	Stärkere Entfärbung als bei Zimmertemperatur
V 3	RG 3: Stärkelösung + Amylaselösung	RG 3 in kochendes Wasser stellen, nach fünf Minuten herausnehmen und einige Tropfen Iodlösung zugeben	Zunächst keine Blaufärbung, mit zunehmender Abkühlung tritt diese auf

Versuch Nr.	Inhalt der Reagenzgläser	Durchführung	Experimentelles Ergebnis
V 4	RG 4: Stärkelösung + Amylaselösung	RG 4 in Eiswasser stellen, nach fünf Minuten herausnehmen und einige Tropfen Iodlösung zugeben	langsame Entfärbung
V 5	RG 5: Stärkelösung + Amylaselösung	RG 5 in ein Becherglas mit 40 °C stellen, Kupfersulfatlösung zugeben, nach fünf Minuten Zugabe von einigen Tropfen Iodlösung	geringe Entfärbung
V 6	RG 6: Stärkelösung + Amylaselösung	RG 6 in ein Wasserbad von 40 °C stellen, rauchende Salzsäure zugeben, nach fünf Minuten Zugabe einiger Tropfen Iodlösung	keine Blaufärbung

Deuten Sie die experimentellen Ergebnisse.

Lösung

1 Amylose, die lösliche Stärke, besteht aus D-Glucosebausteinen, die α-(1 → 4)-verknüpft sind; Amylopektin, der unlösliche Bestandteil der Stärke, besteht aus Ketten von α-(1 → 4) verknüpften D-Glucosebausteinen, die über α-(1 → 6)-Bindungen verzweigt sind; Maltose, ein Disaccharid, besteht aus zwei α-(1 → 4)-verknüpften D-Glucosebausteinen:

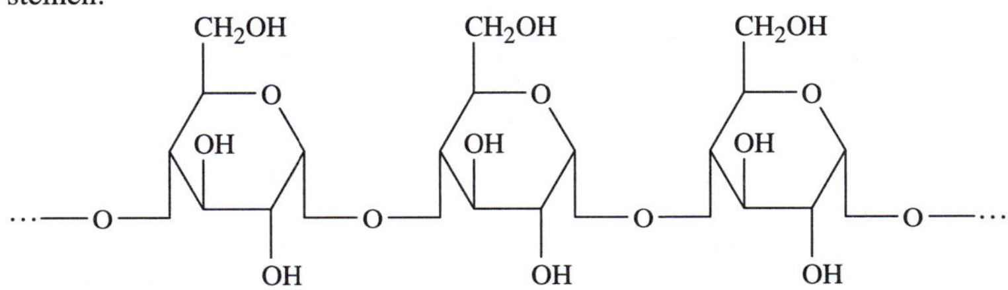

Amylose, Glucosebausteine sind α-(1 → 4)-verknüpft

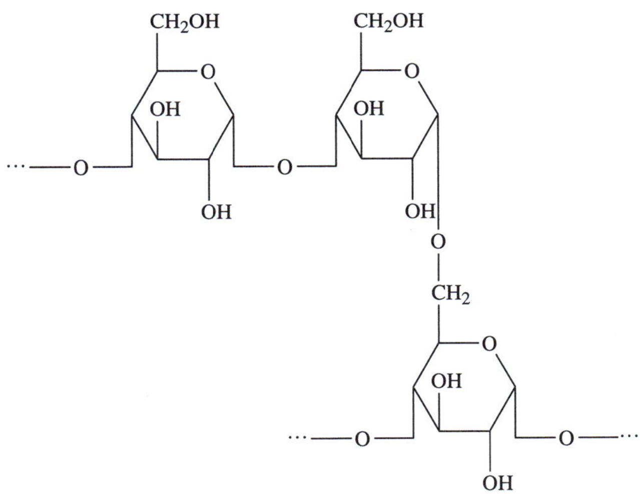

Amylopektin, Glucosebausteine sind α-(1 → 4)- und α-(1 → 6)-verknüpft.
Die α-(1 → 6)-Verknüpfung bildet die Verzweigungspunkte.

2.1 Struktur der Amylose:
Die Makromoleküle bilden Schrauben (Helices), die aus vielen α-(1 → 4)-verknüpften D-Glucosebausteinen zusammengesetzt sind. Auf eine Windung in den Schrauben entfallen sechs Bausteine. Dadurch entstehen Hohlräume, in die sich die Iodmoleküle einlagern können – Blaufärbung. Beim Erhitzen werden die Iodmoleküle aus den Hohlräumen verdrängt, die blaue Farbe verschwindet. Beim Abkühlen wieder Einlagerung in die kanalartigen Strukturen – wieder Blaufärbung.

2.2 Das Enzym α-Amylase greift an der Spiralstruktur der Amylose an und spaltet jeweils um eine Windung entfernte glykosidische Bindungen. Da die Windungen aus sechs Bausteinen bestehen, ergeben sich bei der Spaltung entsprechende Oligosaccharide.

3 V 1 Amylase baut Stärke ab, die Spiralstrukturen werden zerstört und die Lösung entfärbt sich

V 2 die Aktivität des Enzyms nimmt zu – Temperaturoptimum – schnellerer Abbau

V 3 das Enzym wird denaturiert, kein Abbau; durch die Temperaturerhöhung werden jedoch die Iodmoleküle aus den Hohlräumen verdrängt, beim Abkühlen können sich die Iodmoleküle wieder in die Hohlräume einlagern

V 4 langsame Entfärbung, da die Enzymaktivität vom Temperaturoptimum weit entfernt ist

V 5 die Aktivität des Enzyms wird durch Schwermetall-Ionen wie Kupfer-Ionen blockiert, keine Entfärbung

V 6 saure Hydrolyse der Stärkemoleküle; Spiralstruktur wird zerstört, Abbau bis zu den Glucoseeinheiten, keine Blaufärbung; Wirkung der Amylase gering, da pH-Optimum bei etwa pH = 7

Aufgabe 13: Enzyme

Leber und Kartoffeln enthalten das Enzym Katalase. Dieses katalysiert die Zersetzung von Wasserstoffperoxid (H_2O_2) in Wasser und Sauerstoff.

1 In einem Experiment werden fünf nummerierte Reagenzgläser (RG 1 bis RG 5) je zur Hälfte mit Wasserstoffperoxid beschickt und dann der Reihe nach mit gleichen Portionen folgender Substanzen versetzt: RG 1 mit roher Leber; RG 2 mit geriebener Leber, RG 3 mit gekochter Leber, RG 4 mit gefrorener Leber und RG 5 mit Kartoffelwürfeln. Formulieren Sie für den Zerfall des Wasserstoffperoxids eine Reaktionsgleichung und zeigen Sie, dass es sich dabei um eine Redoxreaktion handelt.
Beschreiben Sie mögliche Beobachtungen, die bei obigen Experimenten gemacht werden können und deuten Sie diese.

2 Die Wirkung der Katalase lässt sich durch die Abnahme des Wasserstoffperoxids nach verschiedenen Zeiten der Enzymeinwirkung messen. Die noch vorhandene Menge an Wasserstoffperoxid wird jeweils durch Titration der Mischung mit Kaliumpermanganatlösung der Konzentration $c = 0{,}01\ \text{mol} \cdot \text{l}^{-1}$ bestimmt. Dabei wird Mangan von der Oxidationsstufe +VII im Permanganat-Ion zu +II im Mangan-Ion reduziert und der Sauerstoff von –I in Wasserstoffperoxid zu Null im elementaren Zustand oxidiert. Die Mischung mit dem Volumen $V = 10\ \text{mL}$ setzt sich aus angesäuerter Wasserstoffperoxid-Lösung und Katalase-Lösung zusammen.
Formulieren Sie zunächst für diese Redoxreaktion die Teilgleichungen und danach die Gesamtgleichung. Woran erkennt man den Endpunkt der Titration?

3 Die Konzentrationen des noch vorhandenen Wasserstoffperoxids können mit folgenden Formeln berechnet werden:

$$n(H_2O_2) = \frac{5}{2} \cdot c(MnO_4^-) \cdot V(MnO_4^-) \quad \text{und}$$

$$c(H_2O_2) = \frac{n(H_2O_2)}{V(\text{Mischung})} = \frac{\frac{5}{2} \cdot c(MnO_4^-) \cdot V(MnO_4^-)}{V(\text{Mischung})}$$

Begründen Sie die Formeln unter Verwendung des Stoffmengenverhältnisses
$n(H_2O_2) : n(MnO_4^-) = 5 : 2$.

Berechnen Sie damit und mit den in der Tabelle enthaltenen Daten die Konzentrationen des jeweils noch vorhandenen Wasserstoffperoxids.

Tabelle:

Zeit in min.	**Verbrauch an Kaliumpermanganat $c = 0{,}01\ \text{mol} \cdot \text{L}^{-1}$, in mL**
0	5,0
5	1,7
10	0,85
15	0,6

Tragen Sie die errechneten Konzentrationen in Abhängigkeit von der Zeit in ein Koordinatensystem ein und erläutern Sie den Kurvenverlauf.

Lösung

1 **Reaktionsgleichung**

$$\overset{+I\ -I}{2\,H_2O_2} \rightleftharpoons \overset{+I\ -II}{2\,H_2O} + \overset{0}{O_2}$$, die Oxidationszahlen des Sauerstoffes ändern sich.

Beobachtungen und Deutungen

RG 1: heftige Sauerstoffentwicklung; rohe Leber enthält viel Katalase
RG 2: Sauerstoffentwicklung noch heftiger; durch die feine Zerteilung nimmt die Oberfläche zu und damit auch die Kontaktfläche zwischen Enzym und Substrat
RG 3: keine Sauerstoffentwicklung; beim Kochen denaturiert das Enzym und es verliert seine Aktivität
RG 4: zunächst sehr geringe Sauerstoffentwicklung, da das Enzym vom Temperaturoptimum weit entfernt ist
RG 5: geringere Sauerstoffentwicklung; Kartoffeln enthalten weniger Katalase

2 **Reaktionsgleichungen**

$$\overset{+VII}{MnO_4^-} + 5\,e^- + 8\,H^+ \longrightarrow Mn^{2+} + 4\,H_2O \quad |\cdot 2 \quad \textbf{Reduktion}$$

$$\overset{-I}{H_2O_2} \longrightarrow 2\,H^+ + \overset{0}{O_2} + 2\,e^- \quad |\cdot 5 \quad \textbf{Oxidation}$$

$$2\,MnO_4^- + 5\,H_2O_2 + 6\,H^+ \longrightarrow 2\,Mn^{2+} + 8\,H_2O + 5\,O_2$$

Endpunkt der Titration: bleibende Rosafärbung

3 Stoffmengenverhältnis $\frac{n(H_2O_2)}{n(MnO_4^-)} = \frac{5}{2}$ oder

$n(H_2O_2) = \frac{5}{2} \cdot n(MnO_4^-)$; mit $c = \frac{n}{V}$ folgt

$n(H_2O_2) = \frac{5}{2} \cdot c(MnO_4^-) \cdot V(MnO_4^-)$ und

$$c(H_2O_2) = \frac{n(H_2O_2)}{V(\text{Mischung})} = \frac{\frac{5}{2} \cdot c(MnO_4^-) \cdot V(MnO_4^-)}{V(\text{Mischung})}$$

Berechnungen

Zeit in min.	Verbrauch an Kaliumpermanganatlösung $c = 0{,}01\ mol \cdot L^{-1}$ in ml	$n(H_2O_2)$ mol	$c(H_2O_2)$ $mol \cdot L^{-1}$
0	5,0	$0{,}128 \cdot 10^{-3}$	$12{,}5 \cdot 10^{-3}$
5	1,7	$0{,}0425 \cdot 10^{-3}$	$4 \cdot 10^{-3}$
10	0,85	$0{,}0213 \cdot 10^{-3}$	$2{,}13 \cdot 10^{-3}$
15	0,6	$0{,}015 \cdot 10^{-3}$	$1{,}5 \cdot 10^{-3}$

Je länger die Wirkung der Katalase, umso mehr Wasserstoffperoxid wird zersetzt. Die durch Titration gemessene Konzentration des jeweils noch vorhandenen Wasserstoffperoxids muss also abnehmen. Die Geschwindigkeit der Enzymreaktion nimmt am Anfang stark und dann langsam zu; die Konzentration des Wasserstoffperoxids nimmt entsprechend stark und dann langsam ab:

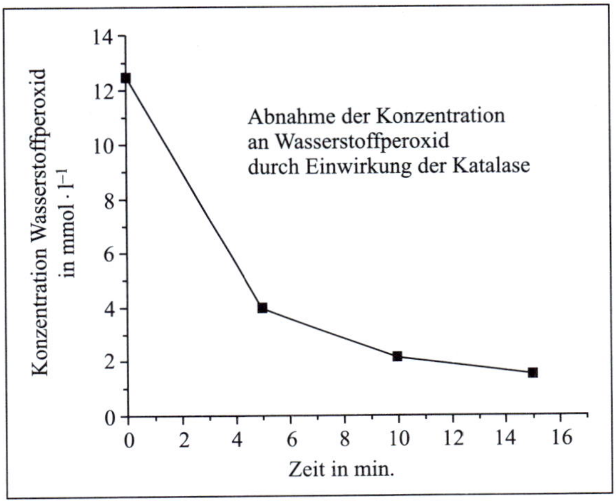

Aufgabe 14: Enzyme

Enzyme katalysieren verschiedene Umwandlungsreaktionen im Organismus, u. a. auch die heterolytischen Spaltungen (Hydrolysen; Reaktionen mit Wasser) von Glycosiden, Peptiden und Glyceriden.

1 Das Enzym Invertase katalysiert die Hydrolyse der Saccharose in D-Glucose und D-Fructose. Mit Lösungen der drei Kohlenhydrate macht man die Fehling-Probe. Beschreiben Sie die Vorgehensweise bei der experimentellen Durchführung und machen Sie Aussagen darüber, ob die Proben positiv oder negativ verlaufen. Geben Sie dazu auch Begründungen an. Formulieren Sie außerdem für den Nachweis eine Reaktionsgleichung.
Formulieren Sie für die Hydrolyse eine Reaktionsgleichung. Benutzen Sie für die drei Kohlenhydratmoleküle Projektionsformeln nach Haworth.

2 Ein Dipeptid aus den Aminosäuren Glycin und Tyrosin mit der Sequenz

Glycin –Tyrosin

wird durch eine Hydrolase gespalten. Die Seitenketten der Aminosäuren sind: $R_1 \triangleq H$ und

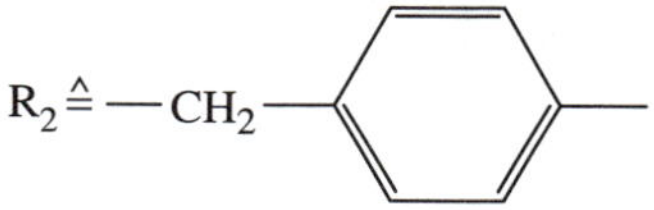

für Tyrosin.

Formulieren Sie für die Hydrolyse des Dipeptids eine Reaktionsgleichung mit Strukturformeln.
Beschreiben Sie eine Methode, mit der sowohl das Dipeptid als auch die Aminosäuren identifiziert werden können.

3 Die Wirkung fettspaltender Enzyme können durch folgenden Versuch demonstriert werden:
In zwei Standzylindern mit Milch gibt man Phenolphthalein und so lange Natriumcarbonatlösung zu, bis die Lösungen rosa gefärbt sind. Danach fügt man einem Zylinder Pancreatin-Lösung (Pancreatin enthält Lipasen, fettspaltende Enzyme) zu, dem anderen Zylinder die entsprechende Menge Wasser – der Inhalt dieses Zylinders dient zum Vergleich. Nach etwa 20 Minuten entfärbt sich der Zylinder mit der Pancreatin-Lösung. Geben Sie für die Rosafärbung eine Erklärung und formulieren Sie dazu auch eine Reaktionsgleichung.
Deuten Sie die das Versuchsergebnis und begründen Sie dieses mit Reaktionsgleichungen.

Lösung

1 Die Lösung muss alkalisch gemacht werden, Zugabe von gleichen Mengen Fehling-Reagenz 1 und Fehling-Reagenz 2, erhitzen.
Bei Saccharose-Lösung ist die Fehling-Reaktion negativ, da die halbacetalischen Hydroxygruppen blockiert sind – eine Ringaufspaltung ist nicht möglich.
Die Reaktionsprodukte ergeben eine positive Reaktion, da Glucose ein reduzierender Zucker ist und Fructose sich in Glucose umwandelt.

$$R-\overset{+I}{C}HO + 2\,OH^- \longrightarrow R-\overset{+III}{C}OOH + H_2O + 2\,e^- \quad \textbf{Oxidation}$$

$$2\,Cu^{2+} + 2\,e^- + 2\,OH^- \longrightarrow \overset{+I}{Cu_2}O(s) + H_2O \quad \textbf{Reduktion}$$

$$R-\overset{+I}{C}HO + 4\,OH^- + 2\,Cu^{2+} \longrightarrow R-\overset{+III}{C}OOH + 2\,H_2O + \overset{+I}{Cu_2}O(s)$$

Redoxreaktion (Teilgleichung sind Ergänzungen)

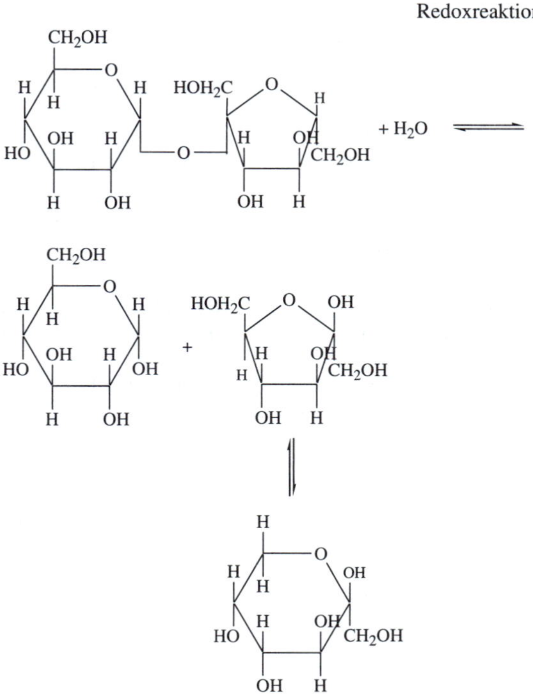

(Gleichgewicht mit Pyranose zur Ergänzung)

Reaktionstyp: saure Hydrolyse

2 z. B:

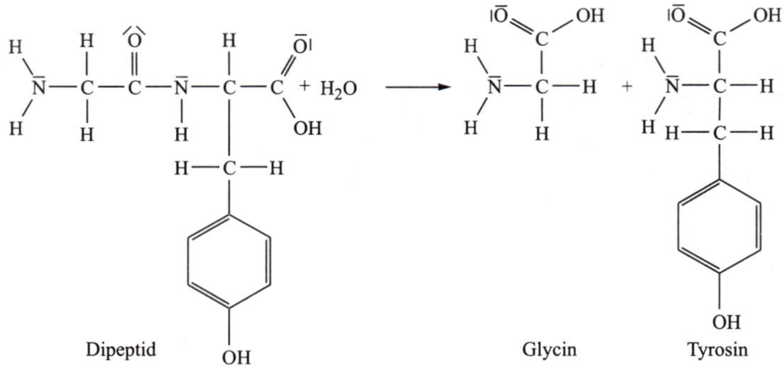

Auf die Startlinie eines Dünnschicht-Plättchens gibt man je mit einer Kapillare eine kleine Probe wässriger Lösungen des Dipeptids und der zu trennenden Aminosäuren (und entsprechender Vergleichssubstanzen). Das Plättchen bringt man in einen Tank mit Laufmittel, z. B. aus einem Gemisch von Aceton, 1-Butanol, Eisessig und Wasser. Das Lösungsmittel (mobile Phase) wandert über die Startflecken hinweg, und die Substanzen werden mit verschiedener Geschwindigkeit mitgeführt. Das Dipeptid und die Aminosäuren werden im Wesentlichen je nach Löslichkeit im Laufmittel und Adsorption an der Schicht (stationäre Phase) getrennt. Nach Markierung der Laufmittelfront und Trocknung wird das Chromatogramm mit Ninhydrin besprüht und im Trockenschrank bei über 100 °C entwickelt. Es entstehen violette Farbtöne. Die Identifizierung erfolgt

a) durch Zuordnung von Flecken auf gleicher Höhe bei Verwendung von Vergleichssubstanzen.
b) durch Bestimmung der Quotienten aus den Entfernungen: Startlinie – Substanzfleck und Startlinie – Laufmittelfront, R_F-Werte. Vergleich dieser Werte mit Tabellenwerten.

3 Carbonate reagieren alkalisch. Der Indikator Phenolphthalein zeigt durch Rosafärbung die alkalisch reagierende Lösung an. Reaktionsgleichung:

$$CO_3^{2-} + H_2O \rightleftharpoons HCO_3^- + OH^-$$

Lipasen spalten die Esterbindungen in den Triglycerid-Molekülen (Triglyceride sind Hauptbestandteile der Fette). Unter Aufnahme von Wasser entstehen freie Fettsäuren und Glycerin.
Die Fettsäuremoleküle neutralisieren die Hydroxid-Ionen. Je länger die Enzyme einwirken, umso größer ist die Anzahl freier Fettsäuremoleküle und umso geringer ist die Konzentration an OH^--Ionen. Es kommt zur allmählichen Entfärbung.

Reaktionsgleichungen

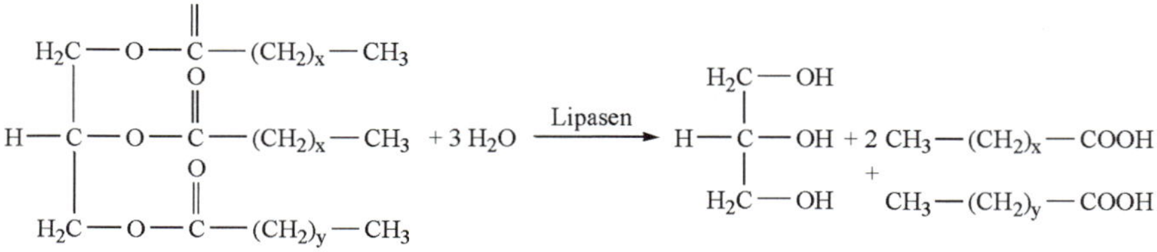

$$CH_3-(CH_2)_x-COOH + OH^- \rightleftharpoons CH_3-(CH_2)_x-COO^- + H_2O$$

Aufgabe 15: Elektrochemie, Redoxreaktionen

1 Kupfer wurde früher, z. B. in dem Bergbauort Herrengrund in der Slowakei, nach folgendem Verfahren gewonnen: Kupferhaltiges ($CuSO_{4(aq)}$) Grubenwasser leitete man durch Holzbottiche, deren Bretter durch Eisenstäbe zusammengehalten wurden. Die Eisenstäbe überzogen sich mit Kupfer. Dieses wurde dann vom Eisen abgeschabt und weiterverarbeitet.
Im Schullabor könnte man ein ähnliches Verfahren anwenden: In Kupfer(II)-Salzlösungen taucht man z. B. Zinkstäbe, von denen sich dann das Kupfer abschaben lässt – Reaktion 5 im Schaubild der Kupferkreislaufs (siehe Anlage).
Begründen Sie beide Verfahren. Benutzen Sie dazu auch Reaktionsgleichungen.

2 Abscheidungen von Kupfer kann man auch erhalten, wenn man eine Kupfersulfatlösung mit Graphitelektroden elektrolysiert.
Skizzieren Sie eine experimentelle Anordnung und bestätigen Sie auch dieses Verfahren mit einer Reaktionsgleichung. An der anderen Elektrode entsteht ein gasförmiges Produkt, das Verbrennungen unterhält. Geben Sie dieses Produkt an und formulieren Sie für seine Bildung eine Reaktionsgleichung.

3 Skizzieren und erläutern Sie Experimente mit denen die Normalpotenziale der nachstehenden Redoxpaare bestimmt werden können:
Fe^{2+}/Fe und Cu^{2+}/Cu.

Berechnen Sie die Potenzialdifferenz im Standardzustand für ein galvanisches Element, das aus einer Eisenelektrode in einer Eisen(II)-Salzlösung und einer Kupferelektrode in einer Kupfer(II)-Salzlösung besteht.

4 Kupferspäne und Kupferpulver versetzt man mit Salpetersäure. Bei dieser Reaktion entwickelt sich ein braunes Gas, Stickstoffdioxid, und eine wässrige blaue Lösung von Kupfernitrat:

$$Cu + 4\,HNO_3 \longrightarrow Cu(NO_3)_{2(aq)} + 2\,NO_2 + 2\,H_2O$$

Reaktion 1 im Kupferkreislauf.
Zeigen Sie, dass es sich bei dieser Reaktion um eine Redoxreaktion handelt. Geben Sie an, welche Elemente reduziert bzw. oxidiert werden.
Formulieren Sie im Schema des Kupferkreislaufs die Reaktionsgleichungen für die Reaktionen 2 bis 4 (siehe Anlage). Benutzen Sie für die Reaktion 2 eine Schreibweise mit Ionen.

5 Erläutern Sie das im Text beschriebene Element (siehe Anlage).
(Wahlbereich)

Anlagen zur Übungsaufgabe 15

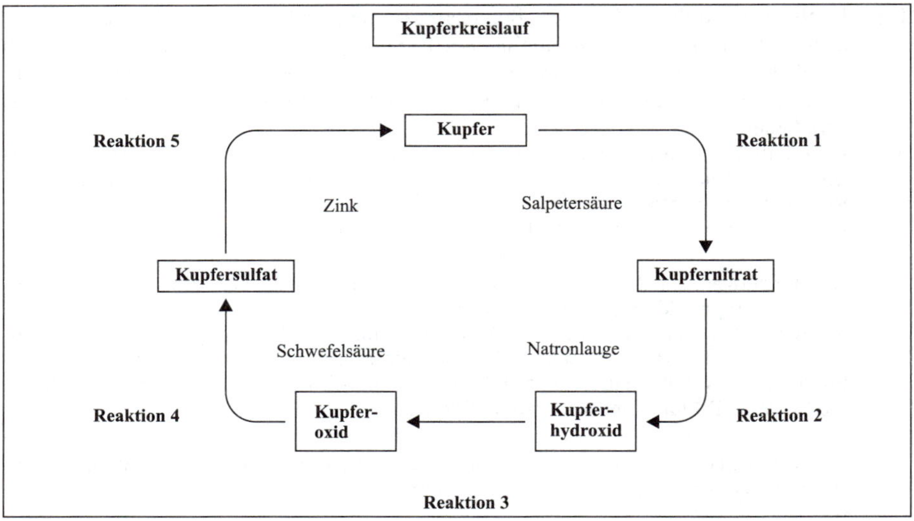

(Nach: www.uni-siegen.de~didaktik)

Text (Wahlthema)
In der Zahnheilkunde werden seit Jahrhunderten Amalgame (Legierungen von Quecksilber mit anderen Metallen) als Füllmasse verwendet. Heute sind Legierungen gebräuchlich, die neben Quecksilber Silber, Kupfer und Zinn enthalten. Unmittelbar nach Einbringen der Füllung beginnt die Oxidation durch Luftsauerstoff. Dabei wird fast ausschließlich das unedelste Element, also Zinn, oxidiert. Es bildet sich eine Zinnoxid-Schicht, die nach einigen Tagen die Füllung vollständig isoliert. Zu Beginn werden auch sehr kleine Mengen Quecksilber frei, nach 2–3 Wochen ist jedoch keine Quecksilber-Freisetzung mehr nachweisbar.
Wird nun jedoch in Nachbarschaft der Amalgam-Füllung ein edleres Metall eingebracht, beispielsweise Gold, kann sich ein galvanisches Element ausbilden. Voraussetzung ist, dass eine leitende Verbindung zwischen den Materialien vorliegt. Dies kann gesundheitsschädliche Auswirkungen haben.

Metalle im Amalgam: Sn, Cu, Ag, Hg

	$Sn^{2+} + 2\,e^- \rightleftharpoons Sn$		$E^0 = -0{,}14$ V
	$Cu^{2+} + 2\,e^- \rightleftharpoons Cu$		$E^0 = +0{,}35$ V
	$Hg^{2+} + 2\,e^- \rightleftharpoons Hg$		$E^0 = +0{,}85$ V
Sauerstoff	$O_2 + 2\,H_2O + 4\,e^- \rightleftharpoons 4\,OH^-$		$E^0 = +1{,}24$ V
Gold	$Au^{3+} + 3\,e^- \rightleftharpoons Au$		$E^0 = +1{,}5$ V

(Nach: www.vs-c.de/ch/4/cm/redox/amalgam)

Lösung

1 Das Redoxsystem Fe^{2+}/Fe hat ein negativeres Potenzial als das System Cu^{2+}/Cu. Eisen-Ionen gehen in Lösung. Die Kupfer-Ionen übernehmen die Elektronen und werden zu Kupfer reduziert. Die Eisenstäbe überziehen sich mit Kupfer:

$Fe \longrightarrow Fe^{2+} + 2\,e^-$	Oxidation
$Cu^{2+} + 2\,e^- \longrightarrow Cu$	Reduktion
$Fe + Cu^{2+} \longrightarrow Cu + Fe^{2+}$	Redoxreaktion

Das Redoxsystem Zn^{2+}/Zn hat ebenfalls ein negativeres Potenzial. Zink-Ionen gehen in Lösung, Kupfer-Ionen werden reduziert:

$Zn \longrightarrow Zn^{2+} + 2\,e^-$	Oxidation
$Cu^{2+} + 2\,e^- \longrightarrow Cu$	Reduktion
$Zn + Cu^{2+} \longrightarrow Cu + Zn^{2+}$	Redoxreaktion

2 **Skizze**

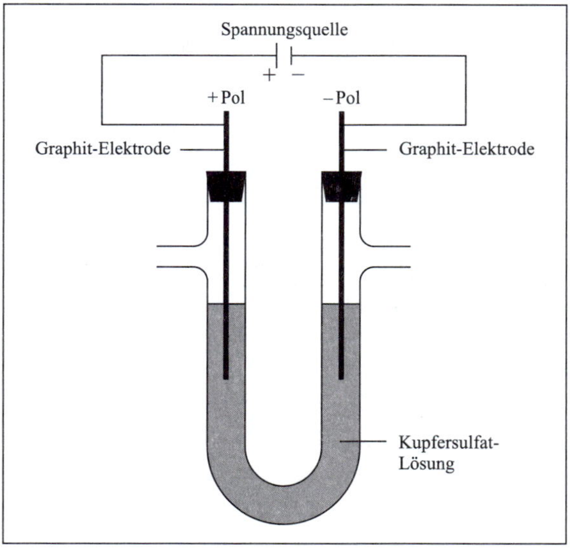

Am –Pol werden diejenigen Teilchen mit dem positiveren Potenzial reduziert; Abscheidungen von Kupfer:

$Cu^{2+} + 2\,e^- \longrightarrow Cu$

am +Pol wird oxidiert:

$4\,OH^- \longrightarrow O_2 + 2\,H_2O + 4\,e^-$, das sich entwickelnde Gas ist Sauerstoff.

3 Das Redoxpotenzial einer Halbzelle unter Standardbedingungen wird gemessen, indem man diese mit einer Halbzelle, welche die „Standard-Wasserstoffelektrode“ enthält, zu einer Redoxkette kombiniert.
Die gemessene Spannung entspricht dann dem Standardpotenzial des Redoxpaares, da das Standardpotenzial des Redoxpaares 2 H_3O^+/H_2 gleich Null gesetzt wird:

$2\,H_3O^+ + 2\,e^- \longrightarrow 2\,H_2O + H_2$ (+Pol)

Skizze

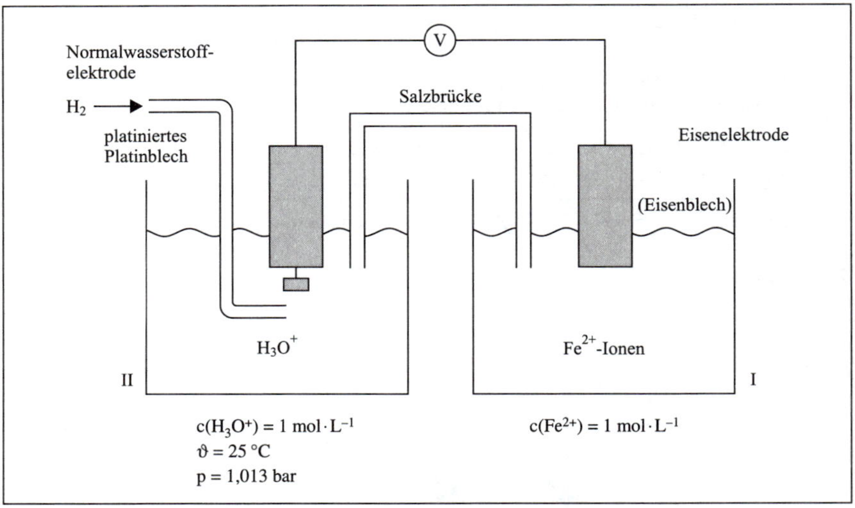

Fe	$\longrightarrow$	$Fe^{2+} + 2\,e^-$	**–Pol**
$2\,H_3O^+ + 2\,e^-$	$\longrightarrow$	$2\,H_2O + H_2$	**+Pol**
$Fe + 2\,H_3O^+$	$\longrightarrow$	$Fe^{2+} + 2\,H_2O + H_2$	

Skizze

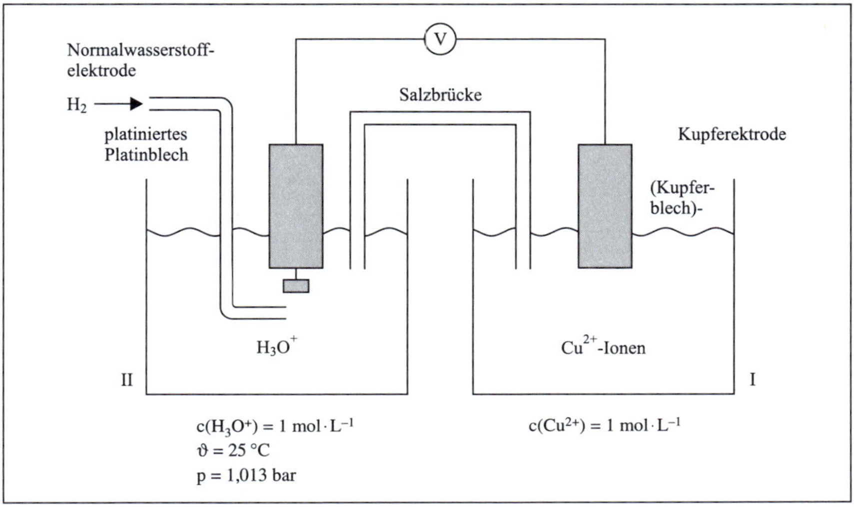

$H_2 + 2\,H_2O \longrightarrow 2\,H_3O^+ + 2\,e^-$ **–Pol**

$Cu^{2+} + 2e^- \longrightarrow Cu$ **+Pol**

$H_2 + 2\,H_2O + Cu^{2+} \longrightarrow 2\,H_3O^+ + Cu$

$\Delta E^0 = E^0(Akz.) - E^0(Don.) = 0{,}35\ V - (-0{,}41\ V) = 0{,}76\ V$

4 $\overset{0}{Cu} + 4\,\overset{+I}{H}\overset{+V}{N}\overset{-II}{O}_{3(aq)} \longrightarrow \overset{+II}{Cu}(\overset{+V}{N}\overset{-II}{O}_3)_{2(aq)} + 2\,\overset{+IV}{N}\overset{-II}{O}_2 + 2\,\overset{+I}{H}_2\overset{-II}{O}$

Die Oxidationszahlen ändern sich; Kupfer wird oxidiert, Stickstoff reduziert.

Reaktion 2: $Cu^{2+} + 2\,OH^- \longrightarrow Cu(OH)_{2\,(s)}$

Reaktion 3: $Cu(OH)_{2\,(s)} \longrightarrow CuO + H_2O$

Reaktion 4: $CuO + H_2SO_4 \longrightarrow CuSO_4 + H_2O$

5 Es bildet sich ein Lokalelement, bei dem die unedleren Metalle beschleunigtt korrodieren. Insbesondere Zinn wird, wegen des negativsten Potenzials, verstärkt oxidiert. Die Elektronen werden zum Gold weiter geleitet. An der Oberfläche des Goldes nehmen Sauerstoffmoleküle Elektronen auf und werden reduziert. Neben Zinn werden auch kleine Mengen der anderen Amalgam-Metalle oxidiert, also auch Kupfer, Silber oder Quecksilber. Die Ionen lösen sich im Speichel und können im Verdauungstrakt aufgenommen werden. Gesundheitliche Beeinträchtigungen durch Quecksilber-Ionen sind nicht auszuschließen.
(Wahlbereich)

Abiturprüfung an den allgemeinbildenden Gymnasien (Baden-Württemberg) 2004
Prüfungsfach: Chemie – Aufgabe I

1 Für die Beurteilung der Wasserqualität natürlicher Gewässer spielen Ammonium-Ionen (NH_4^+) eine wichtige Rolle, da diese in wässriger Lösung in einer Gleichgewichtsreaktion zu Ammoniak-Molekülen reagieren.
Ammoniak wirkt als Fischgift.

1.1 Formulieren Sie für dieses Gleichgewicht eine Reaktionsgleichung unter Verwendung von Strukturformeln mit bindenden und nichtbindenden Elektronenpaaren.
Geben Sie dazu das Massenwirkungsgesetz an und berechnen Sie mithilfe der Säurekonstanten K_S des Ammonium-Ions den Wert der Gleichgewichtskonstanten K_c. 4 VP

1.2 Die Abbildung 1 (siehe S. 2004-2) zeigt die Abhängigkeit der Stoffmengenanteile an Ammoniak-Molekülen und Ammonium-Ionen dieses Gleichgewichts vom pH-Wert der Lösung bei verschiedenen Temperaturen.
- Nennen und erläutern Sie die Einflüsse von pH-Wert und Temperatur auf die Qualität des Wassers hinsichtlich der Belastung durch Ammoniak.
- Zeigen Sie, wie mithilfe der Abbildung 1 der Wert der Säurekonstanten des Ammonium-Ions bei $\vartheta = 0\,°C$ bestimmt werden kann. Ermitteln Sie diesen Wert. 7 VP

2 Ein wichtiges Ammonium-Salz ist das Ammoniumchlorid (NH_4Cl).

2.1 Berechnen Sie näherungsweise den pH-Wert einer Ammoniumchlorid-Lösung der Stoffmengenkonzentration $c(NH_4Cl) = 0{,}1\ mol \cdot L^{-1}$ bei Standardbedingungen. 2 VP

2.2 Mit einer Ammoniumchlorid-Lösung der Konzentration $c(NH_4Cl) = 0{,}1\ mol \cdot L^{-1}$ wird eine Silbernitrat-Lösung titriert. Dabei entsteht schwer lösliches Silberchlorid. Die elektrische Leitfähigkeit der Lösung wird in Abhängigkeit vom Volumen der zugegebenen Ammoniumchlorid-Lösung gemessen.
Es ergibt sich der in Abbildung 2 (siehe S. 2004-2) gezeigte Verlauf.
- Fertigen Sie eine beschriftete Skizze des Versuchsaufbaus an.
- Formulieren Sie für die bei der Titration ablaufende Reaktion eine Reaktionsgleichung.
- Interpretieren Sie den Kurvenverlauf.
- Berechnen Sie die Masse $m(AgNO_3)$ der in der titrierten Lösung enthaltenen Silbernitrat-Portion. 7 VP

20 VP

Abbildung 1:

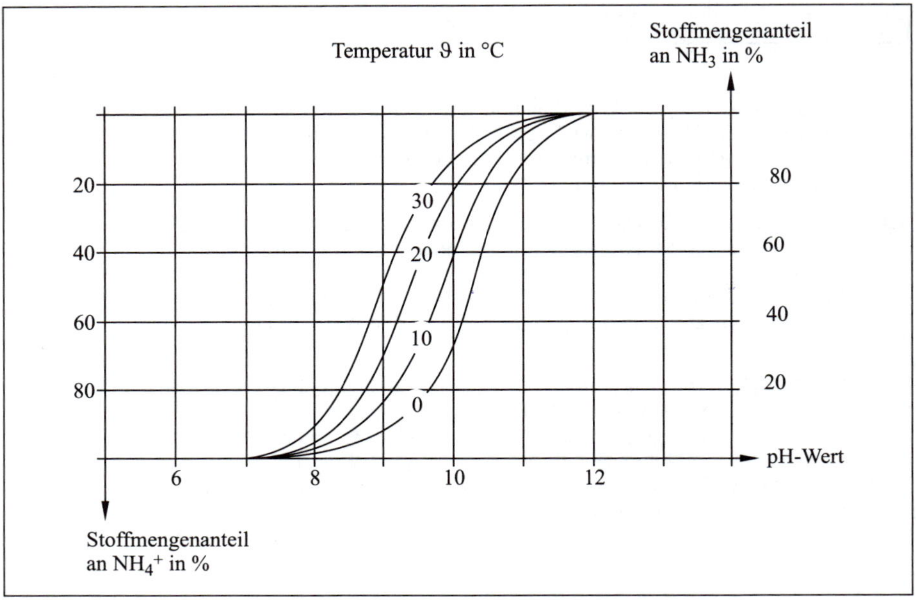

Abbildung 2:

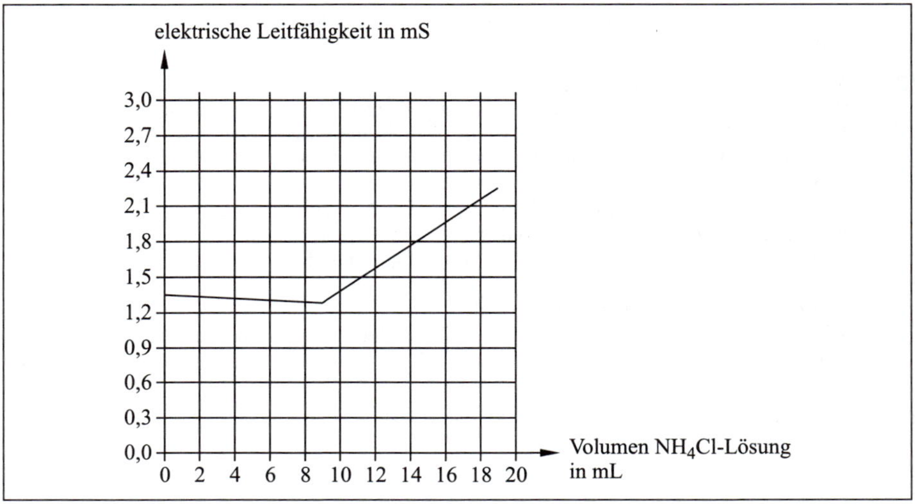

Lösungen

1.1 Reaktionsgleichung:

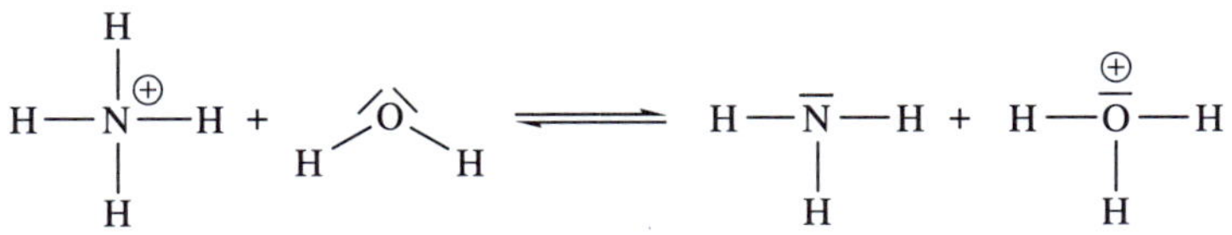

$$K_c = \frac{c(\mathrm{NH_3}) \cdot c(\mathrm{H_3O^+})}{c(\mathrm{NH_4^+}) \cdot c(\mathrm{H_2O})} = \frac{K_\mathrm{S}}{c(\mathrm{H_2O})} = \frac{10^{-9,24}\ \mathrm{mol \cdot L^{-1}}}{55,55\ \mathrm{mol \cdot L^{-1}}} = 1,04 \cdot 10^{-11}$$

1.2 Bei steigender Temperatur und steigendem pH-Wert nimmt der Anteil an Ammoniak zu. Das bedeutet, dass die Wasserqualität sinkt. Da bei steigender Temperatur der Anteil an Ammoniak zunimmt, erfolgt die Bildung von Ammoniak in endothermer Reaktion. Bei Temperaturerhöhung verschiebt sich ein Gleichgewicht auf die Seite des wärmeverbrauchenden Vorganges, dies ist im Beispiel die Ammoniak-Bildung.
Bei höherem pH-Wert der Lösung ist auch die Konzentration der Hydroxid-Ionen höher. Dies bewirkt eine Gleichgewichtsverschiebung zum Ammoniak. Die H_3O^+-Ionen werden dem Gleichgewicht entzogen:

$$\mathrm{H_3O^+ + OH^- \longrightarrow 2\,H_2O}$$

Das Gleichgewicht reagiert darauf durch weitere Bildung von H_3O^+-Ionen.
Aus Abbildung 1 liest man auf der Kurve für $\vartheta = 0\ °C$ für einen Stoffmengenanteil an Ammoniak von 50 % und einen Stoffmengenanteil an Ammonium-Ionen von 50 % einen pH ≈ 10,25 ab.

Aus dem Term für das MWG, $K_\mathrm{S} = \frac{c(\mathrm{NH_3}) \cdot c(\mathrm{H_3O^+})}{c(\mathrm{NH_4^+})}$, folgt für $c(\mathrm{NH_3}) = c(\mathrm{NH_4^+})$:

$$K_\mathrm{S} = c(\mathrm{H_3O^+}) = 10^{-\mathrm{pH}} = 10^{-10,25} \approx 5,62 \cdot 10^{-11}\ \mathrm{mol \cdot L^{-1}}$$

2.1 Für schwache Säuren gilt:

$$c(\mathrm{NH_4^+}) = \sqrt{K_\mathrm{S} \cdot c_0}$$

Daraus folgt durch Logarithmieren:

$$\mathrm{pH} = \frac{1}{2}(\mathrm{p}K_\mathrm{S} - \lg c_0) = \frac{1}{2}(9,24 - \lg 0,1) \approx 5,12$$

2.2

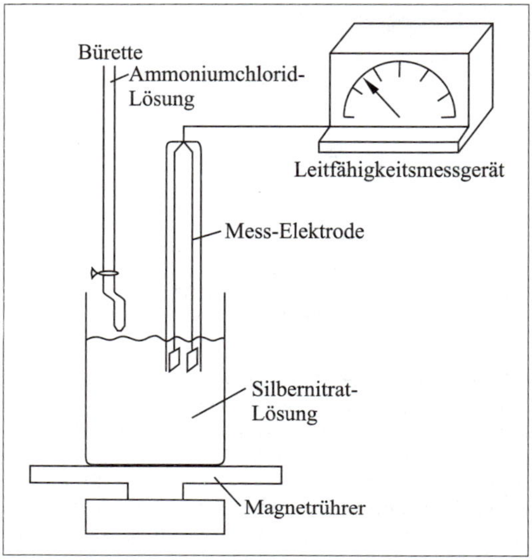

Abb.: Versuchsaufbau.

Reaktionsgleichung:

$NH_4^+(aq) + Cl^-(aq) + Ag^+(aq) + NO_3^-(aq) \longrightarrow$

$NH_4^+(aq) + NO_3^-(aq) + AgCl(s)$

Mögliche Interpretation des Kurvenverlaufs:

Zugabe von Ammonium- und Chlorid-Ionen bewirkt die Ausfällung des schwer löslichen Silberchlorids. Die Ionenmenge in der Lösung bleibt gleich, Silber-Ionen werden durch Ammonium-Ionen ersetzt. Die Größenordnungen der Leitfähigkeiten sind etwa gleich, da sich die Werte in der Kurve bis zu der Zugabe von 9 mL kaum verändern.
Sind alle Silber-Ionen ausgefällt, steigt die Leitfähigkeit der Lösung, da die Anzahl der Ionen zunimmt. (Das bedeutet aber, dass die Anfangskonzentration der Silbernitrat-Lösung deutlich geringer gewesen sein muss als die Konzentration der Ammoniumchlorid-Lösung.)

Berechnung der Masse der Silbernitrat-Portion:

Aus dem Diagramm ergibt sich der Äquivalenzpunkt bei $V \approx 9$ mL.

$n(NH_4Cl) = c \cdot V = 0{,}1\ mol \cdot L^{-1} \cdot 0{,}009\ L = 0{,}0009\ mol = n(AgNO_3)$

$m(AgNO_3) = n \cdot M = 0{,}0009\ mol \cdot 169{,}9\ g \cdot mol^{-1} = 0{,}15\ g$

Milch und Milchprodukte

Beantworten Sie die folgenden Fragen mithilfe der Informationen des Textes und der Tabelle auf Seite 2004-6.

1.1 Zeichnen Sie die Strukturformel eines Lactose-Moleküls in der Haworth-Projektion. 3 VP

1.2 Formulieren Sie eine Reaktionsgleichung für die Vergärung von Lactose zu Milchsäure (die Verwendung von Summenformeln ist ausreichend).
Berechnen Sie die Masse der Milchsäureportion, die bei der vollständigen Vergärung von 100 Gramm Frischmilch entsteht.
Zeichnen Sie die Strukturformeln der beiden enantiomeren Milchsäuremoleküle in Fischer-Projektion und benennen Sie die Moleküle. 6 VP

1.3 In einem Experiment soll untersucht werden, wie weit die Milchsäuregärung in einer Milchprobe fortgeschritten ist.
Hierzu wird eine Probe Milch der Masse $m = 10$ g unter Verwendung von Natronlauge der Konzentration $c = 0{,}1\ \text{mol} \cdot \text{L}^{-1}$ titriert. Es werden 20 Milliliter der Natronlauge verbraucht.
Beschreiben Sie Ihr experimentelles Vorgehen unter Verwendung einer beschrifteten Skizze.
Nennen Sie einen geeigneten Indikator und begründen Sie Ihre Wahl.
Machen Sie eine Aussage über den Grad der Vergärung und belegen Sie dies durch entsprechende Berechnungen. 6 VP

2 Zeichnen Sie einen Formelausschnitt aus dem Caseinmolekül, der die genannte Aminosäuresequenz darstellt.
Durch die bei der Vergärung entstehende Milchsäure werden die Milcheiweiße denaturiert, die Milch „gerinnt". Erläutern Sie die dabei ablaufenden Vorgänge. 5 VP

20 VP

Informationsblatt zu Milch und Milchprodukten

Milch und Milchprodukte gehören zu unseren wichtigsten Nahrungsmitteln.
Die Zusammensetzung von frischer Kuhmilch ist in folgender Tabelle dargestellt:

Bestandteile der Milch	Massenanteile
Wasser	87,3 %
Kohlenhydrate (Lactose)	4,6 %
Fette	3,9 %
Proteine (Casein u. a.)	3,2 %
Mineralstoffe	0,7 %
Organische Säuren	Spuren
Vitamine	Spuren
Enzyme	Spuren

Das in der Milch enthaltende Kohlenhydrat Lactose (Milchzucker) ist ein aus D-Galactose und D-Glucose aufgebautes Disaccharid, in dem eine β-glycosidische Bindung zwischen dem Kohlenstoffatom Nr. 1 der Galactose und dem Kohlenstoffatom Nr. 4 der Glucose vorliegt. D-Galactose unterscheidet sich von D-Glucose lediglich durch die Position der Hydroxylgruppe am Kohlenstoffatom Nr. 4.
Beim Sauerwerden von Milch spalten Milchsäurebakterien die Lactose in ihre Monosaccharid-Bausteine auf und wandeln sie zu Milchsäure (2-Hydroxypropansäure) um. Diese Milchsäuregärung wird in der Lebensmitteltechnologie ausgenutzt, um verschiedene Milchprodukte herzustellen. Abhängig vom verwendeten Mikroorganismenstamm findet man hauptsächlich L-Milchsäure (z. B. in Quark oder Sauermilch) oder ein Gemisch aus D-Milchsäure und L-Milchsäure (z. B. in Jogurt).
Milch enthält das Eiweiß Casein. An einer Stelle des Casein-Moleküls lautet die Aminosäuresequenz:

– Glutamin – Lysin – Glutaminsäure –

Neben der für alle Aminosäuren typischen Grundstruktur besitzen die genannten Aminosäuren folgende Reste:

Glutamin Lysin Glutaminsäure

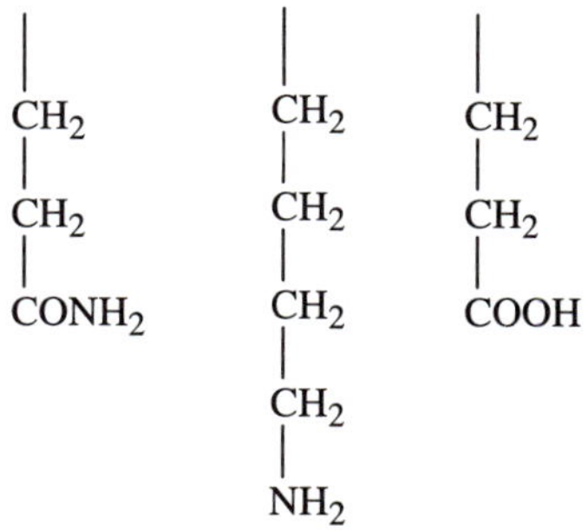

Lösungen

1.1 Strukturformel eines Lactose-Moleküls in der Haworth-Projektion, z. B. β-Lactose:

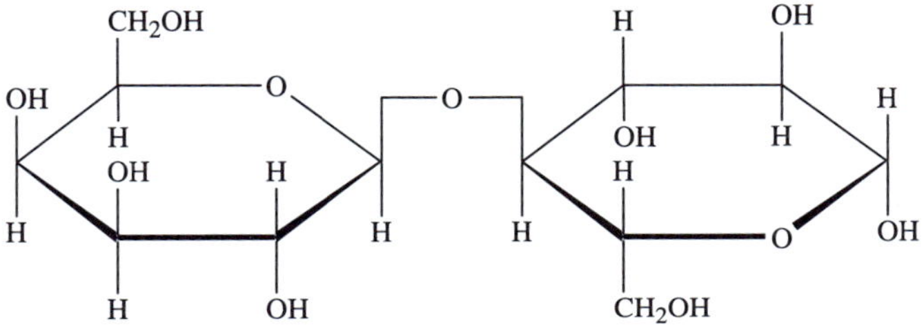

oder

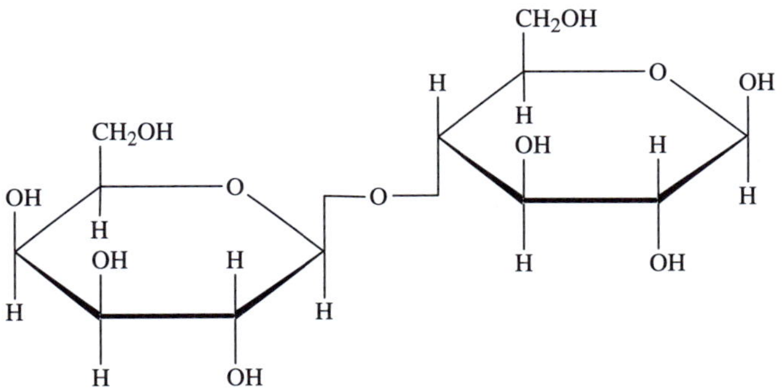

1.2

$$C_{12}H_{22}O_{11} + H_2O \longrightarrow 2\,C_6H_{12}O_6$$
$$2\,C_6H_{12}O_6 \longrightarrow 4\,C_3H_6O_3$$

$$C_{12}H_{22}O_{11} + H_2O \longrightarrow 4\,C_3H_6O_3$$

100 g Milch enthalten 4,6 g Lactose (L)

$$n(\mathrm{L}) = \frac{m(\mathrm{L})}{M(\mathrm{L})} = \frac{4,6\,\mathrm{g}}{342\,\mathrm{g}}\,\mathrm{mol}$$

Stoffmengenverhältnis: $\frac{n(\mathrm{L})}{n(\mathrm{MS})} = \frac{1}{4}$ (MS = Milchsäure)

$$4 \cdot n(\mathrm{L}) = n(\mathrm{MS})$$

$$m(\mathrm{MS}) = n(\mathrm{MS}) \cdot M(\mathrm{MS}) = \frac{4 \cdot 4,6}{342}\,\mathrm{mol} \cdot 90\,\mathrm{g} \cdot \mathrm{mol}^{-1}$$

$$m(\mathrm{MS}) = 4,842\,\mathrm{g}$$

Formeln in der Fischer-Projektion: D- und L-Formen

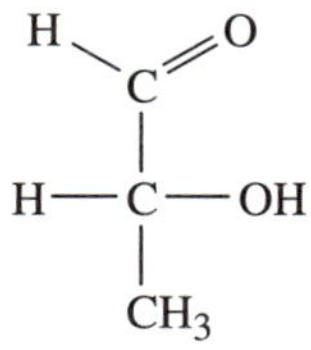

D-Milchsäure
(2-Hydroxypropansäure)

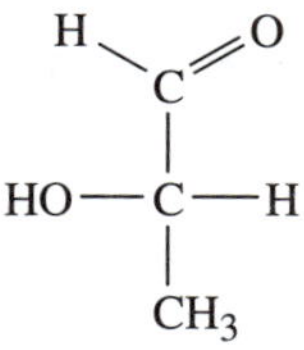

L-Milchsäure

1.3

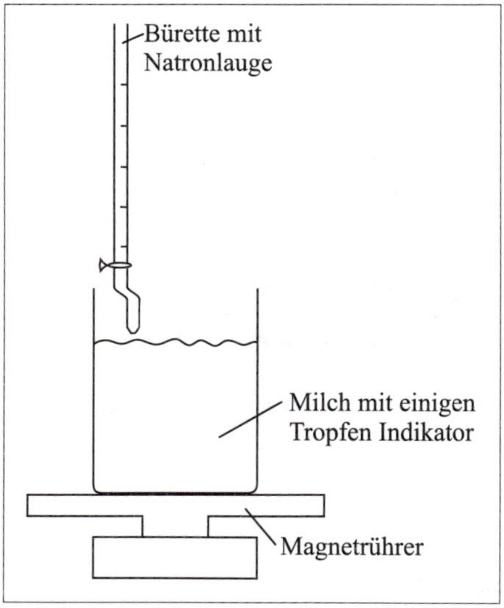

Abb.: Versuchsaufbau.

Man gibt so lange tropfenweise Natronlauge zu, bis z. B. mit Phenolphthalein als Indikator eine bleibende Rosafärbung auftritt. Der Verbrauch an Natronlauge wird abgelesen. In 10 g Milch sind 0,4842 g Milchsäure enthalten. Die Stoffmenge an Lauge ergibt sich aus:

$n(\text{Lauge}) = c(\text{Lauge}) \cdot V(\text{Lauge}) = 0{,}1\ \text{mol} \cdot \text{L}^{-1} \cdot 20 \cdot 10^{-3}\ \text{L} = 2 \cdot 10^{-3}\ \text{mol}$

$m(\text{MS}) = 2 \cdot 10^{-3}\ \text{mol} \cdot 90\ \text{g} \cdot \text{mol}^{-1} = 0{,}18\ \text{g}$

prozentualer Anteil: $0{,}18\ \text{g} \cdot (0{,}4842\ \text{g})^{-1} \cdot 100\ \% = 37\ \%$

Der **Vergärungsgrad**, bezogen auf den Milchsäureanteil bei vollständiger Vergärung der Lactose, beträgt **37 %**.

2 Strukturformelausschnitt:

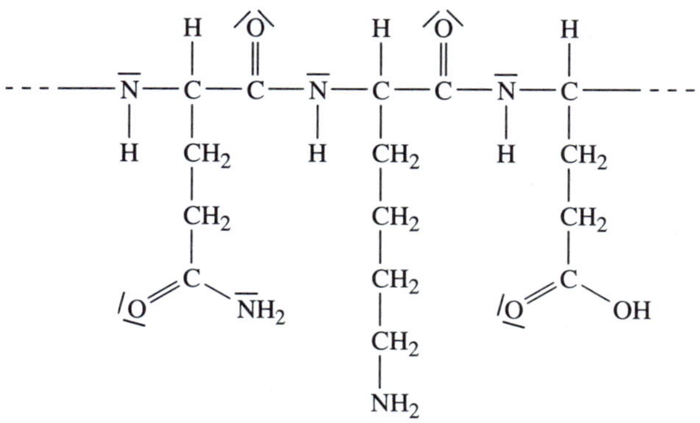

Die dreidimensionalen Strukturen von Proteinen werden durch Wasserstoffbrückenbindungen, durch van-der-Waals-Kräfte, durch elektrostatische Wechselwirkungen und durch Disulfid-Bindungen stabilisiert.
Ändert sich der pH-Wert durch Zunahme des Milchsäureanteils (pH-Wert nimmt ab), dann können Bindungen geschwächt oder gelöst werden (Änderung der Nettoladungen und Aufbrechen von Wasserstoffbrückenbindungen) und die Proteine entfalten sich, sie werden unlöslich. Durch **Denaturierung** können Proteine ihre biologische Aktivität verlieren.

1 Ecoflex® ist ein Kunststoff, der für die Verpackung von Lebensmitteln eingesetzt wird. Er wird aus den Monomeren Adipinsäure (Hexandisäure), Terephthalsäure (Benzol-1,4-dicarbonsäure) und Butan-1,4-diol hergestellt.

1.1 Zeichnen Sie die Strukturformel der Monomere und einen Ausschnitt aus der Strukturformel des Makromoleküls, an dessen Aufbau alle drei Monomere beteiligt sind.
Bennenen Sie den Reaktionstyp der Synthese, die diesen Kunststoff liefert. 5 VP

1.2 In einem Reaktionsansatz sollen 20 mol Terephthalsäure und 10 mol Adipinsäure mit der entsprechenden Stoffmenge an Butan-1,4-diol vollständig umgesetzt werden.
Berechnen Sie die Masse der einzusetzenden Butan-1,4-diol-Portion sowie die Masse des gebildeten Kunststoffes. 4 VP

2 Ein anderer Kunststoff, der für die Verpackung von Lebensmitteln Verwendung findet, ist das Polystyrol.
Erläutern Sie unter Verwendung von Strukturformeln den Mechanismus der Synthese von Polystyrol aus Styrol (Phenylethen). 3 VP

3 Wichtige Verfahren beim Recycling von Kunststoffen sind z. B. Umschmelzen, thermische Verwertung oder Abbau der Makromoleküle zu den Ausgangsstoffen (rohstoffliches Recycling).
Beurteilen Sie, welche dieser Verfahren für das Recycling der beiden genannten Kunststoffe geeignet sind, und erläutern Sie Ihre Aussagen. 5 VP

4 In einer Versuchsreihe werden jeweils Terephthalsäure und Adipinsäure mit einem Gemisch aus Butan-1,4-diol und Propan-1,2,3-triol (Glycerin) zur Reaktion gebracht. Dabei wird von Ansatz zu Ansatz die Menge des Butan-1,4-diols verringert und gegen eine äquivalente Menge an Glycerin ersetzt.
Erläutern Sie, wie die mechanischen und thermischen Eigenschaften der entstehenden Kunststoffe hierdurch beeinflusst werden. 3 VP

20 VP

Lösungen

1.1 Strukturformeln der Monomere:

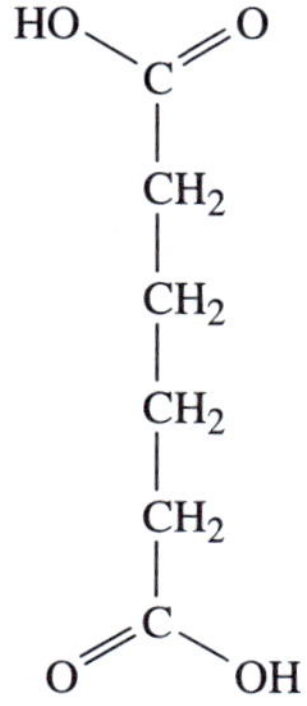

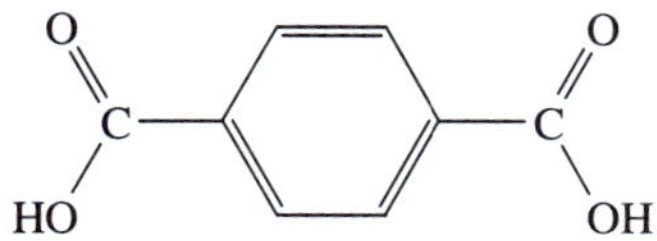

HO–CH_2–CH_2–CH_2–CH_2–OH

Hexandisäure (Adipinsäure) | Benzol-1,4-dicarbonsäure (Terephthalsäure) | 1,4-Butandiol

Strukturformelausschnitt aus dem Makromolekül:

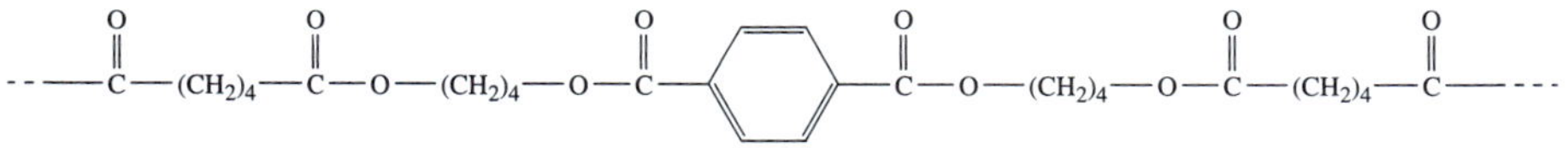

Reaktionstyp: **Polykondensation**

1.2 n(Säuren) = 30 mol; n(Alkohol) = 30 mol

m(Alkohol) = $n \cdot M$ = 30 mol · 90 g · mol^{-1} = 2,7 kg

m(Kunststoff) = 20 mol · M(Terephthalsäure) + 10 mol · M(Adipinsäure)
+ 30 mol · M(Alkohol) – 60 mol · M(Wasser)
≈ 20 mol · 166 g · mol^{-1} + 10 mol · 146 g · mol^{-1} + 2 700 g
– 60 mol · 18 g · mol^{-1}
≈ 6 400 g = 6,4 kg

(Näherung: Vernachlässigung der endständigen OH-Gruppen)

2 **Mechanismus**:

Start: (R'• = Radikal); Entkopplung der π-Systeme durch Startradikale, danach weitere Entkopplungen durch Kettenradikale

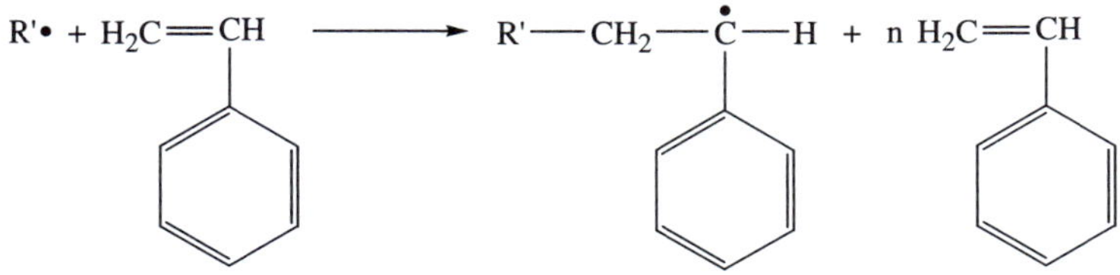

Kettenwachstum:

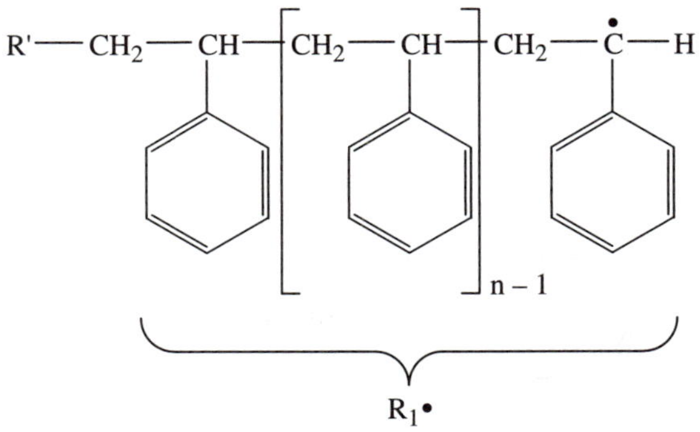

Polystyrol

Abbruch, z. B.

- durch Kombination der Kette mit Katalysatorradikalen:

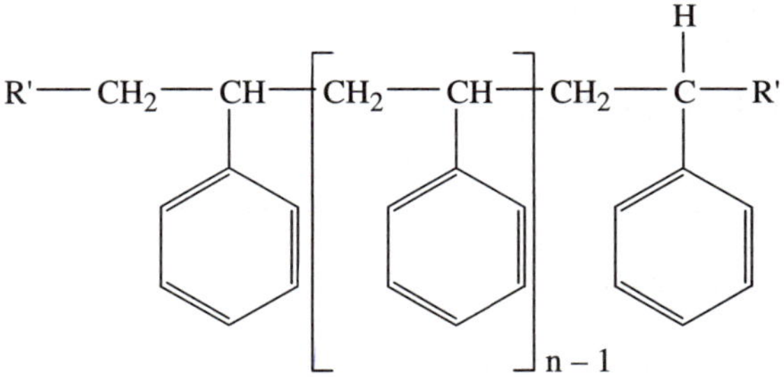

- durch Kombination zweier Kettenradikale:

$R_1\bullet + R_2\bullet \longrightarrow R_1{-}R_2$

3 **Umschmelzen** ist für Ecoflex® und Polystyrol geeignet.
Bei der Reaktion entstehen lineare Molekülketten, die Thermoplaste bilden. Diese erweichen bei höherer Temperatur und lassen sich dann entsprechend verformen. Die nicht miteinander vernetzten Makromoleküle werden durch zwischenmolekulare Kräfte wie van-der-Waals- und Dipolkräfte zusammen gehalten, die durch Temperaturerhöhung aufgehoben werden.

Thermische Verwertung ist bei beiden Kunststoffen möglich.
Die Verbrennung liefert Kohlenstoffdioxid, Kohlenstoffmonooxid und Wasser; Ausnutzung der hohen Energiefreisetzung bei der Verbrennung von Kunststoffen.

Rohstoffliches Recycling ist bei beiden Kunststoffen möglich.
Ecoflex® kann z. B. durch saure Hydrolyse oder bei höheren Temperaturen und Drucken mit Wasserdampf in die Ausgangsstoffe zerlegt werden.
Polystyrol kann durch Depolymerisation (Erhitzen unter Luftabschluss) z. T. in Styrol zerlegt werden.

4 Zum Beispiel: Bei trifunktionellen Gruppen sind **dreidimensionale** Verknüpfungen möglich. Der Grad der Vernetzungen nimmt mit zunehmendem Anteil an Glycerin zu. Die Verformbarkeit, Löslichkeit und Quellbarkeit nehmen ab, die elastomeren und duroplastischen Eigenschaften werden ausgeprägter.

Bei weniger starken Vernetzungen entstehen weitmaschige Molekülketten, deren Beweglichkeit durch die Vernetzungsstellen eingeschränkt ist. Bei Belastungen durch Druck oder Zug gleiten die Ketten zwischen den Haftpunkten aneinander ab oder lassen sich strecken. Elastische Formänderungen sind noch möglich. Bei hohen Temperaturen zersetzen sich die Elastomere.

Bei starken Vernetzungen bildet sich ein engmaschiges Netzwerk, das steif und unbeweglich ist, ein Duroplast. Die Molekülketten können sich nicht mehr voneinander lösen und aneinander abgleiten. Der Kunststoff kann bei Temperaturerhöhung nicht in eine zähflüssige Schmelze überführt werden. Es gibt keinen Erweichungsbereich und Fließbereich. Bei hohen Temperaturen erfolgt Zersetzung.

Abiturprüfung an den allgemeinbildenden Gymnasien (Baden-Württemberg) 2004
Prüfungsfach: Chemie – Aufgabe IV

Quecksilber und seine Verbindungen

1 Das Metall Quecksilber und viele seiner Verbindungen sind einfach herzustellen. Trotz ihrer hohen Giftigkeit sind sie immer noch von großer technischer Bedeutung.
Der Ausgangsstoff für die Herstellung von elementarem Quecksilber ist Zinnober (Quecksilbersulfid, HgS). Beim Erhitzen von Zinnober im Luftstrom auf ca. 500 °C entstehen Quecksilberdampf und ein weiteres Gas.
Geben Sie hierfür eine Reaktionsgleichung an, zeigen Sie, dass es sich um eine Redoxreaktion handelt und benennen Sie das Reduktionsmittel.
Nennen Sie eine Maßnahme zur Trennung des gebildeten Stoffgemischs und begründen Sie Ihre Angabe.
Berechnen Sie die Masse der Stoffportion Zinnober, die zur Herstellung von $m = 1000$ g Quecksilber benötigt wird. 6 VP

2 Seit 150 Jahren werden Legierungen von Quecksilber mit anderen Metallen („Amalgame") in der Zahnheilkunde als sich rasch verfestigende Flüssigkeiten verwendet. Gebräuchlich sind heute Amalgame, die neben Quecksilber noch Silber, Kupfer und Zinn enthalten.
Wird in unmittelbarer Nähe der Amalgam-Füllung das Metall Gold verwendet, sodass ein elektrisch leitender Kontakt entsteht, findet an der Goldoberfläche die Reduktion des im Speichel enthaltenen Sauerstoffs statt. An der Amalgamoberfläche laufen Oxidationsreaktionen ab.

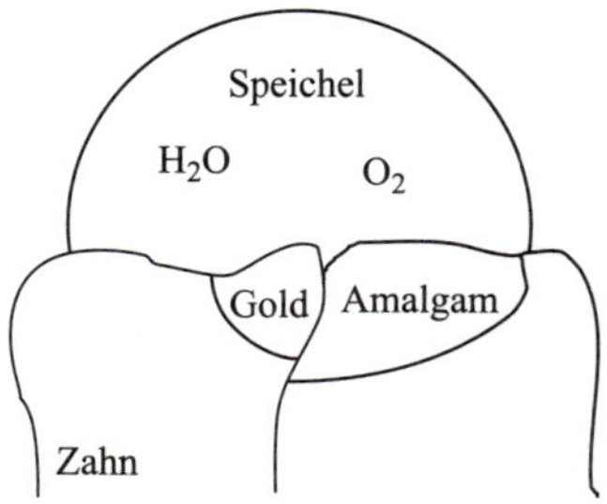

Formulieren Sie eine Teilgleichung für die Reduktion an der Goldoberfläche sowie die Teilgleichungen aller an der Amalgamgoberfläche denkbaren Vorgänge.
Begründen Sie, welches der Amalgam-Metalle zuerst reagiert, und formulieren Sie dazu eine Reaktionsgleichung für den Gesamtvorgang.
Erklären Sie, weshalb die genannten Vorgänge nur bei elektrisch leitendem Kontakt zwischen der Gold- und der Amalgam-Füllung stattfinden. 7 VP

3 Früher wurden in kleinen Batterien vorwiegend Quecksilber(II)-oxid eingesetzt. Heute setzt man vermehrt Silberoxid-Knopfzellen ein. Als Anodenmaterial dient in beiden Fällen Zinkpulver.
Für die Funktion der Knopfzellen sind folgende Redox-Paare verantwortlich:

$HgO(s) + H_2O(l)/Hg(l) + 2\,OH^-(aq)$ $E^0 = +0{,}79$ V

$Ag_2O(s) + H_2O(l)/2\,Ag(s) + 2\,OH^-(aq)$ $E^0 = +0{,}80$ V

$Zn(s)/Zn^{2+}(aq)$ $E^0 = -0{,}76$ V

3.1 Formulieren Sie die Reaktionsgleichungen für die Reaktionen, die in den beiden beschriebenen Batterien bei geschlossenem Stromkreis ablaufen. Berechnen Sie die Zellspannung einer der beiden Knopfzellen unter Standardbedingungen 3 VP

3.2 Stellen Sie anhand einer beschrifteten Zeichnung dar, wie man das Standard-Elektrodenpotenzial des Redoxpaares Zn/Zn^{2+} experimentell bestimmen kann. 4 VP

20 VP

Lösungen

1

$$\overset{+II\,-II}{HgS}\,(s) + \overset{0}{O_2}\,(g) \longrightarrow \overset{0}{Hg}\,(g) + \overset{+IV\,-II}{SO_2}\,(g)$$

Die Oxidationsstufe des Quecksilbers ändert sich von +II auf Null (Reduktion), die des Schwefels steigt von –II auf +IV (Oxidation) und diejenige von Sauerstoff von Null auf –II (Reduktion). Die Sulfid-Ionen wirken als Reduktionsmittel.

Die Trennung des Stoffgemisches beruht auf den unterschiedlichen Aggregatzuständen von Quecksilber und Schwefeldioxid. Nach Abkühlung des Quecksilber-/Schwefeldioxid-Gemisches kondensiert Quecksilber bei 357 °C und kann abgezogen werden. Schwefeldioxid bleibt gasförmig.

Berechnung der Masse des Quecksilbers:

$$n(Hg) = n(HgS); \quad n(Hg) = \frac{m(Hg)}{M(Hg)} = \frac{1\,000\text{ g}}{200{,}59\text{ g}}\text{ mol} = 4{,}985\text{ mol}$$

$$m(HgS) = n(Hg) \cdot M(HgS) = 4{,}985\text{ mol} \cdot 232{,}65\text{ g} \cdot \text{mol}^{-1} = 1\,159{,}76\text{ g}$$

2 Goldoberfläche, z. B.: $O_2 + 2\,H_2O + 4\,e^- \longrightarrow 4\,OH^-$

Amalgam, z. B.:

$Sn \longrightarrow Sn^{2+} + 2\,e^-$

$Ag \longrightarrow Ag^+ + e^-$

$Hg \longrightarrow Hg^{2+} + 2\,e^-$

$Cu \longrightarrow Cu^{2+} + 2\,e^-$

Das Metall mit dem negativsten Normalpotenzial geht in Lösung. Zinn wird zuerst oxidiert.

Gesamtvorgang, z. B.:

$$O_2 + 2\,H_2O + 2\,Sn \longrightarrow 4\,OH^- + 2\,Sn^{2+}$$

Nur bei elektrisch leitendem Kontakt zwischen Amalgam und Gold fließt aufgrund der Potenzialdifferenz ein Strom. Es bildet sich ein kurzgeschlossenes galvanisches Element mit einer Goldkathode und einer Amalgamanode.

Ergänzung:
Eine Beschädigung der Amalgamfüllung schädigt den Zahn. Es kann zu gesundheitlichen Beeinträchtigungen durch Aufnahme von Schwermetall-Ionen kommen, die als Enzymgifte wirken: Die biologische Aktivität der Enzyme kann verloren gehen.

3.1 Vorgänge:

$$Zn \rightleftharpoons Zn^{2+} + 2\,e^- \qquad -\text{Pol}$$
$$HgO\,(s) + 2\,e^- + H_2O \rightleftharpoons Hg\,(l) + 2\,OH^- \qquad +\text{Pol}$$

$$Zn + HgO\,(s) + H_2O \rightleftharpoons Zn^{2+} + 2\,OH^- + Hg\,(l)$$
$$Zn^{2+} + 2\,OH^- \rightleftharpoons Zn(OH)_2\,(s)$$

$\Delta \boldsymbol{E} = 0{,}79\text{ V} - (-0{,}76\text{ V}) = \mathbf{1{,}55\ V}$ (**Quecksilberoxid**-Knopfzelle)

$$Zn \rightleftharpoons Zn^{2+} + 2\,e^- \qquad -\text{Pol}$$
$$Ag_2O\,(s) + 2\,e^- + H_2O \rightleftharpoons 2\,Ag\,(s) + 2\,OH^- \qquad +\text{Pol}$$

$$Zn + Ag_2O\,(s) + H_2O \rightleftharpoons Zn^{2+} + 2\,OH^- + 2\,Ag\,(s)$$
$$Zn^{2+} + 2\,OH^- \rightleftharpoons Zn(OH)_2\,(s)$$

$\Delta \boldsymbol{E} = 0{,}80\text{ V} - (-0{,}76\text{ V}) = \mathbf{1{,}56\ V}$ (**Silberoxid**-Knopfzelle)

Bemerkung: Die Angabe je einer Gesamtreaktionsgleichung ist ausreichend.

3.2

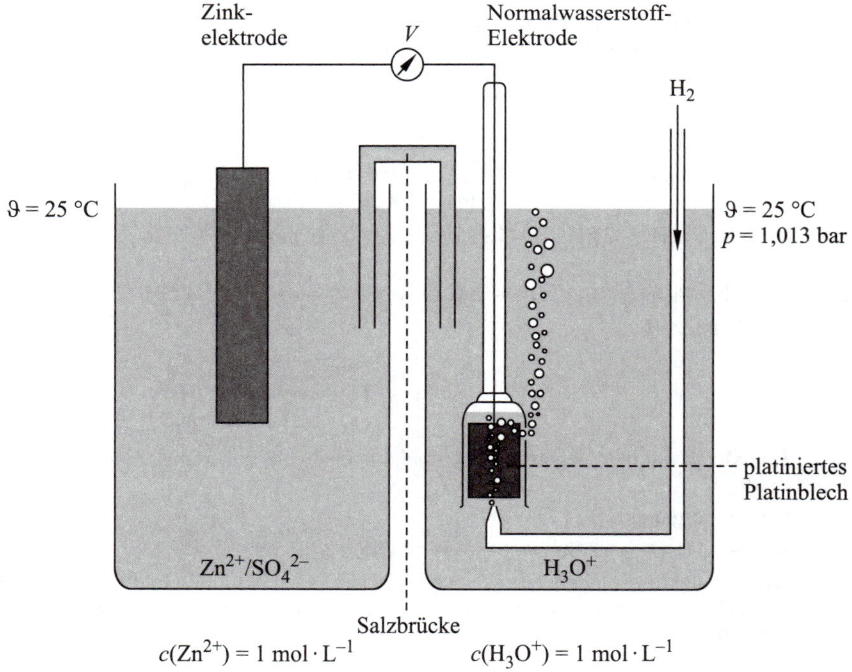

Ihre Meinung ist uns wichtig!

Ihre Anregungen sind uns immer willkommen. Bitte informieren Sie uns mit diesem Schein über Ihre Verbesserungsvorschläge!

Titel-Nr.	Seite	Vorschlag

Bitte hier abtrennen

Die echten Hilfen zum Lernen ... **STARK**

Zutreffendes bitte ankreuzen!

Die Absenderin/der Absender ist:

- ☐ Lehrer/in in den Klassenstufen: ____
- ☐ Fachbetreuer/in
  Fächer: ____
- ☐ Seminarlehrer/in
  Fächer: ____
- ☐ Regierungsfachberater/in
  Fächer: ____
- ☐ Oberstufenbetreuer/in
- ☐ Schulleiter/in
- ☐ Referendar/in, Termin 2. Staats-
  examen: ____
- ☐ Leiter/in Lehrerbibliothek
- ☐ Leiter/in Schülerbibliothek
- ☐ Sekretariat
- ☐ Eltern
- ☐ Schüler/in, Klasse: ____
- ☐ Sonstiges: ____

Unterrichtsfächer: (Bei Lehrkräften!)

____

STARK Verlag
Postfach 1852
85318 Freising

14-VM8

Bitte ausfüllen und im frankierten Umschlag
an uns einsenden. Für Fensterkuverts geeignet.

Kennen Sie Ihre Kundennummer?
Bitte hier eintragen.

Absender (Bitte in Druckbuchstaben!)

Name/Vorname

Straße/Nr.

PLZ/Ort

Telefon privat

Geburtsjahr

E-Mail-Adresse

Schule/Schulstempel (Bitte immer angeben!)